国家示范性高职院校建设项目成果
高等职业教育教学改革系列精品教材

基于 5G 的基站建设与维护

（第 2 版）

李　雪　主　编

蔡凤丽　孙中亮　副主编

陈　波　主　审

電子工業出版社
Publishing House of Electronics Industry
北京 • BEIJING

内 容 简 介

本书依据通信工程高技能应用型人才培养目标，结合企业通信工程实际应用编写。主要内容包括：移动通信技术原理、移动通信基站工程建设、华为 LTE 基站设备安装与数据配置、中兴 LTE 基站设备安装与数据配置、大唐 5G 基站设备介绍与使用、基站故障分析与排除，共 6 个项目、7 个技能训练。

本书可作为高职高专院校通信类专业的专业课教材，也可供从事通信建设工程规划、设计、施工和监理的有关工程技术人员作为参考用书，还可作为培训教材使用。

图书在版编目（CIP）数据

基于 5G 的基站建设与维护 / 李雪主编. —2 版. —北京：电子工业出版社，2021.9
ISBN 978-7-121-42024-5

Ⅰ. ①基…　Ⅱ. ①李…　Ⅲ. ①第五代移动通信系统－高等职业教育－教材　Ⅳ. ①TN929.53

中国版本图书馆 CIP 数据核字（2021）第 188720 号

责任编辑：王艳萍
印　　刷：三河市鑫金马印装有限公司
装　　订：三河市鑫金马印装有限公司
出版发行：电子工业出版社
　　　　　北京市海淀区万寿路 173 信箱　邮编 100036
开　　本：787×1 092　1/16　印张：17.25　字数：441.6 千字
版　　次：2017 年 1 月第 1 版
　　　　　2021 年 9 月第 2 版
印　　次：2021 年 9 月第 1 次印刷
定　　价：52.00 元

凡所购买电子工业出版社图书有缺损问题，请向购买书店调换。若书店售缺，请与本社发行部联系，联系及邮购电话：（010）88254888，88258888。

质量投诉请发邮件至 zlts@phei.com.cn，盗版侵权举报请发邮件至 dbqq@phei.com.cn。

本书咨询联系方式：wangyp@phei.com.cn。

前　言

第五代移动通信技术（5th Generation Mobile Communication Technology），简称5G，是具有高速率、低时延和大连接特点的新一代宽带移动通信技术，是实现人机物互联的网络基础设施。国际电信联盟（ITU）定义了5G的三大应用场景，即增强型移动宽带（eMBB）、低时延高可靠通信（URLLC）和海量机器类通信（mMTC）。增强型移动宽带主要面向移动互联网流量爆炸式增长，为移动互联网用户提供更加极致的应用体验；低时延高可靠通信主要面向工业控制、远程医疗、自动驾驶等对时延和可靠性具有极高要求的垂直行业应用需求；海量机器类通信主要面向智慧城市、智能家居、环境监测等以传感和数据采集为目标的应用需求。

截至2020年底，我国5G基站数量已经超额完成原定的60万个的目标，5G网络基本覆盖地级以上城市，周均新增基站数量1.2万个左右。不久前，深圳等城市还宣布已经提前实现5G全覆盖，同时我国5G用户也已经超过1.1亿，成效十分显著。据了解，各地5G基础设施建设和网络覆盖步伐还在进一步提速。5G基站的建设与发展需要大量专业人才，为适应行业对移动通信基站建设与维护人才的需求，我们编写了本书。

本书根据职业教育的特点和目标，结合通信技术专业的岗位需求，以培养学生职业能力为主要目的，使学生掌握4G/5G移动通信系统中基站的工作原理、设备配置、后台数据配置及维护方法，能对基站故障进行分析和处理，基本具备4G/5G产品工程师的能力。本书覆盖4G/5G基站原理与工程实施等相关知识，多项任务层层分解，结合4G/5G基站系统真实的商用设备进行说明，内容由浅入深。在第1版的基础上进行了内容的更新和调整，主要内容包括：移动通信技术原理、移动通信基站工程建设、华为LTE基站设备安装与数据配置、中兴LTE基站设备安装与数据配置、大唐5G基站设备介绍与使用、基站故障分析与排除，共6个项目、7个技能训练。项目和任务难度逐渐提高，帮助学生认识4G和5G基站设备，掌握基站建设与维护能力。

本书是在多年的行业调研和教学实践基础上编写而成的，可作为高职高专通信技术及相关专业的教材。本书由武汉职业技术学院李雪老师担任主编，安徽电子信息职业技术学院蔡凤丽老师和大唐移动5G示范网项目责任专家、大唐移动培训中心经理孙中亮担任副主编，无线网络技术专家、泛ICT行业新技术新业态观察及分析师、3GPP论坛会员、中兴通讯教育合作中心特聘教授陈波先生担任主审，其中，项目1和项目2由蔡凤丽编写，项目5由孙中亮编写，技能训练7由大唐移动通信设备有限公司工程师袁兴编写，其余部分由李雪编写，全书由李雪统稿。

非常感谢在编写本书时为我们提供有益帮助的大唐移动通信设备有限公司的刘晓进先生。欢迎各位读者关注微信公众号：wireless-spring（春天工作室），学习更多有关“5G及移动互联网+”时代的专业级资讯及知识。由于作者水平有限，书中不足之处在所难免，恳请广大读者批评指正。

本书中软件界面均为企业实际应用软件界面，为了便于读者学习和使用，对不符合国家标准的单位、符号、大小写等均未做改动。

本书配有免费的电子教学课件及习题答案，请有需要的教师登录华信教育资源网（www.hxedu.com.cn）免费注册后下载，如有问题，请在网站留言或与电子工业出版社联系（E-mail：hxedu@phei.com.cn）。

编　者

目　　录

项目 1　移动通信技术原理

任务 1　网络结构和典型应用

【学习目标】

1．熟悉 LTE 的网络结构及其网元功能

2．熟悉 5G 的网络架构和典型应用场景

3．了解 5G 的技术特点和工作频率

【知识要点】

1．LTE 和 5G 的网络结构

2．LTE 网络中各网元的功能

3．5G 的技术特点

1.1.1　LTE 的网络结构

1．LTE 网络结构

LTE 网络由核心网（Core Network，CN）、无线接入网（Evolutionary UMTS Terrestrial Radio Access Network，E-UTRAN）和用户终端设备（User Equipment，UE）3 个部分组成，如图 1-1 所示。其中，核心网称为 EPC（Evolved Packet Core，演进分组核心网），由 MME（Mobility Management Entity，移动管理实体）、S-GW（Serving Gateway，服务网关）、P-GW（PDN Gateway，公共数据网网关）及 HSS（Home Subscriber Server，归属用户服务器，用于处理调用/会话的 IMS 网络实体的主要用户数据库，包含用户配置文件，执行用户的身份验证和授权，并可提供有关用户物理位置的信息）等网元构成。EPC 采用 NGN（Next Generation Network，下一代网络）的核心技术 IMS（IP Multimedia Subsystem，IP 多媒体子系统）。E-UTRAN 仅由 eNodeB（Evolutionary NodeB，演进的基站节点，简记为 eNB）构成。

LTE 网络结构的最大特点是“扁平化”，如图 1-2 所示，具体表现为以下几点：

（1）与 3G 网络相比，取消了 RNC（Radio Network Controller，无线网络控制器），无线接入网只保留基站节点 eNB。

（2）与 3G 网络相比，取消了核心网电路域 CS（MSC Server 和 MGW），语音业务由 IP 承载。

（3）核心网分组域采用了类似软交换的架构，实行承载与业务分离的策略。

（4）承载网络实现了全 IP 化。

LTE 网络采用“扁平化”设计的主要原因是如果网络结构层级太多，则很难实现 LTE 设计中的时延要求（无线侧时延小于 10ms）；VoIP 已经很成熟，全网 IP 化成本最低。

如图 1-2 所示，LTE 网络中主要有两类接口：X2 接口和 S1 接口。其中，X2 接口是 eNB 与 eNB 之间的接口，也是 LTE 网络能够实现“扁平化”的最主要原因。S1 接口是 eNB 与核心网 EPC 之间的接口，又分为 S1-C 接口（eNB 与 MME 之间的接口）和 S1-U 接口（eNB 与

S-GW 之间的接口）两种。和 UMTS 相比，由于 NodeB 和 RNC 融合为网元 eNB，所以 LTE 网络中少了 Iub 接口。X2 接口类似于 UMTS 中的 Iur 接口，S1 接口类似于 Iu 接口。

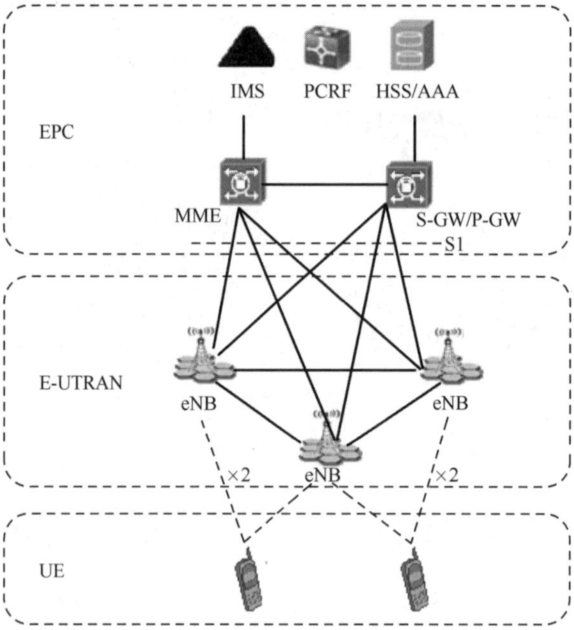

图 1-1　LTE 网络结构

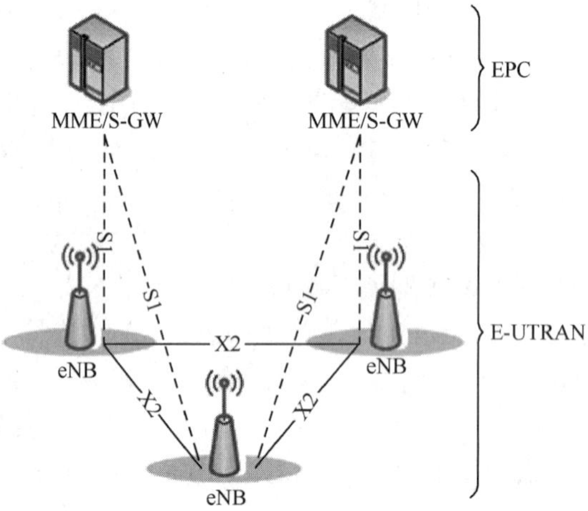

图 1-2　LTE 网络的“扁平化”结构特点

2．LTE 网元概述

（1）移动管理实体 MME

MME 负责处理移动性管理，包括存储 UE 控制面上下文；UEID（UE Identity，用户设备识别码）、状态、TA（Tracking Area，跟踪区域）；鉴权和密钥管理；信令的加密、完整性保护；管理和分配用户临时 ID 等。

（2）服务网关 S-GW

S-GW 承担业务网关的功能，包括：发起寻呼；LTE_IDLE（闲）态 UE 信息管理；移动性管理；用户面加密处理；PDCP（Packet Data Convergence Protocol，分组数据汇聚协议）的包头压缩；SAE（System Architecture Evolution，系统架构演进）承载控制；NAS（Non- Access Stratum，非接入层）信令加密和完整性保护。

（3）E-UTRAN 侧网元——eNB

eNB 在 3G 的 NodeB 原有功能基础上，增加了 RNC 的物理层、MAC（Multimedia Access Control，媒体访问控制协议）层、RRC（Radio Resource Control，无线资源控制协议）、调度、接入控制、承载控制、移动性管理和相邻小区无线资源管理等功能，提供相当于原来的 RLC（Radio Link Control，无线链路控制协议）/MAC/PHY（Physical Layer，代指物理层）及 RRC 层的功能。具体包括：UE 附着时的 AGW（Access Gateway，接入网关，LTE 核心网中 MME、S-GW 和 P-GW 的总称）选择；调度和传输寻呼信息；调度和传输 BCCH（Broadcast Control Channel，广播控制信道）信息；上下行资源动态分配；RB（Resource Block，资源块）的控制；无线资源准入控制；LTE_ACTIVE（激活）时的移动性管理。

eNB 之间通过 X2 接口，采用网格（Mesh）方式互联，同时 eNB 通过 S1 接口与 EPC 连接，S1 接口支持多对多的 AGW 和 eNB 连接关系。

3. 演进分组系统（EPS）

EPS（Evolved Packet System，演进分组系统）由 EPC、E-UTRAN 和 UE 组成，LTE 的全网架构如图 1-3 所示，LTE-Uu 是 UE 连接 E-UTRAN 的接口，也是整个系统中唯一的一个无线接口，与 3G 中的 Uu 接口定义类似。SGSN（Serving GPRS Supporting Node，服务 GPRS 支持节点）是 2G/3G 核心网中 PS 域组成要素之一。S3 和 S4 分别是当 2G/TD-SCDMA 与 LTE 互操作时，SGSN 与 MME 之间和 SGSN 与 S-GW 之间通信的接口。S3 基于 GTPv2（GPRS Tunneling Protocol Version 2，GPRS 隧道协议第 2 个版本），S4 分为控制面（GTPv2）和用户面（GTPv1）。S10 和 S11 分别是 MME 之间及 MME 与 S-GW 之间通信的接口。MME 与 HSS 之间的接口是 S6a。S-GW 与 P-GW 之间的接口是 S5。PCRF（Policy and Charging Rules Function，策略与计费规则功能单元）是策略控制服务器，根据用户特点和业务需求提供数据业务资源的管理和控制。PCRF 与 P-GW 之间的接口是 S7。运营商其他的 IP 业务，如 IMS、PSS（PSTN Subsystem，公共电话交换网络业务模拟子系统）等，与 PCRF 之间的接口是 Rx+，与 P-GW 之间的接口是 SGi。

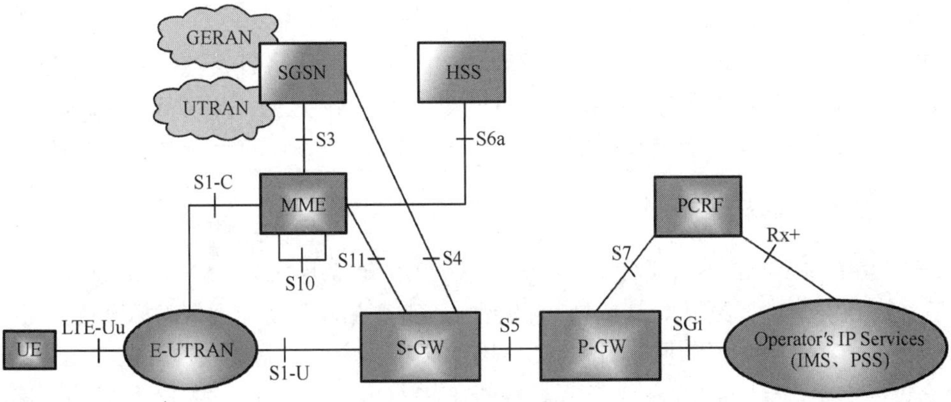

图 1-3 LTE 的全网架构

EPC、E-UTRAN、SAE、LTE 的区别：EPC 仅指核心网，SAE 是核心网的演进技术；E-UTRAN 仅指无线接入网侧，LTE 是无线侧演进技术。

1.1.2 5G 的网络架构

1. 5G 网络架构

5G 网络架构如图 1-4 所示，核心网侧从 EPC 演进到 5GC，5G 无线接入网主要包括两种节点：5G 基站 gNB（gNodeB）和 4G 基站 ng-eNB（eNodeB）。gNB：向 UE 提供 NR 用户面和控制面协议终端的节点，经由 NG 接口连接到 5GC。ng-eNB：向 UE 提供 E-UTRAN 用户面和控制面协议终端的节点，经由 NG 接口连接到 5GC。gNB 是独立组网需要用的；ng-eNB 是兼容 4G 网络，接入不同核心网需要用的。

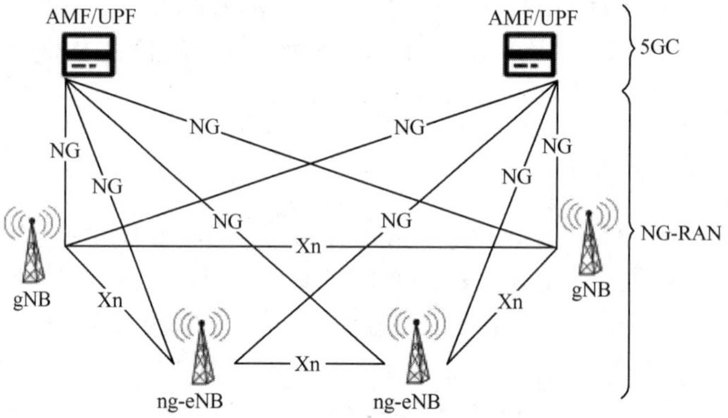

图 1-4 5G 网络架构图

图 1-4 中，5GC 代表 5G 核心网；NG-RAN 代表 5G 无线接入网；AMF 的功能相当于 MME 的 CM 和 MM 子层；UPF 相当于 S-GW+P-GW 的网关，数据从 UPF 到外部网络；gNB 代表给 5G 用户提供业务、基于 5G 新空口的基站；ng-eNB 代表给 4G 用户提供业务的基站，基于 LTE 空口，连接 5G 核心网。

其中，AMF 和 UPF、Xn 的含义分别如下。

AMF（Access and Mobility Management Function）：接入和移动管理功能，通过 NG-C 接口（控制面）连接无线侧。

UPF（User Plane Function）：用户面管理功能，通过 NG-U 接口（用户面）连接无线侧。

Xn：NG-RAN 节点之间的网络接口，用于 gNB 和 gNB 之间，ng-eNB 和 ng-eNB 之间，gNB 和 ng-eNB 之间，类似于 X2。gNB 和 ng-eNB 承接了 NodeB 的一些功能，并进行了拓展。

2. 5G 的网络部署方式

基于 3GPP 国际标准开发协议，R15 版本于 2019 年 6 月冻结 ASN.1，R16 版本于 2020 年 6 月冻结 ASN.1。按照版本和重点功能特性，5G 基站软件功能规划路标分阶段支持 R15 和 R16 功能。考虑到网络演进，4G 和 5G 网络仍将长期并存、协同发展。在 2016 年 6 月的 3GPP 会议提案中，5G 网络部署涉及八类备选方案（Option 1～8），共 12 种 5G 网络部署模式，根据 5G 与 LTE 网络的部署关系，3GPP 提出了非独立部署（NSA）和独立部署（SA）两类 5G 组网架构。其中，Option 3/Option 4/Option7 是基于 NSA 架构的方案，Option1/Option

2/Option5 是基于 SA 架构的方案，Option 6（独立部署）和 Option8（非独立部署）只在理论上成立，没有实际工程意义。

（1）NSA 非独立部署

NSA 部署方案基于 LTE 与 NR（5G 新空口）紧耦合的双连接架构，用户终端需同时连接一个 LTE 节点和一个 NR 节点，其中一个节点作为主节点，负责传递控制面信令；另一个辅节点负责用户面数据的转发。3GPP 提出了 Option3 系列、Option4 系列、Option7 系列多种候选架构，主要区别是部署的核心网不同，LTE 和 NR 节点担任角色不同。

Option3 系列的无线接入网采用 LTE-NR 双连接技术，其中，LTE 节点 eNB 作为主节点，NR 节点 en-gNB 作为辅节点，核心网采用 4G EPC，如图 1-5 所示。从图中可以看出，主节点 eNB 与 EPC 之间的连接利用的是 S1 接口，辅节点 en-gNB 是只具备部分 gNB 功能的 NR 节点，只辅助用户面的转发。

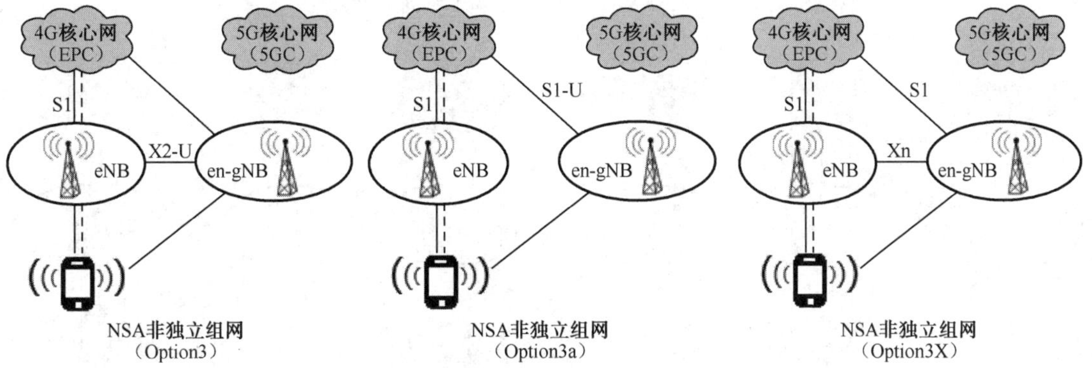

图 1-5　基于 NSA 架构的 Option3 系列部署方案

Option3 系列可分为 Option3/3a/3X 几种部署模式。Option3 数据承载由主节点 eNB 分割，辅节点 en-gNB 通过 X2-U 与主节点 eNB 连接。Option3a 数据承载由核心网分割，辅节点 en-gNB 通过 S1-U 与核心网 EPC 连接。Option3X 数据承载可以通过核心网分割，也可以通过主节点 eNB 分割，辅节点 en-gNB 需要与 eNB 和 EPC 均建立连接。

Option4 系列的无线接入网采用 LTE-NR 双连接技术，如图 1-6 所示，其中，NR 节点作为主节点，LTE 节点 ng-eNB 作为辅节点，核心网采用 5GC，主节点 gNB 通过 NG 接口与 5GC 连接；辅节点 ng-eNB 是 eNB 的升级版本，可以通过 Xn 接口与 gNB 连接，即 Option4；也可通过 NG 接口与 5GC 连接，也就是 Option4a。Option4 系列控制面锚点在 NR 节点上，需要 5G NR 连续覆盖，同时需要部署 5GC。在这种部署模式下，作为辅节点的 LTE 节点主要用于提高容量。Option4/4a 有完整的 NR/5GC 结构，因此，能够支持包括 eMBB、URRLC 和 mMTC 在内的 5G 应用场景。

Option7 系列部署方案如图 1-7 所示，LTE 节点 ng-eNB 作为主节点，NR 节点 gNB 作为辅节点，核心网采用 5GC，主节点 ng-eNB 通过 NG 接口与 5GC 连接；辅节点 gNB 可以通过 Xn 接口与主节点 ng-eNB 连接（Option7），也可通过 NG 接口与 5GC 连接（Option7a），或者同时与主节点和核心网连接（Option7X）。

采用 NSA 部署方式，5G NR 的部署以 LTE eNB 作为控制面锚点接入 EPC，或者以 eLTE eNB 作为控制面锚点接入 5GC，其中 Option3 与 Option7 的区别在于，Option3 的核心网采用 EPC，使用 LTE eNB；而 Option7 的核心网采用 5GC，使用 eLTE eNB。采用 NSA 部署方式的网络架构，5G 依附 4G 基站运行，无法独立。

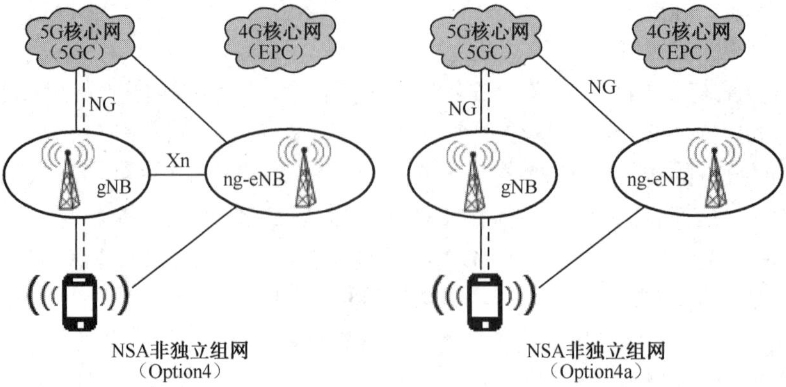

图 1-6　基于 NSA 架构的 Option4 系列部署方案

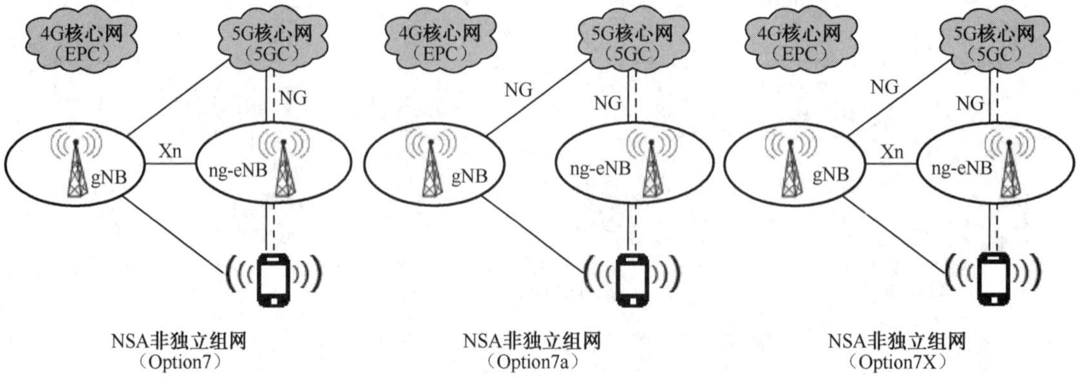

图 1-7　基于 NSA 架构的 Option7 系列部署方案

采用 NSA 组网的两种系列，Option3 系列利用已有 4G 核心网，而 Option7 系列需要新增 5G 核心网，因此，Option3 系列在网络部署初期投资成本较低，只需要升级 4G 基站和核心网来支持双连接即可，它只能部署 eMBB 业务，无法部署其他新业务、新应用；Option7 系列需增建 5G 核心网，所以，Option7 系列可以部署 5G 新业务和新应用，相应的 4G 锚点站需要升级改造为增强型 4G 站点，技术上存在一定风险，且投资成本整体增加。

（2）SA 独立部署

SA 架构无线侧只有一类节点，Option1/Option2/Option5 的区别主要是选用的无线接入网节点和核心网不同，如图 1-8 所示。

Option1 方案，无线接入网节点为 4G eNB，通过 S1 接口与 4G 核心网 EPC 连接，eNB 直接经 X2 接口连接。Option2 方案，无线接入网节点为 gNB（具备全部 NR 功能），通过 NG 接口与 5GC 连接，gNB 通过 Xn 接口连接，这种部署方案需要 gNB 充分部署以保障 NR 连续覆盖。Option 5 方案，无线接入网采用升级的 LTE 节点 ng-eNB，通过 NG 接口与 5GC 连接，ng-eNB 通过 Xn 接口连接，Option5 需要部署 5GC，但是不需要建设 gNB。可以认为 Option1 是 5G 网络建设的起点，Option2 是 5G 网络的最终结构，因此，对于 SA 部署方式，主要分析 SA 网络用于规范 gNB 独立组网 Option2 架构下的基本功能。

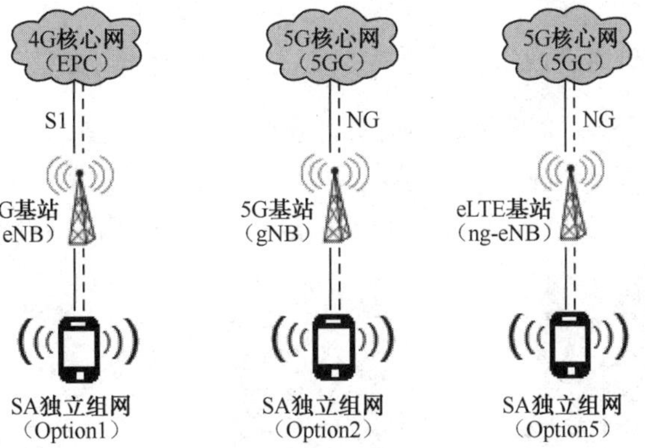

图 1-8 基于 SA 架构的部署方案

采用 SA 部署方式的 5G 网络是一个完全新建的网络，需要同时部署 5G 核心网和 5G 无线接入网，初期投资成本高，技术风险较大，但是不影响现有 4G 网络。5G 基站（gNB）直接连接至 5G 核心网（5GC），5G 无线网设备和核心网设备都是新建的，所以说，SA 部署方式和 2G/3G/4G 类似，5G 与前代系统是相互独立的网络。

通过对 5G 两种网络部署方式的分析，可以发现采用 NSA 组网的优势主要体现在两个方面：

（1）升级核心网即可，快速开通 5G，覆盖好，投资回报快；

（2）标准冻结早，产业相对成熟，业务连续性好。

NSA 的不足之处：需改造现有的 4G 网络，仅支持 eMBB 业务；难以引入 5G 新业务，投资总成本较高。

相对于 NSA 来说，SA 部署方式主要有以下优势：

（1）独立组网一步到位，具备完整的 5G 新功能，对现网不产生影响；

（2）支持 5G 各种新业务及网络切片。

SA 部署方式也有不足之处，它需要成片连续覆盖，建设周期较长；需独立建设 5GC 核心网，初期投资成本大。

总之，采用 SA 组网和 NSA 组网各有优劣，国内运营商在 5G 网络建设初期主要采用 NSA 组网方案，之后逐步根据实际情况采用 SA 独立组网方式，SA 为终极目标。

1.1.3 5G 的典型应用场景

1．eMBB（增强型移动宽带）场景

eMBB，直译为“增强型移动宽带”，是指以人为中心的应用场景，集中表现为超高的数据传输速率，广覆盖下的移动性保证等。eMBB 场景主要用于 3D/超高清视频等大流量移动宽带业务，它的典型应用包括超高清视频、虚拟现实、增强现实等。关键的性能指标包括超过 100Mbp 上行直播图像的用户体验速率，热点场景甚至可达 1Gbps（4G 最高可实现 10Mbps）、数十 Gbps 峰值速率、每平方千米数十 Tbps 的流量密度、每小时 500km 以上的移动性等。例如：8K 云 VR 直播、超高清 8K VR 直播、VR 云游戏、智慧旅游、智慧展馆等场所，可以通过 5G 回传，实现人脸识别、认证及跟踪其行动轨迹。AR 远程协作，通过 5G 实现高清视频双向通信。高清远程示教，可完成远程示教等业务。

2. mMTC（海量机器类通信）场景

mMTC 场景主要用于大规模物联网业务，它的典型应用包括智能交通管控设备、智能可穿戴设备、智能家居、智能电网、智能监控、智能测量等，如图 1-9 所示。万物互联下，人们的生活方式也将发生颠覆性的变化。这一场景下，数据传输速率较低且对时延不敏感。

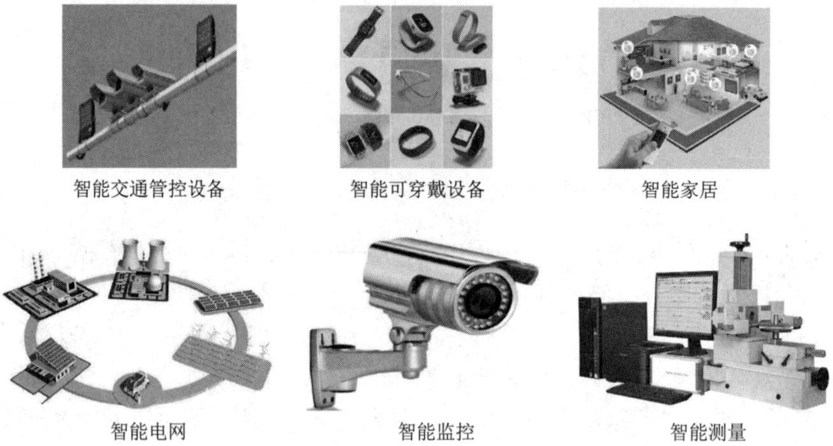

图 1-9　mMTC 的典型应用

3. URLLC（低时延高可靠通信）场景

在此场景下，连接时延要达到 1ms 级别，而且要支持高速移动（500km/h）情况下的高可靠性（99.999%）连接。

URLLC 主要用于需要低时延、高可靠连接的业务，该场景下的典型应用如图 1-10 所示，如自动驾驶、无人机控制、工业自动化、5G 远程手术、机器人、能源管理等，主要聚焦对时延极其敏感的业务，对时延要求低至 1ms，高可靠性也是基本要求。URLLC 低时延高可靠通信场景将稳步推进，未来 URLLC 场景更多面向以下几个方面：车联网、工业控制、远程医疗等特殊应用，其中车联网市场潜力巨大。

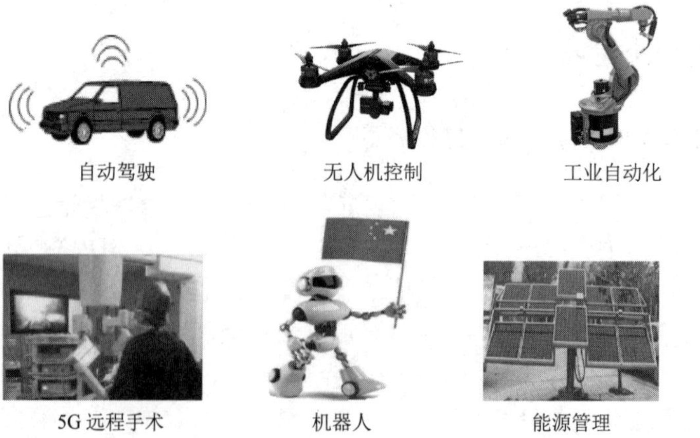

图 1-10　URLLC 典型应用

1.1.4 5G的技术特点

5G 的三大典型应用场景对通信技术提出了更高的要求，不仅要把更高的速率提供给用户；而且对时延、功耗等提出了更高的要求，把更多的应用能力整合到 5G 中。在这三大场景中，5G 具有五大技术特点。

1. 高速率

在最新技术标准下，5G 网络峰值速率可达到 20Gbps，下载一个超高清视频基本上只需几秒钟，5G 网络的用户感知速率为 100Mbps～1Gbps，而 4G 网络只能达到十几到几十 Mbps 的速率。网络速度提升了，用户体验与感受有较大提高，网络才能在面对 VR/超高清业务时不受限制，因此，第一个特点就定义了速率的提升；5G 的网络峰值速率要求不低于 20Gbps，当然这个速率是峰值速率，不是每一个用户的体验速率，随着新技术的使用，这个速率还有提升的空间。

5G 网络的高速率，为 VR（Virtual Reality，虚拟现实）技术和 AR（Augmented Reality，增强现实）技术的实现提供了条件。5G 高速率的特性，减少了 VR 和 AR 视频延迟，减轻了用户的眩晕感等不良体验，用户能得到 5G 超高清画面、超高刷新率、超高的浸入式体验。

2. 低功耗

5G 时代终端设备趋于智能化，智能终端设备电池的续航能力很重要，因此，5G 要支持大规模物联网应用，就必须对功耗有要求，所有物联网产品都需要通信与能源，通信可以通过多种手段实现，但是能源的供应只能靠电池，通信过程功耗太高，就很难让物联网产品被用户广泛接受；如果能把功耗降下来，让大部分物联网产品充电频率降低，就能大大改善用户体验。对于物联网终端来说，它们主要是用来采集数据及向网络层发送数据的，担负着数据采集、初步处理、加密、传输等多项任务，多数物联网终端不具备直接供电的条件，只能采用电池供电，并且多数物联网终端对体积有严格的要求，设备的电池容量也受限于设备体积。

5G 技术将物联网设备的功耗大大降低，部分物联网终端的电池供电寿命长达 5～10 年，甚至更长，这样就能大大改善物联网用户的感知和体验。同时，在网络功效方面，5G 网络比 4G 网络提升了 100 倍，所以 5G 网络获得了远超以往的超高速率，其在每比特功耗、频谱效率、网络功效方面远远优于 4G 网络。

3. 低时延

4G 网络，端到端理想时延是 10ms 左右，典型时延是 50～100ms，人与人之间进行信息交流，时延已经不是问题。5G 网络对于时延的最低要求是 1ms，甚至更低。5G 技术将每个子帧在时域上进行缩短，在物理层上进行时延的优化。后期 5G 信令的设计上也会采用以降低时延为目标的信令结构优化。越是具有实时对抗特性的应用，开发者就越需要在时延优化方面投入大量资源，如联网竞技类游戏、VR 类娱乐应用，都是利用 5G 低时延的特点，来给玩家带来极致体验的。无人驾驶飞机、无人驾驶汽车及工业自动化等技术，需要在高速中保证信息的及时传递和迅速反应，这就对低时延提出了极高的要求，时延越低，响应速度越快，安全性就越高。要满足低时延的要求，需要在 5G 网络架构中找到各种办法，减少时延，边缘计算技术也被应用到 5G 的网络架构中。

4．泛在网

网络业务需要“无所不包，广泛存在”。泛在网有两个层面的含义，一是广泛覆盖，二是纵深覆盖。广泛是指在社会生活的各个地方广泛覆盖，5G 时代可以在人烟稀少的地方、高山峻岭等处大量部署传感器，进行环境的监测，5G 可以为更多这类应用提供通信。纵深是指在生活中虽然已经部署了网络，但是需要深度覆盖，比如，以前家中虽然有网络，但是局部空间信号不好；地下车库基本没信号等。5G 时代的到来，可把以前信号不好的空间都用 5G 网络广泛覆盖，泛在网是 5G 体验的根本保证。

5．万物互联

5G 时代，大量以前不可能联网的设备也会进行联网工作，进行智能化控制，眼镜、手机、衣服、腰带、鞋子都有可能接入网络，家中的门窗、电器等都可能通过 5G 接入网络，我们的家庭会成为智慧家庭。

5G 能够实现更高效的信息传输、更快速的信号响应、更大量的终端接入。5G 将通过无缝融合的方式，拉近万物的距离，实现人与万物的智能互联。同时，移动互联网和物联网作为未来移动通信发展的两大主要驱动力，也为 5G 发展提供了广阔的应用前景。

1.1.5　5G 的频率

1．5G 工作频率

在当前的 R15 版本中，5G NR 频段可分为两个部分：

FR1：450～6000MHz，以及 6GHz 以下的中低频频段。

FR2：24250～52600MHz，也称为毫米波频段。

5G NR 对频段编号方式进行了一些调整，在原有的编号前增加了字母“n”，并新增了 5G 频段。根据 3GPP 在 2018 年 6 月推出的 R15 标准，5G NR 在 FR1 和 FR2 上的频段如表 1-1 和表 1-2 所示。其中，表 1-1 中的 n77、n78 和 n79 为新增的 C 波段频段，表 1-2 中的 n257、n258、n260、n261 全部 4 个频段均为新增频段。

表 1-1　5G NR 在 FR1 上的频段

频段编号	上行频段	下行频段	双工模式	备注
n1	1920～1980MHz	2110～2170MHz	FDD	
n2	1850～1910MHz	1930～1990MHz	FDD	
n3	1710～1785MHz	1805～1880MHz	FDD	
n5	824～849MHz	869～894MHz	FDD	
n7	2500～2570MHz	2620～2690MHz	FDD	
n8	880～915MHz	925～960MHz	FDD	
n20	832～862MHz	791～821MHz	FDD	
n28	703～748MHz	758～803MHz	FDD	
n38	2570～2620MHz	2570～2620MHz	TDD	
n41	2496～2690MHz	2496～2690MHz	TDD	

续表

频段编号	上行频段	下行频段	双工模式	备　注
n50	1432～1517MHz	1432～1517MHz	TDD	
n51	1427～1432MHz	1427～1432MHz	TDD	
n66	1710～1780MHz	2110～2200MHz	FDD	
n70	1695～1710MHz	1995～2020MHz	FDD	
n71	663～698MHz	617～652MHz	FDD	
n74	1427～1470MHz	1475～1518MHz	FDD	
n75	N/A	1432～1517MHz	SDL	
n76	N/A	1427～1432MHz	SDL	
n77	3300～4200MHz	3300～4200MHz	TDD	新增
n78	3300～3800MHz	3300～3800MHz	TDD	新增
n79	4400～5000MHz	4400～5000MHz	TDD	新增
n80	1710～1785MHz	N/A	SUL	
n81	880～915MHz	N/A	SUL	
n82	832～862MHz	N/A	SUL	
n83	703～748MHz	N/A	SUL	
n84	1920～1980MHz	N/A	SUL	

表 1-2　5G NR 在 FR2 上的频段

频段编号	上行频段	下行频段	双工模式	备　注
n257	26500～29500MHz	26500～29500MHz	TDD	新增
n258	24250～27500MHz	24250～27500MHz	TDD	新增
n260	37000～40000MHz	37000～40000MHz	TDD	新增
n261	27500～28350MHz	27500～28350MHz	TDD	新增

2017 年，工业和信息化部已明确使用 3.3～3.6GHz 和 4.8～5.0GHz 作为我国 5G 中频段，并批复了 24.75～27.5GHz 和 37～42.5GHz 高频段用于 5G 技术研发试验，这样可确保未来每家运营商在 5G 中频段上至少可获得 100MHz 带宽，在 5G 高频段上至少可获得 2000MHz 带宽。

2．灵活的参数配置

LTE 采用固定的子载波间隔为 15kHz 的 OFDM 波形，配合两种不同长度的 CP 以适应不同的部署场景。与 LTE 系统不同，5G NR 采用了变化的子载波间隔，以支持 5G 极宽的频谱范围和满足不同的业务需求。

为了描述波形的变化，3GPP 在 R14 的 TR 38.802 中定义了参数集的概念。参数集包含子载波间隔和 CP 长度两个参数。子载波间隔以 15kHz 为基准，按 2^u（u={0,1,2,3,4}）的比例扩展。CP 长度随子载波间隔不同而不同，并分为常规 CP 和扩展 CP。目前，R15 定义的参数集如表 1-3 所示。

表 1-3　R15 定义的参数集

μ	$\Delta f=2^{\mu}\times 15$/kHz	CP 类型	频 率 范 围	是否支持数据传输	是否支持同步信号传输
0	15	常规	FR1	是	是
1	30	常规	FR1	是	是
2	60	常规、扩展	FR1/FR2	是	否
3	120	常规	FR2	是	是
4	240	常规	FR2	否	是

NR 的子载波间隔最小为 15kHz，与 LTE 系统一致。15kHz 子载波间隔的 CP 开销较小，在 LTE 系统的频段（<6GHz）上对相位噪声和多普勒效应有较好的顽健性。以 15kHz 作为扩展的基准，可使 NR 与 LTE 有较好的兼容性。从覆盖能力的角度看，较小的子载波间隔可实现较大的覆盖范围；从频率的角度看，高频信号相位噪声大，因而必须提高子载波间隔。综合覆盖能力和频率两方面，举例说明不同子载波的适用范围，如图 1-11 所示。

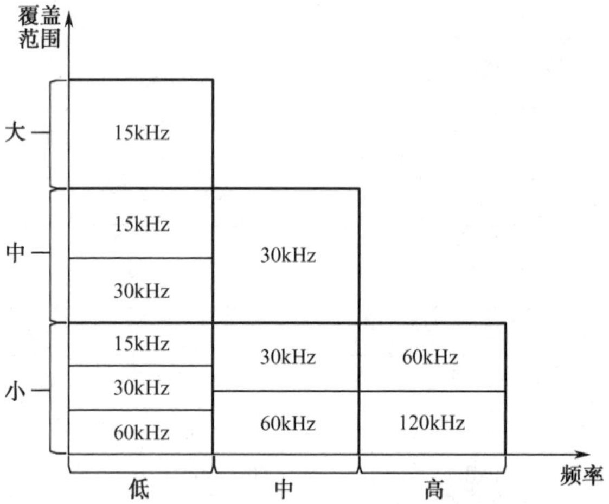

图 1-11　不同子载波的适用范围

思考与练习

1．选择题

（1）下列哪个网元属于 E-UTRAN（　　）。

A．S-GW　　B．eNB　　C．MME　　D．EPC

（2）LTE 的全称是（　　）。

A．Long Term Evolution

B．Long Time Evolution

C．Later Term Evolution

（3）LTE 的设计目标是（　　）。

A．高数据速率　　B．低时延

C．分组优化的无线接入技术　　D．以上都正确

（4）LTE 系统网络架构 EPS 系统是由什么组成的（　　）。

A．EPC　　B．eNB　　C．UE　　D．以上都正确

（5）LTE 设计的峰值速率为（　　）。

A．上行 50Mbps、下行 100Mbps　　B．上行 25Mbps、下行 50Mbps

C．上行 25Mbps、下行 100Mbps　　D．上行 50Mbps、下行 50Mbps

2．填空题

（1）LTE 网络由________、________和用户终端设备 UE 三部分组成。

（2）eNB 之间通过_______，采用网格（Mesh）方式互联，同时 eNB 通过_______与 EPC 连接。

（3）3GPP 提出了________和________两类 5G 组网架构。其中，Option3/Option4/Option7 是基于________架构的方案，Option1/Option2/Option5 是基于________架构的方案。

（4）NSA 组网的两种系列中，________系列利用了已有 4G 核心网，而_______系列需要新增 5G 核心网，________系列只能部署 eMBB 业务，_______系列可以部署 5G 新业务和新应用，但是相应的 4G 锚点站需要升级改造。

（5）5G 的三大应用场景是________、________、________。

（6）5G 的技术特点有_________、_______、_______、________、_______。

（7）泛在网有两个层面的含义，一是__________，二是_________，虽然 3GPP 定义的三大场景中没有泛在网，但是泛在网的要求是隐含在所有场景中的。

3．简答题

（1）简述 5G 网络架构的组成及网元间的接口是什么？

（2）简述 5G 基站的工作原理。

（3）5G 网络部署有哪几种方式？

（4）5G 与 4G 相比较，优势在哪里？

（5）描述 5G 三大应用场景的典型应用。

任务 2　无线信道

【学习目标】

1．熟记上下行物理信道的种类

2．掌握各个信道的功能和结构

【知识要点】

1．每个信道的作用及组成

2．上下行物理信道

1.2.1　LTE 无线接口资源分配

1．LTE 空间资源

LTE 使用天线端口来定义空间上的资源。天线端口是从接收机的角度来定义的，如果接收机需要区分资源在空间上的差别，就需要定义多个天线端口。天线端口与实际的物理天线端口没有一一对应的关系。

由于目前 LTE 上行仅支持单射频链路的传输，不需要区分空间上的资源，所以上行还没有引入天线端口的概念。目前 LTE 下行定义了 3 类天线端口，分别对应天线端口序号 0～5，具体如下：

（1）小区专用参考信号传输天线端口：Port0～Port3；

（2）MBSFN 参考信号传输天线端口：Port4；

（3）终端专用参考信号传输天线端口：Port5。

此处的 MBSFN（Multicast Broadcast Single Frequency Network，多播/组播单频网络）要求同时传输来自多个小区的完全相同的波形，因此 UE 接收机就能将多个 MBSFN 小区视为一个大的小区。此外，UE 不会受到相邻小区的干扰，还将受益于来自多个 MBSFN 小区的信号叠加。

2．LTE 中的基本时间单位

LTE 中基本的时间单位是 T_S，LTE 的无线帧结构都是基于这个基本时间单位的，T_S 的计算公式为

$$T_S=1/(15000\times2048)\approx32.552083\text{（ns）}$$

T_S 的含义为 LTE 中一个 OFDM（Orthogonal Frequency Division Multiplexing，正交频分复用，多载波调制技术的一种，LTE 的关键技术之一）符号的每个采样点的采样时间，即 OFDM 符号的分辨率。具体解释：LTE 中的信号是由 OFDM 符号构成的，产生 OFDM 符号的基本方法是 FFT（Fast Fourier Transform，快速傅立叶变换，离散傅氏变换的快速算法，根据离散傅氏变换的奇、偶、虚、实等特性，对离散傅立叶变换算法进行改进后而得）算法，而 FFT 算法的基本操作之一就是采样。每个 OFDM 符号的采样频率为 15kHz，LTE 中每个 OFDM 符号需要采样 2048 个点，即每个采样点的采样时间为每个 OFDM 符号的采样时间 1/15kHz 再除以 2048 个点。

3．循环前缀 CP

在 LTE 系统中，为了改进系统性能，在信号发射端将待发送的 OFDM 信号的后 l 个采样点复制到有用采样点前面发送，这 l 个采样点就称为循环前缀（Cyclic Prefix，CP），如图 1-12 所示。在 LTE 中，在符号前加循环前缀，从而保证载波之间的正交状态，其本质上可以防止载波间干扰（一个辅载波与另一个载波相混淆，Inter-Channel Interference，ICI）。

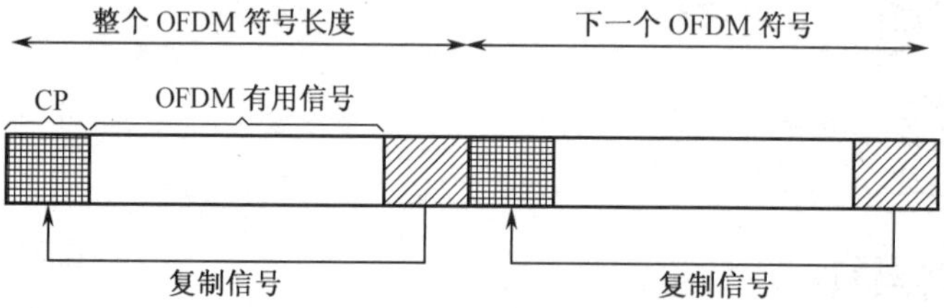

图 1-12　OFDM 符号中的循环前缀示意图

LTE 系统中有两种循环前缀，分别是常规循环前缀（Normal CP）和扩展循环前缀（Extended CP）。扩展 CP 主要用于规划中需要广覆盖的场景。CP 的长度是由所要求的系统容量、信道相关时间和 FFT 复杂度（限制 OFDM 符号周期）共同决定的。

4．LTE 物理资源分配

LTE 中的物理资源单位包括资源粒子 RE、资源块 RB、资源粒子组 REG 和资源组 RBG。

（1）资源粒子 RE

RE（Resource Element，资源粒子）是最小的资源单位，表示 1 个符号周期长度的 1 个子载波，可以用来承载调制信息、参考信息或不承载信息。对于每 1 个天线端口，RE 在时域上为 1 个 OFDMA（Orthogonal Frequency Division Multiple Access，正交频分多址接入，多载波多址接入技术之一）符号或者 1 个 SC-FDMA（Single-Carrier Frequency Division Multiple Access，单载波频分多址接入）符号，频域上为 1 个子载波。如图 1-13 所示，一个 RE 即为图中的一个方块区域，每个 RE 用（k, l）来标记（k 为频域/子载波的序号，l 为时间域/OFDM 符号的序号）。

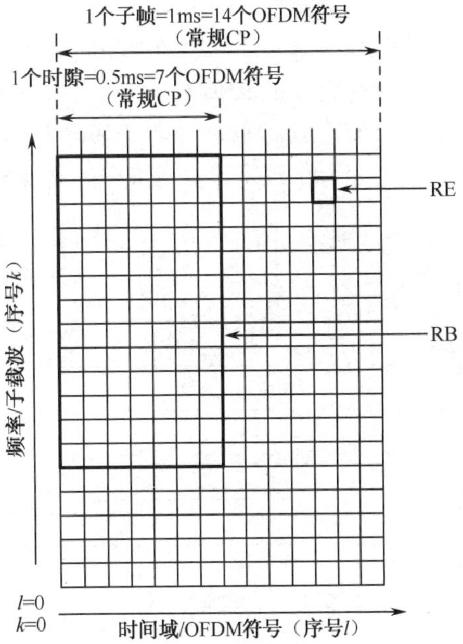

图 1-13 LTE 物理资源分配

（2）资源块 RB

RB（Resource Block，资源块）是业务信道资源分配的资源单位。时域上为一个时隙（0.5ms），频域上为 12 个子载波。如图 1-13 所示，一个 RB 即为多个 RE。由于 LTE 中 OFDM 的子载波间隔为 15kHz，因此，每个 RB 在频域上连续的宽度为 180kHz。根据循环前缀不同，每个 RB 通常包含 6 个或 7 个 OFDM 符号，对应的 RE 的个数也不同，具体如表 1-4 所示。

表 1-4 不同循环前缀时 RB 与 OFDM 符号及 RE 的关系

CP 长度	OFDM/SC-FDMA 符号个数	RE 个数
常规 CP	7	84
扩展 CP	6	72

由于 LTE 系统信道带宽有多种选择，因此不同信道对应的 RB 个数也不相同，具体如表 1-5 所示，RB 数介于 6～100。下面以 20MHz 带宽为例，介绍 RB 数目的计算方法。由于 1 个 RB 对应频域上的 12 个子载波，而子载波的间隔为 15kHz，则 20MHz 带宽对应的 RB 数量应该为

$$\frac{20\times10^6}{15\times10^3\times12}\approx111\text{个}$$

而 100 个 RB 实际占用带宽为

$$\frac{15\times10^3\times12\times100}{10^6}=18\text{MHz}$$

表 1-5 不同带宽占用 RB 资源情况

名义带宽/MHz	1.4	3	5	10	15	20
RB 数目	6	15	25	50	75	100
实际占用带宽/MHz	1.08	2.7	4.5	9	13.5	18

（3）资源粒子组 REG

REG（Resource Element Group）为控制信道资源分配的资源单位，由 4 个 RE 组成。

（4）资源组 RBG

RBG（Resource Block Group）为业务信道资源分配的资源单位，由一组 RB 组成。RBG 分组的大小和系统带宽有关，具体如表 1-6 所示。

表 1-6　RBG 分组大小与系统带宽的关系

系统带宽 包含下行 RB 个数	1 个 RBG 分组包含的 RB 个数
≤10	1
11～26	2
27～63	3
64～110	4

1.2.2　LTE 无线帧结构

LTE 在空中接口上支持两种无线帧结构，即 Type 1 和 Type 2，依次分别适用于 FDD 和 TDD。

1. Type 1 帧结构

Type 1 类型帧适用于 FDD 模式，其结构如图 1-14 所示，每个帧（Frame）由 20 个结构完全相同的时隙（Slot）组成，时隙编号依次为 0～19，每个时隙的时长 T_{slot} 由 15360 个 T_S 构成，即 $T_{slot}=15360\times T_S=0.5ms$。因此，LTE 的帧长度为 10ms。而每两个相邻的时隙构成一个子帧（Subframe），因此，子帧长度为 1ms，每个 LTE 帧由 10 个子帧构成。子帧类型包括下行 Unicast/MBSFN 子帧、下行 MBSFN 专用载波子帧和上行常规子帧 3 种。任何一个子帧既可以作为上行，也可以作为下行使用，上行和下行传输均在不同的频率上。

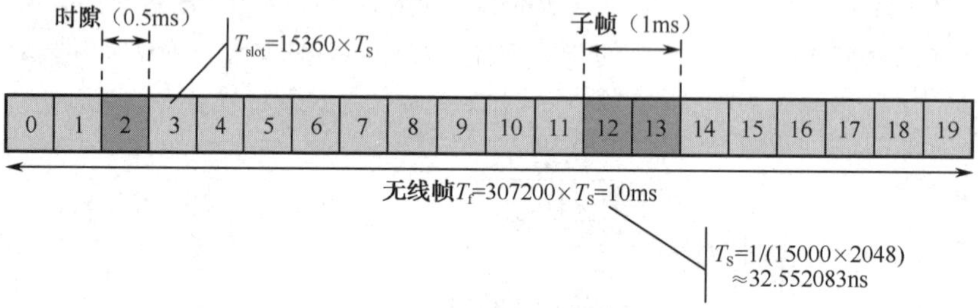

图 1-14　Type 1 帧结构

2. Type 2 帧结构

Type 2 类型帧适用于 TDD 模式，是基于 TD-SCDMA 帧结构修改而成的，其结构如图 1-15 所示。

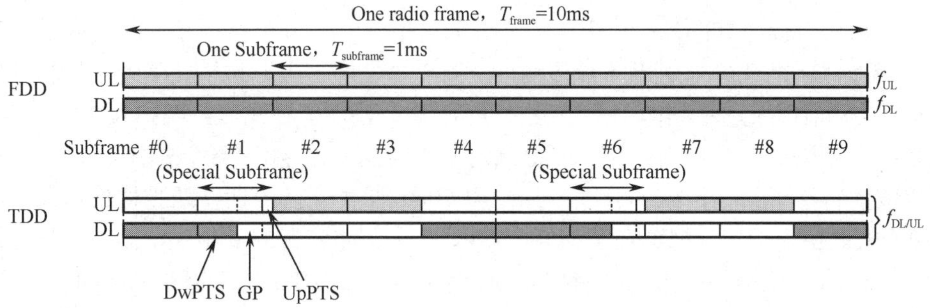

图 1-15 Type 2 帧结构

每个 10ms 无线帧，分为 2 个长度为 5ms 的半帧，这 2 个半帧具有完全相同的结构和相同的上下行子帧比例。每个半帧由 4 个长度均为 1ms 的数据子帧（与 Type 1 相同，每个子帧由 2 个普通时隙构成）和 1 个特殊子帧组成。特殊子帧位于每个半帧的第 2 个子帧（即 10ms 无线帧的子帧 1 和子帧 6）中。特殊子帧组成结构如图 1-16 所示，包括 3 个特殊时隙，分别为下行导频时隙（Downlink Pilot Time Slot，DwPTS）、保护周期（Guard Period，GP）和上行导频时隙（Uplink Pilot Time Slot，UpPTS），3 个特殊时隙的总长度为 1ms，其中 DwPTS 和 UpPTS 的长度可配置。DwPTS 长度为 3～12 个 OFDM 符号，由参考信号（Reference Signal，RS）或控制信息（Control）、主同步信号（Primary Synchronization Signal，PSS）和数据（Data）三部分组成，主要用于下行同步和小区搜索；UpPTS 长度为 1～2 个 OFDM 符号，主要用于上行同步和随机接入及越区切换时邻近小区测量；GP 长度为 1～10 个 OFDM 符号，时间长度为 70～700μs，其作用是防止上下行频段之间的干扰及参与控制小区半径。GP 防止上下行干扰的作用示意图如图 1-17 所示。

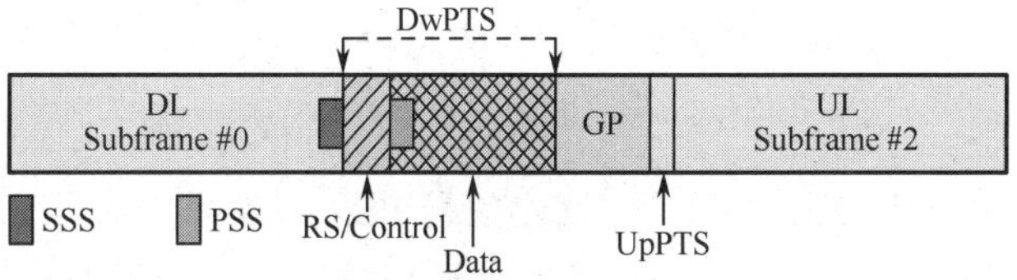

图 1-16 特殊子帧组成结构

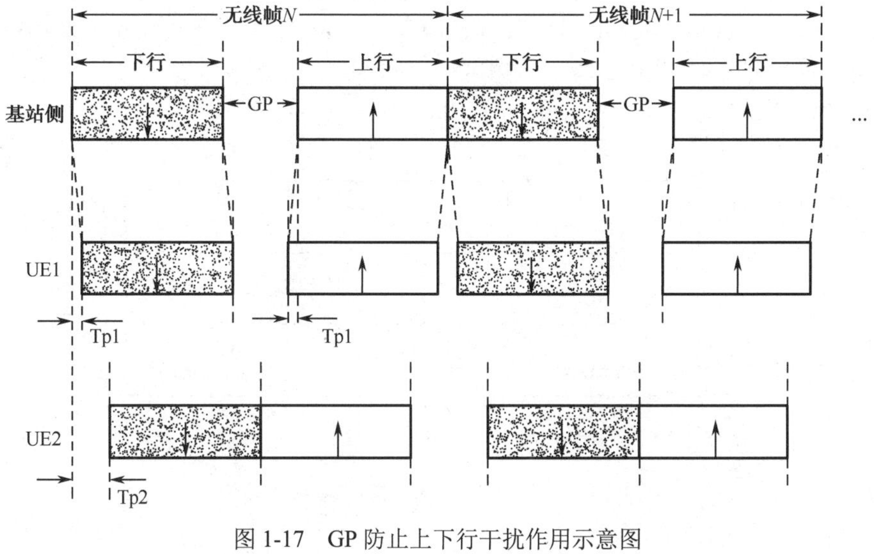

图 1-17 GP 防止上下行干扰作用示意图

相对于 FDD 而言，TDD 的 1 个子帧是分配给下行还是分配给上行是相对固定的，如子帧 0、子帧 5 和 DwPTS 总是用于下行传输，子帧 2 总是用于上行传输。其他子帧的分配可以根据小区的实际情况采用不同的分配方案。TD-LTE 上下行子帧配比方案如表 1-7 所示，表中“D”代表此子帧用于下行传输，“U”代表此子帧用于上行传输，“S”是由 DwPTS、GP 和 UpPTS 组成的特殊子帧。TD-LTE 支持 5ms 和 10ms 两种切换周期，两种切换周期的区分依据是特殊子帧的出现频率。配置在子帧 0、子帧 1、子帧 2 和子帧 6 中，子帧在上下行切换的时间间隔为 5ms，因此需要配置两个特殊子帧。当 TD-LTE 和 TD-SCDMA 处于同一个频点时，采用这种切换周期可以有效避免干扰。其他配置中的切换时间间隔都为 10ms，只需配置一个特殊子帧。

表 1-7　TD-LTE 上下行子帧配比方案

配置	切换时间间隔	子帧编号									
		0	1	2	3	4	5	6	7	8	9
0	5ms	D	S	U	U	U	D	S	U	U	U
1	5ms	D	S	U	U	D	D	S	U	U	D
2	5ms	D	S	U	D	D	D	S	U	D	D
3	10ms	D	S	U	U	U	D	D	D	D	D
4	10ms	D	S	U	U	D	D	D	D	D	D
5	10ms	D	S	U	D	D	D	D	D	D	D
6	5ms	D	S	U	U	U	D	S	U	U	D

3. LTE 的 Type 1 和 Type 2 两种无线帧结构比较

（1）同步信号设计

LTE 同步信号的周期是 5ms，分为主同步信号 PSS 和辅同步信号 SSS 两种。Type 1 和 Type 2 帧结构中的同步信号的位置是不同的。利用这种主、辅同步信号相对位置的不同，终端可以在小区搜索的初始阶段识别系统是 TDD 还是 FDD。在 Type 1-FDD 中，PSS 和 SSS（Secondary Synchronization Signal，辅同步信号）位于 5ms 第 1 个子帧（子帧 0）内前一个时隙的最后两个符号处；在 Type 2-TDD 结构中，PSS 位于 DwPTS 的第 3 个符号处，SSS 位于 5ms 第 1 个子帧的最后 1 个符号处，如图 1-18 所示。

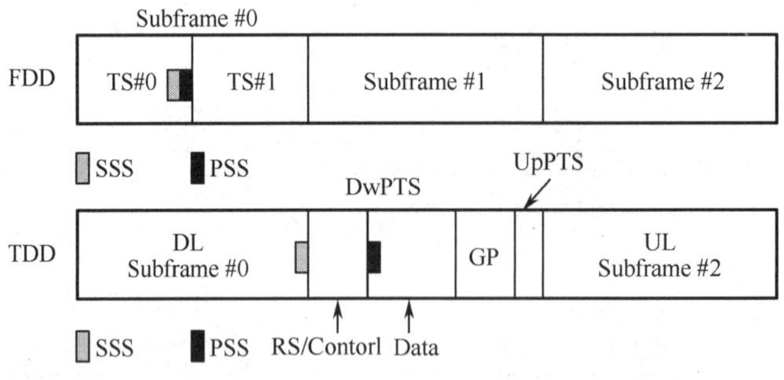

图 1-18　LTE 中两种帧结构同步信号的设计

（2）上下行比例

FDD 依靠频率区分上下行，其单方向的资源在时间上是连续的；TDD 依靠时间来区分上下行，其单方向的资源在时间上是不连续的，时间资源在两个方向上进行了分配：某个时间段由基站发送信号给移动台，另外的时间段由移动台发送信号给基站，基站和移动台之间必须协同一致才能顺利工作。

LTE TDD 中支持的 7 种不同的上下行时间配比，将大部分资源分配给下行的“9∶1”（配置 5）到上行占用资源较多的“2∶3”（配置 0）。在实际使用时，网络可以根据业务量的特性，灵活选择配置。

和 FDD 不同，TDD 系统不总是存在“1∶1”的上下行比例。当下行多于上行时，必然存在一个上行子帧反馈多个下行子帧；当上行多于下行时，必然存在一个下行子帧调度多个上行子帧（多子帧调度）。

LTE 的物理层无线帧与物理资源单位之间的关系如图 1-19 所示，无线帧的每个时隙即是一个资源块 RB——在常规 CP 情况下，时域对应 7 个 OFDM 符号，频域对应 12 个子载波。

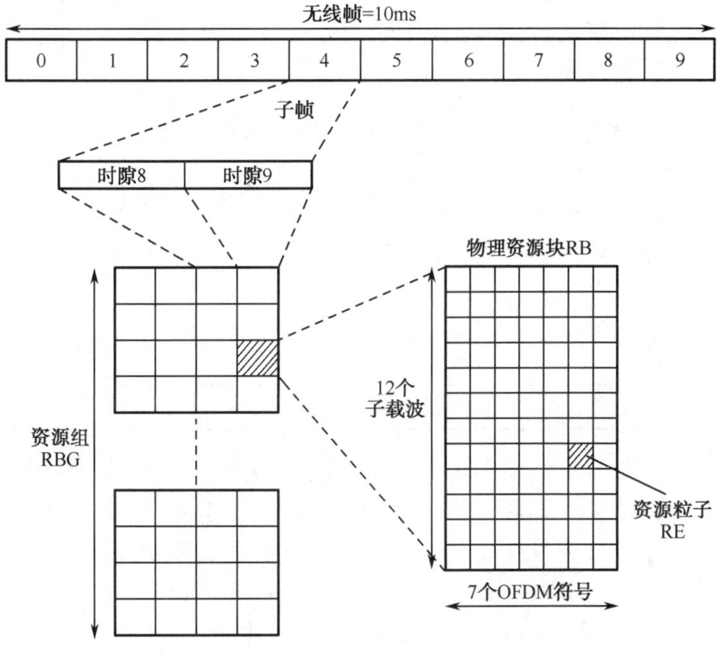

图 1-19 LTE 的物理层无线帧与物理资源单位之间的关系

1.2.3 5G 帧结构

在 5G NR 中，1 个时间帧的长度为 10ms，包含了 10 个长度为 1ms 的子帧，这与 LTE 的时间帧设计相同。NR 的每个子帧包含的时隙数量与子载波间隔有关。在常规 CP 下，每个时隙固定由 14 个 OFDM 符号组成（在非常规 CP 下为 12 个 OFDM 符号）。当子载波间隔为 15kHz 时，每个 OFDM 符号长度约为 66.67μs（1/15kHz），常规 CP 长度约为 4.7μs，则相应的一个时隙的长度为 14×（66.67μs+4.7μs）≈1ms，因此，15kHz 子载波间隔的每个子帧包含 1 个时隙。图 1-20 说明了 15kHz 子载波间隔下的 5G NR 时间帧结构。

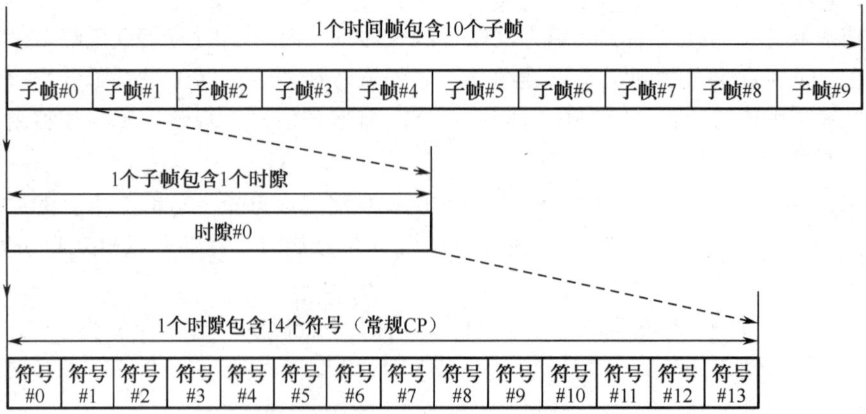

图 1-20 5G NR 时间帧结构（常规 CP、15kHz 子载波间隔）

对于子载波间隔为 15kHz×2^u（u=1,2,3,4）的波形，OFDM 符号长度（以及 CP 长度）按比例缩小，时隙长度相应地按 1/2^ums 的规律缩短。表 1-8 列举了不同子载波间隔下的时隙长度及每子帧包含的时隙数。

表 1-8 不同子载波间隔下的时隙长度及每子帧包含的时隙数

Δ*f*/kHz	时隙长度/ms	每子帧包含的时隙数
15	1	1
30	0.5	2
60	0.25	4
120	0.125	8
240	0.0625	16

LTE 中定义了资源块 RB 作为资源调度的基本单元，1 个资源块在频域上包含 12 个连续的子载波，在时域上持续 1 个时隙长度（0.5ms）。5G NR 沿用了 LTE 的资源块概念，每个 NR 资源块在频域上包含 12 个连续子载波、时域上持续 1 个时隙长度。由于 NR 定义了多种不同的参数集，因而有几种不同的资源块结构。如 15kHz 子载波间隔下，1 个资源块频域上为 180kHz、时域上持续 1ms；30kHz 子载波间隔下，1 个资源块频域上为 360kHz、时域上持续 0.5ms。

在频域上，5G NR 定义了多种子载波间隔以适应多样的部署和应用场景；在时域上，5G NR 定义了多种时间调度粒度，增强调度的灵活性，以满足不同业务应用的需求。LTE 的时间调度粒度为 1 个时隙。在此基础上，5G NR 增加了最小时隙（Mini-Slot）和时隙聚合（Slot Aggregation）两种时间调度的概念。最小时隙是指资源分配的时间粒度可小于 1 个时隙。R15 中定义的最小时隙在常规 CP 下可为 2、4 或 7 个符号长度，在扩展 CP 下可为 2、4 或 6 个符号长度。

5G NR 采用了一种“自包含”的时隙结构，即每个时隙中包含了解调解码所需的解调参考信号和必要的控制信息，使终端可以快速地对接收到的数据进行处理，降低端到端的传输延迟。

在 5G NR 中，一个时隙可以是全上行或全下行配置，也可以是上下行混合配置，如图 1-21 所示。在混合配置的时隙中，上行符号与下行符号存在一段保护间隔。为了进一步增加调度的灵活性，一个时隙内最多允许有两次上下行切换。时隙内符号的配置可以是静态、半静态甚至是动态的。

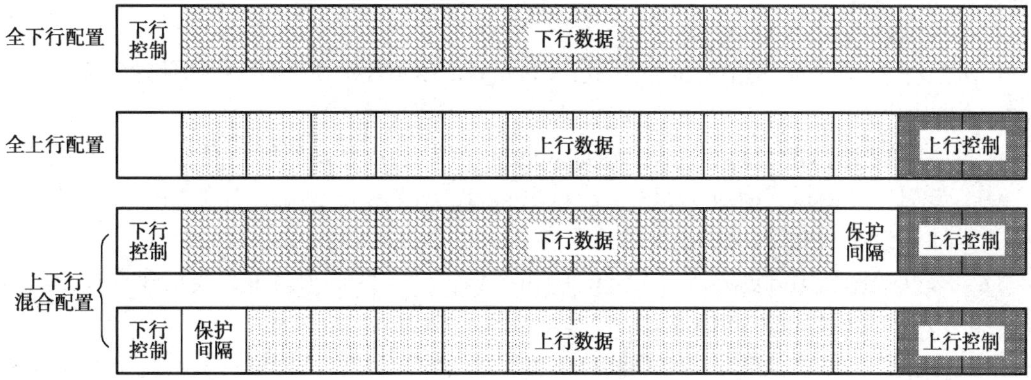

图 1-21　5G NR 的时隙结构

实际上，5G NR 定义了 3 种符号类型：上行符号、下行符号和灵活符号。其中，上、下行符号通常由网络侧决定，而灵活符号可由终端决定为上行或下行。

1.2.4　LTE 物理信道

LTE 无线接口协议分层结构如图 1-22 所示，最下层为物理层（PHY 层），第 2 层为数据链路层（包括媒质接入控制 MAC 和无线链路控制 RLC 两个子层），最高层为无线资源控制 RRC 层。PHY 层与 MAC 层和 RRC 层之间都有信息交互。PHY 层通过传输信道向高层提供数据传输服务。PHY 层以下是物理信道，PHY 层向 MAC 层提供传输信道，MAC 层给 RLC 层提供不同的逻辑信道。

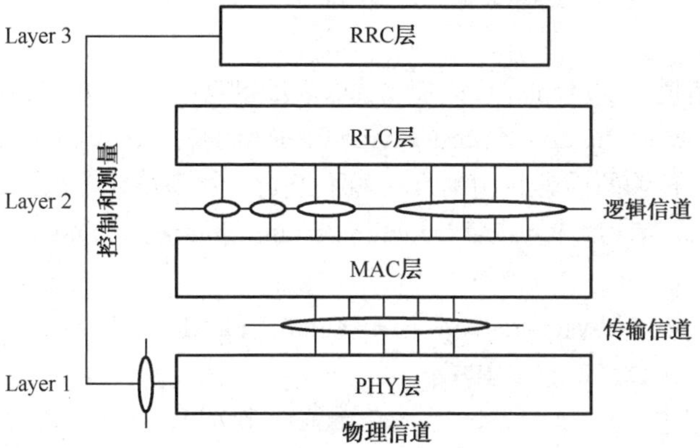

图 1-22　LTE 无线接口协议分层结构

逻辑信道是 MAC 子层向上层提供的服务，表示承载的具体内容。传输信道表示承载的内容怎么传，以什么格式传。物理信道则将属于不同用户、不同功用的传输信道数据流分别按照相应的规则确定其载频、扰码、扩频码、开始时间、结束时间等，并最终调制为模拟射频信号发射出去；不同物理信道上的数据流分别属于不同的用户。打个比方，某人写信给朋友，逻辑信道就相当于信的内容；传输信道定义了信的传递方式，是平信、挂号信、EMS等；物理信道相当于写上地址、贴好邮票后的信件。

LTE的逻辑信道可以分为控制信道CCH和业务信道TCH两类，控制信道用于传输控制平面的控制和配置信息，业务信道用于传输用户平面的用户数据。

控制信道包括：

（1）广播控制信道（Broadcast Control Channel，BCCH）：广播系统控制信息的下行链路信道。

（2）寻呼控制信道（Paging Control Channel，PCCH）：传输寻呼信息的下行链路信道。

（3）专用控制信道（Dedicated Control Channel，DCCH）：传输专用控制信息的点对点双向信道，该信道在UE有RRC连接时建立。

（4）公共控制信道（Common Control Channel，CCCH）：在RRC连接建立前在网络和UE之间发送控制信息的双向信道。

（5）多播控制信道（Multicast Control Channel，MCCH）：从网络到UE的MBMS（单频网多播和广播）调度和控制信息传输使用点到多点下行信道。

业务信道包括：

（1）专用业务信道（Dedicated Traffic Channel，DTCH）：该信道是用于传输用户信息的，专用于一个UE的点对点信道。该信道在上行链路和下行链路中都存在。

（2）多播业务信道（Multicast Traffic Channel，MTCH）：点到多点下行链路。

LTE的传输信道可以分为专用传输信道和公用传输信道两类，专用传输信道为基站和一个用户之间专享；公用传输信道为小区内所有用户共用。其中，公用传输信道包括：

（1）广播信道（Broadcast Channel，BCH）：用于传输BCCH逻辑信道上的信息。

（2）寻呼信道（Paging Channel，PCH）：用于传输PCCH逻辑信道上的寻呼信息。

（3）多播信道（Multicast Channel，MCH）：用于支持MBMS。

专用传输信道包括：

（1）下行共享信道（Down Link Share Channel，DL-SCH）：在LTE中传输下行数据的传输信道。

（2）上行共享信道（Up Link Share Channel，UL-SCH）：与DL-SCH对应的上行信道。

（3）随机接入信道（Random Access Channel，RACH）：用于UE申请接入系统。

LTE的物理信道传输的内容和调制方式各不相同，物理下行信道包括：

（1）物理下行共享信道（Physical Downlink Share Channel，PDSCH）：承载下行数据传输和寻呼信息。

（2）物理广播信道（Physical Broadcast Channel，PBCH）：传递UE接入系统所必需的系统信息，如带宽、天线数目、小区ID等。

（3）物理多播信道（Physical Multicast Channel，PMCH）：传递MBMS相关的数据。

（4）物理控制格式指示信道（Physical Control Format Indication Channel，PCFICH）：表示一个子帧中用于PDCCH的OFDM符号的数目。

（5）物理HARQ指示信道（Physical HARQ Indication Channel，PHICH）：用于NodeB向UE反馈和PUSCH相关的确认/非确认（ACK/NACK）信息。

（6）物理下行控制信道（Physical Downlink Control Channel，PDCCH）：用于指示和

PUSCH、PDSCH 相关的格式、资源分配、HARQ 信息，位于子帧的前 n 个（$n \leq 3$）OFDM 符号中。

物理上行信道包括：

（1）物理上行共享信道（Physical Uplink Share Channel，PUSCH）：与 PDSCH 相对应的物理上行信道。

（2）物理随机接入信道（Physical Random Access Channel，PRACH）：获取小区随机接入的必要信息，进行时间同步和小区搜索等。

（3）物理上行控制信道（Physical Uplink Control Channel，PUCCH）：用于 UE 向基站发送 ACK/NAK 等信息。

三种信道的映射关系如图 1-23 所示，某个信道可以为上行信道（如 RACH），可以为下行信道（如 PCCH），也可以是双向信道（如 DCCH）。某个上层信道必然要映射到下层信道；而某个下层信道可能与一个或者多个上层信道存在映射关系，如 MCH 和 DL-SCH；也可以与上层信道无映射关系，如 PUCCH。

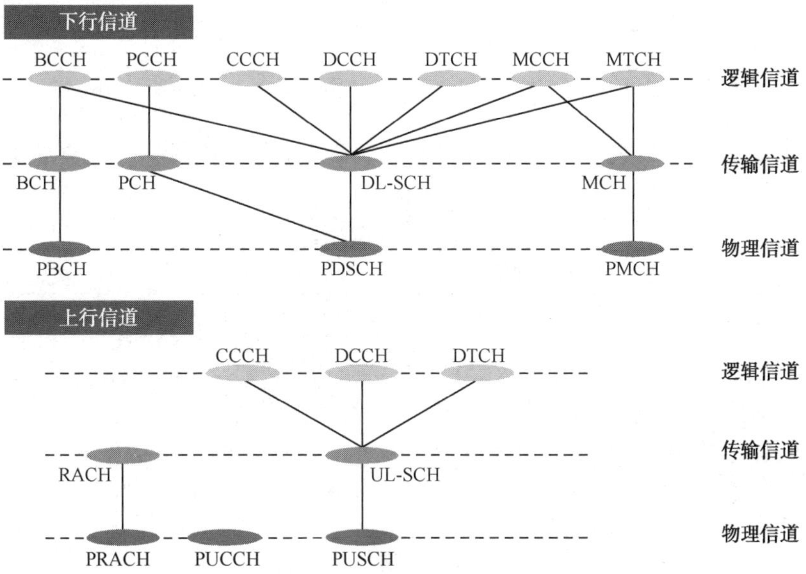

图 1-23　三种信道的映射关系

1.2.5　5G 物理信道

5G NR 上下行信道如图 1-24 所示，分为逻辑信道、传输信道和物理信道。与 LTE 相比，NR 中没有 PCFICH 和 PHICH 物理信道，PDCCH 所占的资源不再由 PCFICH 指示，时频域资源由高层参数 CORESET-freq-dom、CORESET-time-dur 确定。信道映射方面，下行 BCCH 分两路：一路映射到 BCH，再到物理信道 PBCH；一路映射到 DL-SCH，再到物理信道 PDSCH。下行寻呼控制信道映射方向：PCCH 先映射到寻呼信道 PCH，再映射到 PDSCH。上行 PRACH 映射到传输信道 RACH，无对应的逻辑信道。

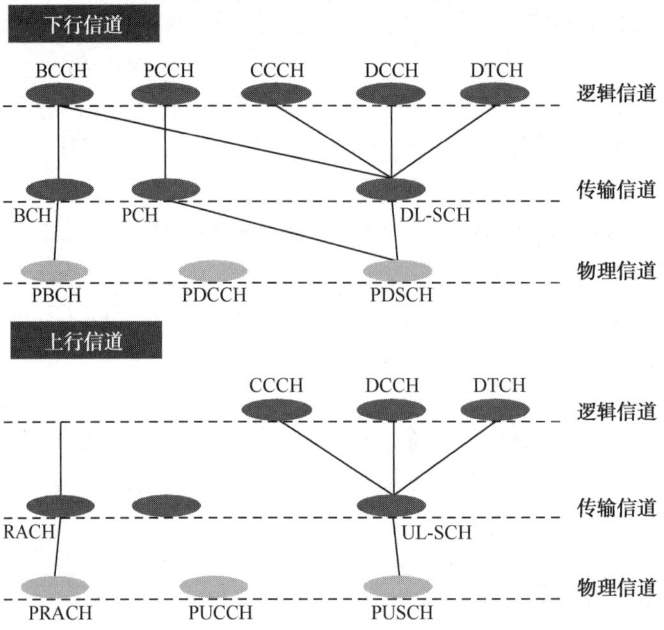

图 1-24　5G NR 上下行信道

5G 上下行物理信号如表 1-9 所示，是物理层使用的，但不承载任何来自高层信息的信号。

表 1-9　5G 上下行物理信号

上行物理信号	解调参考信号（Demodulation Reference Signals，DMRS）
	相位跟踪参考信号（Phase-Tracking Reference Signals，PT-RS）：高频使用降噪
	探测参考信号（Sounding Reference Signals，SRS）
下行物理信号	解调参考信号（Demodulation Reference Signals，DMRS）
	相位跟踪参考信号（Phase-Tracking Reference Signals，PT-RS）：高频使用降噪
	信道状态信息参考信号（Channel-State Information Reference Signal，CSI-RS）
	主同步信号（Primary Synchronization Signal，PSS）
	辅同步信号（Secondary Synchronization Signal，SSS）

相对 LTE，NR 不再使用 CRS，上下行物理信号的功能如下：

（1）PSS/SSS：由基站周期性发送，周期长度由网络配置决定，UE 可以基于这些信号来检测和维持小区定时。若 gNB 采用混合波束成形，则 PSS 和 SSS 在每个模拟波束上分别发送。网络可在频域上配置多个 PSS 和 SSS。

（2）DMRS：附着于物理信道内，主要用于对应信道（PDSCH、PDCCH、PUCCH、PUSCH）的相干解调的信道估计。

（3）PT-RS：附着于物理信道内，PT-RS 对不包含 DMRS 的 PDSCH（或 PUSCH）符号间的相位错误进行校正，也可用于多普勒和时变信道的追踪。

（4）CSI-RS：用于终端对信道状态的估计，以便给 gNB 发送反馈报告，来辅助进行 MCS 选择、波束成形、MIMO 秩选择和资源分配等工作。CSI-RS 的传输可以是周期性、非周期性和半持续性的，速率由 gNB 配置。CSI-RS 也可用于干扰检测和精细的时频资源追踪。

（5）SRS：用于对上行信道状态信息的估计，以辅助进行上行调度、上行功控，还可用于辅助进行下行发送（如基于上下行互易性的下行波束成形）。

表 1-10 详细列举了 NR 的物理信道/信号及对应的 LTE 等效信道/信号。

表 1-10　NR 的物理信道/信号及对应的 LTE 等效信道/信号

NR 物理信道/信号		描　述	LTE 等效信道/信号
上行	PUSCH PUSCH-DMRS PUSCH-PTRS	物理上行共享信道 解调 PUSCH 的参考信号 解调 PUSCH 的相位跟踪参考信号	PUSCH PUPSCH-DMRS 无
	PUCCH PUCCH-DMRS	物理上行控制信道 解调 PUCCH 的解调参考信号	PUCCH PUCCH-DMRS
	PRACH	物理随机接入信道	PRACH
	SRS	探测参考信号	SRS
下行	PDSCH PDSCH-DMRS PDSCH-PTRS	物理下行共享信道 解调 PDSCH 的参考信号 解调 PDSCH 的相位跟踪参考信号	PDSCH PDSCH-DMRS 无
	PBCH PBCH-DMRS	物理广播信道 解调 PBCH 的参考信号	PBCH 无
	PDCCH PDCCH-DMRS	物理下行控制信道 解调 PDCCH 的参考信号	PDCCH PDCCH-DMRS
	CSI-RS	信道状态信息参考信号	CSI-RS
	PSS	主同步信号	PSS
	SSS	辅同步信号	SSS

思考与练习

1．选择题

（1）LTE TDD 中子帧长度是多少（　　）？

A．0.5ms　　B．1ms　　C．5ms　　D．10ms

（2）LTE TDD 中一个半帧包含几个子帧（　　）？

A．2　　B．3　　C．4　　D．5

（3）LTE TDD 中一个子帧包含（　　）个时隙。

A．2　　B．3　　C．4　　D．5

（4）LTE TDD 中一个时隙包含（　　）个 OFDM 符号。

A．7　　B．8　　C．9　　D．10

（5）RB 是资源分配的最小粒度，由（　　）个 RE 组成。

A．4×3　　B．5×3　　C．6×3　　D．12×7

（6）物理下行共享信道是（　　）。

A．PDSCH　　B．PCFICH　　C．PHICH　　D．PDCCH

（7）关于物理下行信道的描述，哪个不正确（　　）。

A．PDSCH、PMCH 及 PBCH 映射到子帧中的数据区域上

B．PMCH 与 PDSCH 或者 PBCH 不能同时存在于一个子帧中

C．PDSCH 与 PBCH 不能存在于同一个子帧中

D．PDCCH、PCFICH 及 PHICH 映射到子帧中的控制区域上

（8）LTE 最小的时频资源单位是（　　），频域上占一个子载波（15kHz），时域上占一个 OFDM 符号（1/14ms）。

A．RE　　B．REG　　C．CCE　　D．RB

2．填空题

（1）LTE 使用________来定义空间上的资源。

（2）PDCCH 用于________分配信息，包括________。

（3）对于 FDD 来说，一个上行子帧中只能同时存在最多一个 PRACH 信道，并且与____相邻，固定在频带的一侧。

（4）传输信道分为两大类：________和________。

任务 3　空口关键技术

【学习目标】

1．了解 LTE 关键技术所涉及的内容

2．了解各关键技术在 LTE 中的重要性

【知识要点】

1．LTE 关键技术在各个方面的作用

2．LTE 关键技术原理

1.3.1　频域多址技术 OFDM

与传统的 MCM（Multiple Carriers Modulation，多载波调制）相比，OFDM 调制的各个子载波间可相互重叠，并且能够保持各个子载波之间的正交性。这样，就能节省带宽资源，获得高的频谱利用率，如图 1-25 所示。为了避免干扰，必须要保证各个子载波之间的正交性，这就要求各个子载波的收发完全同步，发射机和接收机要精确同频、同步。

OFDM 的基本原理：在频域上，用不同的子载波将一个宽频信道划分为多个子信道，各相邻子信道相互重叠，但不同子信道之间相互正交。在时域上，将高速的串行数据流分解成若干并行的低速子数据流，将这些子数据流调制到不同的子信道中同时传输，这些在子载波上同时传输的数据符号就构成了一个 OFDM 符号。

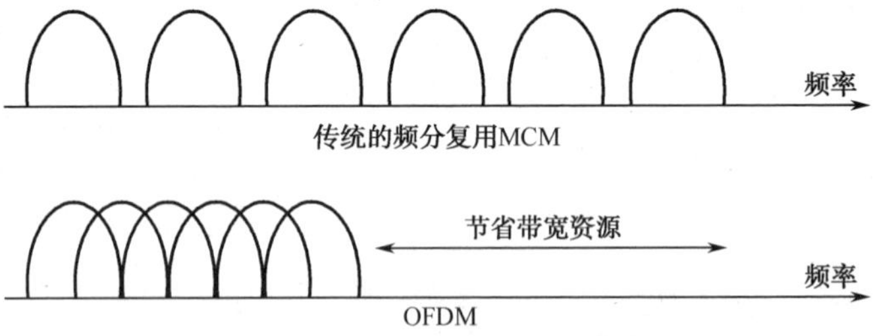

图 1-25　传统 MCM 和 OFDM 的比较

1．保护间隔 GP

尽管 OFDM 的实现原理保证了传输信号的频率选择性衰落和时间选择性衰落都很小，但由于移动通信环境的复杂性，这两种现象都无法避免。由于多径现象的存在，各径 OFDM 信

号到达接收机的时间不同，信号之间将在交叠处产生符号间干扰 ISI，如图 1-26 所示。

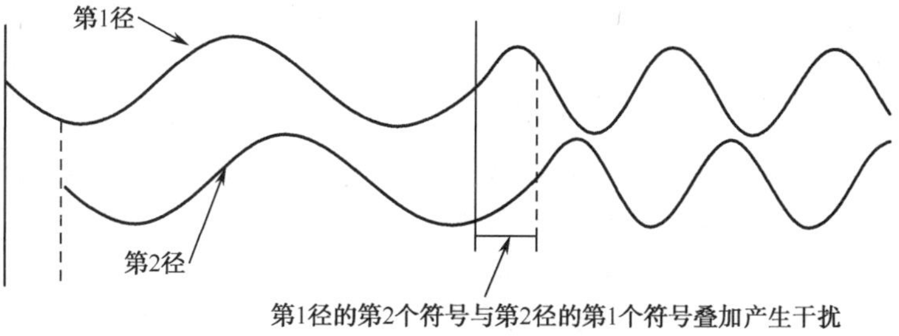

图 1-26 OFDM 系统中的 ISI

在 OFDM 符号中增加保护间隔 GP 是为了克服 ISI，此处 OFDM 符号不是指子载波的符号，而是指各子载波叠加后的 OFDM 符号，即时域的波形。在 GP 内，可以不插入任何信号（即不采样），形成一段空闲的传输时段。由于每个 OFDM 符号都是以 GP 开头的，之后才是真实数据，因此上一个多径分量的一部分会落在 GP 内，而不会影响下一个 OFDM 符号。只要 GP 的长度大于信道的最大多径时延，这样一个 OFDM 的多径分量就不会对下一个 OFDM 符号构成干扰，如图 1-27 所示。

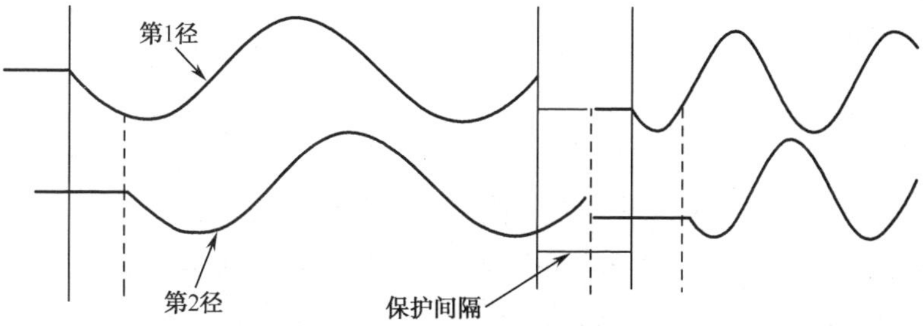

图 1-27 在 OFDM 符号中增加 GP 以克服 ISI

虽然在 OFDM 符号中增加 GP 可以克服 ISI，但却产生了 ICI（信道间干扰），空闲的 GP 进入到 FFT 的积分时间内，导致积分时间内不能包含整数个波形，从而破坏了子载波之间的正交性，即不同的子载波之间会产生干扰，如图 1-28 所示。

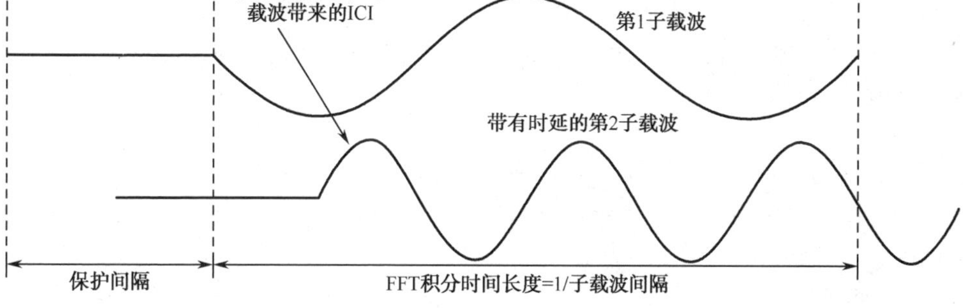

图 1-28 OFDM 系统中的 ICI

实际情况就是子载波发生了频率偏移，由于在 FFT 运算时间长度内，第 1 子载波与带有时延的第 2 子载波之间的周期个数之差不再是整数，所以当接收机试图对第 1 子载波进行解调时，第 2 子载波会对其造成干扰。同样，当接收机对第 2 子载波进行解调时，也会存在来自第 1 子载波的干扰。

2．循环前缀 CP

为了克服 ICI，要在 OFDM 符号的 GP 内添加循环前缀 CP，即将每个 OFDM 符号的后段时间中的样点复制到 OFDM 符号的前面，如图 1-29 所示，这样可以保证在 FFT 周期内，OFDM 符号的延时副本内包含波形的周期个数是整数。只要各径的时延不超过保护间隔的持续时间，就不会在解调过程中产生 ICI。常规 CP（4.67nm）和扩展 CP（16.67nm）抗多径的距离分别是 1.4km（4.67nm×光速）和 5km（16.67nm×光速）。

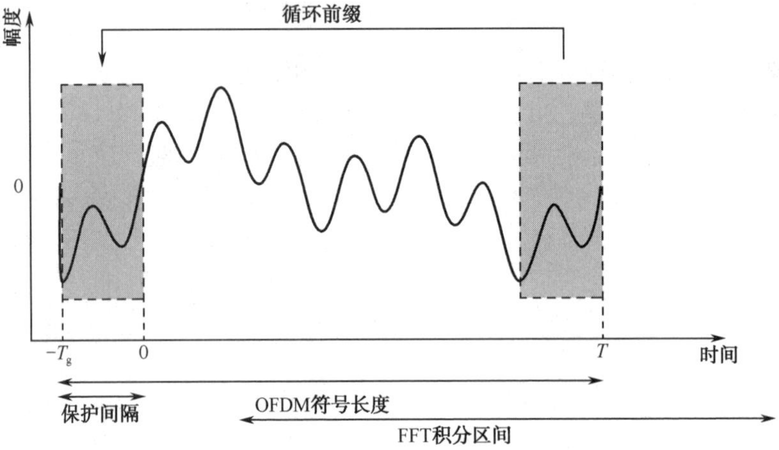

图 1-29　在 OFDM 符号中增加 CP

加入保护间隔也要付出增加带宽的代价，并会带来能量的损失。CP 越长，能量损失就越大。一般认为 CP 必须小于 OFDM 信号长度的 1/4。比如，一个 OFDM 信号共有 256 个符号，其 CP 的长度为 64 个比特，则总的信号长度是（256+64）比特。

3．OFDM 系统的优缺点

（1）优点

① 各子信道上的正交调制和解调可以采用 IFFT 和 FFT 实现，运算量小，实现简单；

② 可以通过使用不同数量的子信道，实现上下行链路的非对称传输；

③ 所有的子信道不会同时处于频率选择性衰落，可以通过子信道动态分配，充分利用信噪比高的子信道，提升系统性能。

（2）缺点

① 对频率偏差敏感。

传输过程中出现的频率偏移（如多普勒频移）或者发射机载波频率与接收机本地振荡器之间的频率偏差，会造成子载波之间正交性的破坏。

② 存在较高的峰均比 PAPR。

OFDM 调制的输出是多个子信道的叠加，如果多个信号相位一致，叠加信号的瞬间功率会远远大于信号的平均功率，导致较大的峰均比，这对发射机功率放大器 PA 的线性提出了更高的要求。

4．正交频分多址接入 OFDMA

正交频分多址接入 OFDMA 是以 OFDM 技术为基础，用不同的子载波来区分用户，从而实现同一基站对不同用户的业务接入的。OFDMA 在移动通信系统中的实现可以分为集中式和分布式两种方案，如图 1-30 所示。集中式方案中，基站发送给同一个 UE 的下行数据占用的是连续的若干个子载波；分布式方案中，基站发送给同一个 UE 的下行数据占用的是分隔开的若干个子载波，后者可以实现频率分集，从而获得分集增益。

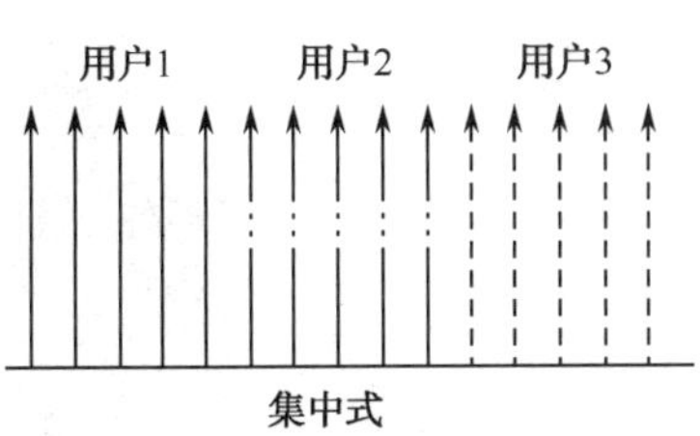

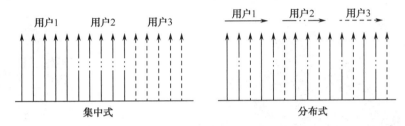

图 1-30　OFDMA 的两种实现方案

5．单载波频分多址接入 SC-FDMA

为了降低峰均比 PAPR，LTE 系统的上行采用 SC-FDMA 多址接入方式，通常采用 DFT-S-OFDM 技术来实现，在 OFDM 的 IFFT 调制之前先对信号进行离散傅立叶变换（Discrete Fourier Transform，DFT），如图 1-31 所示。

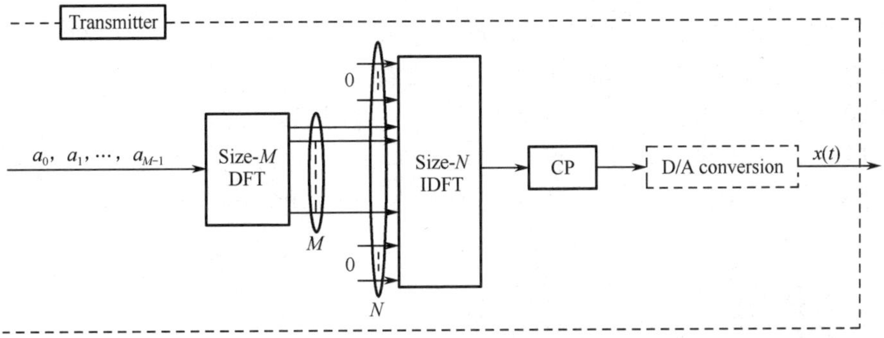

图 1-31　SC-FDMA 技术实现框图

如图 1-31 所示，以长度为 M 的数据符号块（$a_0,a_1,\cdots,a_{M-1}$）为基本单位，首先使其通过 DFT 变换，获得与这个长度为 M 的离散序列相对应的长度为 M 的频域序列；然后将 DFT 的输出信号送入 N 点的离散傅立叶逆变换 IDFT 中去。IDFT 的长度比 DFT 的长度长，即 $N>M$，IDFT 多出的那一部分输入用 0 补齐。在 IDFT 之后，为避免符号间干扰，同样为这一组数据添加循环前缀 CP；最后进行模/数转换、射频调制和空中发射。

DFT-S-OFDM 可以认为 SC-FDMA 的频域产生方式，是 OFDM 在 IDFT 调制前进行了基于傅立叶变换的预编码。DFT-S-OFDM 与 OFDM 的区别在于，OFDM 将时域符号信息本身调制到正交的子载波上，而 DFT-S-OFDM 将符号的频谱信息调制到正交的子载波上去。通过改变不同用户的 DFT 的输出到 IDFT 输入端的对应关系，输入数据符号的频谱可以被搬移至不同的位置，从而实现多用户多址接入。

OFDMA 与 SC-OFDM 两种多址接入技术的对比如图 1-32 所示。由图可见，待传输的 QPSK 数据符号序列为（1，1），（−1，−1），（−1，1），（1，−1）；（1，1），（−1，−1），（−1，1），（1，−1）。每 4 个数据符号经过调制后，对应一个 OFDMA/SC-FDMA 符号。不同的 OFDMA/SC-FDMA 符号占用不同的传输时间。

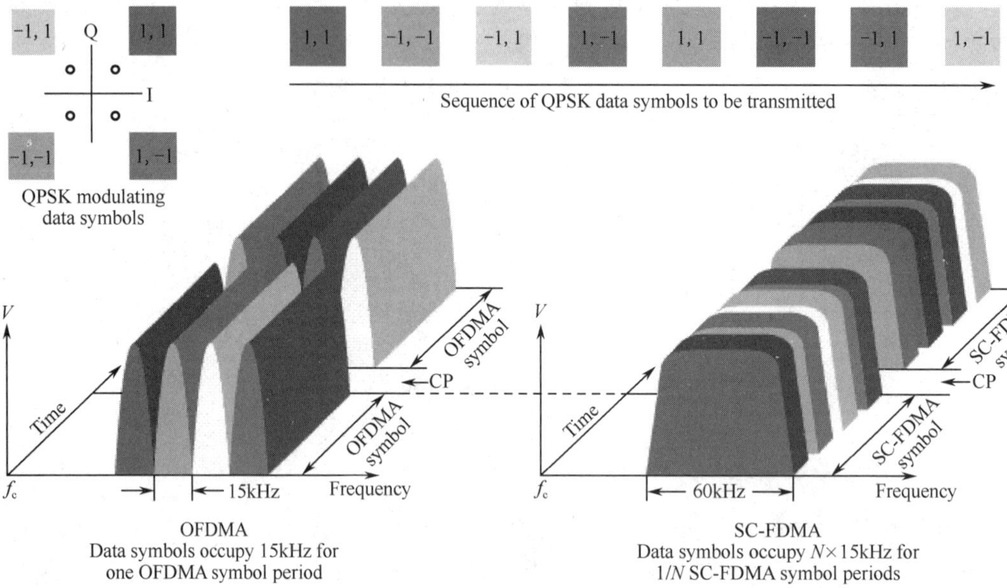

图 1-32　OFDMA 与 SC-FDMA 两种多址接入技术的对比

从时域角度看，在 OFDMA 中，每个数据符号占用整个 OFDMA 时间周期；而在 SC-FDMA 中，4 个数据符号共同占用一个 SC-FDMA 时间周期。

从频域角度看，在 OFDMA 中，每个数据符号仅占用 15kHz 的带宽；而在 SC-FDMA 中，每个数据符号占用 4×15kHz 的带宽。对于 OFDMA 系统来说，由于每个 OFDMA 符号都是 4 个子信道/子载波信号的叠加，因而可能产生很大的峰均比 PAPR，而 SC-FDMA 则有效地克服了这个问题。

1.3.2　多天线传输

1．MIMO 技术的发展

（1）SISO

早期的天线都是单输入单输出（Single-Input Single-Output，SISO）系统，即单天线系统，如图 1-33 所示。

（2）SIMO

对于移动通信系统而言，如何在非视距（Non Line of Sight，NLoS）和恶劣信道下保证高服务质量（Quality of Service，QoS）是一个关键问题，也是移动通信领域的研究重点。对于 SISO 系统，如果要满足上述要求，就需要较多的频谱资源和复杂的编码调制技术，而频谱资源的有限和移动终端的特性都制约着 SISO 系统的发展。为此，人们提出了接收分集技术。其中，从空间角度进行的分集，就是单入多出（Single-Input Multiple-Output，SIMO）系统，它是多天线技术的最早形式。SIMO 系统在接收端使用比发射端更多的天线，最基本的形式为 2

个接收天线和 1 个发射天线，即 1×2 SIMO，如图 1-33 所示。

（3）MISO

随着发送天线之间无线链路的正交性问题的解决，多入单出（Multiple-Input Single-Output，MISO）系统自然产生。MISO 的发射天线数目比接收天线数目多，因此实际上是一种发射分集技术，如图 1-33 所示。MISO 最简单的形式是 2 个发射天线和 1 个接收天线，即 2×1 MISO。

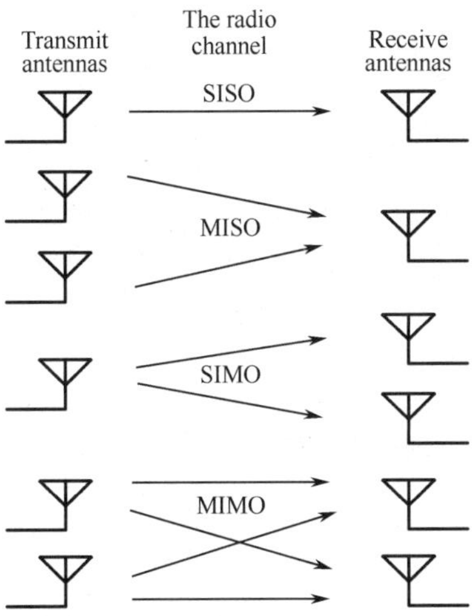

图 1-33 几种多天线技术

（4）MIMO

从某种程度上来说，传输信道数越多，即收发天线数越多，系统的可靠性或者系统的传输速率可以越高。因此，多输入多输出（Multiple-Input Multiple-Output，MIMO）系统应运而生。MIMO 系统采用多个发射天线和多个接收天线，如图 1-33 所示。

MIMO 系统的理论依据：$C = \text{MIN}(M_r, M_t) \times B \times \text{LOG}_2(1 + P_t / \delta \times \lambda)$。式中，MIN 是求最小值函数，$\lambda$是空间信道转换矩阵的特征根，其他参数参考 SIMO 和 MISO 系统理论公式。该式表明，在发射功率、传输信道和信号带宽固定时，MIMO 系统的最大容量或容量上限随最小天线数的增加而线性增加。

2. MIMO 的工作模式

MIMO 可以分为空间复用和空间分集两种工作模式。空间复用模式的基本思想是把一个高速的数据流分割为几个速率较低的数据流，分别在不同的天线上进行编码、调制、发送。天线之间相互独立，一个天线相当于一个独立的信道。接收机利用空间均衡器分离接收信号，然后解调、解码，将几个数据流合并，恢复出原始信号。可见，复用模式的目的是提高信息传输效率，如图 1-34（a）所示。

空间分集模式的基本思想是制作同一个数据流的不同版本，分别在不同的天线上进行编码、调制、发送。不同版本的数据流可以和原来要发送的数据流完全相同，也可以是原始数据流经过一定的数学变换后形成的新数据流。可见，分集模式的目的是提高信息传输的可靠性，降低误码率。如图 1-34（b）所示，接收端的 UE 可以根据不同版本数据流的传输质量，选择其中一路质量最好的进行接收。

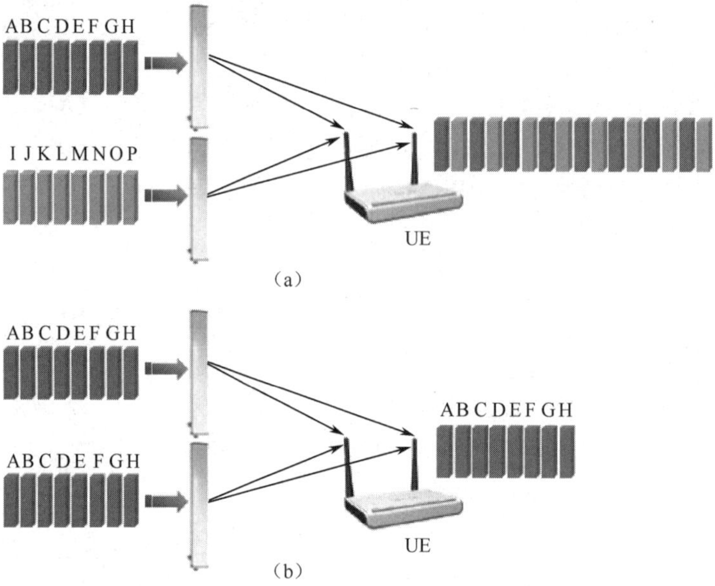

图 1-34　MIMO 的空间复用模式和空间分集模式

LTE 下行中定义了以下几种 MIMO 传输模式：

（1）Mode1——单天线端口

此种模式为普通单天线传输模式，使用天线端口 Port0。

（2）Mode2——发射分集

此种模式用于提高信号传输的可靠性，主要针对小区边缘用户。在 LTE 中，2 发送天线时采用 SFBC，4 发送天线时采用 SFBC+FSTD。

（3）Mode3 和 Mode4——开/闭环空间复用

此两种模式用于提高传输数据数量和峰值速率，主要针对小区中心的用户。

在开环空间复用模式下，UE 只反馈信道的秩指示 RI。如果 RI=1，则改为采用发射分集模式；如果 RI>1，则使用大时延的循环延时分集 CDD 进行空间复用。

在闭环空间复用模式下，UE 根据信道估计的结果（如系统容量最大）反馈合适的预编码矩阵指示 PMI，由 PMI 指示合适的预编码码本。

（4）Mode5——多用户 MIMO（MU-MIMO）

此种模式用于提高吞吐量，用于小区中的业务密集区。MU-MIMO 将相同的时频资源通过空分分配给不同的用户。

（5）Mode6 和 Mode7——码本/非码本波束成形

此两种模式用于增强小区覆盖，也是针对小区边缘用户的。区别在于 Mode6 针对 FDD，而 Mode7 针对 TDD。

码本波束成形模式也称“闭环 Rank=1 预编码”，实际上也是闭环单用户/单流 MIMO 的一种特殊形式。此种模式下，UE 反馈信道信息使得基站选择合适的预编码。

非码本波束成形模式不需要 UE 反馈信道信息，基站通过上行信号进行方向估计，并在下行信号中插入用户特殊参考信号（UE Special RS）。基站可以让 UE 汇报 UE Special RS 估计出的信道质量指示（Channel Quality Indicator，CQI）。此模式使用天线端口 Port5。

（6）Mode8——双流 MIMO

结合复用和智能天线技术，进行多路波束成形发送，既能提高用户信号强度，又能提高用户的峰值和均值速率，可以用于小区边缘，也可以应用于其他场景中。

MIMO 传输模式的实际应用情况对比如表 1-11 所示。对于小区边缘高/中速移动（如小汽车）的 UE，采用发射分集；对于小区中心/边缘以中/低速移动（如公共汽车）的 UE，采用开环空间复用；对于小区中心室内外低速移动或静止的 UE，采用多用户 MIMO 或双流 MIMO；对于城市繁华地区的 UE，采用多用户 MIMO；对于处于小区边缘的低速 UE（如行人），采用非码本/码本波束成形。

表 1-11　MIMO 传输模式的实际应用情况对比

传输方案	信道相关性	移动性	数据速率	在小区中的位置
发射分集	低	高/中速移动	低	小区边缘
开环空间复用	低	中/低速移动	中/低	小区中心/边缘
闭环空间复用	高	低速移动	高	小区中心
多用户 MIMO	低	低速移动	高	小区中心
码本波束成形	高	低速移动	低	小区边缘
非码本波束成形	高	低速移动	低	小区边缘
双流 MIMO	低	低速移动	高	小区中心/边缘

3. MIMO 的 4 种技术方案

（1）波束成形

波束成形（Beam Forming，BF）也称波束赋形，是指将一个单一的数据流通过加权形成一个指向用户方向的波束，从而使得更多的功率能够集中在用户方向上。如图 1-35 所示，通过波束成形，信号波束的主瓣指向需要的用户，而旁瓣或零陷指向干扰用户。

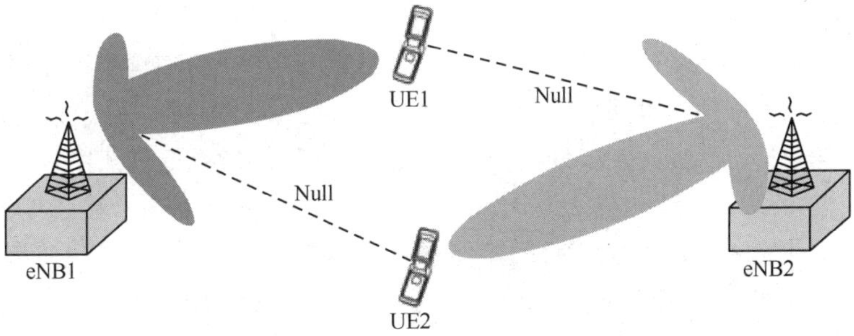

图 1-35　波束成形

波束成形是智能天线的关键技术之一。在移动通信系统中，采用智能天线和普通天线的覆盖对比情况如图 1-36 所示。采用普通天线时，能量分布于整个小区内，所有小区内的移动终端均相互干扰，此干扰是限制 CDMA 系统容量的主要原因。采用智能天线时，能量仅指向小区内处于激活状态的移动终端，而且可以根据反馈信号实现实时的动态调整，使得正在通信中的移动终端在整个小区内处于受跟踪状态。

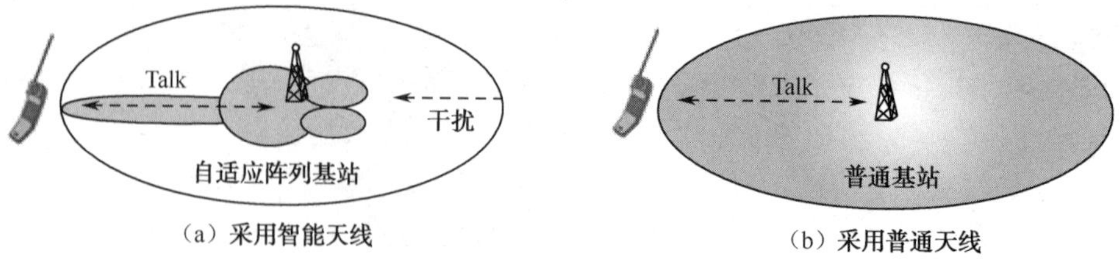

图 1-36　采用智能天线与普通天线的覆盖对比情况

（2）发射分集

发射分集的目的提高数据的传输质量。LTE 中应用的发射分集（Transmit Diversity，TD）技术主要包括空时块编码、空频块编码、时间交换传送分集、频率交换传送分集和循环延时分集 5 种。

① 空时块编码。

空时块编码（Space Time Block Coding，STBC）在空间和时间两个维度上安排数据流的不同版本，可以有空间分集和时间分集的效果，从而降低信道误码率，提高信道可靠性。如图 1-37 所示，原始数据流 s_0，s_1，s_2，s_3…经过 STBC 编码器后，经由两个天线发射，天线 1 仍然发送数据流 s_0，s_1，s_2，s_3…，天线 2 发送原始数据流的变换数据流 $-s_1^*$，s_0^*，$-s_3^*$，s_2^*…

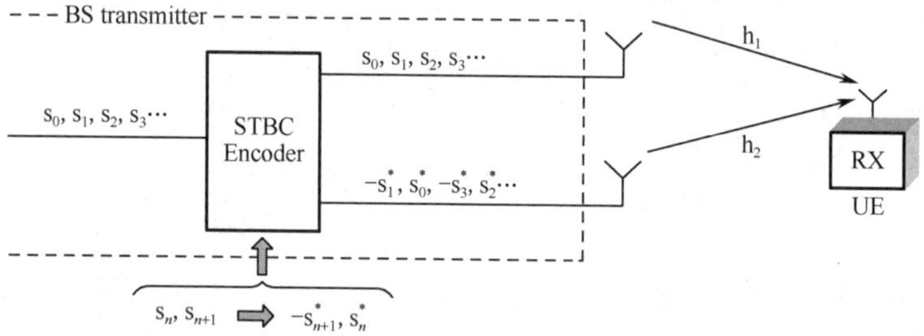

图 1-37　空时块编码

② 空频块编码。

空频块编码（Space Frequency Block Coding，SFBC）在空间和频率两个维度上安排数据流的不同版本，可以有空间分集和频率分集的效果。如图 1-38 所示，原始数据流 s_1 和 s_2 分别经由第 k+1 个和第 k 个子载波承载，通过天线 1 发送；变换的数据流 $-s_2^*$ 和 s_1^* 分别经由第 k+1 个和第 k 个子载波承载，通过天线 2 发送。SFBC 由 STBC 演变而来，由于 OFDM 一个时隙的符号数为奇数，因此不适于使用 STBC，但频域资源是以 RB=12 个子载波来分配的，因此可以用连续两个子载波来代替连续两个时域符号，从而组成 SFBC。

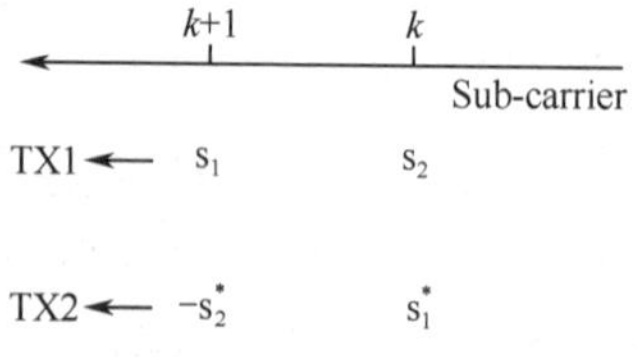

图 1-38　空频块编码

③ 时间交换传送分集。

时间交换传送分集（Time Switched Transmit Diversity，TSTD）也是在空间和时间两个维

度上安排数据流的不同部分的，可以有空间分集和时间分集的效果。如图 1-39 所示，原始数据流按照发送时间不同，分为间隔的两组，第一组经由天线 1 发送；第二组经由天线 2 发送。天线 1 和天线 2 按照时间轮流工作。

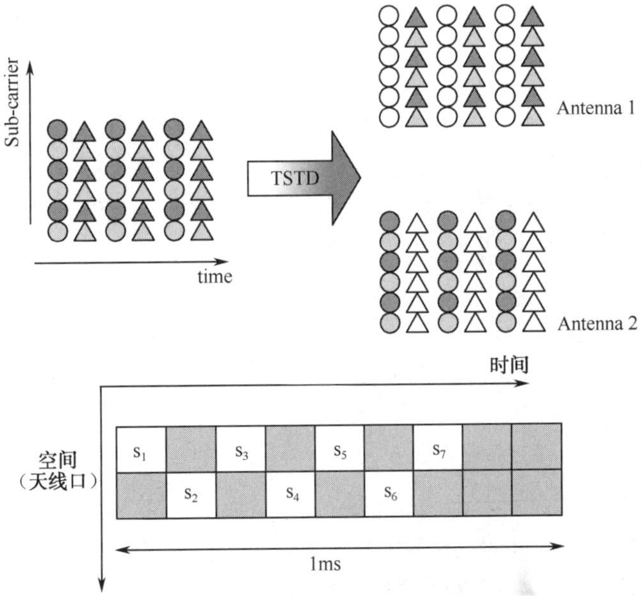

图 1-39 时间交换传送分集

④ 频率交换传送分集。

频率交换传送分集（Frequency Switched Transmit Diversity，FSTD）在空间和频率两个维度上安排数据流的不同部分，可以有空间分集和频率分集的效果。如图 1-40 所示，原始数据流按照对应子载波的不同，分为间隔的 6 组，第 1、3、5 组经由天线 1 发送；第 2、4、6 组经由天线 2 发送。天线 1 和天线 2 发送的是频率（子载波）不同的数据流。

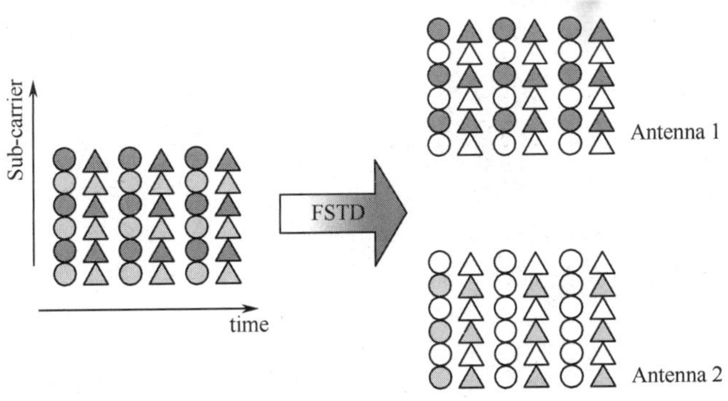

图 1-40 频率交换传送分集

⑤ 循环延时分集。

循环延时分集（Cyclic Delay Diversity，CDD）在空间和时间两个维度上安排数据流的不同部分，可以有空间分集和时间分集的效果。在 OFDM 系统中，CDD 已经作为常规技术被广泛使用。CDD 相当于在不同天线的发射信号之间存在相应的时延，如图 1-41 所示，其实质相当于在 OFDM 系统中引入了虚拟的时延回波成分，可以在接收端增加相应的选择性。因为 CDD 引入了额外的分集成分，所以往往被认为是空分复用的补充表现形式。

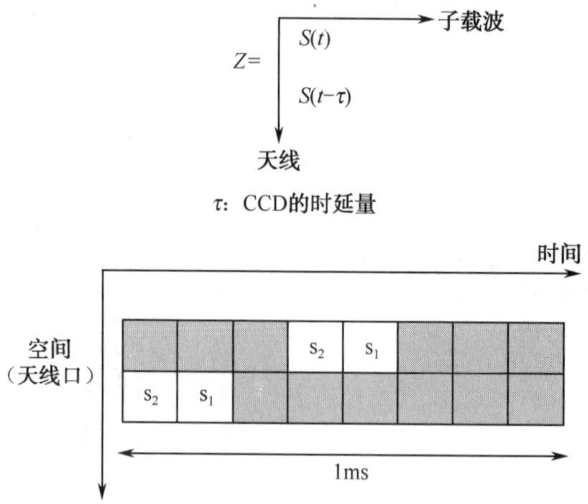

图 1-41　循环延时分集

（3）多用户 MIMO

按照空分复用（Space Division Multiplexing，SDM）的数据流的分配方法不同，MIMO 可以分为单用户 MIMO（Single User MIMO，SU-MIMO）和多用户 MIMO（Multiple User MIMO，MU-MIMO）两种。如果将所有数据流都用于一个 UE，则称为 SU-MIMO；如果将多个 SDM 数据流用于多个 UE，则称为 MU-MIMO。

目前，LTE 下行同时支持 SU-MIMO 和 MU-MIMO 两种模式。MU-MIMO 模式主要对上行链路有用。LTE 系统中上行仅支持 MU-MIMO 这一种模式。事实上，由于受复杂度和体积的限制，目前的 UE 只能有一个发射天线。因此，MIMO 只能采用同一基站覆盖区域内的多个单天线用户终端组成一组，在相同的时频资源块上传送上行数据的方法。从接收端来看，这些数据流可以看作来自同一个用户终端的不同天线，从而构成了一个虚拟的 MIMO 系统。这种虚拟 MIMO 系统不会增加每个用户的吞吐量，但是可以提供相对于 SU-MIMO 来说更大的小区容量。

对于哪些用户终端组成一组的问题，LTE 中采用的是基站集中统一调度的用户配对方式，主要包括两种：随机配对法和正交用户配对法（依据用户反馈的信道状态信息）。

（4）空间复用

空间复用（Spatial Multiplexing，SM）可提高数据的传输数量。空间复用是基于多码字的同时传输，是多个相互独立的数据流通过映射到不同的层，再由不同的天线发送出去的过程。

目前，由于 LTE 接收端最多支持 2 天线，能够发送至天线的相互独立的编码调制数据流的数量最多为 2，所以不管发送端天线数目为 1、2、4 或 8，码字的最大值也是 2。这样就出现了码字数目和天线数目不匹配的问题。于是，空间复用经过层映射和预编码将码字数目和天线数目匹配起来。

下面介绍几个相关概念：

① 码字：在 LTE 系统中，一个码字指的是一个独立编码的数据块。在发送端，对应着一个 MAC 层传到物理层的独立传输块 TB，通过 CRC 块加以保护。LTE 可支持在同一块资源中同时传输 2 个相对独立的码字，这是通过空间复用（SM）技术实现的。

② 符号：码字流经调制后即由比特（bit）变为符号。层映射和预编码都属于符号级处理过程。

③ 层：数据被分为不同的层进行传输，层数≤天线个数，和信道矩阵的秩是对应的，相当于空分的维度。

④ 秩：信道矩阵的秩，相当于总的层数。

⑤ 天线端口：并不等同于天线个数，而是相当于不同的信道估计参考信号（RS）模式。对于 Port0～Port3，确实对应于多天线时 RS 的发送模式；对于 Port4，对应于物理多播信道（PMCH）和多播/组播单频网络（MBSFN）情况的 RS；对于 Port5，对应于 UE Special RS。

在采用不同的 MIMO 方案时，层有不同的解释：当使用单天线传输、传输分集及波束成形时，层数目等于天线端口数目；在使用空间复用时，层数目等于空间信道矩阵的 Rank 数目，即实际传输的流数目。

4. 多天线传输

多天线传输是 NR 标准的一项关键技术，特别对部署在高频点的 NR 格外重要。在收发端采用多天线技术会给移动通信系统带来诸多好处：

（1）因为天线间存在一定距离或者处在不同的极化方向上，因此不同天线经过的信道不完全相关，在发送端或者接收端使用多天线可以提供分集增益，对抗信道衰落。

（2）通过调整发送端每个天线单元的相位乃至幅度，可以使发送信号存在特定的指向性，也就是将所有的发送能量集中在特定的方向（波束成形）或者空间的特定位置上。因为接收端所处位置得到了更多的发送能量，所以这种指向性可以提高传输速率及传输距离。指向性还能够降低干扰，从而整体提高频谱效率。

（3）和发射天线类似，接收天线也可以利用接收端的指向性，把对特定信号的接收聚焦在信号对应的方向上，从而降低来自其他方向的干扰信号的影响。

（4）接收机和发射机上的多天线，可以采用空分复用技术，也就是在相同的时频资源上，并行传输多层的数据流。

在 LTE 中，多天线接收、发射被用于获得分集增益、指向性增益及空分复用增益。因此，多天线是获得高速率传输及高频谱效率的一项关键技术。NR 和 LTE 不同的一点是 NR 需要支持高频部署，因此多天线技术变得尤为关键。

一般来说，更高的频率意味着更大的路损，也就是更小的通信范围。但是这个认知是基于天线数目一定，或者多天线总尺寸随着频率升高随之减小的前提的。比如，如果将载波频率提高 10 倍，那么波长也会降为原来的十分之一。这样天线间距的物理尺寸也就降为原来的十分之一，整个天线的面积则降为原来的百分之一。这就意味着能够被天线捕捉的能力下降 20dB。如果接收天线尺寸保持不变，天线所捕捉的能量就保持不变，然而这就意味着天线尺寸相对载波波长的增加，也就是增加了天线的指向性。这种大尺寸天线增益的获得必须依赖于接收天线能准确地指向期望接收信号的方向。

同样，如果保持发送端天线物理尺寸不变，也会增加发射天线的指向性，更高的指向性有助于提升高频覆盖的链路预算。当然尽管天线的指向性能有效提高覆盖，但是高频覆盖在实际部署中依然遇到很多挑战，比如更高的空气穿损，以及更少的折射而导致的非直视环境的覆盖降低。所以一般会在发送端和接收端同时采用高定向性天线，以使高频通信获得较长距离的覆盖。

对于无线通信系统而言，在载波频率增加而天线物理面积不变的情况下，多天线一般是通过在天线面板上集成更多的天线单元来实现的。天线单元之间的距离一般和波长成正比，因此随着频率增加，天线单元的间距也会随之减少，相应的天线单元的个数就会随之增加。

可以在天线面板里集成大量的天线单元，这样做的好处是通过独立调整各个天线单元发射的相位，可以方便地控制发射波束的方向。同样，接收端也可以通过调整每个天线单元接收的相位来控制接收波束的方向。

需要注意的是，在高频下，往往是功率受限，而非带宽受限，因此波束成形往往比高阶空分复用更为重要。在低频下却恰恰相反，由于频率资源受限，往往空分复用更为关键。

模拟域多天线处理是多天线处理在发射机模拟域的实现，即在数/模转换之后实现，这就意味着波束成形是针对某个载波的，因此在下行方向，无法为分布在不同方位上的终端提供频分复用的传输，即基站必须在不同的时刻为分布在不同方向上的终端服务，如图 1-42 所示。

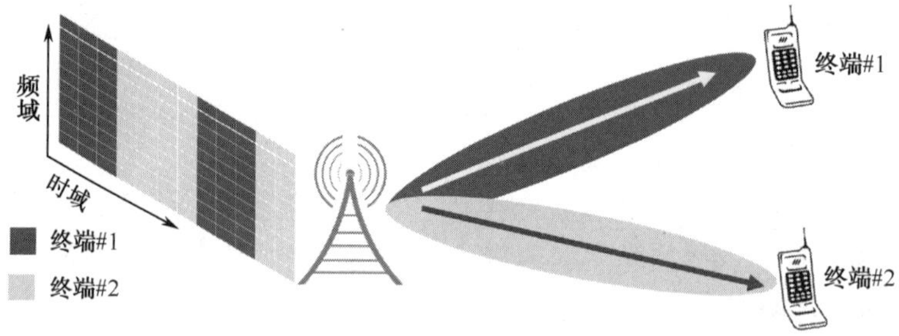

图 1-42　在不同时刻为分布在不同方向上的终端服务

在低频配置下，由于天线单元数目有限，多天线处理往往在数字域完成，如图 1-43 所示，即多天线在发射机数字域实现，也就是在数/模转换之前实现，这就意味着更加灵活的多天线处理能力。

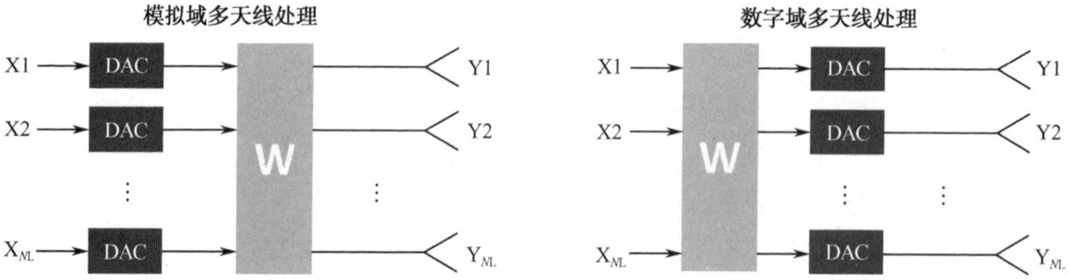

图 1-43　模拟域多天线处理和数字域多天线处理

在数字域，发送端可以任意地调整变换矩阵 W 里的每个元素的相位和幅度，因此数字域的多天线处理非常灵活，甚至可以提供高阶的空分复用能力。同时数字域还允许为同一载波内多个数据层产生独立的变换矩阵 W。这样发给不同方向上终端的数据可以放置在不同的频率上同时发送，如图 1-44 所示。

数字域的多天线处理，由于每个天线的权值都是可以灵活控制的，通常把变换矩阵 W 称为预编码矩阵，把多天线处理称为多天线预编码。模拟域和数字域的多天线处理的区别在接收端也同样存在。对模拟域多天线处理，多天线的处理作用在模拟域，即在数/模转换之前完成，此时多天线处理往往限于一个时刻只能接收一个方向上的接收端波束成形，接收机把天线的接收方向调整为期望接收信号的方向。对两个方向上信号的接收只能在不同时刻发生。

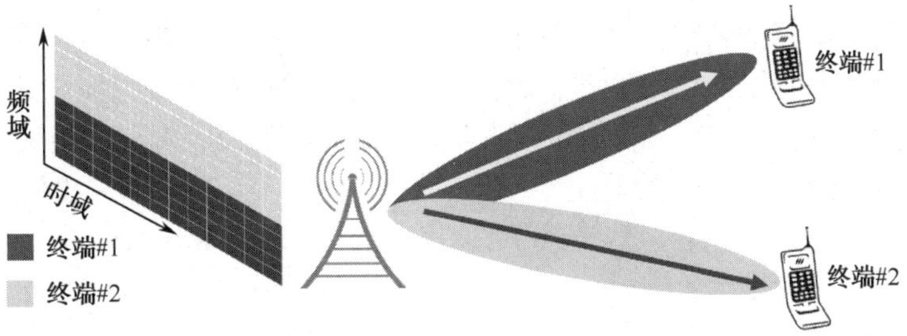

图 1-44 同时对不同方向进行波束成形

数字域多天线处理能够为多天线处理提供足够的灵活性，可以支持来自多个方向、多个数据流的同时接收。和发送端类似，数字域多天线处理主要的问题就是实现复杂性，需要为每个天线单元提供一个数/模转换器。

1.3.3 自适应调制编码 AMC

自适应技术是一种通过自身与外界环境的接触来改善自身对信号处理性能的技术。自适应系统可以分为开环自适应系统和闭环自适应系统两类。LTE 系统中采用的是闭环自适应，主要应用在调制编码方面，即自适应调制编码（Adaptive Modulation & Coding，AMC）。

自适应调制编码是指根据信道质量的变化，动态选择调制编码方式、数据块大小和数据速率，以满足在一定误码率下的最高频谱利用率。简单说，就是在信道质量好的时候，选择高阶调制方式，减少冗余编码，甚至不需要冗余编码，高速传输数据；在信道质量差的时候，选择低阶调制方式，增加冗余编码，低速但可靠地传输数据。对于离基站远的 UE，其传输损耗大、多径衰减严重、受到的干扰大，因此，应采用编码效率为 1/4、2/4 或 3/4 的 QPSK 调制；对于离基站较近的 UE，可以采用编码效率为 2/4 和 3/4 的 16QAM；对于离基站非常近或传输信道质量非常好的 UE，可以采用 64QAM。

LTE 中自适应调制编码的变化周期为一个 TTI（Transmission Time Interval，传输时间间隔），在 3GPP LTE 和 4G LTE-A 的标准中，一般认为 1TTI=1ms，即一个子帧的大小，它是无线资源管理（调度等）所管辖时间的基本单位。

AMC 技术中上下行信道质量的反馈是关键。在 LTE 系统中，反馈信道质量的指标主要有 3 个：信道质量指示 CQI、预编码矩阵指示 PMI 和信道矩阵秩指示 RI，如图 1-45 所示。

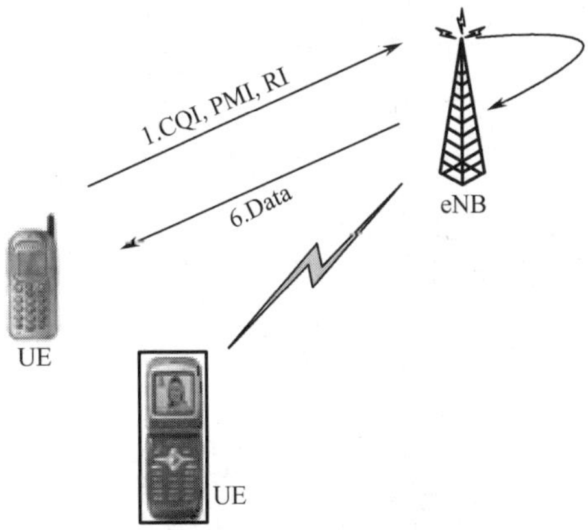

图 1-45 LTE 中反馈信道质量的 3 个指标

其中，CQI 反馈决定了调制和编码的方式。通过 CQI 的大小，实现自适应调制编码 AMC。采用两个码字的 MIMO 系统需反馈两个 CQI。RI 描述了发送端和接收端空间信道的最大不相关性的数据传送通道数目。PMI 的反馈决定了从层数据流到天线端口的对应关系。

AMC 的实现步骤：

（1）UE 对 CQI/PMI/RI 的测量；

（2）UE 向基站上行反馈 CQI/PMI/RI；

（3）基站调制编码信息的获取。

R15 中定义了很多 5G NR 调制策略，可用于应对不同的传输场景和应用需求。具体的调制策略如表 1-12 所示。

表 1-12　5G NR 的调制策略

内　容		调制方式	符号速率
下行	数据和高层控制信息	QPSK、16QAM、64QAM、256QAM	每 1440kHz 资源块 1344ksymbols/s，等效于每 180kHz 资源块 168ksymbols/s
	L1/L2 控制信息	QPSK	
上行	数据和高层控制信息	π/2-BPSK（如果启用预编码）、QPSK、16QAM、64QAM、256QAM	每 1440kHz 资源块 1344ksymbols/s，等效于每 180kHz 资源块 168ksymbols/s
	L1/L2 控制信息	BPSK、π/2-BPSK、QPSK	

在差错控制编码方面，5G NR 摒弃了 4G 的 Turbo 码，选用了低密度奇偶校验（Low Density Parity Check，LDPC）码和 Polar 码，分别用于数据信道编码和控制信道编码。

LDPC 码是一类具有稀疏校验矩阵的分组纠错码，具有逼近香农极限的优异性能，并且具有译码复杂度低、可并行译码及译码错误可检测等特点，从而成为信道编码理论新的研究热点。

Polar 码基于信道化理论，是一种线性分组码，相比于 LDPC 码，Polar 码在理论上能够达到香农极限，并且有着较低复杂度。

表 1-13 详述了 5G NR 针对不同内容选用的信道编码策略。

表 1-13　5G NR 针对不同内容选用的信道编码策略

内　容		编码策略
数据信息		码率为 1/3 或 1/5 的 LDPC 码，结合速率匹配
L1/L2 控制信息	DCI/UCI：大于 11bit	Polar 码，结合速率匹配
	DCI/UCI：3～11bit	Reed-Muller 编码
	DCI/UCI：2bit	Simplex 编码
	DCI/UCI：1bit	重发

1.3.4　网络切片技术

5G 能够构建逻辑网络切片，创建用户专属或服务专属的网络，应对多样的应用需求。借助于网络切片技术，运营商能够以基于服务的形式提供网络资源，满足各种用例。

传统的移动通信系统（如 4G）在相同的网络架构（4G 网络对应 LTE/EPC 架构）上托管

多个电信服务，如移动宽带、语音和短信。与此不同，网络切片旨在根据 eMBB、V2X、URLLC、mMTC 等不同业务类型的特点构建定制化的专属逻辑网络。此外，传统移动通信系统采用硬件、软件和功能紧密耦合的单片网元。相比之下，5G 架构通过利用不同的资源抽象技术将基于软件的网络功能与底层基础设施资源分离。例如，网络功能虚拟化（Network Function Virtualization，NFV）和软件定义网络（Software Defined Networking，SDN）等软件化技术可对波分复用技术（Wavelength Division Multiplexing，WDM）或无线资源调度等众所周知的资源共享技术进行补充。NFV 和 SDN 允许不同的租户共享相同的通用硬件，如商业现货（Commercial Off The-Shelf，COTS）服务器。这些技术可以在公共共享基础设施之上构建完全解耦的端到端网络。图 1-46 对比了 4G 系统的多租户支持与 5G 网络切片的多租户支持。从图中可知，4G 系统在相同的基础设施和网络架构上支持不同的网络业务；5G 系统为不同业务构造不同的逻辑网络，即网络切片。每个切片针对业务需求选择适当的核心网功能和接入网功能，各切片部署在共享的基础设施之上，但在逻辑上保持隔离。多路复用不再在网络级别上发生，而是发生在基础设施级别上。这种结构能够为用户提供更优质的体验，也能够为移动服务提供商或移动网络运营商提供更高的网络可操作性。

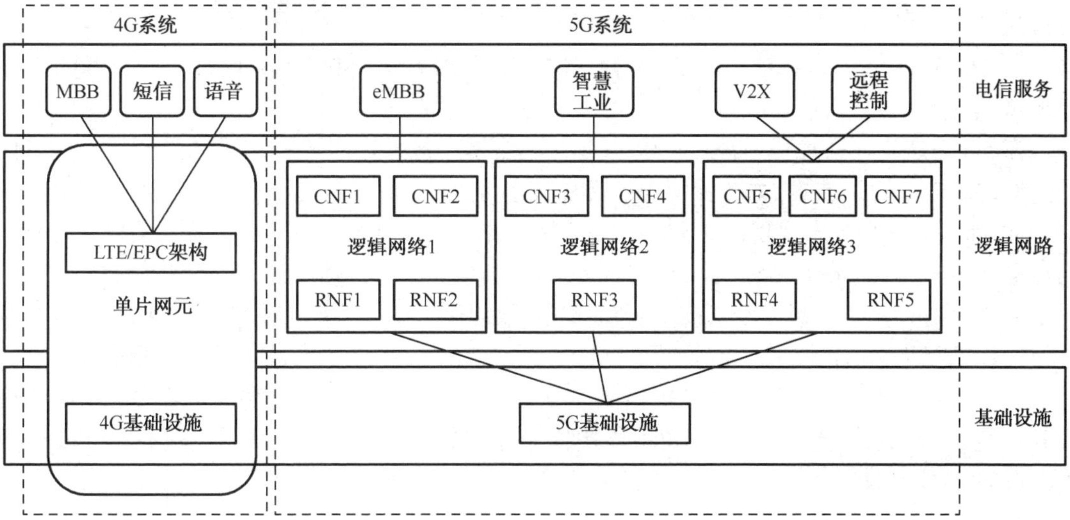

图 1-46 4G 系统的多租户支持与 5G 网络切片的多租户支持

在 3GPP 5G 系统架构的范围内，网络切片指的是 3GPP 定义的特征和功能的集合，这些特征和功能能够形成用于向用户终端提供服务的完整 PLMN。网络切片使网络运营商能够部署多个独立的 PLMN，其中，每个 PLMN 针对服务的用户集群或业务客户需求对所需的特征、能力和服务等进行实例化，从而实现 PLMN 定制。图 1-47 是一个 PLMN 内部署 4 个网络切片的示例，其中，每个切片都包括形成完整 PLMN 所需的全部内容。网络切片#1 和网络切片 2#都用于智能手机服务，这表明运营商可以部署具有完全相同的系统特征、能力和服务的多个网络切片，分别针对不同的业务分组，因此，每个切片可能在用户接入数量和数据容量上有所不同。网络切片#3 和网络切片#4 表明，可以在所提供的系统特征、能力和服务上对网络切片进行区分。例如，M2M 服务切片（网络切片#4）可以提供适用于物联网的终端省电功能，但这一功能导致的延迟在智能手机应用中是不可接受的。

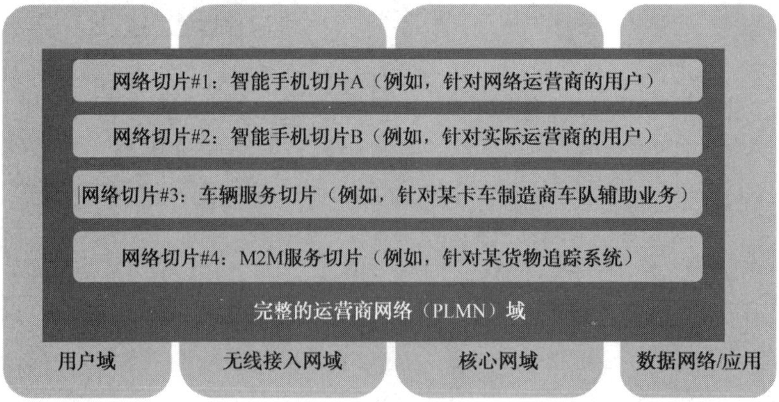

图 1-47　一个 PLMN 内部署 4 个网络切片的示例

基于服务的架构及软件化和虚拟化提高了网络部署的灵活性，使运营商能够快速响应客户的需求。运营商可以根据需要定制具备特定功能、特性、可用性和容量的客户专用的网络切片。通常此类部署是基于服务等级协议（Service Level Agreement，SLA）制定的。未来，运营商也可以利用网络切片技术在相同的虚拟化、平台和管理基础设施上同时支持 3GPP 网络和非 3GPP 网络，这将极大降低运营商的网络建设成本，同时可实现对相同资源的灵活分配。

在 5G 系统中，切片特指针对构建 PLMN 的资源。但是，部署 PLMN 网络切片时可以使用其他领域内的切片技术，如传输网中的切片技术等。网络切片是通过网络切片实例（Network Slice Instances，NSI）来实现的。NSI 中接入网、核心网和传输等不同组成部分又被分为网络切片子网实例（Network Slice Subnet Instance，NSSI），其中，NSSI 的生命周期可独立于 NSI。图 1-48 提供了一个由多个 NSI 提供不同通信服务实例的示例。图中所示的 3 个 NSI 均包括核心网切片子网和接入网切片子网。其中，NSI-B 与 NSI-C 共用了接入网切片子网 NSSI5。同时，一个 NSI 可以为多个服务示例提供支撑，如 NSI-A 可同时服务于通信服务实例 1 和通信服务实例 2；反之，一个服务实例也可以接收来自多个 NSI 的服务，如通信服务实例 2 可接收来自 NSI-A 和 NSI-B 的服务。

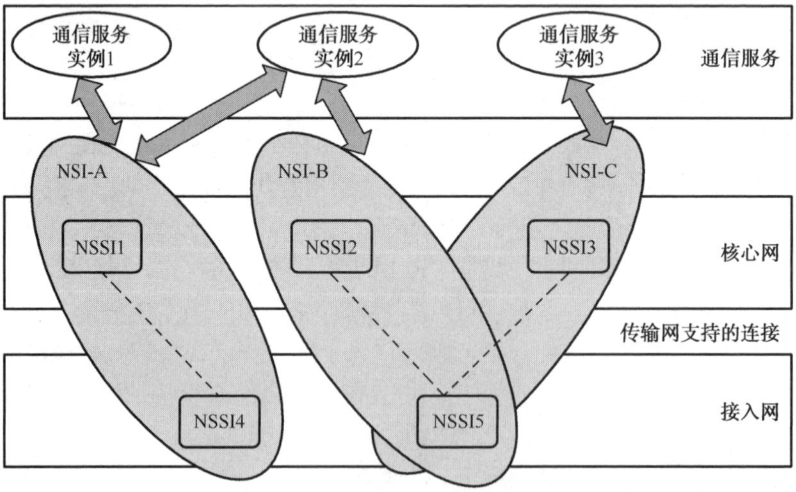

图 1-48　由多个 NSI 提供不同通信服务实例的示例

NSI 的管理包含以下 4 个阶段。

（1）准备：在准备阶段，网络切片实例不存在。准备阶段包括网络切片模板设计、网络切片容量规划、准备网络环境及在创建网络切片实例之前需要完成的其他必要准备工作。

（2）调试：在调试阶段创建网络切片实例。在网络切片实例的创建期间，对满足网络切片要求所需的全部资源进行分配和配置。网络切片实例的创建也包括网络切片实例组成部分的创建和修改。

（3）运营：包括监督、性能报告（如用于 KPI 监控）、资源容量规划和修改，以及网络切片实例的激活。

（4）退役：在退役阶段，在共享资源中移除网络切片实例专属的配置，并按要求退出非共享资源中的专属配置。在退役阶段之后，网络切片实例终止并不再存在。

上述 4 个阶段组成了一个网络切片实例的生命周期。

与 5G 系统网络切片管理相关的角色包括通信服务客户、通信服务提供商（Communication Service Provider，CSP）、网络运营商（Network Operator，NOP）、网络设备提供商（Network Equipment Provider，NEP）、虚拟基础设施服务提供商（Virtualization Infrastructure Service Provider，VISP）、数据中心服务提供商（Data Center Service Provider，DSCP）、网络功能虚拟基础设施（Network Function Virtualization Infrastructure，NFVI）供应商和硬件供应商。实际上，这些角色通常是相对而非绝对的。根据实际情况，每个角色可以由一个或多个组织同时充当，一个组织也可以同时扮演多个角色（例如，一个公司既可以是 CSP，又是 NOP）。图 1-49 展示了网络切片管理中涉及的主要角色及角色之间的相对关系。

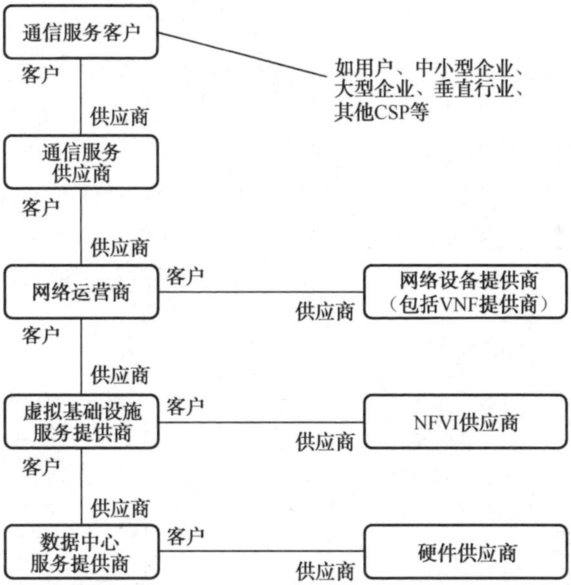

图 1-49 网络切片管理中涉及的主要角色及角色之间的相对关系

1.3.5 边缘计算

云计算与移动网络的相关性正在日益增强，无论是个人事务还是业务相关的操作，都需要将其放在云端以实现更好的性能，同时节省终端电量。为了给用户提供更方便、更经济的云计算，3GPP 在 5G 系统架构设计中引入了移动边缘计算（Mobile Edge Computing，MEC），将计算、存储和网络资源与基站集成，将云计算下沉到网络边缘，缩短其与用户之间的距离。未来，使用 5G 移动通信系统的用户可将计算密集型和对延迟敏感的应用程序（如增强现实和图像处理）托管在网络边缘。图 1-50 展示了这个概念。

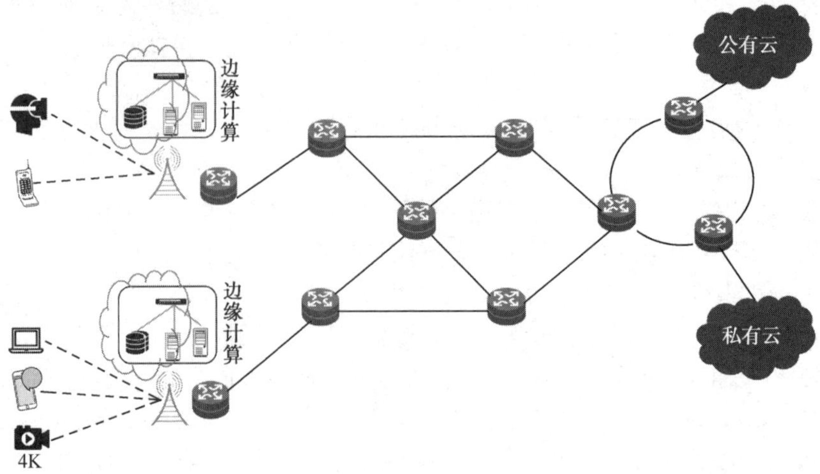

图 1-50　边缘计算云

由于 MEC 是在 4G 发展过程中根据应用需求附加在系统中的解决方案，因而对 4G 的 MEC 系统和相关接口的规范在很大程度上是与 4G 系统本身相互独立的。与 4G 系统不同，5G 系统在设计之初便将 MEC 考虑其中，并将其视为支持延迟敏感型业务和未来物联网服务的关键技术之一。因而，为了实现卓越的性能和体验质量，5G 系统架构为 MEC 提供了高效灵活的支持。5G 系统允许将 MEC 映射成应用功能（AF），从而可以基于配置的策略使用其他 NF 提供的服务和信息。在 5G 的服务化架构中，NF 既是服务的提供者，又是服务的使用者。任何 NF 都可以提供一个或多个服务。5G 系统架构提供了对服务的使用者进行身份验证和对服务请求授权所必需的功能，并支持高效灵活的公开和使用服务。MEC 中有效使用服务所需的功能包括注册、服务发现、可用性通知、取消注册及身份验证和授权。所有这些功能在 5G 服务化架构和 MEC API 框架中都是相同的。图 1-51 为 5G 系统架构与 MEC 系统架构的对比。

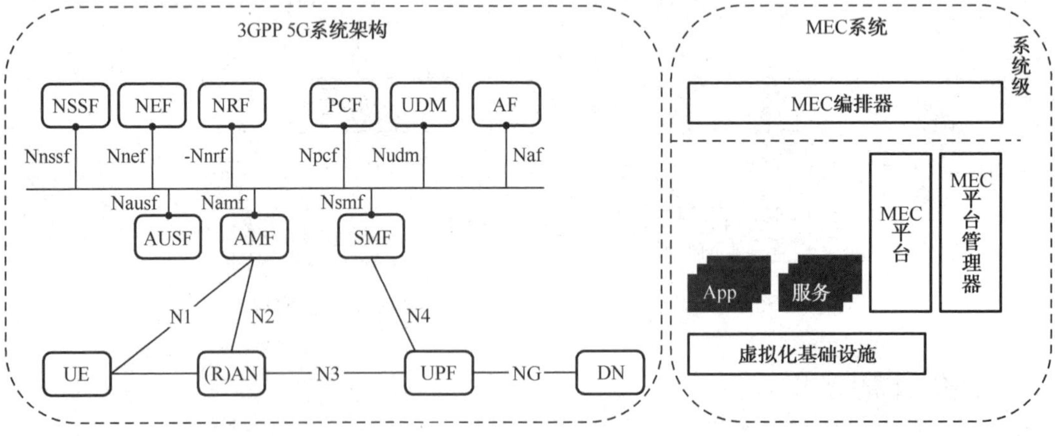

图 1-51　5G 系统架构与 MEC 系统架构对比

MEC 系统中（图 1-51 右侧）的 MEC 编排器是 MEC 系统级功能实体，可视为一个 AF，能够与5G架构中的目标NF交互。在MEC主机级别上，MEC平台可以在5G NF中进行交互，同样可视为AF。MEC主机是MEC主机级功能实体，最常部署在5G系统的数据网络中。NEF作为核心网NF是系统级实体，通常与其他NF集中部署，但是也可以在边缘部署NEF实例以实现来自MEC主机的低延迟、高吞吐量服务访问。

1.3.6　载波聚合

载波聚合（CA）是指同时在两个或两个以上的载波上为用户配置传输的技术，每个独立的载波称为成分载波（Component Carrier，CC）。通过聚合多个成分载波，单用户的传输带宽成倍增加，可显著提高传输速率。3GPP在LTE R10中提出了载波聚合的概念，并在之后的Release版本中不断提出载波聚合的演进技术。

根据聚合的成分载波位置的不同，载波聚合可分为3种类型：带内连续聚合、带内非连续聚合和带间聚合，如图1-52所示。带内连续聚合是指聚合的成分载波是同一频段内的相邻载波，如图中成分载波A1与A2。带内非连续聚合中的成分载波同样位于相同的频段上，但不要求彼此相邻，如图中成分载波A1与A*n*。带间聚合是指将不同频段上的成分载波聚合，如图中成分载波A1与B1。带内连续聚合需要两个或两个以上连续且可用的载波，灵活性较差，但是射频复杂度低、易于实现。非连续的载波聚合灵活性强，同时频谱利用率也更高。

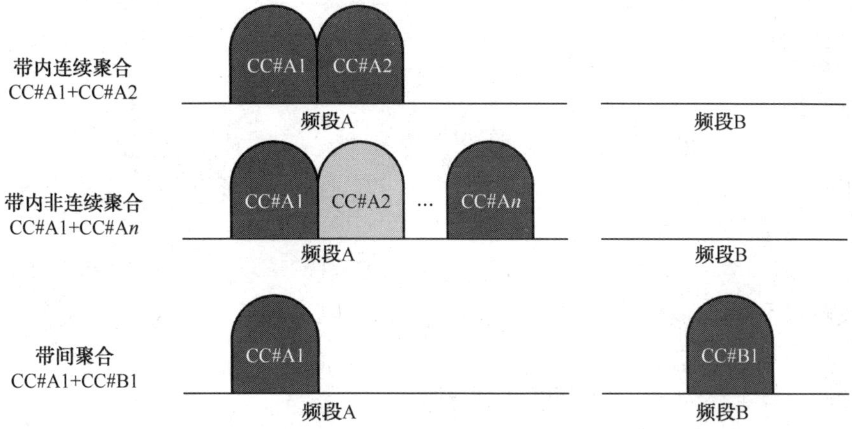

图1-52　3种类型的载波聚合

从用户的角度看，载波聚合能够显著提高传输带宽，从而提高传输速率。R10中最多允许聚合5个成分载波。LTE系统最大载波带宽为20MHz，通过载波聚合可获得100MHz带宽。到了R13，允许聚合的载波数量提高到32，最大聚合带宽高达640MHz，上下行传输的理论峰值传输速率可接近25Gbit/s。从系统的角度看，载波聚合能够将空闲频段充分利用起来，显著提高系统频谱资源的利用率。

5G在FR1和FR2两个频率范围内分别支持如下成分载波带宽。

FR1：5MHz、10MHz、15MHz、20MHz、25MHz、40MHz、50MHz、60MHz、80MHz、100MHz。

FR2：50MHz、100MHz、200MHz、400MHz。

5G技术将最大支持16个成分载波的聚合。由此可知，5G在FR1内的聚合带宽最大可达1.6GHz，远大于LTE的640MHz最大聚合带宽；FR2内的聚合带宽最大可达到6.4GHz。目前，R15中对载波聚合配置的说明尚未完成。在当前版本中，可配置的最大聚合载波数量为8，且限于带内连续载波聚合。FR1的最大聚合带宽可达400MHz，有两种实现方式：聚合4个连续的100MHz载波、聚合8个连续的50MHz载波。FR2的最大聚合带宽可达1600MHz，通过聚合4个400MHz带宽的成分载波实现。FR2上8个载波聚合支持的最大成分载波带宽为100MHz，可获得最大聚合带宽800MHz。R15对带间聚合的配置仅限于两个独立频段，每频段上1个成分载波；FR1上可获得的最大聚合带宽为200MHz，FR2上可获得的最大聚合带宽为800MHz。R15中对带内非连续聚合的配置尚在讨论中，将在后续版本的标准中予以说明。R15中关于载波聚合的配置如表1-14所示。

表1-14　R15中关于载波聚合的配置

频率范围	带内连续聚合		带间聚合		带内非连续聚合
	最大聚合载波数量	最大聚合带宽/MHz	最大聚合载波数量	最大聚合带宽/MHz	
FR1	8	400①	2	200	待定
FR2	8②	1600③	2	800	

注：① 2种实现方式：4×100MHz或8×50MHz。

② 8个载波聚合的最大聚合带宽为800MHz（8×100MHz）。

③ 实现方式：4×400MHz。

思考与练习

1．选择题

（1）LTE下行没有采用哪项多天线技术？（　　）

A．SFBC　　B．FSTD　　C．波束成形　　D．TSTD

（2）哪种信道不使用链路自适应技术？（　　）

A．DL-SCH　　B．MCH　　C．BCH　　D．PCH

（3）要解决LTE深度覆盖的问题，以下哪些措施是不可取的？（　　）

A．增加LTE系统带宽

B．降低LTE工作频点，采用低频段组网

C．采用分层组网

D．采用家庭基站等新型设备

（4）20MHz带宽下，采用2天线接收，下行峰值数据速率最高可以达到（　　）。

A．100Mbps　　B．10Mbps　　C．50Mbps　　D．20Mbps

（5）由于阻挡物而产生的类似阴影效果的无线信号衰落称为（　　）。

A．快衰弱　　B．慢衰弱　　C．多径衰弱　　D．路径衰弱

（6）空分复用对应（　　）码字。

A．1个　　B．2个　　C．3个　　D．4个

2．填空题

（1）SC-FDMA与OFDMA相比较可以实现________的峰均比，有利于终端采用________效率的功放。

（2）MIMO技术的基本出发点是将用户数据分解为________的数据流。

（3）MAC调度只在________内。

（4）HARQ实际上整合了________的高可靠性和________的高效率。

项目 2　移动通信基站工程建设

任务 1　移动通信基站工程建设流程

【学习目标】

1. 了解移动通信基站工程建设基本流程
2. 了解工程建设过程中的配套改造、设备安装开通流程

【知识要点】

1. 移动通信基站工程建设基本流程
2. 配套改造、设备安装开通流程

2.1.1　基站工程建设基本流程

大中型通信项目工程，其建设程序一般分为三个阶段：立项阶段、实施阶段、验收投产阶段。在实施阶段要做的工作有：设计、施工准备、施工招投标、施工，同时，设备的采购也是在实施阶段需要完成的工作。具体到一个基站项目的建设具体流程，从甲方的角度考虑，基站工程建设基本流程可分为网络规划、基站勘察设计、工程建设和工程优化等，如图 2-1 所示。

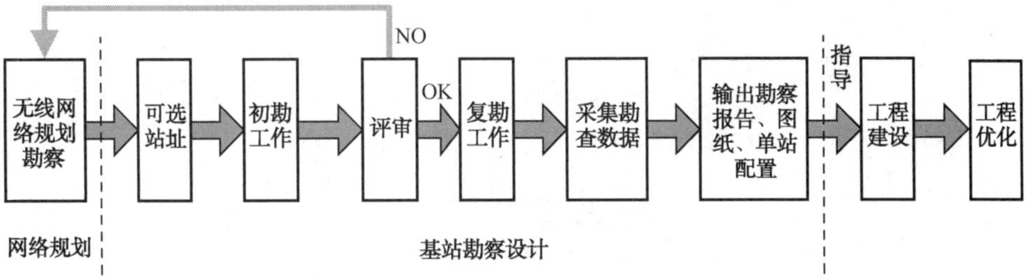

图 2-1　TD-LTE 基站工程建设基本流程

网络规划的目的是在一定成本下实现容量、覆盖、质量的总体最大化，主要规划网络规模和估算投资。网优、选点单位提出网络规划建设要求后，进行基站勘察设计，勘察设计为基站工程建设提供科学依据，以最小建设投资代价获取最优网络。主要包括五个方面的勘察内容：（1）沟通建站需求；（2）确认站址环境；（3）采集站址信息；（4）出具设计图纸；（5）配备基站辅材。

根据勘察设计的结果，可提供详细的建设方案，从而确定备货、工程施工、安装调测等网络建设各环节。勘察输出结果，将会直接影响整个工程的质量和能否顺利实施。

基站勘察设计环节分为初勘和复勘两个阶段，初勘主要完成基站选址勘察，在网络规划完成后，初勘预规划站点信息，进行现场观察、调查和研究，兼顾整体性和长期性原则。复勘是在站址确定后进行的详细勘察，包括勘察站址无线环境、天面情况、天线安装方式、机房情况、电源和传输、设备和天线的选型等。

工程建设主要是在网络规划和基站勘察设计的基础上，在勘察结果的指导下，进行基站

站点工程建设，包括基站机房内部和外部的布线和设备安装，还包括配套设备的安装和改造、设备的安装调试和开通等。

工程优化主要是指在工程建设完成后，网络正常运营维护过程中，针对网优人员日常工作提供全面的优化支撑平台，通过各种硬件或软件技术使网络性能达到需要的最佳平衡点，实现对移动通信网络的统一管理，提高网优工作日常效率。

2.1.2 基站站址勘察流程

无线网络规划勘察即站址勘察，站址位置的选择直接影响到无线网络建设的效果，站址位置是否合理十分重要。勘察人员在做网络规划站址勘察时应结合周围环境在规划站点附近尽量选择至少一主一备两个站点。站址勘察流程如图 2-2 所示。

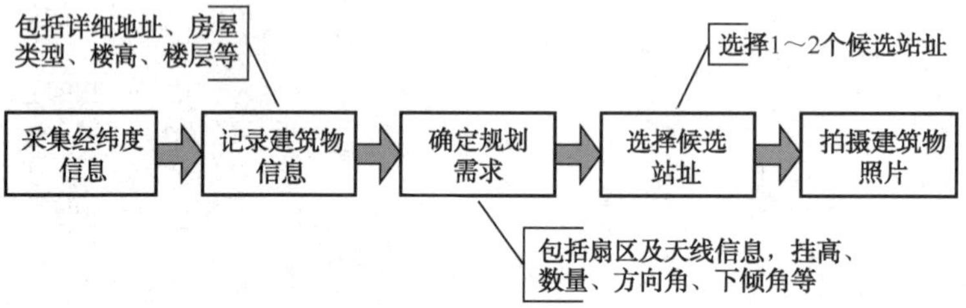

图 2-2　站址勘察流程

2.1.3 基站工程勘察

基站工程勘察师在站址勘察工作完成之后，需要制订基站的详细勘察计划，详细勘察得到的结果要用于网络规划和工程建设。在 4G、5G 基站中，将会有大部分站点是共址站（与现网 2G、3G 站点共用机房或天面），勘察流程可以分为新建站勘察和共址站勘察，勘察流程包括机房勘察和天面勘察，如图 2-3 所示为机房勘查流程图。

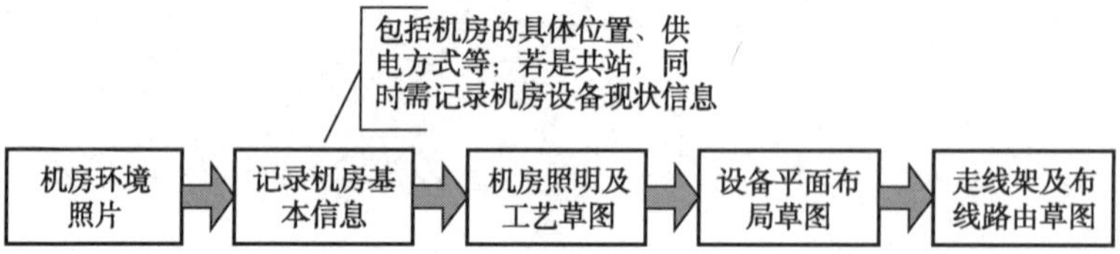

图 2-3　机房勘察流程

如图 2-4 所示为天面勘察流程图。

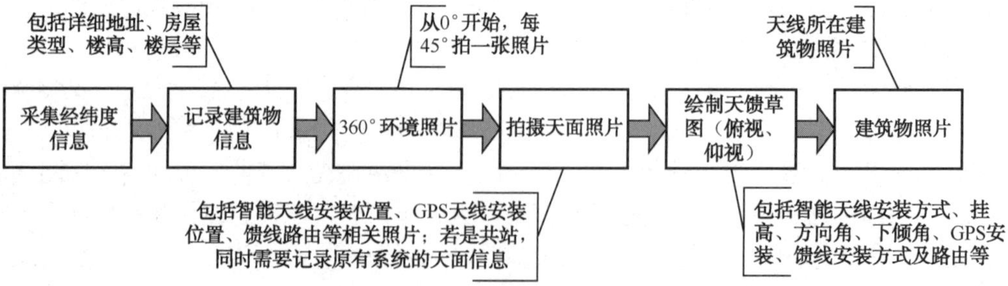

图 2-4　天面勘察流程

2.1.4　工程建设过程中的配套改造

工程建设过程中的配套改造流程如图 2-5 所示。

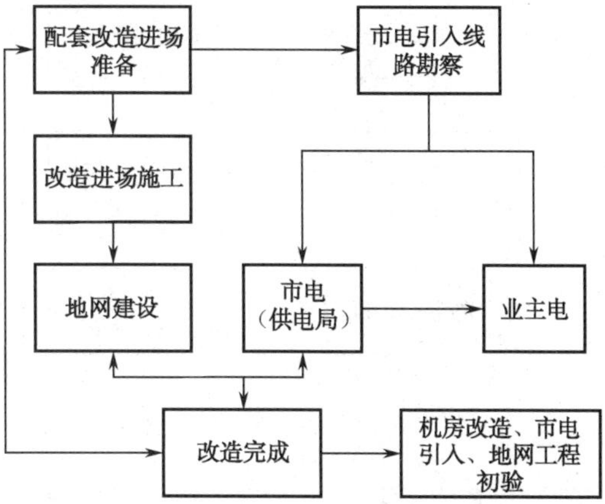

图 2-5　工程建设过程中的配套改造流程

配套改造进场准备：由施工单位根据设计图纸要求做好相关改造材料准备，提前做好与业主沟通协调工作。

改造进场施工：由施工单位、监理单位实施。施工单位根据建设任务的需求进行配套的改造工作，监理单位对改造的质量、进度进行跟踪控制。

地网建设：由施工单位、监理单位实施。监理单位根据机房室内抱杆、室外抱杆完成情况，通知地网施工单位进行地网施工并做好签证记录。

市电引入线路勘察：市电引入单位根据机房用电要求进行线缆走线路由勘察和报电流程。

市电和业主电：市电引入单位代表通信运营商向供电局报电，与业主协商机房用电事宜。

改造完成：改造完成的时候监理单位组织施工单位进行工程量核算和施工质量检查、自验，确保下阶段设备进场顺利进行。

机房改造、市电引入、地网工程初验：对已经完成的改造站点监理单位组织施工单位对相关工程进行初验，在初验同时进行相关工程量的审核，合格后再提交工程验收。

2.1.5　设备安装开通

设备安装开通流程如图 2-6 所示。

站点规模配置、设备型号确认：由建设单位、监理单位实施。站点符合设备进场条件后，监理单位会向建设单位负责人提出基站配置需求，负责人收到需求后会以邮件形式向网优部门确认站点的配置规模，并以邮件形式通知监理单位。

送货安排：由监理单位、仓库物流单位实施。监理单位根据建设单位的规划，以邮件形式通知仓库发货，邮件内容需注明站名、站点配置、主设备类型、天线类型、选点单位（以便仓库问路）、钥匙情况，并附上站点图纸。仓库物流单位在收到送货通知后应在规定时间内将设备送至基站，并将送货情况反馈给监理单位。

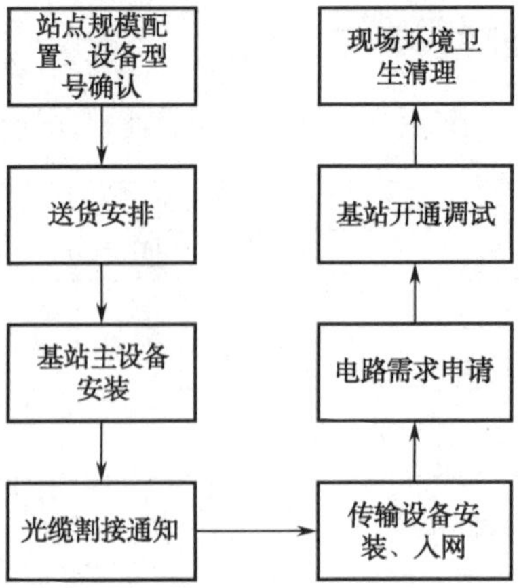

图 2-6　设备安装开通流程

基站主设备安装：由监理单位、施工单位实施。监理单位根据送货反馈情况用电话或邮件通知各单位进场施工，各单位按照设计图纸根据移动建设规范对基站主设备、电源电池、空调等设备进行安装。

光缆割接通知：由监理单位、建设单位实施。监理单位确认该站点综合柜施工完成后向建设单位光缆负责人发出光缆割接通知，通知内容需包括站名、传输柜安装情况、选点单位联系人电话、钥匙情况、光缆割接需求时间；光缆负责人会在光缆割接完成后用短信通知监理单位，通知内容需包括该站光缆割接情况、光缆接入路由情况。

传输设备安装、入网：由监理单位实施。监理单位根据光缆负责人给出的光缆割接信息、路由信息、基站市电完成情况等，安排传输单位进行传输设备的安装和入网。

电路需求申请：由建设单位、监理单位实施。确认传输入网以后，监理单位将传输入网的相关信息反馈给网建中心，由网建中心向网络部提出具体的电路申请。

基站开通调试：由监理单位、厂家督导、施工单位实施。待网建中心反馈传输电路后，监理单位组织安排厂家督导、施工单位进行基站开通调试，在基站开通调试过程中，监理单位同时对基站的整体安装质量进行检查并核实工程量。

现场环境卫生清理：在施工单位撤离现场前，监理单位督促施工单位做好现场环境卫生清理工作（施工单位在撤离现场前必须清理当天的垃圾）。

思考与练习

1．填空题

（1）网络规划的目的是________，主要规划________和________。

（2）勘察设计为________提供科学依据，以最小建设投资代价获取________。

2．简答题

（1）简述 TD-LTE 基站工程建设基本流程。

（2）勘察设计主要包括哪五个方面的勘察内容？

（3）简单回答 TD-LTE 基站工程站址勘察基本流程。

（4）简单回答 TD-LTE 基站工程天面勘察基本流程。

任务 2 基站天馈系统

【学习目标】

1. 了解基站天馈系统的基本组成和安装流程
2. 掌握天线的主要作用、天线的几种基本特性参数
3. 了解天线的分类和选型
4. 了解通信传输线、馈线、接头及无源器件的基本知识

【知识要点】

1. 天馈系统的基本组成、概念和作用
2. 天线的基本特性参数、天线的分类和选型
3. 通信传输线、馈线、接头及无源器件的基本知识

基站天馈系统是移动基站的重要组成部分，它主要完成以下功能：对来自发信机的射频信号进行传输、发射，建立基站到移动台的下行链路；对来自移动台的上行信号进行接收、传输，建立移动台到基站的上行链路。

2.2.1 基站天馈系统基本组成和安装流程

基站天馈线系统的配置同网络规划紧密相关，网络规划决定了天线的布局、天线架设高度、天线下倾角、天线增益及分集接收方式等。不同的覆盖区域、覆盖环境对天线系统的要求会有非常大的差异。基站天馈系统的基本组成如图 2-7 所示，从图中可以看出，天馈系统的关键组成部分有天线、馈线、室内设备及跳线、室外设备及跳线等。

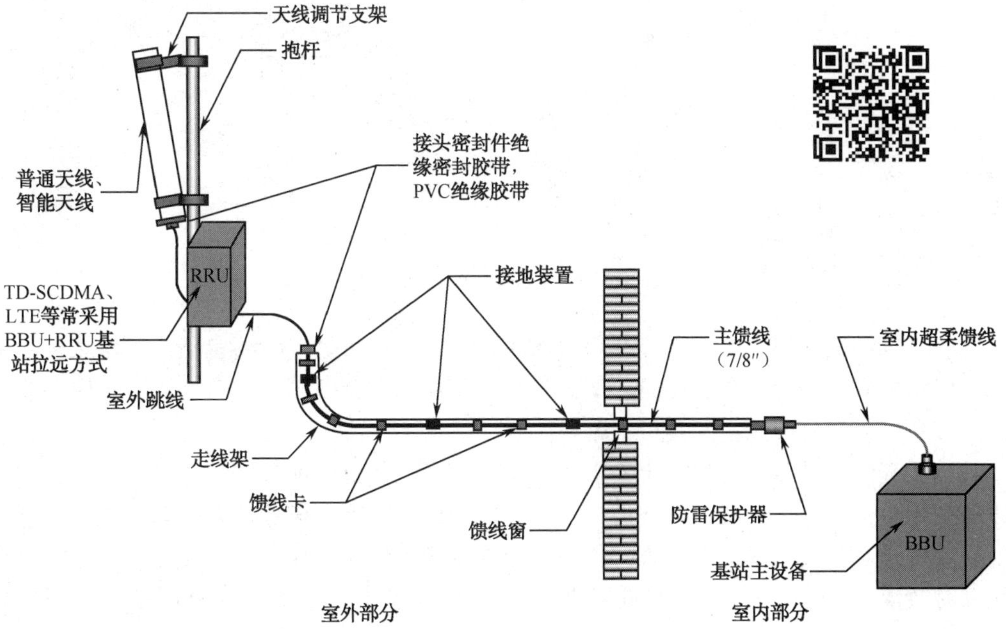

图 2-7 基站天馈系统的基本组成

根据天馈系统的基本组成，基站天馈系统分为室外部分、室内部分和馈线，依据如图 2-8 所示安装流程进行工程安装。

具体流程按照安装顺序依次为“室外天线安装”→“馈线窗安装”→“馈线安装”→“避雷器安装”→“室内跳线安装”，以上安装流程结束后，进行天馈系统“驻波比测试”，驻波比测试通过后进行“接头防水处理”，所有工作完成后，天馈系统安装结束。

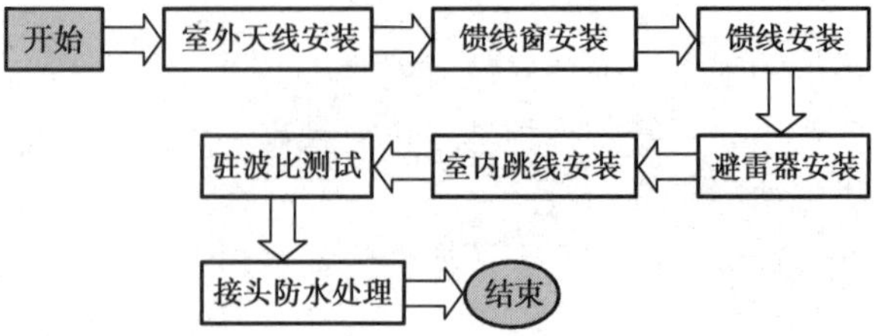

图 2-8　基站天馈系统安装流程示意图

2.2.2　移动基站天线

1．天线概念

天线作为无线通信不可缺少的一部分，其基本功能是发射和接收无线电波。用于发射时，把传输线中的高频电流转换为电磁波；用于接收时，把电磁波转换为传输线中的高频电流。天线系统作为电磁波的收发部件，其功能如图 2-9 所示。

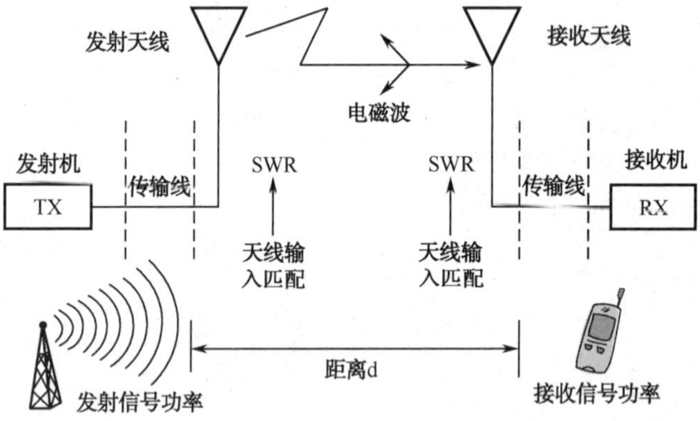

图 2-9　天线系统收发功能示意图

在选择基站天线时，需要考虑其电气和机械性能。电气性能主要包括：工作频段、天线增益、极化方式、波束宽度、倾角、下倾方式、下倾角调整范围、前后比等。机械性能主要包括：尺寸、质量、天线输入接口、风载荷等。

基站主天线的基本单元就是半波振子，半波振子的优点是能量转换效率高。振子是构成天线的基本单位，任何天线都要谐振在一定频率上，接收哪个信号，天线就谐振在该信号频率上，谐振是对天线最基本的要求，任何一根导线都可以做天线，只是性能好坏而已，好的天线辐射效果好。能产生辐射的导线称为振子，两臂长度相等的振子称为对称振子。每臂 1/4 波长长度、全长 1/2 波长长度的对称振子称为半波对称振子，如图 2-10 所示。基站天线需要多个半波对称振子组阵来提高天线增益。

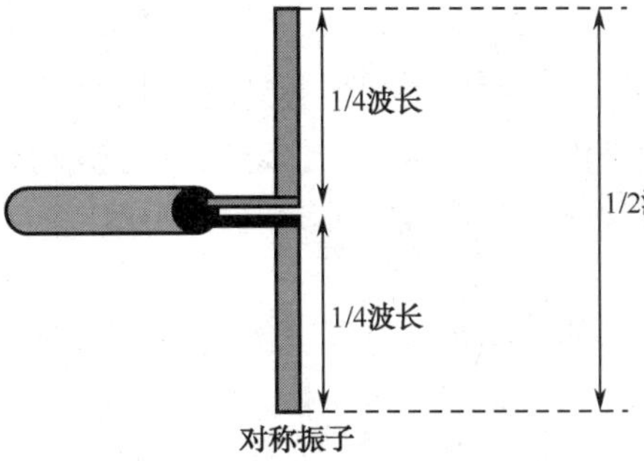

图 2-10　半波对称振子

典型的板状天线实物外观分为三部分：天线罩、端盖和接头。将天线外罩打开，或者在装配生产线上可以看到，天线的内部也是由三部分组成的：槽板、馈电网络和振子。

2. 天线基本特性

（1）天线方向图

天线辐射的电磁场在固定距离上随角坐标分布的图形，称为方向图。天线方向图是空间立体图形，但是通常用两个互相垂直的主平面内的方向图来表示，称为平面方向图，也称作垂直方向图和水平方向图。就水平方向图而言，有全向天线与定向天线之分。定向天线的水平方向图的形状也有很多种，如心形、“8”字形等。

天线具有方向性，本质上是通过振子的排列及各振子馈电相位的变化来获得的，因此会出现在某些方向上的能量增强，某些方向上的能量减弱，形成一个个波瓣和零点。能量最强的波瓣称为主瓣，上下次强的波瓣称为旁瓣，定向天线还存在后瓣。

图 2-11 是某天线的立体方向图、水平方向图和垂直方向图。

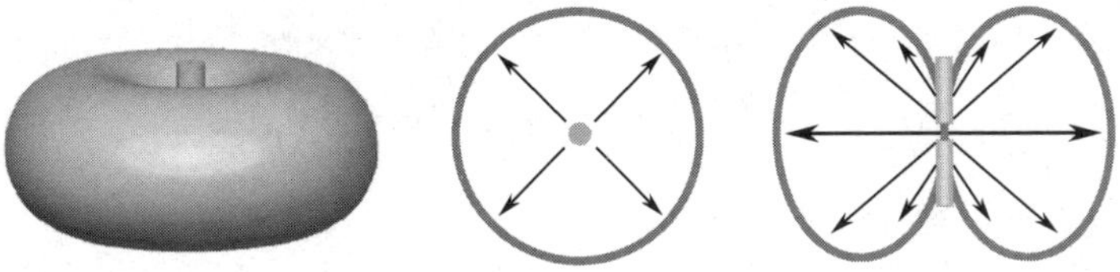

图 2-11　某天线的立体方向图、水平方向图及垂直方向图

（2）天线增益

天线作为一种无源器件，其增益的概念与一般功率放大器增益的概念不同，仅仅起转化作用，而不是真正意义上的放大信号。增益是天线的重要指标之一，它表示天线在某一方向上集中能量的能力。表示天线增益的单位通常有两个：dBi、dBd。dBi 表示天线增益，是相对于全向辐射器的参考值，dBd 是相对于半波振子天线的参考值。两者之间的关系：dBi=dBd+2.17。

天线增益越高，天线波束的范围就越小。一般把天线的最大辐射方向上的场强与理想多向同性天线均匀辐射场强相比，将功率密度增强的倍数定义为增益。天线增益不但与振子单元数量有关，还与水平半功率角和垂直半功率角有关。另外，可以利用反射板把辐射能控制在同一方向上，从而提高天线增益。

（3）极化方式

在天线的各项参数里，有一个非常重要的参数就是极化方式。极化是描述电磁波场强矢量空间指向的一个辐射特性，当没有特别说明时，通常以电场矢量的空间指向作为电磁波的极化方向，而且是指在该天线的最大辐射方向上的电场矢量，也就是说，极化方向就是天线辐射时形成的电场强度的方向。

电场矢量在空间的取向在任何时间都保持不变的电磁波称为直线极化波，有时以地面做参考，将电场矢量方向与地面平行的波称为水平极化波，与地面垂直的波称为垂直极化波。电场矢量在空间的取向有的时候并不固定，若电场矢量端点描绘的轨迹是圆，称为圆极化波；若轨迹是椭圆，称为椭圆极化波。椭圆极化波和圆极化波都有旋相性。不同频段的电磁波适合采用不同的极化方式进行传播，移动通信系统通常采用垂直极化，而广播系统通常采用水平极化，椭圆极化通常用于卫星通信。

天线的极化方式有单极化天线、双极化天线两种，其本质都是线极化方式。双极化天线是由彼此正交的两根天线封装在同一天线罩中组成的。双极化天线通常有水平/垂直极化、+45°/−45°正交双极化两种，如图2-12所示。采用双极化天线，可以大大减少天线数目，简化工程安装。

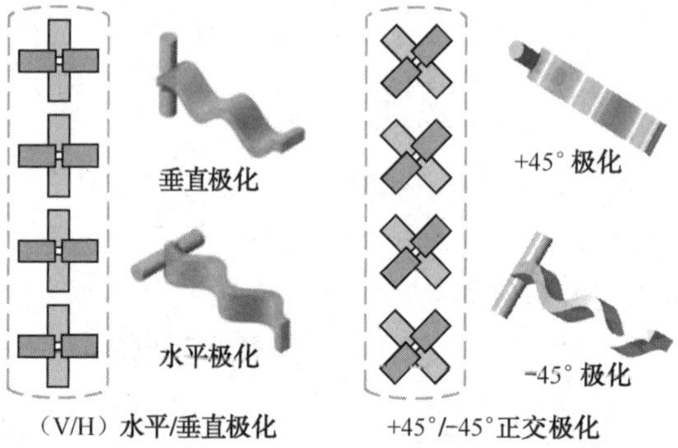

图2-12　水平/垂直极化、+45°/−45°正交双极化

两种极化天线外观识别如图2-13所示。

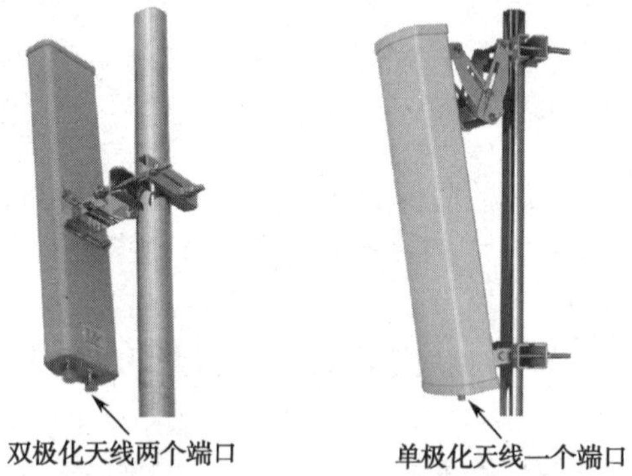

图2-13　两种极化天线外观识别

（4）波束宽度

波束宽度包括水平半功率角与垂直半功率角，分别定义为在水平方向或垂直方向上相对于最大辐射方向功率下降一半（3dB）的两点之间的波束宽度。常用的基站天线水平半功率角

有 360°、210°、120°、90°、65°、60°、45°、33° 等，垂直半功率角有 6.5°、13°、25°、78°等。

（5）前后比

前后比又称前后抑制比，是指天线在主瓣方向与后瓣方向上信号辐射强度之比，如图 2-14 所示。前后比表明了天线对后瓣抑制的好坏。选用前后比低的天线，后瓣有可能产生越区覆盖，导致掉话。一般天线的前后比为 18～45，应优选前后比在 30 以上的天线，在密集市区要积极采用前后比大的天线。

（6）倾角

天线的倾角是指电波的倾角，并不是指天线振子的机械上的倾角。倾角主要反映天线接收的哪个高度角来的电波最强。通常天线的下倾方式有机械下倾、电子下倾两种。机械下倾是通过调节天线支架将天线压低到相应位置来设置下倾角的，而电子下倾是通过改变天线振子的相位来控制下倾角的。当然在采用电子下倾角控制的同时可以结合机械下倾角控制一起进行。电子下倾天线的倾角一般固定，即通常所说的预置下倾。最新的产品是倾角可调的电子下倾天线，为区分前面的电子下倾天线，这种天线通常称作电调天线。

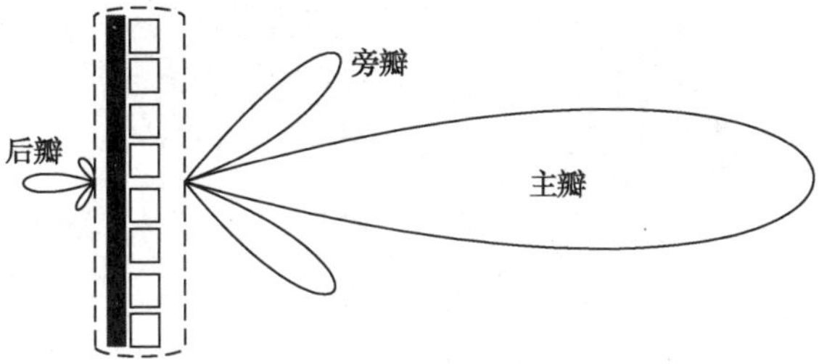

图 2-14　主瓣与后瓣示意图

定向天线可以通过机械方式调整倾角，全向天线是通过电子下倾来实现的。天线各方向的场强强度同时增大或减小，保证在改变倾角后天线方向图变化不大，使主瓣方向覆盖距离缩短，而整个方向图在服务区内减小覆盖面积，又不产生干扰。

（7）电压驻波比（VSWR）

电压驻波比（Voltage Standing Wave Ratio，VSWR）是表示天馈线与基站匹配程度的指标。入射波能量传输到天线输入端后，没有被全部辐射出去，产生了反射波，叠加生成了驻波，其相邻电压最大值和最小值之比就是电压驻波比。电压驻波比过大，将缩短通信距离，而且反射功率将返回发射机功放部分，容易烧坏功放管，影响通信系统正常工作。在移动通信蜂窝系统的基站天线中，VSWR 最大值应小于或等于 1.5。若 Z_I 表示天线的输入阻抗，Z_O 表示天线的标称特性阻抗，则反射系数为

$$|\tau| = \frac{|Z_I - Z_O|}{|Z_I + Z_O|}$$

由此，可计算出电压驻波比为 $\mathrm{VSWR} = \dfrac{1+|\tau|}{1-|\tau|}$。

其中，Z_O 为 50Ω。也可以用回波损耗（回损）表示端口的匹配特性，即

$$\mathrm{RLdB} = -20\lg|\tau|$$

当 $\mathrm{VSWR} = 1.5$ 时，$\mathrm{RLdB} = 13.98\mathrm{dB}$。

一般要求 VSWR 小于 1.5，其数值越小越好，但是在工程中，没有必要追求过小的 VSWR。

（8）隔离度

天线的隔离度指的是两根天线或者一根双极化天线的不相关性，如图 2-15 所示。隔离度合格才能保证同扇区天线分集接收的性能。对于多端口天线，如双极化天线、双频段双极化天线，收发共用时端口之间的隔离度一般应大于 30dB。

（9）天线尺寸和质量

选择天线时，不但要关心其技术性能指标，在满足各电气性能指标的情况下，天线的外形应尽可能小，质量要尽可能轻。智能天线面板的面积比传统天线大，并且还有 RRU 安装在天线旁，因此 LTE 的扇区天线容易引起基站附近居民的注意或投诉，因此，在人口密集的市区，智能天线的美化非常重要。为日后的网络优化考虑，使用了美化罩的小区，必须保证智能天线有垂直 6°、水平 30°的调整空间。常用的智能天线美化外罩如图 2-16 所示。

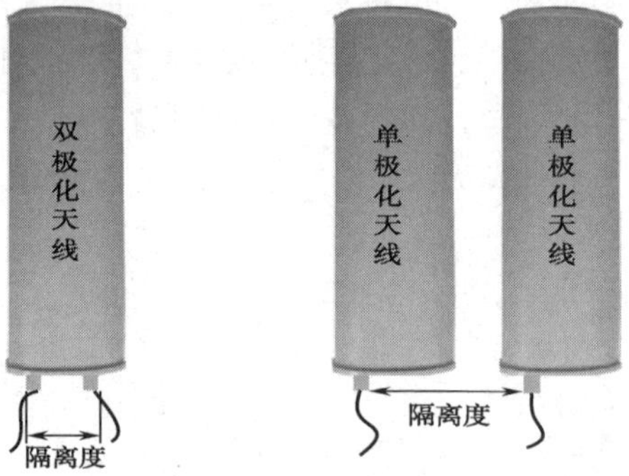

图 2-15　天线隔离度示意图

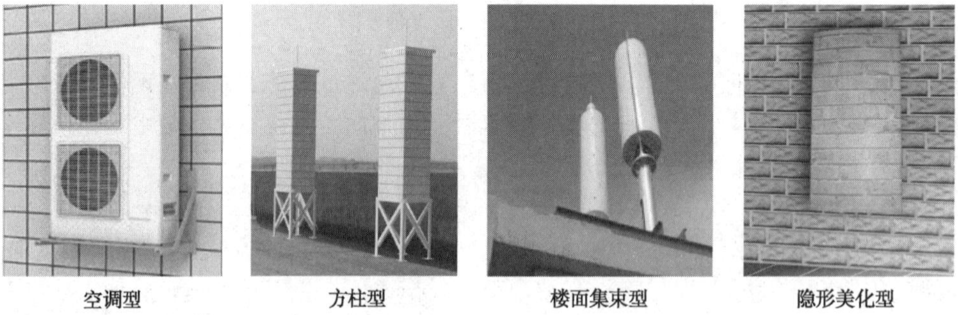

图 2-16　常用的智能天线美化外罩

（10）天线输入接口

基站天线的输入接口常采用 7/16 DIN-Female，射频连接可靠，为了避免生成氧化物或进入杂质，天线在使用前，端口上应盖有保护盖。

（11）风载荷

基站天线通常安装在楼顶或铁塔上。沿海地区常年风速较大，虽然天线本身一般能承受强风，但强风区要尽量选择表面积小的天线，否则天线易损坏。

除以上诸方面影响因素外，还应考虑天线设备的工作温度和湿度，基站天线所有射频输入端口均要求直流直接接地，全向天线应满足天线倒置安装要求，同时满足三防要求（三防是指防潮、防烟雾、防霉菌）。

2.2.3 移动基站天线的基本分类

在 GSM、GPRS、EDGE、CDMA2000、WCDMA、LTE 等系统中使用的宏基站天线按定向性可分为全向和定向两种基本类型，按极化方式又可分为单极化和双极化两种基本类型，按下倾角调整方式又可分为机械式和电调式两种基本类型。现在应用的基站天线除智能天线有较大不同外，其他天线基本结构相差不大。

（1）全向天线

全向天线是指天线可在水平面上 360° 均匀辐射，也就是平时所说的无方向性；在垂直面上表现为有一定宽度的波束。全向天线一般用在话务量极低的农村或郊外一些空旷的场合，一般采用全向 11dBi 天线。

（2）定向单极化天线

定向天线分为定向单极化天线和定向双极化天线。定向单极化天线在空间特定方向上比其他方向能更有效地发射或者接收电磁波。单极化天线进行空间分集时，一个扇区需要安装两副天线，一副只用于发射，另一幅可用于接收和发射，接收时两副同时工作。为保证分集接收效果，两幅天线在安装时需要平行且在同一平面上。定向单极化天线一般应用在较空旷的区域，以保证空间分集接收获得良好的效果。定向双极化天线内部采用+45°/−极化，有两个射频端口，实际使用时一个端口用于接收和发送，另一个端口仅用于接收，利用极化分集的原理，每个扇区布置一副双极化天线即可。城区建站的主要应用类型就是双极化天线，双极化天线在城区应用可以获得良好的极化分集效果，且选址和安装简单。

（3）电调天线

电调天线目前主要是指下倾角可以调节的天线。电调天线是利用安装于天线内部的移相器改变各辐射单元的相位从而实现下倾角调节的，天线本体在调节过程中并不发生任何位置上的变化，并且可实现塔下调节下倾角。

这种电调天线可在近端（机房）通过相应的装置与天线的电调控制线相连进行调整，也可在远端进行遥控调整。目前用得比较多的是在近端进行调整。

（4）智能天线

智能天线利用数字信号处理技术，采用了先进的波束切换技术和自适应空间数字处理技术，产生空间定向波束，使天线主波束对准用户信号到达方向，旁瓣或零陷对准干扰信号到达方向，达到充分高效利用移动用户信号并删除或抑制干扰信号的目的。智能天线分为两大类：自适应阵列天线和多波束天线。

自适应阵列天线一般采用 4-16 天线阵元结构，阵元间距一般取半波长。自适应阵列天线是智能天线的主要类型，可以实现全向天线，完成用户信号的接收和发送。自适应阵列天线系统采用数字信号处理技术识别用户信号到达方向，并在此方向上形成天线主波束。自适应阵列天线根据用户信号的不同空间传播方向提供不同的空间信道，等同于信号有线传输的线缆，有效克服了干扰对系统的影响。

多波束天线利用多个并行波束覆盖整个用户区，每个波束的指向是固定的，波束宽度也随阵元数目而定。随着用户在小区中移动，基站选择不同的波束，使接收信号最强。用户信号不一定在固定波束中心处，当用户位于波束边缘，干扰信号位于波束中央时，接收效果最差，所以多波束天线不能实现信号最佳接收，一般只用作接收天线。但是与自适应阵列天线相比，多波束天线具有结构简单、无须判定用户信号到达方向的优点。

2.2.4 基站天线的选型

常见天线的应用场合如表 2-1 所示。

表 2-1 常见天线应用场合

天 线 类 型	应 用 场 合
定向智能天线	应用于室外覆盖的所有场景，是室外建站的主力天线产品
全向智能天线	适用于话务量不高，用户密度小、分布广的地区，主要解决覆盖问题
普通全向天线	TD 中使用比较少
普通定向天线	室内覆盖特殊场景，如地铁、隧道等对方向性和增益要求比较高的场景，或室外磁悬浮场景
室内吸顶天线	写字楼、大型会所等室内场景，是室内覆盖的主力天线产品
室内壁挂天线	室内场景中需要对指定区域定向覆盖的场景
八木天线	TD 中使用比较少

LTE 中常见室外天线主要有双极化智能天线和两通道双极化天线，如图 2-17 所示。

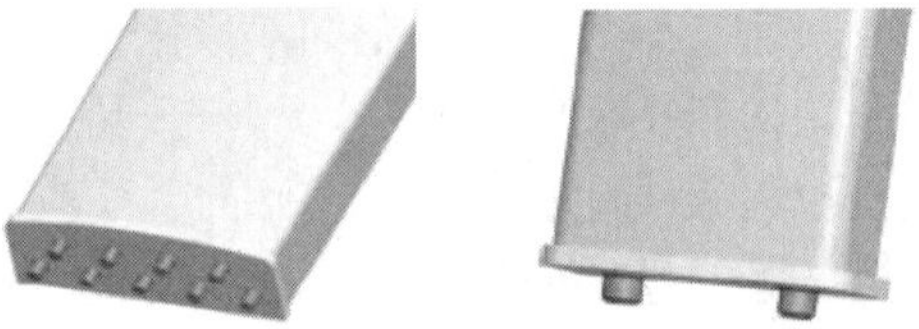

双极化智能天线　　两通道双极化天线

图 2-17 LTE 中常见室外天线

常见室分天线有室内吸顶天线、壁挂天线、八木天线和定向扇区天线，如图 2-18 所示。

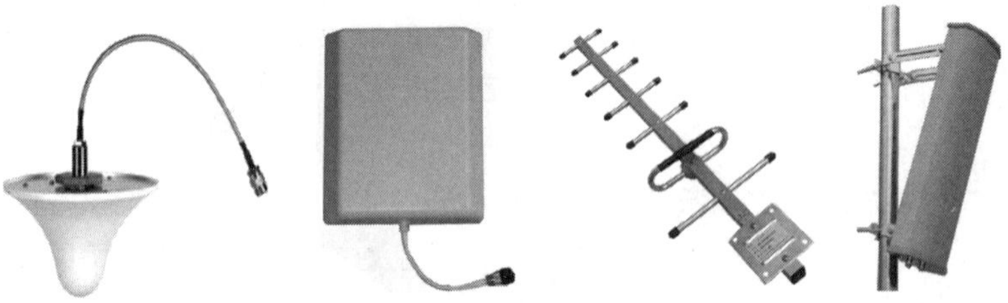

室内吸顶天线　　壁挂天线　　八木天线　　定向扇区天线

图 2-18 常见室分天线

在 LTE 系统中，常见的室分天线类型为室内双极化型天线，如图 2-19 所示。

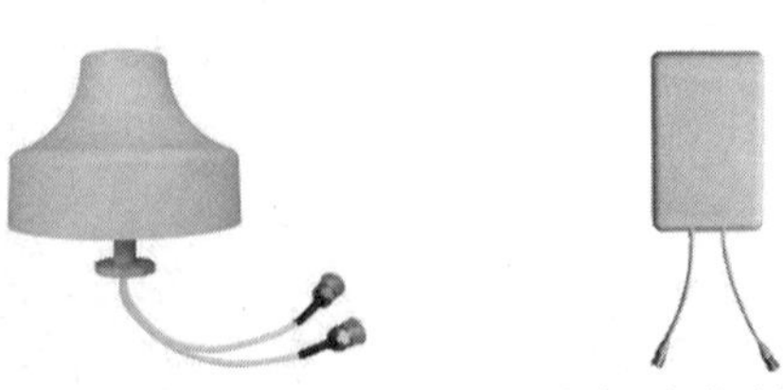

室内双极化吸顶天线　　室内双极化壁挂天线

图 2-19 LTE 系统中常见的室内双极化型天线

在移动通信网络中，天线的选型是至关重要的，一般应根据话务分布、服务区的覆盖、质量要求、地形等条件，综合整网覆盖、内外干扰情况、美观和环保要求等来选择天线。

1. 市区基站天线选型

在市区环境中，基站分布较密，每个基站覆盖范围小，要尽量减少越区覆盖，减少基站间的干扰，提高频率复用率。天线选型建议如下：

（1）由于市区基站站址选择困难，天线安装空间受限，建议选用双极化天线。在市区主要考虑提高频率复用度，因此一般选用定向天线。

（2）为了能更好地控制小区的覆盖范围来抑制干扰，市区 S111 基站，一般天线水平波瓣宽度选 65°，垂直波瓣宽度建议选 7°～10°，天线增益选用 15～18dBi。S110 基站或定向单扇区基站，可选用水平波瓣宽度为 65°、90° 甚至更宽的天线，根据覆盖需求选用，垂直波瓣及增益选择和 S111 基站相同。全向基站，选用增益较小、带电子下倾的天线。

2. 郊区和农村基站天线选型

郊区和农村基站分布稀疏，话务量较小，覆盖要求广。有的地方周围只有一个基站，应结合基站周围需覆盖的区域来考虑天线的选型。一般情况下希望在需要覆盖的地方通过天线选型来得到更好的覆盖。天线选型建议如下：

（1）从发射信号的角度，在较为空旷地方采用垂直极化天线比采用其他极化天线效果更好。从接收信号的角度，空旷的地方由于信号的反射较少，信号的极化方向改变不大，采用双极化天线进行极化分集接收时，分集增益不如空间分集。所以建议在郊区和农村选用垂直单极化天线。

（2）如果要求基站覆盖周围的区域，且没有明显的方向性，基站周围话务分布比较分散，此时建议采用全向基站覆盖。如果运营商对基站有覆盖更远的要求，则需要用定向天线来实现。一般情况下，定向基站应当采用水平波瓣宽度为 90° 的定向天线，垂直波瓣宽度建议选 5°～7°，天线增益选用 15～18dBi。对于全向基站：天线垂直波瓣宽度建议选 5°～7°，天线增益选用 9～12dBi。

另外，对全向基站还可以考虑双发天线配置以减小塔体对覆盖的影响。此时需要通过功分器把发射信号分配到两个天线上。

3. 水面、戈壁滩、沙漠地带基站天线选型

对水面（海面、大的湖泊等）、戈壁滩、沙漠地带进行覆盖时，覆盖距离主要受三个方面的限制，即地球球面曲率、无线传播衰减、TA 值。考虑地球球面曲率的影响，对水面等进行覆盖的基站天线一般架设得很高，超过 100m。天线选型建议如下：

（1）从发射信号和接收信号的角度，对水面（海面、大的湖泊等）、戈壁滩、沙漠地带进行覆盖时，建议选用垂直单极化天线。

（2）由于水面（海面、大的湖泊等）、戈壁滩、沙漠地带要求覆盖的区域比较开阔，选用定向基站时，考虑选用水平波瓣宽度为 90° 或者 105°，垂直波瓣宽度为 5°～7°，天线增益为 14～18dBi 的天线。如果要求覆盖距离比较远但是宽度不太大时，可考虑采用 65° 等窄带波束天线。选用全向基站时，建议选用垂直波瓣宽度为 5°～7°，增益为 9～12dBi 的天线。

4. 公路、铁路等狭长地带基站天线选型

公路、铁路等狭长地带覆盖环境下话务量低、用户高速移动，此时重点要解决的是覆盖问题。公路覆盖与大中城市或平原农村的覆盖有着较大区别，一般来说它要实现的是带状覆盖，故公路的覆盖多采用双向小区；在穿过城镇、旅游点的地区综合采用三向、全向小区；再就是强调广覆盖，要结合站址及站型来决定采用的天线类型。天线选型建议如下：

（1）从发射信号和接收信号的角度，建议在进行公路、铁路覆盖时选用垂直单极化天线。

（2）以覆盖铁路、公路沿线为目标的基站，可以采用窄波束高增益的定向天线，如果覆盖目标为公路及周围零星分布的村庄，可以考虑采用全向天线或变形全向天线，如“8”字形或心形天线。纯公路覆盖时根据公路方向选择合适站址，采用高增益（14dBi）“8”字形天线，或考虑 S0.5/0.5 的配置，最好具有零点填充；高速公路一侧有小村镇且用户不多时，可以采用 210°～220° 变形全向天线。

（3）一般来说较为平直的公路，如高速公路、铁路、国道、省道等，推荐在公路旁建站，采用 S111 或 S11 站型，配以高增益定向天线实现覆盖，可以选用水平波瓣宽度为 20°～30°，垂直波瓣宽度为 5°～7° 的高增益天线。蜿蜒起伏的公路，如盘山公路、县级自建的山区公路等，需结合公路附近的乡村覆盖，选择在高处建站。站型需灵活配置，可能会用到全向加定向等特殊站型。根据具体情况可选用水平波瓣宽度为 65°、90° 甚至更大，垂直波瓣宽度为 5°～7° 的天线。

5. 地形复杂、落差较大的区域基站天线选型

地形复杂、落差较大的区域，基站一般建在山顶上、山腰间、山脚下或山区里的合适位置。具体分为两种情况：天线架高高于覆盖区、大片需要覆盖的区域高于天线架高，需要按不同的用户分布、地形特点来进行基站选址、选型。天线选型建议如下：

（1）视基站的位置、站型及周边覆盖需求来决定方向图的选择，可以选择全向天线，也可以选择定向天线。对于建在山上的基站，天线架高高于覆盖区，则应选择垂直半功率角较大的方向图，更好地满足垂直方向的覆盖要求，可根据具体情况选择垂直波瓣宽度为 10°～18° 的天线。

（2）大片需要覆盖的区域高于天线架高时，根据具体情况选用 18°～30° 的大垂直波瓣宽度的天线。

6. 室内覆盖基站天线选型

关于室内覆盖，通常是建设室内分布系统，将基站的信号通过有线方式直接引入到室内的每一个区域，再通过小型天线将基站信号发送出去，从而达到消除室内覆盖盲区，抑制干扰的目的，为室内的移动通信用户提供稳定、可靠的信号。室内分布系统主要由三部分组成：信号源设备（微蜂窝、宏蜂窝基站或室内直放站），室内布线及其相关设备（同轴电缆、光缆、泄漏电缆、电端机、光端机等），干线放大器、功分器、耦合器、室内天线等设备。室内天线选型原则如下：

根据分布式系统的设计，考察天线的可安装性来决定采用哪种类型的天线，泄漏电缆不需要天线。室内分布系统常用到的天线单元包括：室内吸顶天线单元、室内壁挂天线单元、杯状吸顶单元、板状天线单元等。杯状吸顶单元尺寸超小，适用于小电梯内部、小包间内嵌

入式的吸顶小灯泡内部等多种安装受限的场合。板状天线单元可用于电梯、隧道、地铁、走廊等不同场合。

这些天线的尺寸都很小，便于安装，增益一般也很低，可依据覆盖要求选择全向及定向天线。由于室内布线施工费用高，因此包括天线在内的室内分布天线系统要尽量采用宽频段或多频段设备。

2.2.5 5G基站天线

5G基站采用多输入多输出（MIMO）系统，MIMO是一种成倍提升系统频谱效率的技术，是对单输入单输出的扩展。在发送端和接收端采用多根天线，辅助一定的发送端和接收端信号处理技术完成通信，利用MIMO技术可以提高信道的容量。从LTE时代就已经有MIMO了，5G时代变成了加强版的大规模天线技术Massive（大规模的、大量的）MIMO，如图2-20所示。Massive MIMO是多天线技术演进的一种高端形态，是5G网络的一项关键技术。传统的TDD网络的天线基本是2天线、4天线或8天线，而Massive MIMO的通道数达到了64/128/256个。Massive MIMO站点的天线数显著提升，不再是一根或者几根，而是组成了天线阵列。Massive MIMO大幅增强了系统链路的质量和传输速率。

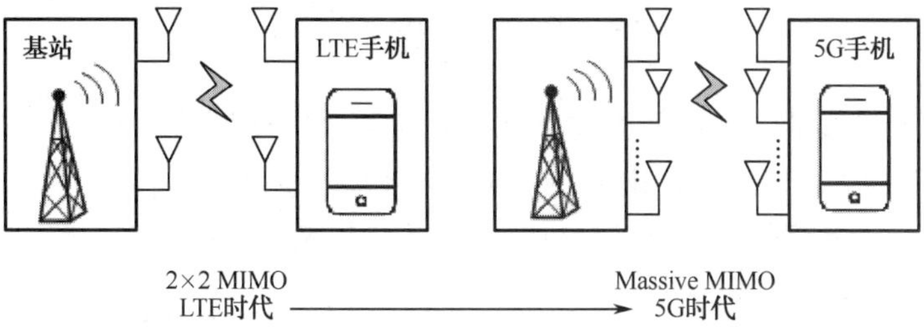

图2-20 从LTE时代到5G时代MIMO的发展

5G的MIMO天线系统可分为两部分：天线保护罩、振子与天线底板的组合。

天线保护罩，采用新型混合材料，重量比较轻，信号穿透损耗降低了，气透性更强，保护罩表面不容易老化，比传统的塑料材料寿命更长。

振子与天线底板的组合，在材质和通道数量上，与4G相比均有较大变化。5G AAU天线底板主要是高频PCB，为天线振子的载体，负责传输信号。5G AAU天线振子比传统的一个振子多个零件相比，其把几个振子加工整合成一个零件，焊点数量减少，故障率大幅度下降。

2.2.6 通信传输线的基本知识

1. 各类传输线的特点

如图2-21所示，假设传输线是均匀且不弯曲的，在无限长、无损耗的情况下，分析各类传输线的特点。

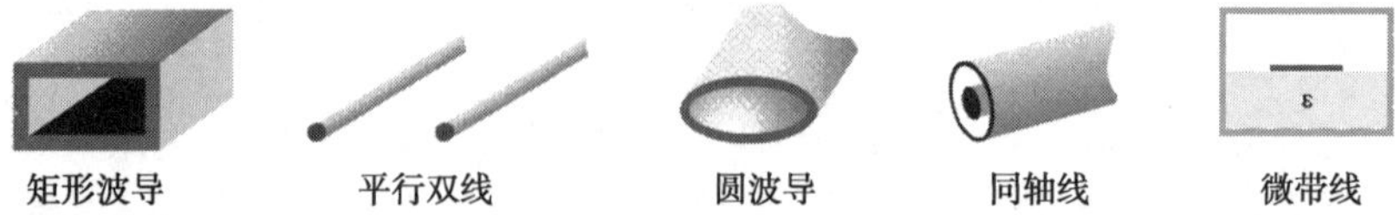

图 2-21　几种常见传输线

（1）平行双线

平行双线是微波传输线的一般形式。在较低的频率上使用这种开放的系统是可以的，但是当频率很高，即当信号波长与双导体线截面尺寸及双线间距离可比拟时，双线的辐射损耗急剧增加，传输效果明显变差，因此真正用于微波段的传输线多为封闭系统。

特点：成本低，安装方便，多用于电视接收机上的馈线，工作频率低。

（2）同轴线

同轴线是一种应用非常广泛的双线传输线，最大优点是外导线圆筒可以完善地屏蔽周围电磁场对同轴线本身的干扰和同轴线本身传送信号时向周围空间的泄漏。同时，由于其导电面积比双线传输线大得多，因此降低了导体的热损耗。当工作频率升高时，同轴线横向尺寸要相应减小，内导体损耗增加，传输的功率也受到限制。

特点：抗干扰，损耗低，工作频带宽，工作频率较高。

（3）金属波导

波导是微波传输线的一种典型类型，已不再是普通电路意义上的传输线。虽然电磁波在波导中的传播特性仍然符合传输线的概念和规律，但是深入研究导行电磁波在波导中的存在模式及条件、横向分布规律等问题，必须从场的角度根据电磁场基本方程来分析。常用的金属波导有矩形波导和圆波导。

特点：损耗小，功率容量大，工作频带窄，工作频率高。

（4）微带线

根据晶体管印制电路板制作技术，提出并实现了这种半开放式结构的传输线。

特点：优点是体积小，重量轻，工作频带宽；缺点是损耗大，功率容量小，用于小功率传输系统。

2．所传输电磁波的模式（波型）

（1）TEM 波（横电磁波）：在传播方向上没有电场和磁场的分量，即电磁场完全分布在横截面内（平行双线、同轴线）。

（2）TM 波（横磁波/E 波/电波）：在传播方向上只有电场分量而无磁场分量，即磁场完全分布在横截面内。

（3）TE 波（横电波/M 波/磁波）：在传播方向上只有磁场分量而无电场分量，即电场完全分布在横截面内。

对于一个传输系统来说，不管电磁场分布多么复杂，都可以把它看成用几个甚至很多个上述模式的适当幅度和相位组合的结果。因此传输系统中可能存在的模式不会超出以上三种。当然，在条件合适的情况下，传输系统中有可能只存在一种具体的模式，这时场分布情况就比较简单。导行电磁波的传输形态受导体或介质边界条件的约束，边界条件和边界形状决定了导行波的电磁场分布规律、存在条件及传播特性。

2.2.7 馈线和馈线接头

1. 馈线的定义及分类

天馈系统是无线网络中关键的部分，包含天线和与之相连、传输信号的馈线和无源器件，如图 2-22 所示。馈线是通信用的电缆，一般在基站设备的 BTS 连接天线中使用。

图 2-22 典型馈线的外观

常用的馈线一般分为 8D、1/2 英寸普馈、1/2 英寸超柔、7/8 英寸、7/16 英寸、13/8 英寸和泄漏电缆（13/8 英寸、5/4 英寸）。其中，8D、1/2 英寸超柔主要用作跳线；室内分布中信号传输一般使用 1/2 英寸和 7/8 英寸馈线，7/8 英寸馈线在基站上用得多，13/8 英寸馈线偶尔会在大型场所中作为主干使用。泄漏电缆一般在隧道中用得多。移动通信馈线主要采用 1/2 英寸馈线和 7/8 英寸馈线，它们的相关应用参数如表 2-2 所示。

表 2-2 移动通信馈线

馈线类型	1/2 英寸馈线	7/8 英寸馈线
内导体外径尺寸/mm	4.8	9
外导体外径尺寸/mm	13.7	24.7
绝缘套外径/mm	16	27.75
特性阻抗/Ω	50	50
频率上限/GHz	<8	<5
一次最小弯曲半径/mm	<70	<120
900MHz：百米损耗/dB	<6.88	<3.87
2000MHz：百米损耗/dB	<10.7	<6.1

2. 馈线结构（同轴电缆）

馈线结构示意图如图 2-23 所示。

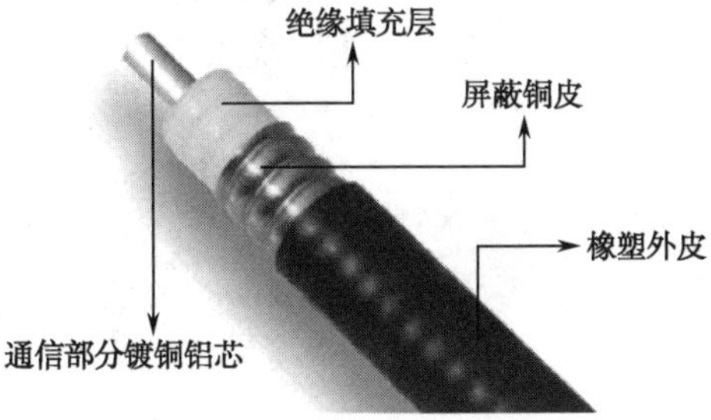

图 2-23 馈线结构示意图

3．馈线接头和转换头的种类

馈线与设备及不同类型线缆之间一般采用可拆卸的射频连接器（接头）进行连接。常见的接头有以下几种：

（1）DIN 型

DIN 型接头常用于宏基站射频输出口，适用的频率范围为 0～11GHz。

（2）N 型

适用的频率范围为 0～11GHz，用于中小功率的具有螺纹连接机构的同轴电缆连接。这是室内分布系统中应用最为广泛的一种接头，具备良好的力学性能，可以配合大部分的馈线使用。

（3）BNC/TNC 接头

BNC 接头：适用的频率范围为 0～4GHz，是用于低功率的具有卡口连接机构的同轴电缆接头。这种接头可以快速连接和分离，具有连接可靠、抗振性好、连接和分离方便等特点，适合频繁连接和分离的场合，广泛应用于无线电设备和测试仪表中连接同轴射频电缆。

TNC 接头：BNC 接头的变形，采用螺纹连接机构，用于无线电设备和测试仪表中连接同轴电缆。其适用的频率范围为 0～11GHz。

（4）SMA 接头

适用的频率范围为 0～18GHz，适合半硬或者柔软射频同轴电缆的连接，具有尺寸小、性能优越、可靠性高、使用寿命长等特点。超小型的接头在工程中容易被损坏，适合对性能要求高的微波应用场合，如微波设备的内部连接。

（5）反型接头

通常是一对：公头采用内螺纹连接，母头采用外螺纹连接；但有些接头与之相反，即公头采用外螺纹连接，母头采用内螺纹连接，这些统称为反型接头。例如，某些 WLAN 的 AP 设备的外接天线接口就采用了反型 SMA 头。

举例：如图 2-24 所示，7/16 型接头系列产品专门为移动通信系统室外基站设计，具有使用功率大、功耗低、工作电压高及良好的防水性能等特点，能在各种环境下使用，安装方便，连接可靠。

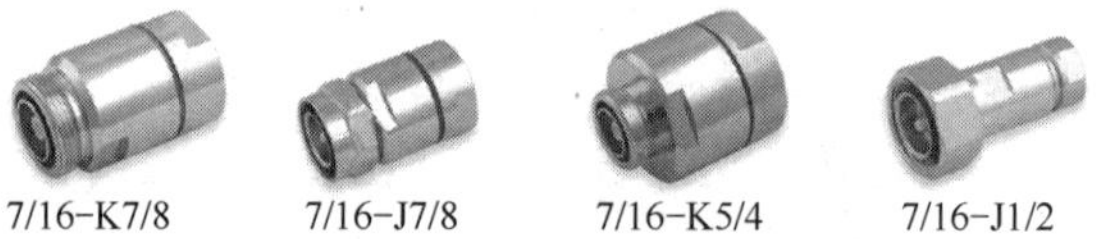

图 2-24　7/16 型接头系列

如图 2-25 所示，N 型接头系列产品是具有螺纹连接结构的中大功率连接器，具有抗振性强、可靠性高、电气性能优良等特点，广泛应用于恶劣环境条件下的无线电设备及移动通信室内覆盖系统和室外基站中。

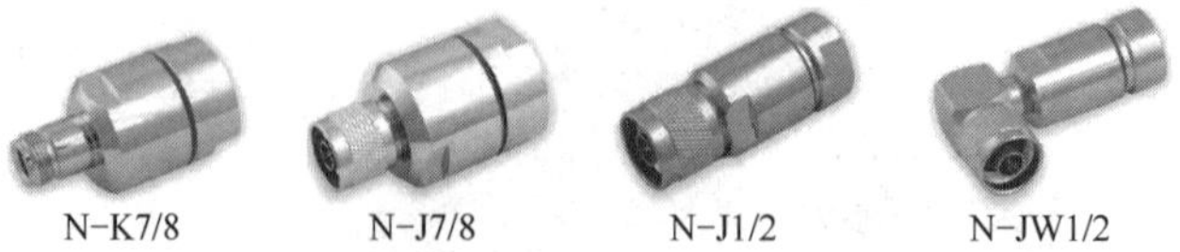

图 2-25　N 型接头系列产品

转换头又叫转接头，常用的 1/2 英寸馈线头即为 N 型 J 头，又称 N-J 头，而室分中常用的 7/8 英寸头为 DIN-NJ 头，即接馈线端为 DIN 大小、输出端为 NJ 头的馈线头应该是 1/12 英寸 DIN 型公头。前面 DIN 指馈线端，后面 N 和 DIN 指头，DIN 头是用来接基站的，耦合基站的时候用；N 头是室分的。根据线径，又分公、母头，公头和母头的识别方法如图 2-26 所示，主要有 J、K、N、D 型等，室内分布中还会用到 SMA。常见连接器的型号如表 2-3 所示。

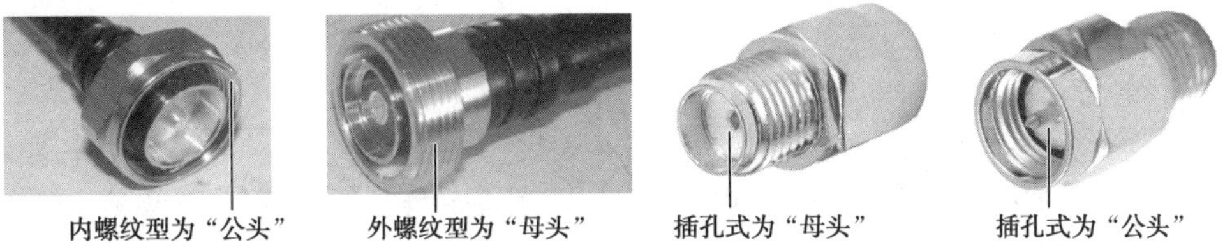

图 2-26　公头和母头的识别方法

表 2-3　常见连接器型号

器 件 型 号	别　名
1/2-NJ 型连接器	公头
7/8-NJ 型连接器	公头
1/2-NK 型连接器	母头
7/8-NK 型连接器	母头
NJKW 转接头	直角转接头/弯头
N 型 J-J 转接头	公转公
N 型 K-K 转接头	母转母
NJ-DINJ 型转接器	N 公转 DIN 公
NJ-DINK 型转接器	N 公转 DIN 母

8D 馈线接地用圆柱形 N-50KK 直通头进行馈线接地，即将 8D 馈线截断，截断端线头分别制作 N-J8C 接头，中间用 N-50KK 直通头串接，再用喉箍把地线铜蕊线固定在直通头上。

（1）主机/分机、天线、耦合器、功分器接口为 N-K 座，馈线为 N-J 头。

（2）馈线接头与主机/分机、天线、耦合器连接口连接时，必须保持 50mm 长的馈线为直出，方可转弯。

（3）馈线接头与主机/分机、天线、耦合器连接口连接时必须可靠，接头进丝顺畅，不要死扭。馈线转弯半径：7/8 英寸馈线大于 120mm，1/2 英寸馈线大于 70mm，8D 馈线大于 50mm。

注意：J 代表公头，K 代表母头。天线的接头形式为 N 型公头/母头、7/16 DIN 头。另外，光纤上用的接头俗称法兰。

2.2.8　天馈系统无源器件

天馈系统常用的无源器件主要有功分器、耦合器、无源合路器、电桥等。

（1）功分器：进行功率分配的器件，有二功分器、三功分器、四功分器等，如图 2-27 所示。

二功分器　三功分器　四功分器

图 2-27　功分器示意图

（2）耦合器：从主干道中提取部分信号的器件，按耦合度分为 5dB、7dB、10dB、15dB、20dB 等，如图 2-28 所示。

（3）无源合路器：将两（多）路信号合成为一路的器件，分为同频合路器和异频合路器，如图 2-28 所示。

（4）电桥：电桥是一种用于频率合路、功率分路的器件，常见的为 3dB 电桥，如图 2-28 所示。

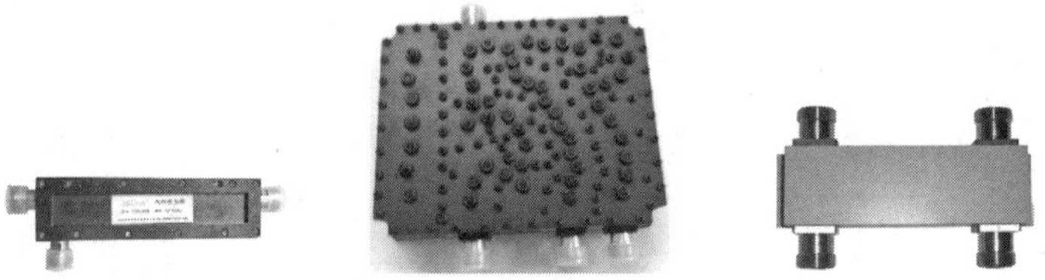

耦合器　合路器　3dB电桥

图 2-28　耦合器、合路器、电桥示意图

思考与练习

1．填空题

（1）天线基本功能是________。用于发射时，把传输线中的高频电流转换为________；用于接收时，把________转换为传输线中的高频电流。

（2）天线的极化方式有________和________两种。双极化天线通常有________双极化和________双极化。

（3）天馈系统由________、________、________和________组成。

（4）通常天线的下倾方式有________、________两种。

（5）全向天线是指天线可在水平面上________度均匀辐射，也就是平时所说的无方向性。全向天线一般用在________场合。

（6）单极化天线进行空间分集时，一个扇区需要安装________副天线，且在安装时需要平行且在同一________上。定向单极化天线一般应用在________区域，以保证空间分集接收获得良好的效果。

（7）LTE 中常见的室外天线主要有两种类型：________和________。

（8）馈线结构主要分为________、________、________、________四个组成部分。

（9）BNC 接头适用的频率范围为________Hz，是用于低功率的具有卡口连接机构的同轴电缆接头，适合________场合，广泛应用于无线电设备和测试仪表中连接同轴射频电缆。

（10）反型接头通常是一对：一般________采用内螺纹连接，________采用外螺纹连接；但有些接头与之相反，这些统称为反型接头。

2．选择题

（1）基站主天线的基本单元是（　　）。

A．振子组　　B．半波振子　　C．馈电网络　　D．天线波束

（2）下列关于天线的描述不正确的是（　　）。

A．天线把电信号转换成电磁波

B．天线把电磁波转换为电信号

C．天线是双向器件

D．天线发射端的信号功率比天线输入端的信号功率大

（3）表示天线增益的单位为（　　）。

A．dBm　　B．dB　　C．dBi　　D．dBv

（4）若天馈线的驻波比是1.5，则相应的回损值是（　　）dB。

A．14　　B．24　　C．64　　D．46

（5）利用极化分集的原理，每个扇区需布置（　　）副定向双极化天线。

A．1　　B．2　　C．4　　D．5

（6）在市区覆盖基站天线时，一般选用（　　）方式的天线。

A．机械下倾　　B．预置电下倾　　C．无下倾　　D．30°下倾

（7）下列关于智能天线说法正确的是（　　）。

A．智能天线分为两大类：自适应阵列天线和多波束天线

B．自适应天线可实现全向天线，完成用户信号的接收和发送

C．多波束天线不能实现信号最佳接收，一般只用作接收天线

D．多波束天线具有结构简单、无须判定用户信号到达方向的优点

（8）以下几种属于天馈系统无源器件的是（　　）。

A．功分器　　B．耦合器　　C．无源合路器　　D．电桥

（9）以下说法错误的是（　　）。

A．TEM 波在传播方向上没有电场和磁场的分量

B．TM 波在传播方向上只有电场分量而无磁场分量

C．TE 波在传播方向上只有磁场分量而无电场分量

D．TE 波磁场完全分布在横截面内

（10）常用的（　　）馈线主要用作跳线。

A．8D、1/2 英寸超柔　　B．8D、1/2 英寸普馈

C．1/2 英寸、7/8 英寸　　D．泄漏电缆

3．简答题

（1）如何理解“方向角为60°的定向天线”？

（2）请写出驻波比 VSWR 与回损之间的关系式。

（3）简述 dBi 和 dBd 的关系。

（4）简述常见天线的种类（列举五种以上）。

（5）简述在市区覆盖基站天线应遵循什么选型原则。

（6）简述在室内覆盖基站天线应遵循什么选型原则。

（7）简述 LTE 中常采用的天线类型有哪些。

（8）简述 5G 基站中采用的 Massive MIMO 与传统 MIMO 比有哪些优势？

（9）简述常见的馈线接头有哪几种。

（10）简述常见各种传输线的特点。

任务3　基站室内建设

【学习目标】

1. 了解室内设备安装前的准备工作
2. 了解室内设备的安装规范及要求
3. 了解基站机架安装及布线

【知识要点】

1. 室内设备安装前的准备工作
2. 室内设备的安装规范及要求
3. 基站机架安装及布线

2.3.1　室内设备安装前的准备工作

室内设备安装前首先应做好以下几项准备工作：

（1）检查好机房环境，要求机房密封良好、无水迹，有空调设备，有接地排，接地电阻符合基站技术规范要求；设备周围和底下、地板上清洁无杂物。

（2）将铁架或槽道按设计要求安装完毕，水平方向、垂直方向上的偏差要符合部颁标准中的关于铁架或槽道的安装工艺要求的相关规定。

（3）墙面预留馈线孔洞的数量、位置、尺寸应符合设计要求。

（4）检查交流电源和直流电源布线工作是否已经完成，能否正常供电。

（5）将需要安装的基站设备和其他相关设备运达施工现场。

（6）会同相关单位共同开箱检验，将开箱检验的结果做好记录，签字备查，发现问题及时上报。

（7）安排专人保管技术资料和其他零件、附件及备用件等。

2.3.2　室内设备的安装

1. BBU的安装

BBU的安装规范如下：

（1）一般情况下，基站机房使用面积需要达到 $20m^2$，或者更大。若主设备采用挂墙式BBU+RRU，机房使用面积应不小于 $15m^2$。

（2）如果主设备采用挂墙式 BBU+RRU，机房面积需要根据实际机房条件和设备具体规格确定。

（3）设备左、右两侧应留有通风空间，或者利用机柜本身进行通风；机柜内应设置通风散热装置及结构，如散热风机、通风孔、风道等，以保证柜内设备的正常工作温度。

（4）当多个BBU设备安装在标准机柜中时，相邻两个BBU之间应保持规定的距离；机柜尽可能靠近传输架和配电柜，以减少线缆长度。

（5）设备安装位置应远离热源，以免影响设备散热；设备的摆放位置不能妨碍机房原有设备的操作和维护；机柜进风口不能正对蓄电池组，防止蓄电池挥发出的酸性气体被抽进机柜内部，腐蚀单板和设备。

（6）对于密集市区和县城城区内的 TD-LTE 基站，应尽量考虑 2 个机架的位置。对于郊区、乡镇和农村的 TD-LTE 基站，一般只考虑 1 个机架的位置。

（7）TD-LTE 基站设备与机房内其他设备或墙体之间，应留有足够的维护空间、散热空间。空间尺寸参考：基站设备前面板空间≥600mm；基站设备后面板空间≥100～600mm，保证 BBU 设备的安装调试和机柜正常开关门。

2. 电源线及地线接头制作

（1）电源线及地线概述

每台机柜均需要连接电源线和保护地线。电源线形状如图 2-29 所示。

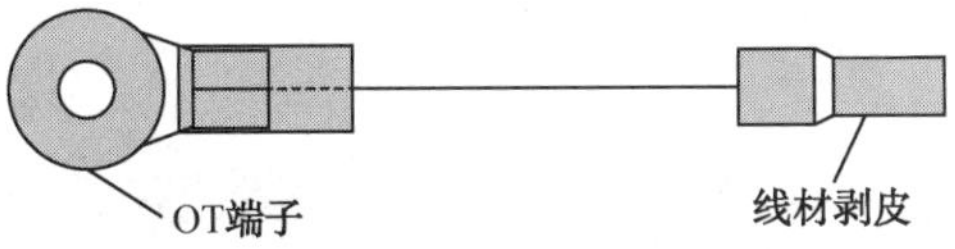

图 2-29　电源线形状

电源线是−48V 电源线、+24V 电源线、电源地线和电源保护地线的合称，它能将−48V 电源、+24V 电源从直流配电设备输送到机顶的线缆端子座，给整个基站供电。

电源线一端是 OT 端子，通常称为“线鼻”，用于连接配电机柜；另一端直接将线材剥皮塞进机顶接线端子即可。在工程中，一般采用的发货方式为直接发线材和 OT 端子，因此，制作工作一般在现场进行。

机柜保护地线用来保证基站系统接地良好。基站系统接地良好是基站工作稳定、可靠的基础，是基站防雷击、抗干扰的首要保障。保护地线两端均为 OT 端子，它需要现场制作、加装，保护地线的外形如图 2-30 所示。

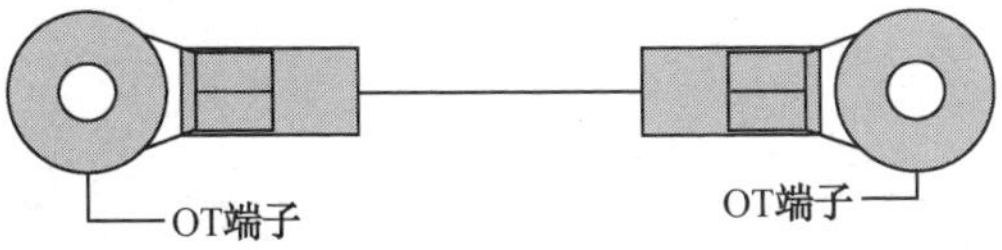

图 2-30　保护地线的外形

（2）电源线及地线接头 OT 端子制作

电源线结构如图 2-31 所示。

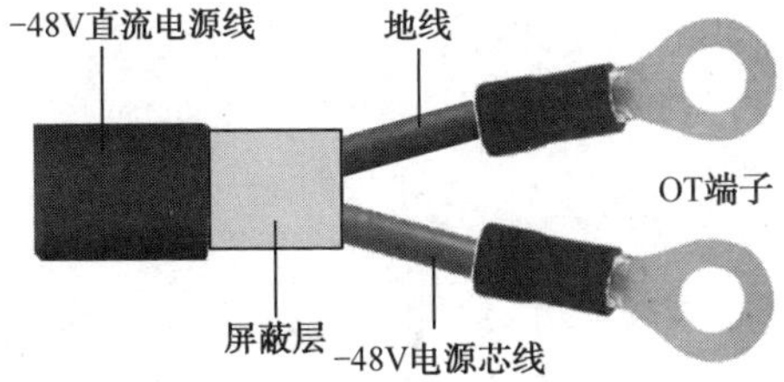

图 2-31　电源线结构

电源线基本制作步骤如图 2-32 所示。

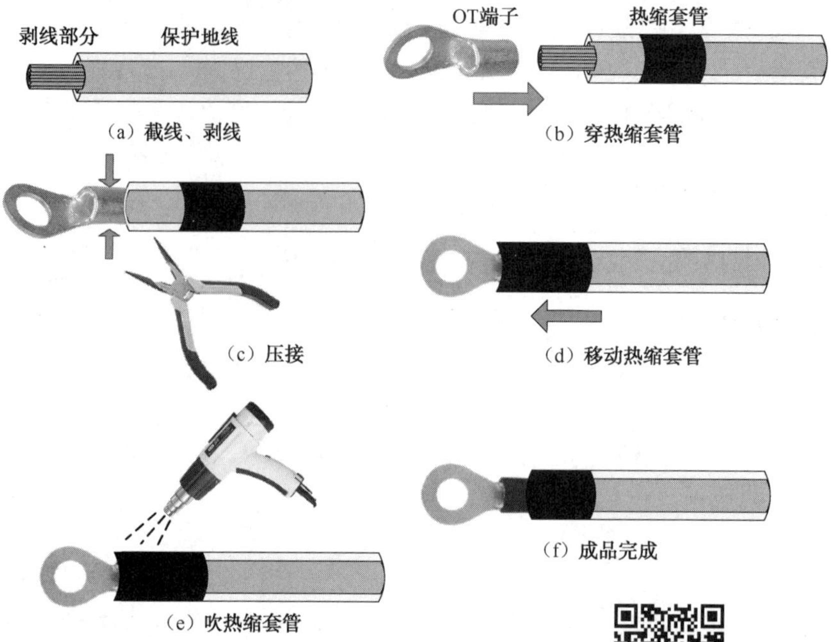

图 2-32　电源线基本制作步骤

① 截线。根据工程设计图纸中的电缆布放路由，量取长度，用断线钳断线。

② 剥线。采用专用剥线工具进行剥线，小心谨慎，勿损伤芯线。

③ 穿热缩套管。将热缩套管从电缆剥头端套到电缆上。

④ 压接。用压接钳或专业压接模具进行压接，压接时候要选用相应截面。

⑤ 吹热缩套管。用热风枪或强力吹风机吹热缩套管，直至热缩套管裹紧。

⑥ 完成成品并检验。

⑦ 给成品粘贴标签。

3．电源线与机柜连接

（1）将电源线接至机柜相应的接线柱上。

（2）固定线鼻时，应注意按规定加普通垫圈及弹簧垫圈，以使线鼻固定牢固，保持可靠、良好的接触，防止松动。

（3）安装线鼻时，如需在一个接线柱上安装两根或两根以上的电线电缆，线鼻一般不能重叠安装，应采取交叉安装或背靠背安装方式。若必须重叠时应将线鼻做 45° 或 90° 弯处理，并且应将较大线鼻安装于下方，较小线鼻安装于上方，此规定适用于所有需要安装线鼻处。线鼻安装方式如图 2-33 所示。

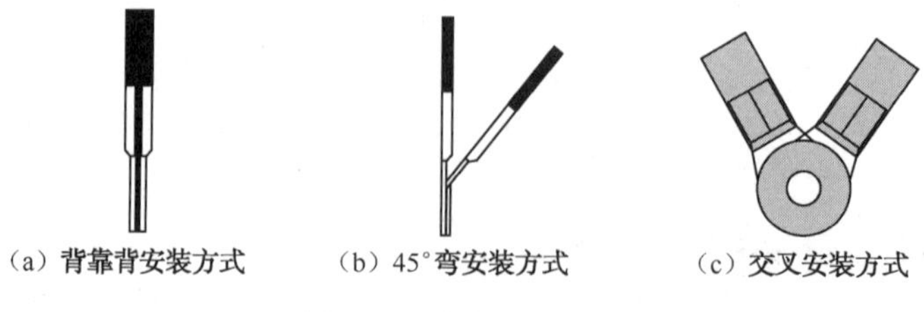

图 2-33　线鼻安装方式

（4）如电源已开通运行，注意活动扳手与螺丝刀不可与机柜其他接线柱相碰（可在活动扳手上缠绝缘胶布）。

4．数字中继电缆接头制作

数字中继电缆接头制作步骤如下：

（1）用斜口钳剪齐电缆外导体并露出内导体，检查内导体露出长度。

（2）用直式母型 SMB 连接器量取需要剥线的长度，用专用剥线工具去除合适的电缆外护套。

（3）将压接套筒套入同轴电缆，将完成剥线操作的同轴电缆和同轴电缆连接器组合到一起，此时电缆的外导体应成“喇叭状”。

（4）用电烙铁对同轴连接器的内导体焊接区进行焊接，清除连接器内导体焊接区域内的铜屑和其他杂物，将压接套筒推回同轴连接器，完全覆盖外导体。

（5）用专用压接工具压接套筒一次成形，完成压接后套筒形状应是尾部有 1～2mm 的喇叭口的正六方柱体，压接套筒和同轴电缆之间不能相对转动。

（6）制作完中继电缆后，用万用表做导通测试。

制作中继电缆接头的关键工艺有以下 3 条：

（1）焊接端面力求干净整洁，不能有铜屑残留；

（2）若有铜丝露出压接套筒，要将露出部分剪掉；

（3）剪掉后的部分不能重复利用。

5．电源线及地线的安装与布放原则

根据实际走线路由量得所需电源线和地线的长度，分别裁剪-48V 电源线和保护地线；剥开电源线和地线的绝缘外皮，其长度与铜鼻子的耳柄等长。用压线钳将铜鼻子压紧，用热缩管将铜鼻子的耳柄和裸露的铜导线热封；不得将裸线露出，将电源线的一端与机柜电源接线柱固定，另一端和电源柜的接线排连接。

电源线及地线的安装与布放应遵循以下原则：

电源线及地线在布放时，应确立与其他电缆分开布放的原则；在架内走线时，应分开绑扎，不得混扎在一束内；在走线槽或地沟等架外走线时也应分别绑扎；电源线及地线从机架两侧固定架内部穿过，并绑扎于固定架外侧内沿，每个固定架均需绑扎。扎带扣应位于固定架外侧。当电源线及地线连接至架内接线端子时，走线应平直，绑扎整齐，上架时距上线端较远的接线端子所连电线应布放于外侧，距上线端较近的接线端子所连电线应布放于内侧；在电源线及地线的铺设过程中，应事先精确测量自接线母排至分线盒及分线盒至机柜接线端子的距离，预留足够长的电缆，以防实际铺设时长度不够；如在铺设过程中发现预留长度不够，应停止敷设，重新更换电缆，不得在电缆中做接头或焊点。

6．室内跳线布放、绑扎和贴标签的要求

跳线由机顶至走线架布放时要求平行整齐，无交叉；跳线由走线架内穿越至走线架上方走线时，不得经走线架外翻越；跳线弯曲要自然，弯曲半径以大于 20 倍跳线直径为宜；跳线由机顶至走线架段布放时不得拉伸太紧，应松紧适宜；跳线在走线架上走线时要求平行整齐；跳线在走线架的每一横档处都要进行绑扎，线扣绑扎方向应一致，绑扎后的线扣应齐根剪平不拉尖；所有室内跳线必须粘贴标签，标签粘贴在距跳线两端 100mm 处。

2.3.3 基站室内走线架和机架安装及布线

1．基站室内走线架的安装

室内走线架安装前，现场督导工程师应根据图纸综合考虑机房里面设备的摆放，根据机房平面图与机柜结构尺寸，按照工程设计图纸给出走线架位置，在安装走线架时，室内走线架应高出地面 2.2m 以上，距离楼板不宜小于 300mm，距过梁或其他障碍物不小于 0.5m，室内走线架跟室内接地铜排相连接地。

2．基站机架安装及布线要求

（1）机架的加固方式：底部用膨胀螺栓与地面固定，架间连成一体，机顶连接方式符合厂家要求。机架安装位置符合设计要求，且安装牢固。各种机架的加固符合抗震要求。

（2）电缆、电线的规格程式、直流电特性应符合设计规范要求；电源线、射频线、音频线及控制线分开布放；架间信号线连接正确、牢固，走线平直，绑扎美观，标签清晰；线缆芯线的焊接应无虚焊、假焊，焊点光滑。

（3）在插拔机内插箱时应带防静电手环。

（4）机房内的设备外壳应做接地保护，防雷保护设施可靠接地，接地方式及接地电阻值符合技术规范。

（5）基站设备安装完成后，要打扫机房的卫生，及时处理剩余材料。

（6）其他按照传输设备的相关要求进行安装。

2.3.4 室内设备安装后的检查要点

（1）设备安装的位置是否合理，是否符合设计图纸的相关要求。

（2）机架外观是否完整，表面有无损伤、划痕，油漆是否完好。

（3）机架和底座连接是否牢固，绝缘垫、弹簧垫等的安装是否正确。

（4）同一排的机架设备面要在同一水平面上，偏差不超过 3mm。

（5）每个机架装一个防静电手环，机柜内插箱安装位置是否正确，螺钉固定是否齐全。

（6）机柜的开门、关门是否顺畅，机柜门接地线螺钉是否拧紧，接线是否符合规范要求。

（7）室内防雷箱安装位置是否符合要求，GPS 避雷器安装配件是否齐全，安装是否牢固。

思考与练习

1．填空题

（1）电源线一端是________，通常称为________，用于连接________，另一端直接将线材剥皮________。

（2）安装线鼻时，如需在一个接线柱上安装两根或两根以上的电线电缆，线鼻一般不能重叠安装，应采取________安装或________安装方式。若要重叠时应将线鼻做________弯处理，并且应将较大线鼻安装于________，较小线鼻安装于________，此规定适用于所有需要安装线鼻处。

（3）在电源线及地线的铺设过程中，发现预留长度不够，应________，不得在电缆中做________。

2．选择题

（1）以下说法不正确的是（　　）。

A．跳线由机顶至走线架布放时要求平行整齐，无交叉

B．跳线由走线架内穿越至走线架上方走线时，不得经走线架外翻越

C．跳线由机顶至走线架段布放时不得拉伸太紧，应松紧适宜

D．室内跳线必须粘贴标签，标签粘贴在距跳线两端 10mm 处

（2）制作跳线避水弯时，跳线弯曲半径要大于跳线直径的（　　）倍，跳线要在抱杆上进行多处绑扎固定。

A．20　　B．10　　C．5　　D．2

（3）关于制作中继电缆接头的关键工艺，说法错误的是（　　）。

A．焊接端面干净整洁

B．若有铜丝露出压接套筒，要将露出部分剪掉

C．为了节省材料，铜丝露出压缩套管部分剪掉后可重复利用

D．焊接端面不能有铜屑残留

3．简答题

（1）简单回答室内设备安装前应做哪些准备工作。

（2）简述电源线及地线接头制作的基本步骤。

（3）简述电源线及地线的安装与布放应遵循哪些原则。

任务4　基站室外建设

【学习目标】

1．了解天馈线的安装

2．了解室外设备安装前的准备工作

3．熟悉施工安全规定

【知识要点】

1．天馈线的安装

2．室外设备安装前的准备工作

3．天线的施工流程、规范

2.4.1　安装前的准备工作

安装室外设备前需要首先做好相关的准备工作。

（1）做好铁塔安装验收工作。

（2）钢楼梯踏步板应平整，直爬楼梯上下段之间及护圈竖杆应连成一体。所有栏杆与相邻板之间应连接牢固。

（3）天线桅杆应安装到位，并符合设计要求。

（4）铁塔应有完善的防直击雷及二次感应雷装置，避雷带的引接必须符合设计和相关规范要求。

（5）会同有关单位进行天线及馈线的开箱验货，发现问题及时上报。

2.4.2 RRU 安装设计要求

RRU 安装方式较多，常见的安装方式及原则如下：

（1）安装在天线支撑杆上：RRU 上沿距智能天线下沿要求≥200mm，RRU 下沿距楼面要求≥400mm，在满足以上条件基础上尽量靠低安装。

（2）挂墙安装：RRU 下沿距楼面要求≥400mm，上沿不应高于墙顶部。

（3）铁塔或通信杆平台内安装：需要在平台上新加 1m 抱杆，专门安装 RRU。

（4）利用专用支架安装：将支架与地面固定，RRU 沿着馈线方向水平安装，专用支架高度一般≥300mm。

一般新建基站常用天线支撑杆和平台内安装方式，共址站经常用挂墙安装和专用支架安装方式。

2.4.3 LTE 天线的安装要求

1. 安装总体位置和环境要求

LTE 天线的安装位置由勘察人员确定，应尽量远离其他发射系统，应保证天线有足够的安装空间。

（1）天线主瓣方向 100m 范围内无明显遮挡，楼顶安装天线应尽量靠近天面边沿和四角。

（2）天线距离周围大型金属阻挡反射体大于 1m；应尽量避开同水平面上的其他天线或者障碍物，至少分层不交错，避免与其他天线相对。

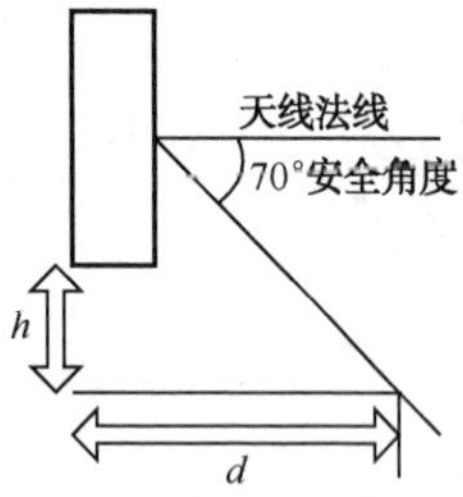

图 2-34 天线安装位置示意图

（3）同系统、同频段的两定向天线间夹角一般应大于 90°，两天线的方位角夹角一般要小于 180°。

（4）楼顶抱杆天线及美化空调外机天线一般要求距离楼边 3m 以内（沿天线覆盖方向），天线下沿要高于楼面 1.5m 以上，保证天线法线（垂直于天线表面）往下 70° 范围内不被本楼楼面阻挡（如图 2-34 所示）。

（5）美化天线水平方向应能够在正负 60° 的范围内连续进行调整，总下倾角可在 0°～12° 连续调整。

2. LTE 天线采用天面式安装时的要求

（1）考虑天面的承重要求，根据需要采取加固措施。

（2）天线本身安装所需面积与加固方式有关，一般天线架设满足系统隔离度要求即可。

（3）一般天线阵固定在外径大于 75mm 的抱杆上。

（4）涉及天面改造安装时要注意天面防水和加固。

3. 采用塔式安装时的要求

（1）根据铁塔的高度与重量，选择满足土质要求的架设地点。

（2）用单管塔时隔离度为 1～2m，用三管塔时隔离度为 3～4m，用落地塔时隔离度为 6～10m。

（3）对于天线安装平台要求：单管塔采用 1～2 层平台，三管塔采用 2～3 层平台，落地塔采用 2～3m 平台。

（4）RRU 安装位置要求：在馈线长度满足要求条件下尽量靠塔身安装。

4. 天线阻挡要求

主波瓣方向应对准主要覆盖区域，一般应在天线的法线方向往下预留 70° 的安全角度，水平方向左右各预留 60° 的安全角度，安全角度的正对方向 100m 内应无广告牌、建筑物、楼面自身等障碍物的明显阻挡。天线正向不能沿着街道、河流、湖泊等会产生管道、镜面效应的场景，避免信号过远覆盖。可根据实际情况利用一些高大建筑来达到覆盖控制的目的。

5. 天线挂高、方位角和下倾角要能够满足覆盖要求

天线挂高是指天线下沿距离地面的高度。为确保良好覆盖效果并避免越区覆盖，一般城区宏站的天线挂高应控制在 50m 以下，并且不高于周边基站平均高度 15m 以上；密集市区，平均挂高 30～35m；一般城区，平均挂高 35～40m；郊区及乡村等地区可以选择较高挂高，从而获得广覆盖。方位角主要由用户所覆盖的方向而定，指天线主瓣水平指向，方位角以磁北为基准，指向区域应该无近距离阻挡物。对于下倾角，可综合考虑周围站址位置及基站天线挂高初步确定下倾角。

6. 隔离度要符合要求

现网中存在多种通信系统，在实际建网时，通常会有基站共站情况，并可能与其他运营商的基站相邻。其中，GSM900 频段和 CDMA1X 频段由于距离 TD-LTE 工作频段较远，设备滤波器均有较高选择性，系统间一般不会存在干扰问题。而 GSM1800、TD-SCDMA 和 WCDMA 的频段距离 TD-LTE 工作频段较近，可能会存在一定的干扰。为了减小各系统间的相互干扰，对隔离度是有要求的。计算隔离度需要根据当前频率资源使用现状及系统间干扰进行分析，综合考虑阻塞和杂散干扰的影响。根据相关计算、仿真和测试，建议 TD-LTE 基站天线与异系统定向天线并排同向安装时，隔离度要符合规范要求，如表 2-4 所示，可以看出，CDMA 系统很难做到水平隔离要求，建议 TD-LTE 与 CDMA 进行垂直隔离；其他系统，水平 0.5m、垂直 0.3m 为能提供系统隔离的最小距离。在进行工程建设时，建议在天面空间不受限的情况下尽量达到水平 1m 或垂直 0.5m 以上的隔离距离。

表 2-4 异系统隔离度要求

D 频段 TD-LTE 与异系统天线隔离度						
TD-LTE/2.6GHz	GSM/DCS 符合 3GPP TS 05.05 V8.20.0	GSM/DCS 符合 3GPP TS 45.005 V9.1.0	WCDMA	TD-SCDMA	CDMA 1X	CDMA2000
水平隔离距离/m	≥0.5	≥0.5	≥0.5	≥0.5	58.5	58.5
垂直隔离距离/m	≥1.8m（建议）	≥0.3	≥0.2	≥0.2	≥2.7m（建议）	≥2.7m（建议）
F 频段 TD-LTE 与异系统天线隔离度						
TD-LTE/1.9GHz	GSM	DCS	WCDMA	TD-SCDMA	CDMA 1X	CDMA2000
水平隔离距离/m	≥0.5	≥0.5	≥0.5	≥0.5	58.5	58.5
垂直隔离距离/m	≥0.3	≥0.3	≥0.2	≥0.2	≥2m（建议）	≥3m（建议）

7．LTE 天线安装模式

目前天线的安装主要有以下常见方案：贴墙抱杆式、植筋抱杆式、楼顶铁塔式、落地铁塔式等，如图 2-35 所示。采用贴墙抱杆式安装方式，当靠女儿墙固定时，支撑杆高度应控制在 4m 以内；若在楼面加斜支撑固定，支撑杆高度应控制在 6m 以内。采用楼面超高杆时，高度可为 8～15m，主杆直径一般应大于 140mm，主杆一般应位于大楼的梁或柱头上。智能天线的楼面超高杆一般设计有两层平台，第一层平台用于安装智能天线，第二层平台用于安装 RRU。当用楼面超高杆或升高架不能满足天线挂高要求时，可采用楼顶铁塔。楼顶铁塔的规格一般为 15～25m，对楼面的承重要求非常高，一般不建议在城区采用楼顶铁塔式安装模式。落地铁塔一般在城区以外的区域使用。

落地铁塔式　　贴墙抱杆式　　植筋抱杆式　　楼顶铁塔式

图 2-35　常见安装模式实例实景图

8．天线的安装

首先要将天线组装好，天线组装的具体步骤如下：

（1）安装天线支架。天线包装盒里面有产品装配图纸，应该按照附件装配图纸，组装好天线的上支架和下支架。

（2）将支架安装到天线上。一般顺序：先上后下，先将上支架安装到天线上，然后将下支架到安装天线上。

天线组装的总体技术要求如下：

（1）严格参照供应商提供的附件装配图纸，将各附件安装到相应位置。

（2）天线与天线支架的连接务必可靠牢固。

天线组装及角度调整示意图如图 2-36 所示。

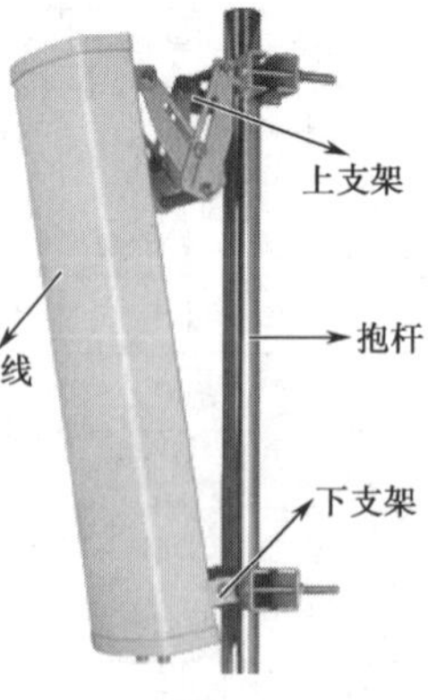

图 2-36　天线组装及角度调整示意图

天线组装好后，进行天线的安装工作。安装天线时，天线的实际挂高与网络规划要一致，天线安装位置应符合工程设计要求，所有天线抱杆必须牢固安装，不可摇动，满足抗风要求，屋顶安装的抱杆必须接地，并且要在防雷保护范围之内，要求所有天线抱杆垂直于地面，垂直误差应小于 2°，不同扇区的天线之间的间距应该在 2m 以上。

安装天线跳线：将跳线的 N 型母接头跟天线底端的 N 型公接头连接，注意拧紧，用防水胶泥和电气绝缘胶带进行防水保护，防水胶泥和电气绝缘胶带包扎要求采用 3-3-3 包裹方式。

安装天线附件：将紧固件与天线用螺钉连接好，天线与紧固件连接，连接天线紧固件与抱箍，用滑轮和绳索将天线安全可靠地吊到指定位置，并安装到位，调节天线的正确高度，天线应处在避雷针顶点下倾 45° 保护范围内，视技术协议书或者工程设计要求，此指标可为 30°。用抱箍将天线初步固定在天线抱杆上，天线输入、输出端口朝下，用扳手把抱箍固定紧，保证天线正确的指向，调整天线紧固件中的下倾角固定支架，使天线的下倾角和网络规划参数保持一致，用扳手将下倾角固定支架固定紧，并用罗盘确定天线方位角，定向天线方位角误差不大于正负 5°，检查所有螺钉是否已经全部紧固，确保天线具有正确高度、指向、下倾角及抗风能力。

特别注意：

（1）安装天线至抱杆时，先要将上、下支架的螺钉拧上但不要拧紧，便于调整天线方位角，只要保证天线不向下滑落即可。

（2）跳线避水湾的弯曲半径要大于跳线直径的 20 倍，跳线在抱杆上多处绑扎固定。

（3）配合指南针，左右扭动天线，调整方位角以满足要求。

（4）调整好天线方位角后，务必将天线上、下支架的螺钉拧紧。

9. 室外接地系统安装

根据需要选择接地铜排，室外接地铜排一般安装在靠近室外走线架的墙壁上，例如，安装在室外馈线窗走线架下。从室内接地铜排和室外接地铜排各自引出接地母线，制作线鼻子，各接地母线分别连接到各自的联合接地网接地点上，注意不允许将室内接地铜排、接地母线连接到室外接地铜排上，利用地阻仪进行联合接地地阻测量，通常要求联合接地地阻小于 5Ω，对室外接地铜排和接地网接地点进行防锈处理，如涂防锈漆或者沥青。

10. GPS 天线安装

GPS 天线安装方式常见的有落地安装、铁塔安装、邮杆安装、女儿墙安装等。室外 GPS 天线安装示意图如图 2-37 所示。

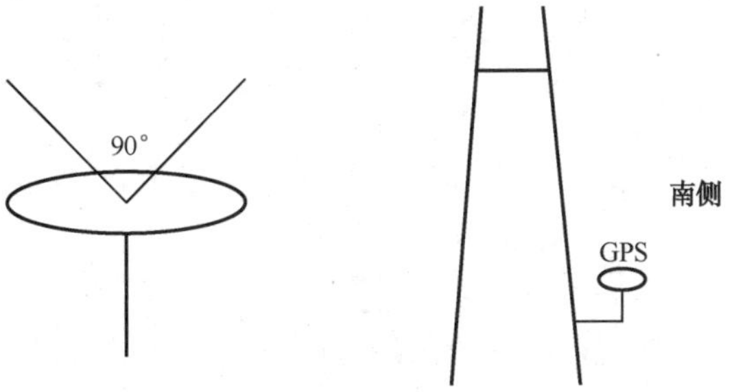

图 2-37 室外 GPS 天线安装示意图

安装过程：在走线架上进行 GPS 馈线的安装前，先完成馈线卡的安装，然后将 GPS 馈线固定在馈线卡上，GPS 馈线用馈线卡固定的间距应不大于 0.9m，进行一次性弯曲时，弯曲半径最小为 20 倍线缆直径，GPS 馈线进入馈线窗时，需要工程人员里外协同配合，保证馈线顺利接入室内。GPS 馈线在进入馈线窗之前注意制作汇水湾，GPS 天线的安装位置应对空视野开阔，保证 GPS 天线上方 45° 范围内没有遮挡物，必须将 GPS 天线安装在避雷针有效保护区域内。将此 GPS 馈线接头穿过 GPS 附件套管，再将套管拧在 GPS 天线上，用固定卡将套管固定在抱杆上，布放从 GPS 天线到室内的射频电缆。

特别注意：固定 GPS 天线的抱杆必须接地良好；GPS 天线支架安装稳固，天线垂直张角 90° 范围内无遮挡；GPS 天线安装在塔体一侧时，需安装在塔体南侧；GPS 天线和其他系统之间至少需要保留 2m 的距离；安装多个 GPS 天线也应间隔 2m 以上；GPS 天线不要架设太高，应保证线缆的长度尽量短，为避免线缆晃动导致接头松动，将线缆固定于抱杆上，线缆与抱杆的固定要留有一定余量（10cm 或更长），以防止在冬季线缆因温度降低而有限收缩。

11．天馈安装工程安全注意事项

（1）天馈室外施工应尽可能安排在晴朗无强风的白天进行，为保证施工质量避免在雨雪天气和夜间进行施工，为保证施工人员安全，雷雨等恶劣气候条件下严禁进行室外施工或测试工作。

（2）塔上作业人员需佩戴安全帽及系牢保险带，安装队应配备应急药包。穿夹克衫和长袖衬衫，戴橡胶手套，穿防滑鞋子，并随身携带简单创伤包扎品，如创可贴等。

（3）施工现场竖立明显标记用来提醒与施工无关人员远离施工现场。塔上使用的所有可能滑落造成塔下人员伤害的器具需做安全处理。暂不使用的工具、金属安装件等需要装入工具袋随用随封口。

（4）上塔时让携带工具的人员先上，下塔时让携带工具的人员先下，防止工具脱落伤人。

（5）对天线支撑架的牢固程度进行检查，看能否承担天线的安装操作。

2.4.4 馈线的安装

1．馈线的制作与安装

做好馈线接头和馈线接地夹；馈线要用馈线卡固定在室外走线架上，每隔 0.8m 固定一排馈线卡；主馈线尾部一定要接避雷器，避雷器需安装在室内距馈线窗尽可能近的地方（建议 1m 内），宏基站设计有防雷接地铜板，接地铜板需接室外防雷地；馈线布放不得交叉、扭曲，要求入室行、列整齐、平直，弯曲度一致；弯曲点尽可能少（建议不超过 3 个），不接触尖锐的物体；入室处馈线应做防水弯，切角大于 60° 且必须大于馈线最小弯曲半径，1/2 英寸馈线的弯曲半径应不低于 125mm，多次弯折的半径要求不低于 200mm。

2. 馈线窗的安装

将馈线密封窗置于安装位置，在室内馈线窗四周墙上定位安装孔；用冲击钻在合适的孔位打孔，用膨胀螺栓、螺钉固定馈线窗主板，馈线窗密封垫片、密封套可在馈线引入室内时一起安装。馈线窗的密封处理在馈线引入室内后进行。

3. 天馈避雷系统的安装

天馈系统的避雷通常通过天线架设装置上的避雷针、馈线上的避雷夹及馈线入室时串接的馈线避雷器三种措施实现。

安装馈线避雷夹：

馈线避雷夹的安装可与馈线布放一起进行，通常每根馈线至少有三处避雷接地，分别为：馈线由铁塔平台下塔 1m 范围内、馈线由铁塔至室外走线架前 1m 范围内、馈线入室之前；如果天线采用楼顶桅杆安装，接地点在馈线由桅杆下塔 1m 范围内、馈线下楼顶前、馈线入室之前，需要注意：

（1）如果馈线在室外布线很短，必须保证馈线在下桅杆和入室之前有两处接地。

（2）铁塔上馈线长度超过 60m 时，需要在馈线中间加避雷接地夹，一般每 20m 安装一个。

（3）如果馈线水平走线超过 20m，需要在水平走线中段增加一个避雷夹。

避雷夹的安装过程：

（1）准备必需的工具，裁纸刀和尖嘴钳子等，确定避雷接地夹的安装位置。

（2）按接地夹大小切开馈线外皮，以露出导体为宜，将避雷接地夹的导体紧裹在馈线外导体上，保证避雷接地夹与馈线外导体充分接触。

（3）对接地处进行防水与密封处理。防水密封要求与天馈接头的密封处理相同，胶泥、自溶胶、PVC 绝缘胶带分别缠绕三层。

（4）将避雷接地夹接地线引至走线架接地点，进行可靠连接。如果塔身有接地夹安装孔位，直接将接地夹引线连接至铁塔钢板上。通常情况下，室外走线架没有合适的孔位连接接地夹引线，可以借助馈线固定接地夹底座，将馈线接地夹底座固定在铁塔塔身上，或者室外走线梯上，将接地夹引线固定在馈线固定接地夹底座上。

（5）馈线入室前的避雷接地夹接地线接至室外接地排，要求排列整齐，如果没有安装室外接地排，也可接至接地性能良好的室外走线架上，或者建筑物防雷接地网上。

注意：避雷接地夹引线向应由上往下，与馈线夹角不大于 15° 为宜，接地夹引线走线应平顺，不要弯曲过大或拉伸过紧。接地夹引线与接地点连接处必须做防锈处理，可以在表面上喷涂防锈漆或者涂胶。

4. 馈线入室安装

馈线入室安装应依据预定的馈线入室方案实施。

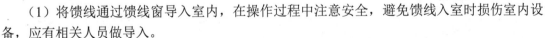

（1）将馈线通过馈线窗导入室内，在操作过程中注意安全，避免馈线入室时损伤室内设备，应有相关人员做导入。

（2）根据设计要求的避雷器的位置，准确切割馈线，不能有差错。

（3）制作馈线室内接头。

（4）将馈线与避雷器连接。

（5）利用胶带或胶泥，对密封窗进行密封处理，不用的孔，也应密封处理。

注意：馈线入室不得交叉与重叠。馈线在馈线窗外侧应做好避水湾，以防雨水会沿着馈线流入室内。

5．防水密封处理以及室外标签的粘贴

天馈系统安装完成，进行天馈测试后，应该立即对馈线密封窗、天馈系统的接头等处，利用防水绝缘胶带或PVC胶带进行防水绝缘密封处理，天馈系统的接头主要有：天线与跳线的接头、跳线与馈线的接头、馈线与避雷器的接头、避雷器与跳线的接头、跳线与机顶的接头，如果系统配备塔顶放大器，还包括跳线与塔放的接头，为了保障天馈系统的正常工作，所有接头必须连接牢固可靠。对于处于室外的天线与跳线的接头、跳线与馈线的接头，还有跳线与塔放的接头，都需要进行防水密封处理。

具体步骤如下：

（1）将两个半圆形馈线窗密封套套在馈线密封窗孔外侧。

（2）把两根钢箍箍在密封套的两条凹槽中，拧紧箍上的紧固螺钉，用钢箍将密封套箍紧。在馈线密封窗的边框四周中注入玻璃胶。对未使用的孔，用专用的塞子将其塞紧。

（3）接头处采用防水胶泥和电气绝缘胶带包扎，要求采用3-3-3包裹方式处理。

粘贴室外标签：线缆两端均要粘贴标签，书写要工整，粘贴位置要一致，线缆标签贴在离端头200mm处，标签粘贴朝向一致，表示馈线扇区的一面朝向维护操作面，方便阅读。

2.4.5 站点土建工程验收与天馈系统检查

进行站点工程验收前，实施经理应该根据分包合同及主合同中对验收的要求，确定具体的验收方案，明确验收时间、地点、人员和验收依据、验收清单、验收方法、仪表等，验收所必需的文档，包括但不限于验收申请单、正式下发的PO复印件、验收部分的施工文件、质量自检报告。主要工作内容包括：根据施工文件，检查设备、材料数量、型号是否相符，根据施工文件、验收清单，逐项检查工程是否符合设计要求、施工工艺要求等。验收过程中需要注意以下几点：隐蔽工程的验收也是验收的重要部分，现场验收执行人应该在验收清单上签字确认，对于不影响业务的条目，应该列入限期整改清单，限期整改。

天馈系统安装完毕后，应该检查天馈线、各种跳线、接头是否可靠接触，避雷器安装是否正确、可靠，各紧固螺钉是否牢固，防水处理是否可靠，检查和测量天线的方位角、下倾角，使用天馈分析仪测量天馈系统驻波比，使其小于1.3。

思考与练习

1．填空题

（1）安装支架到天线的顺序，一般是先________后________，先安装好________支架到天线上，然后安装________支架到天线上。

（2）GPS天线应在避雷针保护区域内，即避雷针顶点下倾________度范围内。

（3）接地线应沿馈线下行方向进行接地，与馈线的夹角以不大于________为宜，接地线线径应不小________。

（4）天馈系统安装完成，进行天馈测试后，应该立即对室外的跳线与塔放接头、跳线与馈线接头等处，利用防水绝缘胶带或PVC胶带进行________处理。

（5）RRU采用塔式安装时，要求在馈线长度满足要求条件下尽量________安装。

（6）基站的________接地、________接地和________接地宜采用同一组接地体的联合接

地方式，移动通信基站地网的联合接地电阻应小于________。

2．选择题

（1）对于馈线密封窗的防水密封处理，说法不正确的是（　　）。

A．将两个半圆形的馈窗密封套套在馈线密封窗的大孔外侧

B．把两根钢箍箍在密封套凹槽中，拧紧螺钉，用钢箍将密封套箍紧

C．在馈线密封窗的边框四周中注入玻璃胶

D．对未使用的孔，不需要做任何处理

（2）TD-LTE 在 D 频段与 TD-SCDMA 系统之间水平隔离度要求为（　　）。

A．≥0.5m　　B．≥0.4m　　C．≥0.3m　　D．≥0.2m

（3）GPS 天线必须（　　）安装，使金属底座保持水平，可用垫片予以修正。

A．水平　　B．垂直　　C．+45°　　D．−45°

（4）GPS 天线安装在塔体一侧时，需要安装在（　　）。

A．塔体北侧　　B．塔体南侧　　C．塔体高度之上　　D．塔体内

（5）GPS 天线可安装在走线架、铁塔或女儿墙上，GPS 天线必须安装在较空旷位置，上方（　　）度范围内应无建筑物遮挡。

A．30　　B．45　　C．60　　D．90

（6）TD-LTE 基站设备与机房内其他设备或墙体之间，应留有足够的维护走道空间、设备散热空间，一般要求基站设备前面板空间（　　）。

A．≥600mm　　B．≥1000mm　　C．≥1200mm　　D．≥1800mm

（7）TD-LTE 与 CDMA 系统之间隔离度要求为（　　）。

A．水平隔离　　B．垂直隔离　　C．0.5m　　D．0.2m

3．简答题

（1）简述安装天线的基本步骤。

（2）简述在安装天线时对安装位置有什么要求。

（3）简述安装馈线的注意事项。

项目 3　华为 LTE 基站设备安装与数据配置

任务 1　BBU 硬件结构认知

【学习目标】

1. 了解华为 BBU3900 的硬件结构及主要技术特性
2. 了解华为 BBU3900 各单板的功能及工作模式

【知识要点】

1. 华为 BBU3900 整机及机柜的硬件结构
2. 华为 BBU3900 逻辑组成、各功能单板的面板结构、功能原理、特性

3.1.1　DBS3900 概述

DBS3900 是华为开发的分布式基站，实现基带部分和射频部分的独立安装，其应用更加灵活，广泛应用于室内、楼宇、隧道等复杂环境中，具有广覆盖、低成本等优势。如图 3-1 所示为 DBS3900 在系统中的位置。

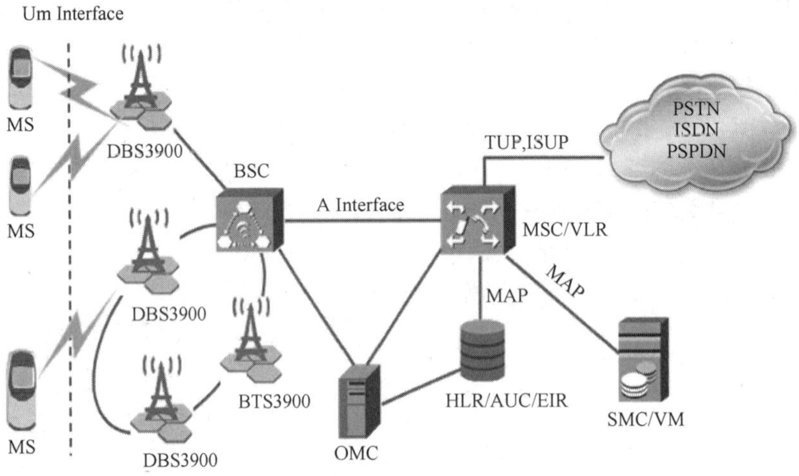

图 3-1　DBS3900 在系统中的位置

图中部分英文缩写含义如下：

MS：Mobile Station，移动台；BSC：Base Station Controller，基站控制器；BTS：Base Transceiver Station，基站收/发信机；HLR：Home Location Register，归属位置寄存器；VM：Voice Mailbox，语音信箱；VLR：Visitor Location Register，访问者位置寄存器；OMC：Operation and Maintenance Center，操作维护中心；SMC：Short Message Center，短消息中心；EIR：Equipment Identity Register，设备识别寄存器；DBS：Distributed Base Station，分布式基站；MSC：Mobile Switching Center，移动交换中心；AUC：Authentication Center，鉴权中心。

1. DBS3900的功能

（1）广覆盖，低成本；
（2）适用于多种环境，安装灵活；
（3）支持多频段；
（4）一个RRU模块支持两个载波；
（5）支持发射分集；
（6）支持跨RRU模块的四接收分集；
（7）BBU支持星形、树形、链形及环形组网；
（8）完成时间提前量的计算，实现高精度TA计算；
（9）支持GPRS和EGPRS；
（10）支持全向小区和扇形小区，单个BBU最多支持36个载波，12小区；
（11）支持小区分层、同心圆和微蜂窝等多种应用；
（12）支持动态资源管理；
（13）支持广播短消息和点对点短消息；
（14）支持DC −48V电源直接输入，或者通过APM电源转换支持DC +24V，AC 220V电源输入（RRU）。

2. DBS3900的硬件结构

DBS3900由BBU（基带处理单元/模块）和RRU（射频处理单元/模块）两部分组成，如图3-2所示，BBU和RRU之间通过光纤连接。

图3-2中的CPRI即Common Public Radio Interface，通用公共无线接口，是一种采用数字的方式来传输基带信号的接口协议。BBU3900是室内单元，提供与核心网的物理接口，同时提供与RRU的物理接口，集中管理整个基站系统，包括操作维护和信令处理，并提供系统时钟。RRU是室外射频处理单元，主要完成基带信号及射频信号的处理。BBU3900通过LMT维护DBS3900系统。

3. APM30

APM30为分布式基站或者小基站，提供−48V直流供电和蓄电池备电，提供用户设备安装空间，同时提供蓄电池管理、监控、防雷等功能，在工程中得到了广泛的应用。

如图3-3所示为APM30实物图，图中各部分含义：1是假面板（1U）；2是电源插框（3U）；3是直流配电盒（2U）；4～8是1U的假面板；9是蓄电池安装空间（3U）。

4. OFB（Outdoor Facility Box）

OFB是室外一体化直流配电和传输设备柜，作为分布式基站的配套设备，支持直流电源输入和直流配电，同时可以作为传输设备柜，提供11U的安装空间，如图3-4所示为OFB示意图。由于OFB本身不能加热，只能用于不需要低温加热的场合，可在C类环境下使用。C类环境是指海洋表面环境、污染源附近的陆地室外环境、只有简单遮蔽（如遮阳棚）的环境等。

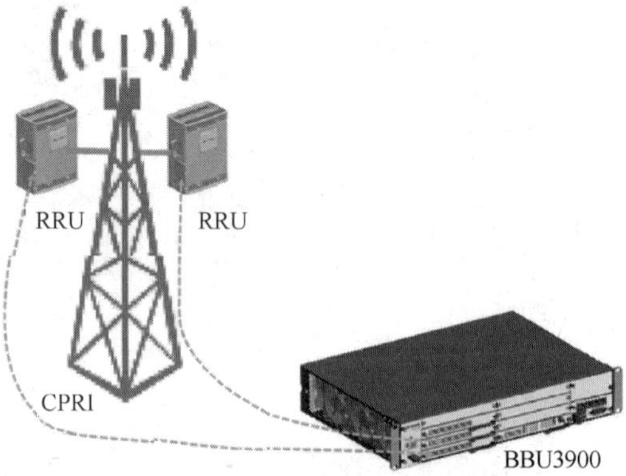

图 3-2　DBS3900 产品组成

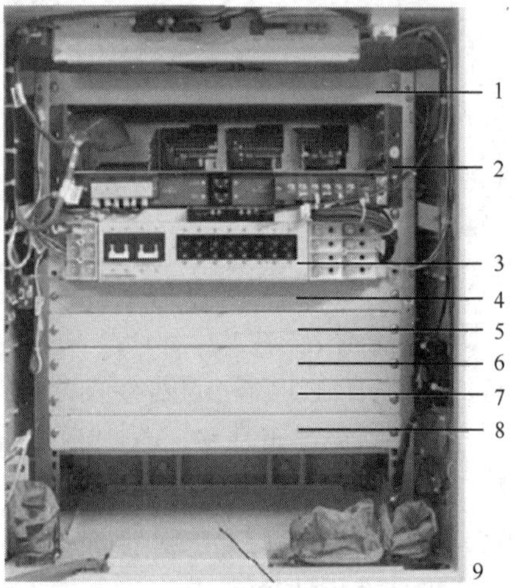

图 3-3　APM30 实物图

5．IBBS（Integrated Backup Battery System）——温控型蓄电池柜

IBBS 是华为室外基站配套产品，可满足运营商在高温地区快速建网的需求，如图 3-5 所示为 IBBS 实物图。IBBS 支持输出直流-48V 电压，多组蓄电池并联备电，最高支持 55℃环境温度，提供门禁、烟雾和温控故障告警监控，最多内置 16 节 12V 100/150A·h 单体蓄电池，每层 4 节，共 4 层。

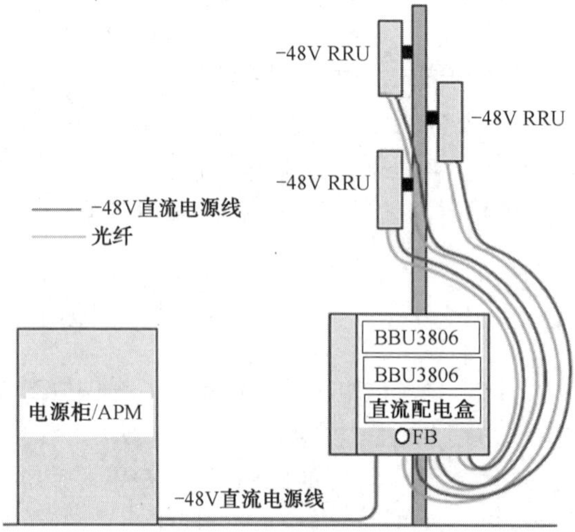

图 3-4　OFB 示意图

图 3-5　IBBS 实物图

3.1.2　BBU3900 概述

1．BBU3900 逻辑结构及主要功能

BBU3900 设备是基带处理单元，其主要功能如下：

（1）提供与 EPC 通信的物理接口，完成基站与 EPC 之间的功能交互；

（2）提供与 RRU 通信的 CPRI 接口；

（3）提供 USB 接口，执行基站软件下载操作；

（4）提供与 LMT（或 M2000）连接的维护通道；

（5）完成上下行数据处理；

（6）集中管理整个分布式基站系统，包括操作维护和信令处理；

（7）提供系统时钟。

BBU3900 的逻辑组成结构如图 3-6 所示，BBU3900 主要由四个部分组成，分别是控制子系统、传输子系统、基带子系统、电源和环境监控子系统。其中控制子系统负责操作维护、信令处理和提供系统时钟，集中管理 eNodeB；传输子系统负责支持 IP 数据的传输，提供与核心网 EPC 通信的物理接口，完成 eNodeB 与 EPC 之间的信息交互，提供与 LMT 或 M2000 的操作维护通道，提供与 2G/3G 基站通信的物理接口，实现 eNodeB 与 2G/3G 基站共享 E1/T1 传输资源；基带子系统负责 Uu 接口用户面协议栈的处理，包括上下行调度和上下行数据处理，同时提供接口，用于与射频单元通信；电源和环境监控子系统为 BBU3900 提供电源并监控电源状态，提供连接环境监控设备的接口，接收和转发来自环境监控部件和环境监控设备的信号。

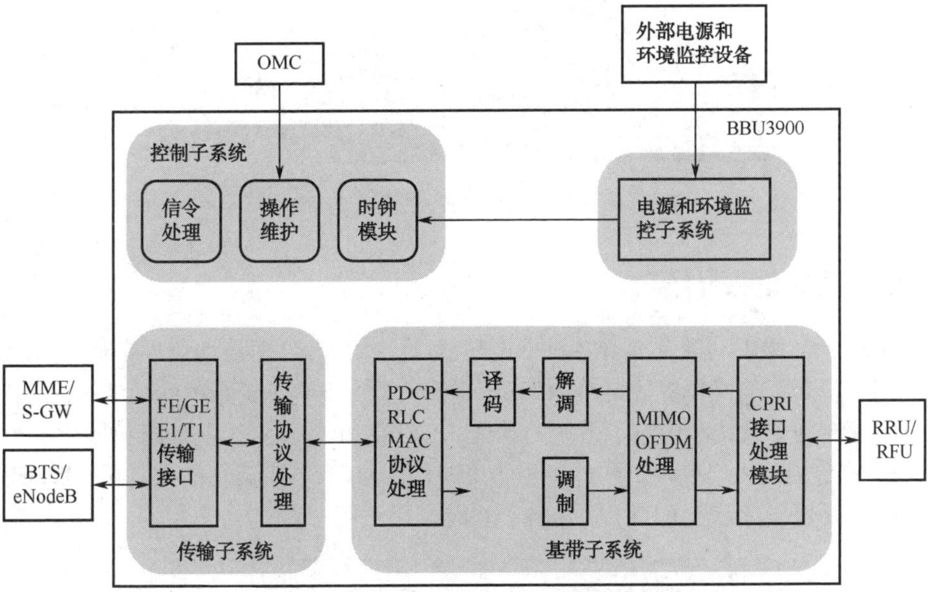

图 3-6 BBU3900 逻辑组成结构

IP（Internet Protocol）是互联网协议的简称；LMT（Local Maintenance Terminal）是本地维护终端的简称，一般为 PC，它通过设备上的接口接入到设备中，负责对系统内的参数和数据进行维护和配置；M2000 是华为公司自主研发的集中网管产品，作为无线网管解决方案，支持接入华为公司无线全系列产品，提供这些设备的统一集中网管功能；E1 是欧洲的 30/32 路脉冲编码调制（Pulse Coding Modulation，PCM）的简称，速率是 2.048Mbps；T1 是北美的 24 路 PCM 的简称，速率是 1.544Mbps。

2. BBU3900 的技术指标

BBU3900 的技术指标如表 3-1 所示，BBU3900 的外观图如图 3-7 所示。

表 3-1　BBU3900 的技术指标

项　目	指　标
设备尺寸（*H*×*W*×*D*）	86mm×442mm×310mm
设备质量	≤12kg（满配置）
电源	DC -48V（DC -38.4V～DC -57V）
温度	-20℃～+50℃（长时） 50℃～55℃（短时）
相对湿度	5%RH～95%RH
气压	70kPa～106 kPa
保护级别	IP20
CPRI 接口	每块 LBBP 支持 6 个 CPRI 接口； 支持标准 CPRI4.1 接口，并向后兼容 CPRI3.0
传输接口	2 个 FE/GE 电口或 2 个 FE/GE 光口； 1 个 FE/GE 电口和 1 个 FE/GE 光口； 2 个 E1/T1 口

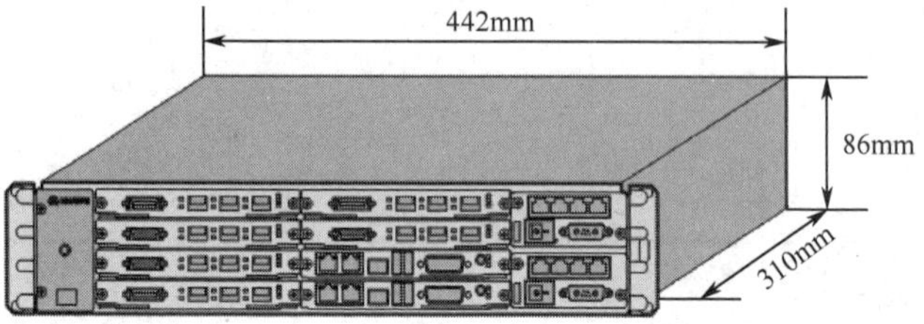

图 3-7　BBU3900 的外观图

3.1.3　BBU3900 单板介绍

由图 3-8 可见，BBU3900 主要由 4 种必配单板/模块组成，分别是 LBBP 单板、UMPT/LMPT 单板、UPEU 单板和 FAN 单板。其中，LBBP 单板负责实现基带子系统的功能；UMPT/LMPT 单板负责实现控制子系统和传输子系统的功能；UPEU 单板负责实现电源和环境监控子系统的功能；FAN 单板是风扇模块。此外，由于 UMPT/LMPT 单板支持的是基于 FE/GE 的传输子系统，因此要想支持基于 E1/T1 的传输子系统，需改用 UTRP 单板。

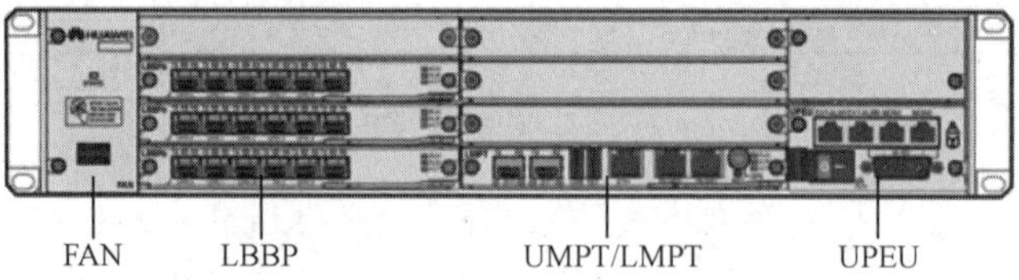

图 3-8　BBU3900 的面板示意图

其中：

LBBP：LTE 基带处理板。

UMPT/LMPT：通用主控传输板。

UPEU：通用电源/环境接口单元。

FAN：风扇。

FE/GE：快速以太网/千兆以太网。FE 的传输速率为 100Mbps，GE 的传输速率为 1000Mbps。

UTRP：通用传输处理单元。

BBU3900 背板槽位如图 3-9 所示，共 8 个单板槽位、2 个电源槽位和 1 个风扇槽位，提供背板接口，进行单板间的通信及电源供给。图 3-10 为 BBU3900 的典型配置图。

<table>
<tr><td rowspan="4">FAN Slot16</td><td>Slot0</td><td>Slot4</td><td rowspan="2">Power Slot18</td></tr>
<tr><td>Slot1</td><td>Slot5</td></tr>
<tr><td>Slot2</td><td>Slot6</td><td rowspan="2">Power Slot19</td></tr>
<tr><td>Slot3</td><td>Slot7</td></tr>
</table>

图 3-9　BBU3900 背板槽位

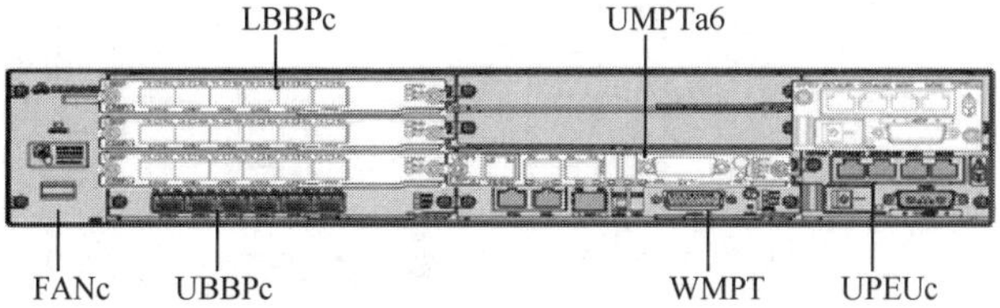

图 3-10　BBU3900 的典型配置图

1. UMPT 单板

UMPT 单板为主控板，如图 3-11 所示，配置时需要考虑兼容问题，此板为必配单板，最多配 1 块，一般配置在 6 号槽位。1 块 UMPT 单板支持 18 个小区，背板带宽为 1.5Gbps。TDL 新建站点采用 UMPTa6（带星卡，处理时钟信号），改造站点采用 UMPTa2（不带星卡，与 TD 共站时使用）。

目前 eRAN3.0LTE 使用的是 UMPTa6 和 UMPTa2，eRAN6.0LTE 使用的是 UMPTb3 和 UMPTb4。UMPTb4 是含高灵敏度 UBLOX 星卡的 UMPT 单板，UMPTb7 是 TD-SCDMA 使用的 UMPT 单板。

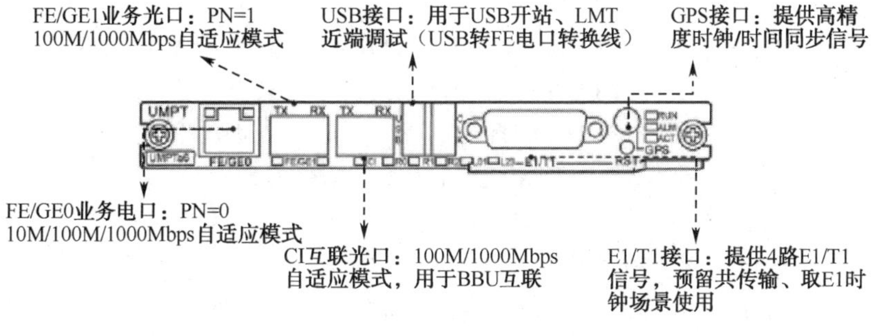

图 3-11　UMPT 单板

主控板除了 UMPT 单板，还有 LMPT 单板，此单板也是必配单板，最多配 2 块，一般安装在 7 号（默认）或 6 号槽位。7 号槽位优先于 6 号槽位，如果 2 块都配置，则为一主一备主控板。LMPT 单板的功能有配置管理、设备管理、性能监控、信令处理，以及无线资源管理；控制系统内所有单板；提供系统时钟和传输端口。

2. LBBP 单板

LBBP 单板为 TDL 必配单板，如图 3-12 所示，采用资源池工作模式，其功能有完成上下行数据基带处理、提供与 RRU 通信的 CPRI 接口、实现跨 BBU 基带资源共享。

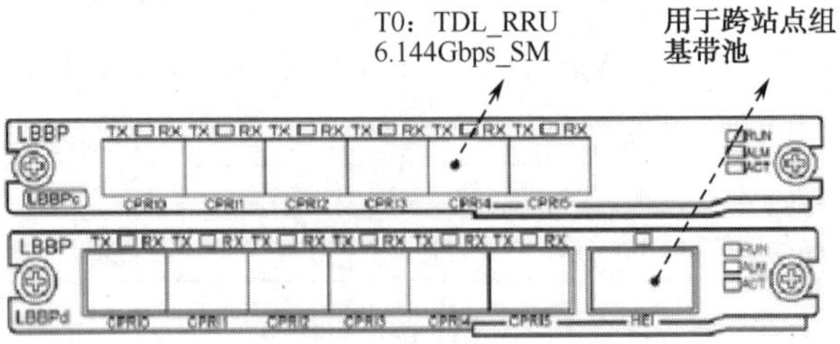

图 3-12　LBBP 单板

LBBP 单板分为 LBBPc 和 LBBPd 两大类。LBBP 基带板一般可以配置 3 块，LBBPd4 最多可配置 4 块，如表 3-2 所示。目前中国移动新建改造站点使用 LBBPd4。

表 3-2　各类 LBBP 单板相关信息

单板名称	Sector 数	Cell 带宽/Hz	天线配置
LBBPc	3	20M	1T1R/2T2R
	1	20M	8T8R
LBBPd1	3	20M	2T2R
LBBPd2	3	20M	4T4R
LBBPd4	3	2×20M	1T1R/2T2R
	3	20M	8T8R

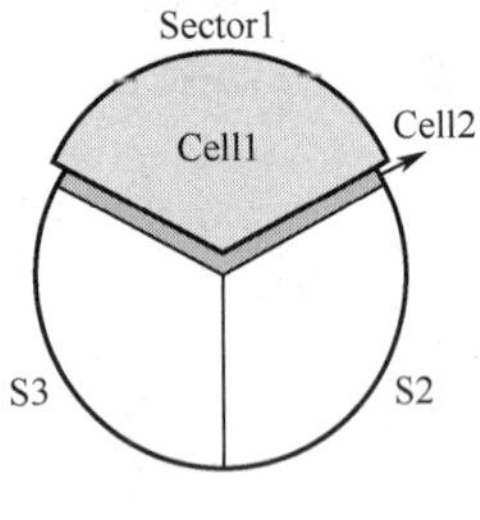

图 3-13　小区与扇区关系

小区与扇区关系如图 3-13 所示。

LBBPd 单板的规格如下，其中 A 代表小区数，B 代表小区内的 RRU 个数，20MHz 为小区带宽。

当用于室外覆盖时：

8T8R：A×（B×8T8R）×20MHz，A 最大为 3，B=1。

2T2R：A×（B×2T2R）×20MHz。

- 1×20MHz 的 RRU：A 最大为 6，B 最大为 6，A×B 最大为 6。
- 2×20MHz 的 RRU：A 最大为 6，B 最大为 1，A×B 最大为 6。

当用于室内覆盖时：

1T1R：A×（B×1T1R）×20MHz。

- 1×20MHz 的 RRU：A 最大为 6，B 最大为 12，A×B 最大为 12。
- 2×20MHz 的 RRU：A 最大为 6，B 最大为 6，A×B 最大为 12。

3．FAN 单板

FAN 单板为必配单板，如图 3-14 所示，最多配 1 块，固定放置在 16 号槽位，其功能有控制风扇转速；向主控板上报风扇状态、风扇温度值和风扇在位信号；检测进风口温度；散热；持电子标签读写。其包括 FAN 和 FANc 两种，通过面板上的属性标签“FANc”区分。

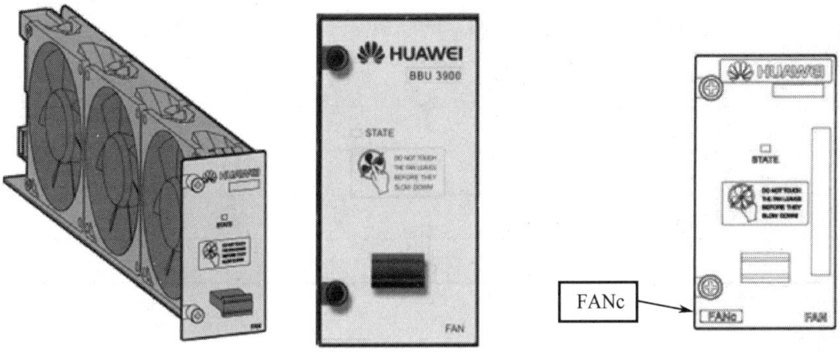

图 3-14 FAN 单板

4．UPEU 单板

UPEU 单板为电源板，如图 3-15 所示，为必配单板，最多配 2 块（默认配 1 块），放置在 19 号槽位（默认）/18 号槽位，其功能包括：

（1）将 DC −48V 输入电源转换为支持+12V 的工作电源；

（2）提供 2 路 RS-485 信号接口和 8 路开关量信号接口；

（3）防反接；

（4）UPEUc 可提供自主均流和输入功率上报功能。

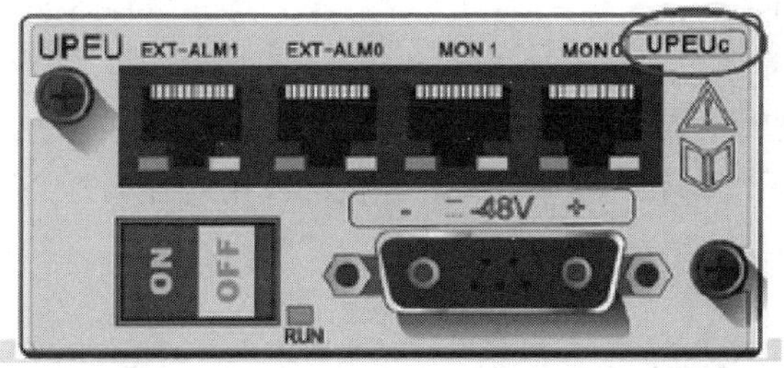

图 3-15 UPEU 单板

5．UEIU 单板

UEIU 单板为选配单板，如图 3-16 所示，是通用环境监控设备接口的扩展板，最多配 1 块，放置在 19 号槽位，其主要功能有连接外部监控设备，并向 LMPT 传输 RS-485 信号；连接外部告警设备，并向 LMPT 发送 8 路干接点告警信号。相对应的端口及其对应连接器类型如表 3-3 所示。

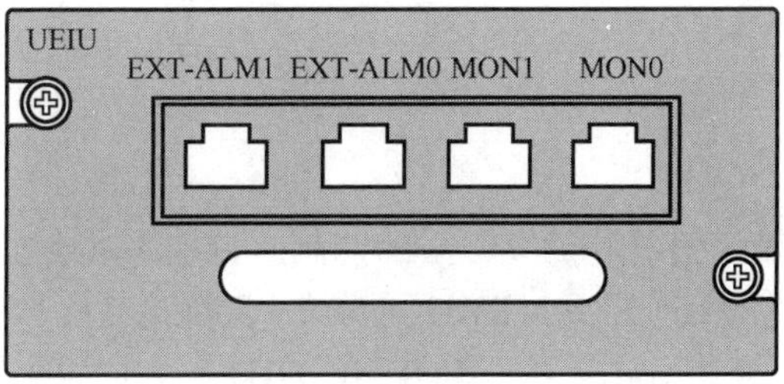

图 3-16 UEIU 单板

表 3-3　UEIU 单板对应的端口及其对应连接器类型

端 口 名 称	连接器类型
MON0	RJ45
MON1	RJ45
EXT-ALM0	RJ45
EXT-ALM1	RJ45

思考与练习

1．填空题

（1）分布式基站实现了________和________的独立安装。

（2）BBU3900 主要由________、________、________和________四个部分组成。

2．选择题

（1）以下英文缩写代表基站控制器的是（　　）。

A．BST　　B．MS　　C．BSC　　D．VM

（2）OFB 可以为传输设备提供（　　）U 的安装空间。

A．5　　B．11　　C．12　　D．13

（3）UMPT 单板默认配置在（　　）号槽位。

A．4　　B．5　　C．7　　D．6

3．简答题

（1）BBU3900 的逻辑组成结构分为哪几个部分，功能分别是什么？

（2）LBBP 单板一般配备在哪里？LBBP 单板的作用是什么？

（3）什么是 C 类环境？

任务 2　RRU 硬件结构

【学习目标】

1．了解华为 RRU/RFU 的分类及硬件结构

2．了解华为 RRU/RFU 的逻辑结构和功能

【知识要点】

1．华为 RRU/RFU 基于 FDD 和 TDD 制式的逻辑结构

2．华为 RRU/RFU 的分类及部分典型的 RRU 硬件结构

3.2.1　RRU 的基础知识

1．RRU 逻辑结构

RRU/RFU 主要完成基带信号和射频信号的调制解调、数据处理、功率放大、驻波检测等功能。RFU 是宏基站的射频处理单元，RRU 是分布式基站的射频处理单元。RRU/RFU 的逻辑结构组成因制式不同而略有不同。基于 FDD 和 TDD 制式的 RRU/RFU 逻辑结构图分别如图 3-17 和图 3-18 所示。RRU/RFU 内部由 CPRI 接口处理单元、TRX、供电单元、PA、LNA、

滤波器及收发切换开关等部分组成。

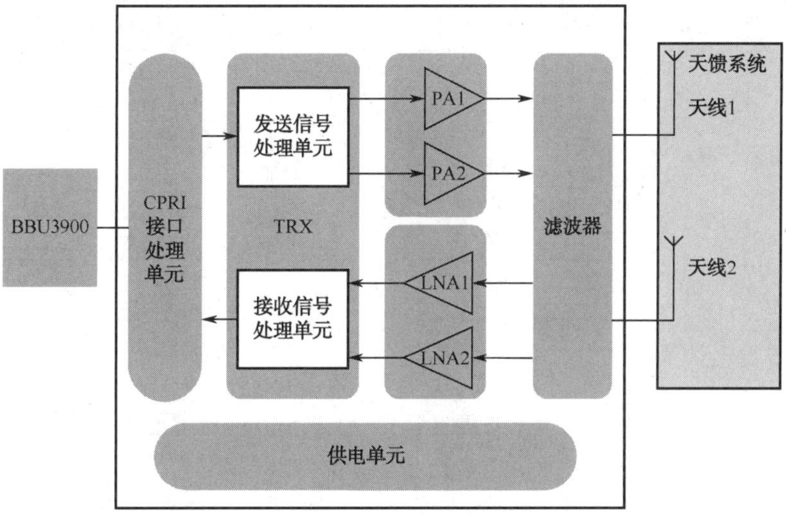

图 3-17 基于 FDD 制式的 RRU/RFU 逻辑结构图

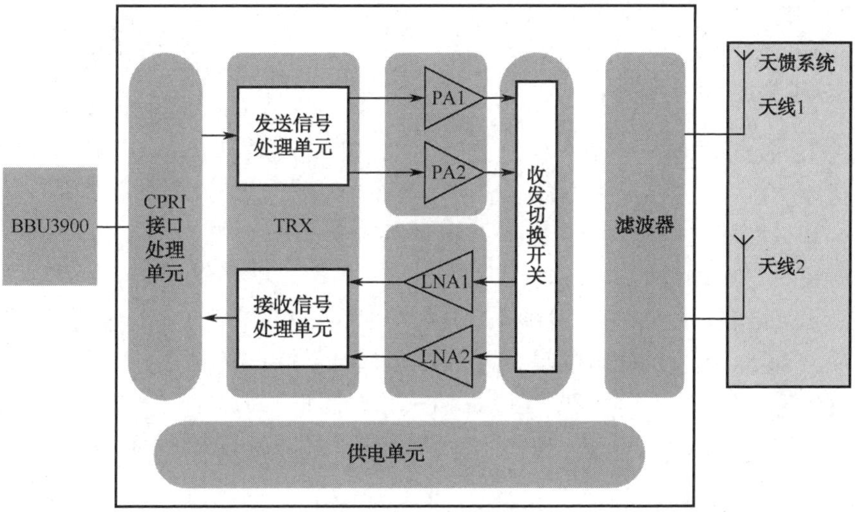

图 3-18 基于 TDD 制式的 RRU/RFU 逻辑结构图

CPRI 接口处理单元接收来自 BBU3900 的下行基带数据、发送上行基带数据到 BBU3900、转发级联 RRU 数据；TRX 包括接收通道、发射通道；供电单元将输入的直流电源转换为 RRU/RFU 需要的电源；PA（功率放大器）对来自 TRX 的小功率射频信号进行放大；LNA（低噪放大器）将来自天线的接收信号进行放大；滤波器提供射频通道接收信号和发射信号复用功能，可使接收信号与发射信号共用一个天线通道，并为接收信号和发射信号提供滤波功能；采用时分双工制式时，由于上下行信号采用相同的频点，因此需要用收发切换开关对射频信号的上下行模式进行切换。

2. RRU 的分类

RRU 有很多种类，适用的场景各不相同，如表 3-4 所示。

表 3-4 RRU 的型号及适用场景

适 用 场 景	RRU 型号
TDS	DRRU3151-fa
	DRRU3151-fae
	DRRU3152-fa
	DRRU3158-fa
	DRRU3158i-fa
	DRRU3158-f
新增 TDL+TDS 共模	DRRU3151e-fae
	DRRU3158e-fa
	DRRU3161-fae
	DRRU3162-fa
	DRRU3168-fa
新增 TDL 单模	DRRU3152-e
	DRRU3233
	DRRU3253
	DRRU3232

3.2.2 RRU 硬件结构认知

1．RRU3151e-fae

RRU3151e-fae 及其面板如图 3-19 所示，供电采用 AD/DC 两种方式，所支持的频段范围：

① F 频段（1880MHz～1915MHz）。

② A 频段（2010MHz～2025MHz）。

③ E 频段（2320MHz～2370MHz）。

RRU3151e-fae 的 ANT0_FA 射频通道发射功率为 30W，ANT1_E 射频通道发射功率为 50W。RRU3151e-fae 适用的配置场景：为 TDS 单模时支持 48 载波（FA 频段内 27 载波和 E 频段内 21 载波）；为 TDS-L 双模时支持 20MHz+12 载波（FA 频段），2×20MHz+6 载波（E 频段）；为 TDL 单模时支持 20MHz+10MHz+5MHz（F 频段），2×20MHz+10MHz（E 频段）。

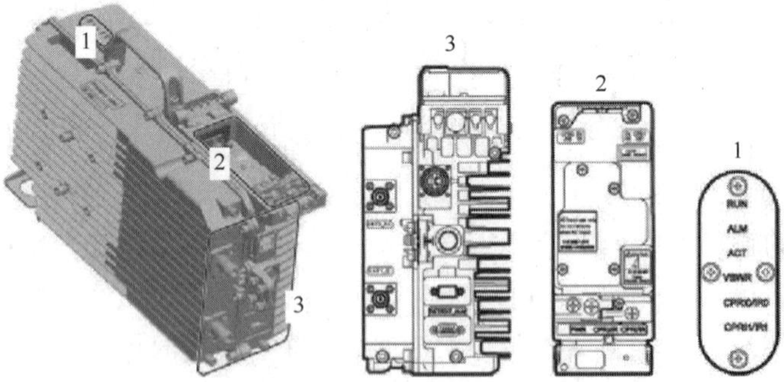

图 3-19 RRU3151e-fae 及其面板

2．RRU3152-e

RRU3152-e 及其面板如图 3-20 和图 3-21 所示，所支持的频段范围为 E 频段（2320MHz～

2370MHz），其输出功率为 2×50W，是一款 TDL 单模 RRU，最大级联不超过 2 级，供电采用 AC/DC 两种（交流型需要 AC/DC 转换器）。RRU3152-e 使用的配置场景为 E 频段，支持 2×20MHz 小区。

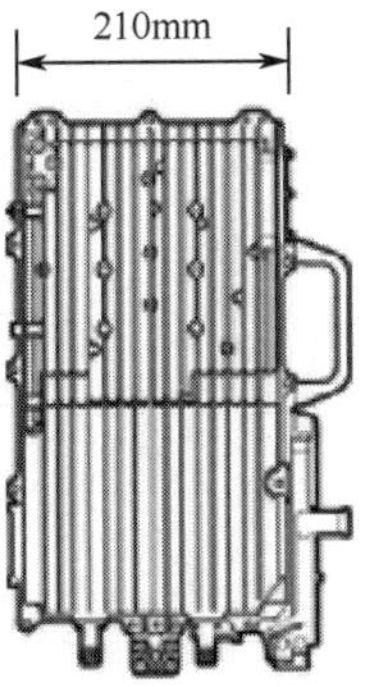

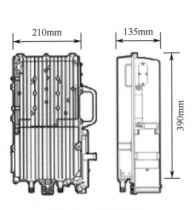

图 3-20　RRU3152-e

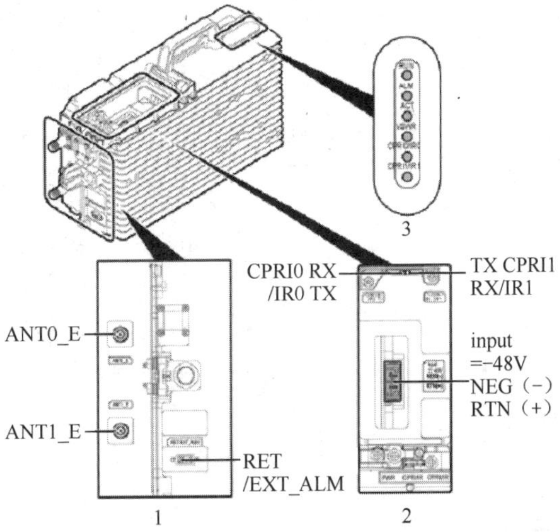

图 3-21　RRU3152-e 的面板

3. RRU3158-fa

RRU3158-fa 及其面板如图 3-22 所示，供电采用-48V 直流供电，所支持的频段范围：

① F 频段（1880MHz～1915MHz）。

② A 频段（2010MHz～2025MHz）。

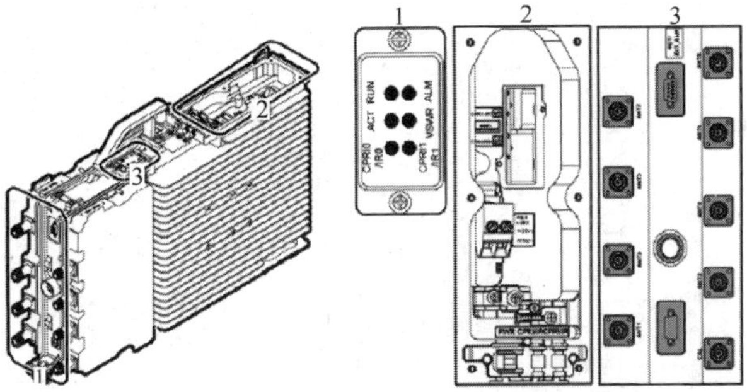

图 3-22　RRU3158-fa 及其面板

RRU3158-fa 的输出功率为 8×16W，为 TDS 单模时支持 27 载波（FA 频段内 21 载波和 A 频段内 6 载波），为 TDS-L 双模时支持 20MHz+9 载波。

4. RRU3233

RRU3233 是 D 频段（2.6GHz）8 通道射频处理模块，其外观和面板如图 3-23 所示，其技术指标如表 3-5 所示。

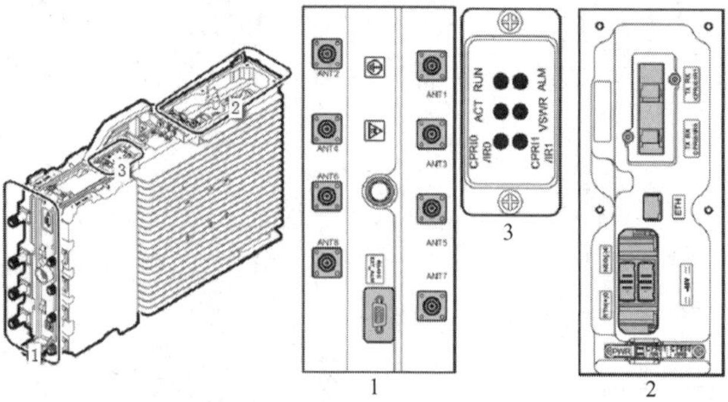

图 3-23　RRU3233 外观及其面板

表 3-5　RRU3233 技术指标

电源	DC -48V：DC -36V～DC -60V
环境	-40℃～+55℃/IP65
尺寸	≤21L：130mm×545mm×300mm
质量	≤21kg
安装	抱杆安装、挂墙安装/立架安装，靠近天线
工作频段	2570MHz～2620MHz
功耗	320W
功率	8×10W
工作带宽	20MHz
光接口	2 个 4.9GHz CPRI 接口
演进	支持与 TDS 同频段共模

综上所述，对 RRU 进行汇总如表 3-6 所示。

表 3-6　RRU 汇总表

双模 RRU			
RRU 型号	频　段	是否支持双模	TDS/TDL 双模规格/Hz
DRRU3158e-fa	FA	支持	FA：2×20M TDL+6C TDS
DRRU3158-fa	FA	支持	FA：20M TDL+9C TDS
DRRU3151e-fae	FA+E	支持	FA：2×20M TDL+6C TDS E：2×20M TDL+6C TDS
DRRU3151-fae	FA+E	支持	FA：20M TDL+9C TDS E：20M TDL+9C TDS
DRRU3151-fa	FA	支持	FA：20M TDL+9C TDS
DRRU3152-fa	FA+ FA	支持	FA：20M TDL+9C TDS

续表

单模 RRU			
RRU 型号	频 段	是否支持双模	TDS/TDL 双模规格/Hz
RRU3152-e	E	不支持	2×20M
RRU3233	D	不支持	1×20M

如图 3-24 所示为 RRU（3×10MHz 2T2R）线缆连接关系图，图 3-25 所示为 RRU（3×20MHz 2T2R）线缆连接关系图，图 3-26 所示为 RRU3233（1×20MHz 8T8R）线缆连接关系图。

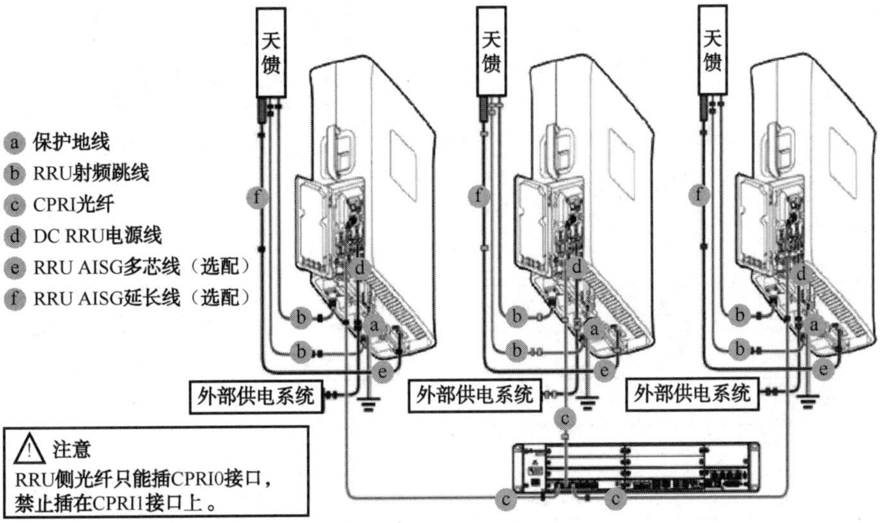

图 3-24 RRU（3×10MHz 2T2R）线缆连接关系图

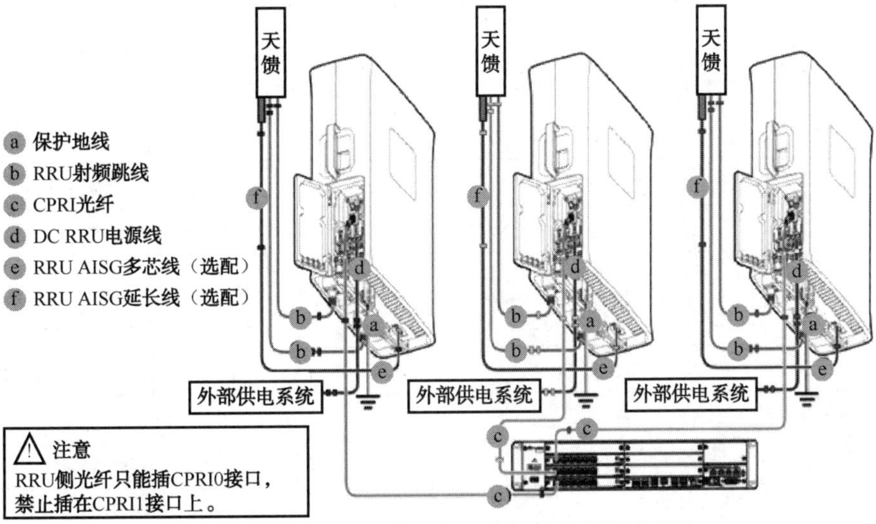

图 3-25 RRU（3×20MHz 2T2R）线缆连接关系图

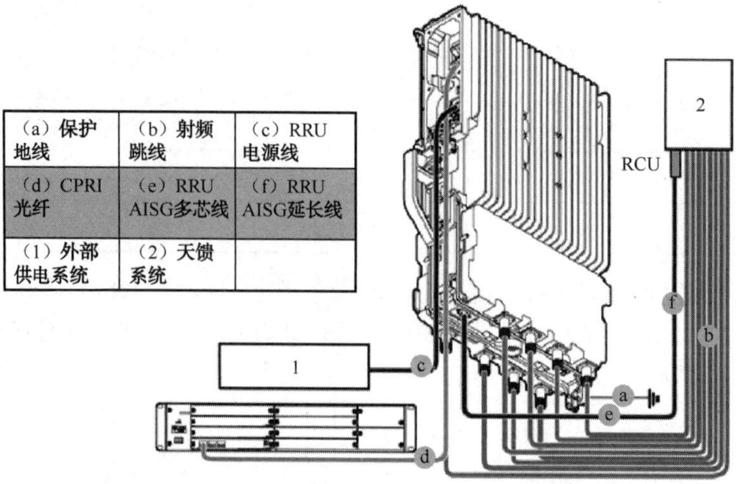

图 3-26　RRU3233（1×20MHz 8T8R）线缆连接关系图

RRU 单板指示灯说明如表 3-7 所示。

表 3-7　RRU 单板指示灯说明

指示灯	状态	含义
RUN	常亮	单板故障
	常灭	无电源输入
	慢闪（1s 亮，1s 灭）	单板正常运行
ALM	常亮（包含高频闪烁）	告警状态，表明存在故障
	常灭	无告警
ACT	常亮	工作正常
	常灭	与 BBU 没有建立连接
	慢闪（1s 亮，1s 灭）	只有一个逻辑载波在正常工作（包括载频互联后）
	快闪（0.25s 亮，0.25s 灭）	近端测试状态
VSWR TX_ACT	绿色常亮	无 VSWR 告警
	绿色慢闪（1s 亮，1s 灭）	单板正常运行
	红色慢闪（1s 亮，1s 灭）	ANT_TX/RXA 端口有 VSWR 告警
	红色快闪（0.5s 亮，0.5s 灭）	ANT_TX/RXB 端口有 VSWR 告警
	红色常亮	ANT_TX/RXA 和 ANT_TX/RXB 端口有 VSWR 告警
OPTW/E（西向/东向 CPRI 接口指示灯）	绿灯亮	CPRI 链路正常
	红灯亮	光模块接收异常告警
	红灯慢闪（1s 亮，1s 灭）	CPRI 链路失锁
	灭	SFP 模块不在位或者光模块电源下电

RRU 面板分为底部面板、配线腔面板和指示灯区域，提供−48V 电源。如图 3-27 所示，①为底部面板，②为配线腔面板，③为指示灯区域。如表 3-8 所示为 RRU 单板端口说明。

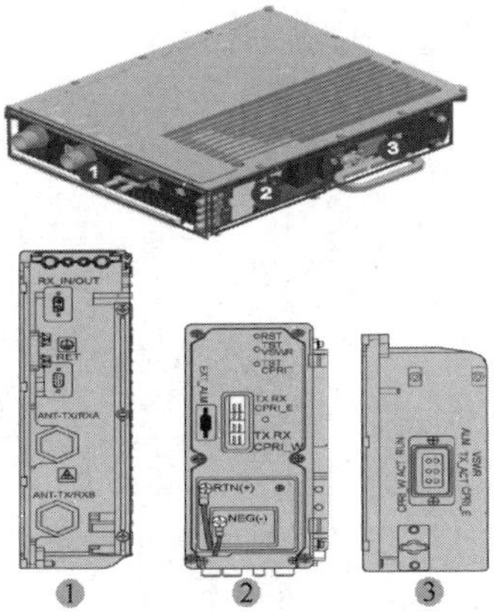

图 3-27　RRU 面板

表 3-8　RRU 单板端口说明

项　目	面 板 标 志	说　明
底部面板	RX_IN/OUT	射频互联接口
	RET	电调天线通信接口
	ANT_TX/RXA	发送/接收射频接口 A
	ANT_TX/RXB	发送/接收射频接口 B
配线腔面板	RTN（+）	电源接线柱
	NEG（-）	
	TX RX CPRI_E	东向光接口
	TX RX CPRI_W	西向光接口
	EXT_ALM	告警接口
	RST	硬件复位按钮
	TST VSWR	驻波测试按钮
	TST CPRI	CPRI 接口测试按钮

思考与练习

1．填空题

（1）________将来自天线的接收信号进行放大。

（2）RRU3151e-fae 支持的频段为________________________________。

（3）RRU3152-e 支持的频段为____________________________。

（4）RRU3233 支持的频段为____________________。

2．简答题

（1）基于 FDD 的与基于 TDD 的 RRU/RFU 有什么区别？

（2）查资料了解书上没有介绍的其他 RRU 的硬件结构。

任务 3　单站全局数据配置

【学习目标】

1．熟识华为单站全局数据配置

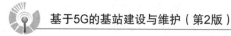

2．熟识华为 DBS3900 的单板配置命令

【知识要点】

1．单站全局数据配置流程

2．Offline-MML 工具的各个命令参数

3.3.1 华为单站全局数据配置

1．单站全局数据配置流程

LTE 单站的基本配置如图 3-28 所示，此时配置了 1 块 FAN 单板，1 块 LMPT 单板，1 块 UPEU 单板和 3 块 LBBP 单板，1 个 BBU 同 3 个 RRU 用光纤连接。单站全局数据配置流程如图 3-29 所示，单站全局数据配置 MML 命令如表 3-9 所示。

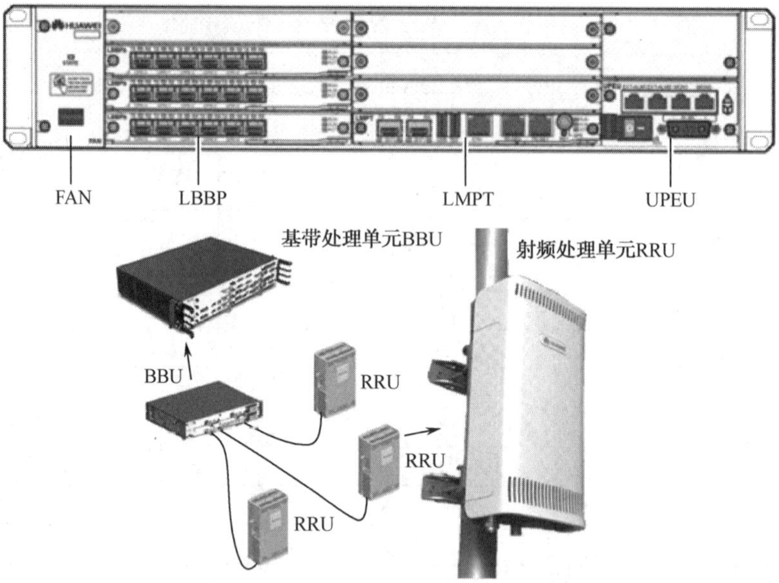

图 3-28　LTE 单站的基本配置图

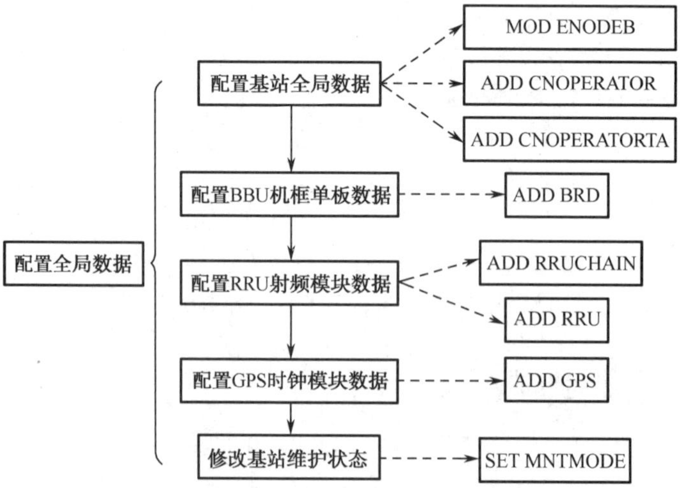

图 3-29　单站全局数据配置流程

表 3-9 单站全局数据配置 MML 命令表

命令+对象	MML 命令用途	命令使用注意事项
MOD ENODEB	配置 eNodeB 基本站型信息	基站标识在同一 PLMN 中唯一； 基站类型为 DBS3900_LTE； BBU-RRU 接口协议类型： CPRI 采用华为私有协议（TDL 单模常用），TD_IR 采用 CMCC 标准协议（TDS-TDL 多模）
ADD CNOPERATOR	增加基站所属运营商信息	国内 TD-LTE 站点归属于一个运营商，也可以实现多个运营商共用无线基站共享接入
ADD CNOPERATORTA	增加跟踪区域 TA 信息	TA（跟踪区）相当于 2G/3G 中的 PS 路由器
ADD BRD	添加 BBU 单板	主要单板类型：UMPT/LBBP/UPEU/FAN； LBBPc 支持 FDD 与 TDD 两种工作方式，TD-LTE 基站选择 TDD（时分双工）
ADD RRUCHAIN	增加 RRU 连环，确定 BBU 与 RRU 的组网方式	可选组网方式：链形/环形/负荷分担
ADD RRU	增加 RRU 信息	可选 RRU 类型：MRRU/LRRU； MRRU 支持多制式，LRRU 只支持 TDL 制式
ADD GPS	增加 GPS 信息	现场 TDL 单站必配，TDS-TDL 共框站点可从 TDS 系统 WMPT 单板中获取
SET MNTMODE	设置基站工程模式	用于标记站点告警，可配置项目：普通/新建/扩容/升级/调测（默认出厂状态）

2. 单站全局数据配置步骤

（1）配置 eNodeB 与 BBU 单板数据

① 打开 Offline-MML 工具，在命令输入对话框中执行 MML 命令，如图 3-30 所示。

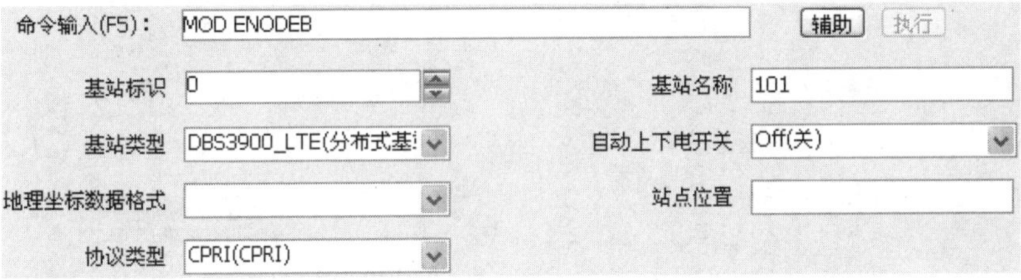

图 3-30 在命令输入对话框中执行 MML 命令

MOD ENODEB 命令重点参数：

- 基站标识：在一个 PLMN 内编号唯一，是小区全球标识 CGI 的一部分。
- 基站类型：TD-LTE 只采用 DBS3900_LTE（分布式基站）类型。
- 协议类型：BBU-RRU 通信接口协议类型，TDL 在单模建网时使用，TDL_IR 表示 CMCC 定义的 IR 通信协议，TDL 在多模建网时使用。

此处的 PLMN 即公共陆地移动网；CGI 是小区全球标识；CPRI 是通用公共无线接口；CMCC 指中国移动通信公司；IR 指红外线通信协议。

② 保存脚本文件。

首次执行 MML 命令时，会弹出脚本保存提示对话框，继续执行命令会自动追加并保存在此脚本文件中。

③ 增加基站所属运营商配置信息，如图 3-31 和图 3-32 所示。

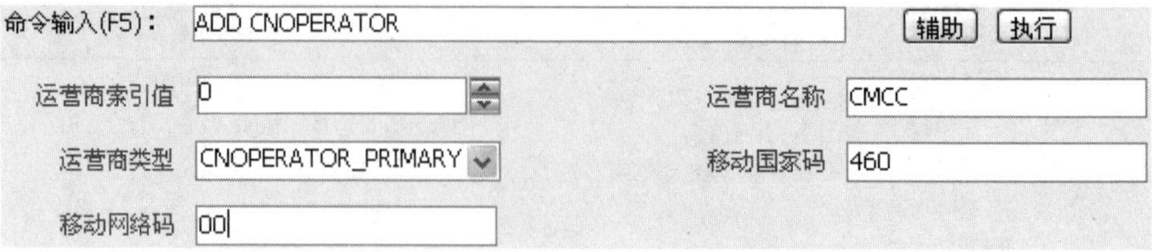

图 3-31　增加运营商命令参数输入

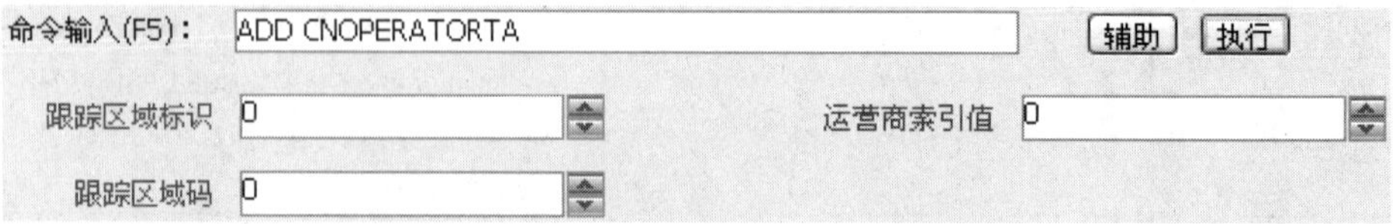

图 3-32　增加运营商跟踪区命令参数输入

ADD CNOPERATOR/CNOPERATORTA 命令重点参数：

- 运营商索引值：范围为 0～3，最多可配置 4 个运营商信息。
- 运营商类型：与基站共享模式配合使用，当基站共享模式为独立运营商模式时，只能添加一个运营商且必须为主运营商；当基站共享模式为载频共享模式时，添加主运营商后，最多可添加 3 个从运营商；后续配置模块中通过运营商索引值、跟踪区域标识来索引绑定站点信息所配置的全局信息数据。
- 移动国家码、移动网络码、跟踪区域码：需要与核心网 MME 配置协商参数一致。

说明：执行 MOD ENODEBSHARINGMODE 命令可修改基站共享模式。

④ 增加设备机柜和机框，如图 3-33 和图 3-34 所示。

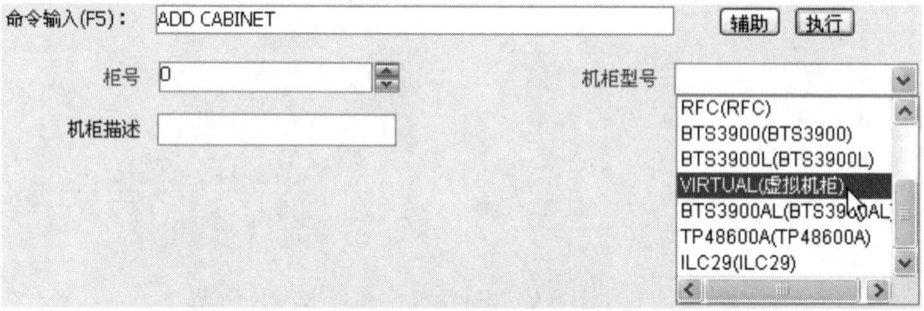

图 3-33　添加设备机柜

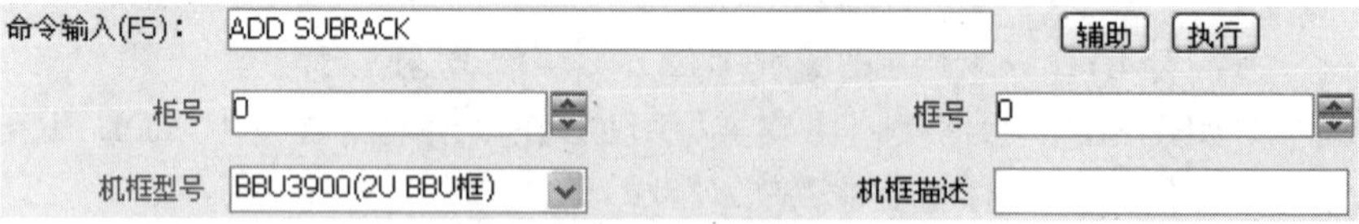

图 3-34　添加设备机框

执行 ADD SUBRACK 命令后会弹出提示对话框，如图 3-35 所示，单击“是”按钮即可。

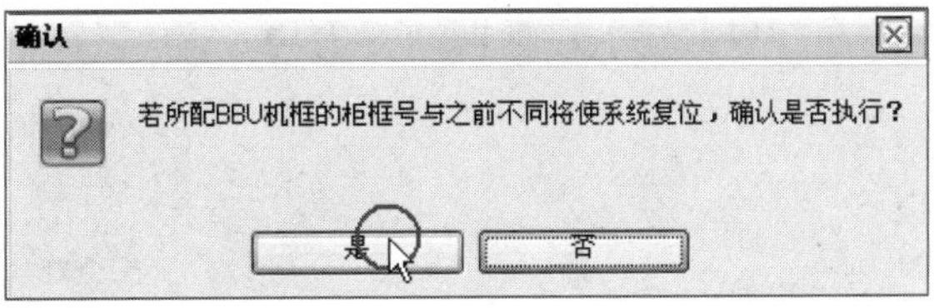

图 3-35 执行 ADD SUBRACK 命令后弹出的提示对话框

ADD CABINET/SUBRACK 命令重点参数：

- ADD CABINET 命令中机柜型号：本仿真软件需选择 VIRTUAL（虚拟机柜）。

⑤ 参考图 3-28 中的 BBU 硬件配置，执行 MML 命令增加 BBU 单板。此步骤需要增加 LBBP、LMPT 和 FAN 三种单板。增加基带板 LBBP 的命令参数输入对话框如图 3-36 所示。

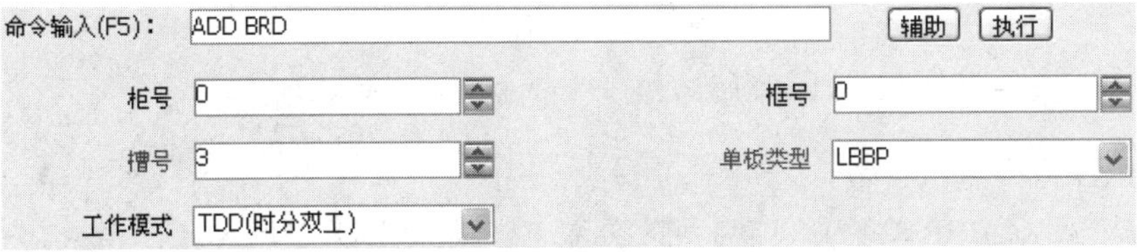

图 3-36 增加基带板 LBBP 的命令参数输入对话框

增加主控板 LMPT 的命令参数输入对话框如图 3-37 所示。

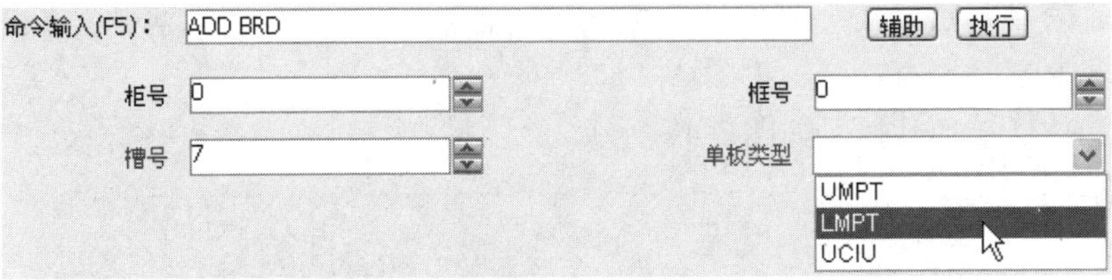

图 3-37 增加主控板 LMPT 的命令参数输入对话框

执行增加 LMPT 单板命令会引发系统复位，系统要求重新登录，相应的两个提示对话框分别如图 3-38 和图 3-39 所示，单击“是”按钮即可。

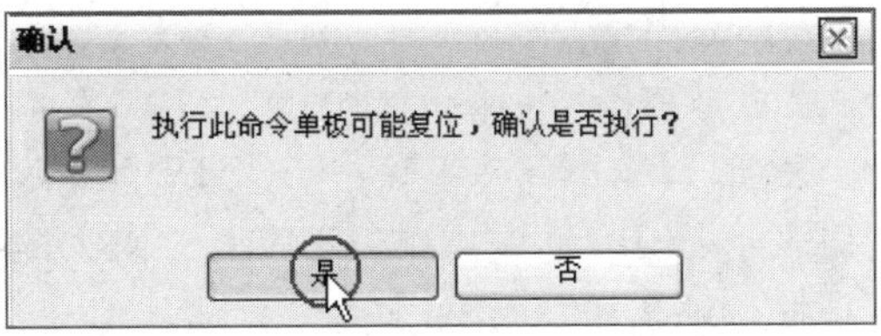

图 3-38 增加 LMPT 单板引发的系统复位提示对话框

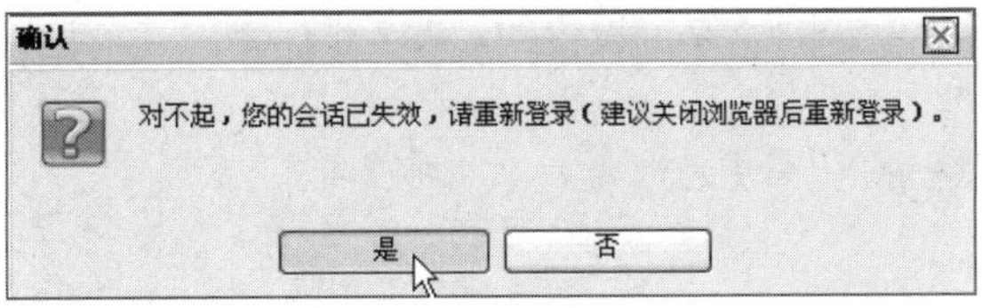

图 3-39 增加 LMPT 单板引发的重新登录提示对话框

增加风扇 FAN 单板的命令参数输入对话框如图 3-40 所示。

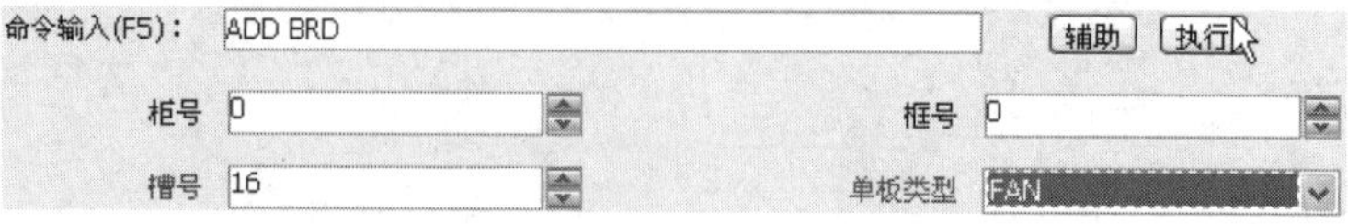

图 3-40　增加风扇 FAN 单板的命令参数输入对话框

增加 UPEU 单板的命令参数输入对话框如图 3-41 所示。

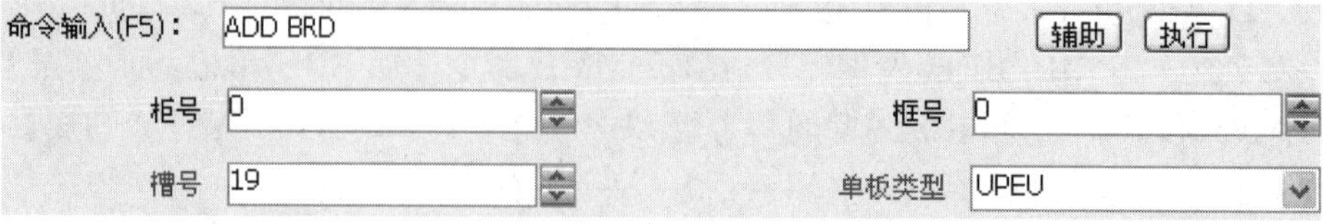

图 3-41　增加 UPEU 单板的命令参数输入对话框

ADD BRD 命令重点参数：

- 工作模式（LBBP 单板）：TDD 为时分双工模式；TDD_ENHANCE 表示支持 TDD 波束成形 BF；TDD_8T8R 表示支持 TD-LTE 单模 8T8R，支持 BF，其 BBU 与 RRU 之间的接口协议为 CPRI；TDD_TL 表示支持 TD-LTE&TDS-CDMA 双模或 TD-LTE 单模，包括 8T8R BF 及 2T2R MIMO，其 BBU 与 RRU 之间的接口协议为 IR。增加 LMPT 单板命令执行成功后会要求单板重新启动加载，维护链路会中断。

（2）配置 RRU 设备数据

① 增加 RRU 链环数据，如图 3-42 所示。

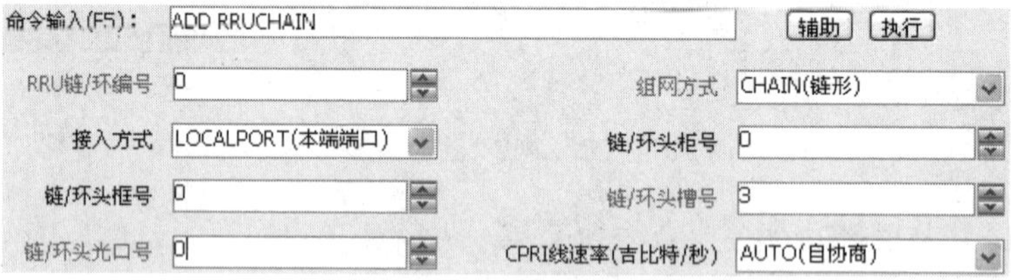

图 3-42　增加 RRU 链环数据

ADD RRUCHAIN 命令重点参数：

- 组网方式：CHAIN（链形）、RING（环形）、LOADBALANCE（负荷分担）。
- 接入方式：本端端口表示 LBBP 通过本单板 CPRI 与 RRU 连接；对端端口表示 LBBP 通过背板汇聚到其他槽位基带板与 RRU 连接。
- 链/环头槽号：表示链/环头 CPRI 端口所在单板的槽号。
- 链/环头光口号：表示链/环头 CPRI 端口所在单板的端口号。
- CPRI 线速率：用户设定的速率，设置的 CPRI 线速率与当前运行的速率不一致时，会产生 CPRI 相关告警。

② 增加 RRU 设备数据，如图 3-43 所示。

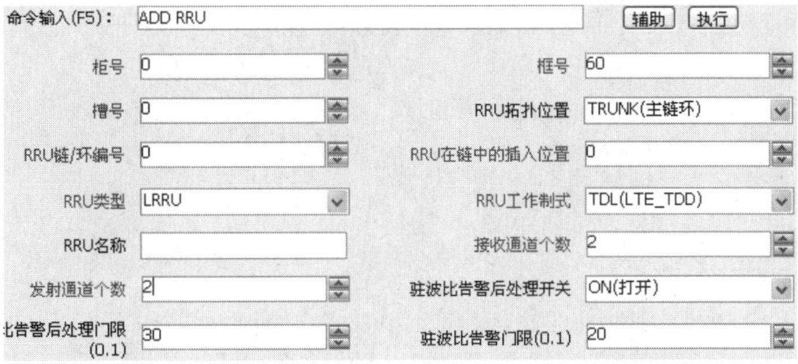

图 3-43　增加 RRU 设备数据

ADD RRU 命令重点参数：

- RRU 类型：TD-LTE 网络只用 MRRU&LRRU，MRRU 根据不同的硬件版本可以支持多种工作制式，LRRU 支持 LTE_FDD/LTE_TDD 两种工作制式。
- RRU 工作制式：TDL 单站选择 TDL（LTE_TDD），多模 MRRU 可选择 TL（TDS_TDL）。

说明：RRU3233 类型为 LRRU，工作制式为 TDL（LTE_TDD）。

（3）配置 GPS、设置基站维护态

① 增加 GPS 设备信息。

ADD GPS/SET CLKMODE 命令重点参数：

- GPS 工作模式：支持多种卫星同步系统信号接入。
- 优先级：取值范围为 1～4，1 表示优先级最高，现场通常设置 GPS 优先级最高，LMPTa6 单板自带晶振时钟，优先级默认为 0，优先级别最低，可在测试时使用。
- 时钟工作模式：AUTO（自动）、MANUAL（手动）、FREE（自振）；手动模式表示用户手动指定某一路参考时钟源；自动模式表示系统根据参考时钟源的优先级和可用状态自动选择参考时钟源；自振模式表示系统工作于自由振荡状态，不跟踪任何参考时钟源。

说明：实验设备设置时钟工作采用 FREE（自振）模式。

② 设置基站维护态。

SET MNTMODE 命令重点参数：

- 工程状态：网元处于特殊状态时，告警上报方式将会发生改变；主控板重启不会影响工程状态的改变，自动延续复位前的网元特殊状态。说明：设备出厂时默认将设备状态设置为“TESTING”（调测）。

3.3.2　单站全局数据配置脚本示例

```
//修改基站参数
MOD ENODEB: ENODEBID=0, NAME="101", ENBTYPE=DBS3900_LTE, AUTOPOWEROFFSWITCH=Off, PROTOCOL=CPRI;
//运营商配置信息
ADD CNOPERATOR: CnOperatorId=0, CnOperatorName="CMCC", CnOperatorType=CNOPERATOR_PRIMARY, Mcc="460", Mnc="00";
ADD CNOPERATORTA: TrackingAreaId=0, CnOperatorId=0, Tac=0;
//增加设备机柜
ADD CABINET: CN=0, TYPE=VIRTUAL;
//增加设备机框
```

```
ADD SUBRACK: CN=0, SRN=0, TYPE=BBU3900;
//增加BBU单板
ADD BRD: SN=3, BT=LBBP, WM=TDD;
ADD BRD: SN=7, BT=LMPT;
ADD BRD: SN=16, BT=FAN;
ADD BRD: SN=19, BT=UPEU;
//配置RRU设备数据
ADD RRUCHAIN: RCN=0, TT=CHAIN, HSN=3, HPN=0;
ADD RRU: CN=0, SRN=60, SN=0, RCN=0, PS=0, RT=LRRU, RS=TDL, RXNUM=2, TXNUM=2;
//时钟模式设置
SET CLKMODE: MODE=FREE;
```

思考与练习

（1）单站全局数据配置包括哪些模块？配置流程是什么？

（2）单站全局数据配置需要哪些协商规划参数？各自从哪些协商规划数据表中查找？

（3）输出脚本中哪些配置会影响后面的配置？各自影响关系如何？

任务4　单站传输数据配置

【学习目标】

1. 了解华为DBS3900单站传输组网命令与参数
2. 了解华为DBS3900单站传输组网各单板配置

【知识要点】

1. 基础传输配置包括的接口、参数、流程
2. 输出脚本中配置之间的影响

3.4.1　DBS3900单站传输数据配置

eNodeB网络传输接口如图3-44所示，eNodeB与MME之间是S1-C接口，eNodeB与S-GW之间是S1-U接口，eNodeB与UE之间是LTE-Uu接口，eNodeB之间是X2接口。

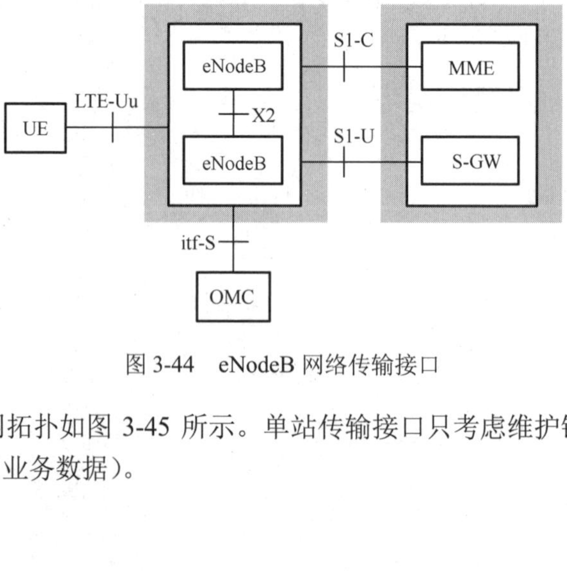

图3-44　eNodeB网络传输接口

单站S1接口组网拓扑如图3-45所示。单站传输接口只考虑维护链路与S1接口，包括S1-C（信令）、S1-U（业务数据）。

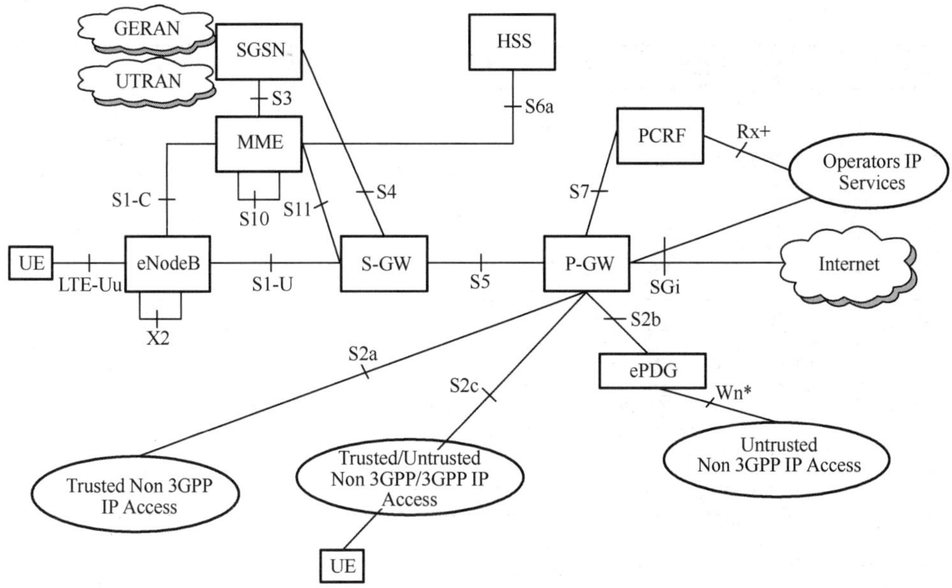

图 3-45　单站 S1 接口组网拓扑图

DBS3900 单站传输数据配置流程如图 3-46 所示，其 MML 命令如表 3-10 所示。

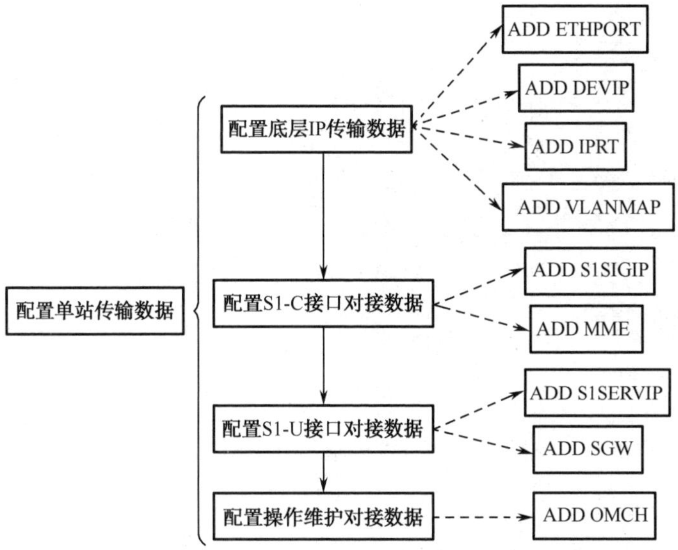

图 3-46　DBS3900 单站传输数据配置流程

表 3-10　单站传输数据配置 MML 命令

命令+对象	MML 命令用途	命令使用注意事项
ADD ETHPORT	增加以太网端口； 设置以太网端口速率、双工模式、端口属性参数	TD-LTE 基站端口配置 1Gbps，采用全双工模式对接； 新增单板时默认已配置，不需要新增，使用 SET ETHPORT 命令修改
ADD DEVIP	增加以太网端口业务/维护通道 IP	每个端口最多可增加 8 个设备 IP，现网规划单站使用 IP 不能重复

续表

命令+对象	MML 命令用途	命令使用注意事项
ADD IPRT	增加静态路由信息	单站必配路由有三条：S1-C 接口到 MME、S1-U 接口到 S-GW、OMCH 到网管；如采用 IPCLK 时钟需额外增加路由信息，多站配置 X2 接口也需要新增站点间路由信息。 目的 IP 地址与掩码取值必须为网络地址
ADD VLANMAP	根据下一条增加 VLAN 标识	现网通常规划多个 LTE 站点使用一个 VLAN 标识
ADD S1SIGIP	增加基站 S1 接口信令	采用 End-point（自建立方式）配置方式时应用： 配置 S1/X2 接口的端口信息，系统根据端口信息自动创建 S1/X2 接口控制面承载（SCTP 链路）和用户面承载（IP Path）。 Link 方式采用手工参考协议栈模式进行配置
ADD MME	增加对端 MME 信息	
ADD S1SERVIP	增加基站 S1 接口服务 IP	
ADD SGW	增加对端 S-GW 信息	
ADD OMCH	增加基站远程维护通道	最多增加主/备两条，绑定路由后，无须单独增加路由信息

1. DBS3900 单站传输数据配置步骤

（1）配置底层 IP 传输数据

① 增加物理端口配置，如图 3-47 所示。

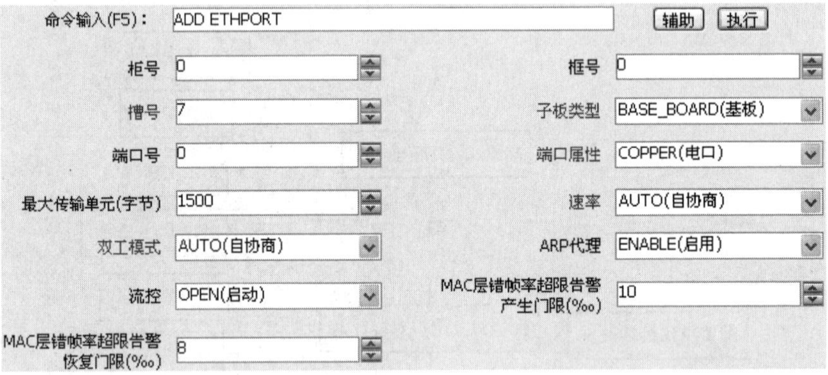

图 3-47　增加物理端口配置

ADD ETHPORT 命令的生效需要关闭“远端维护通道自动建立开关”，具体操作如图 3-48 所示。

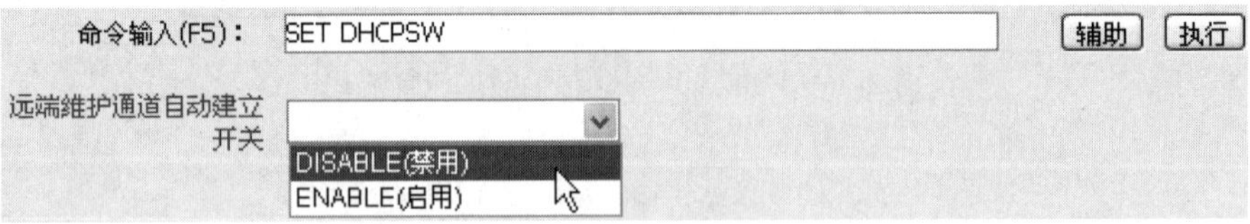

图 3-48　关闭“远端维护通道自动建立开关”

执行后，会弹出提示对话框，如图 3-49 所示，单击“是”按钮。

ADD ETHPORT 命令重点参数：

- 端口属性：LMPT 单板 0 号端口为 FE/GE 电口，1 号端口为 FE/GE 光口（现场使用光口）；

- 双工模式：需要与传输协商一致，现场使用 1000Mbps/FULL（全双工）。

图 3-49　提示对话框

说明：设备出厂时默认双工模式为 AUTO（自协商）。

添加以太网端口需操作两次，每次操作的端口号不同，后面添加以太网端口业务 IP 也需对应操作两次。

② 增加以太网端口业务/维护通道 IP，如图 3-50 和图 3-51 所示。

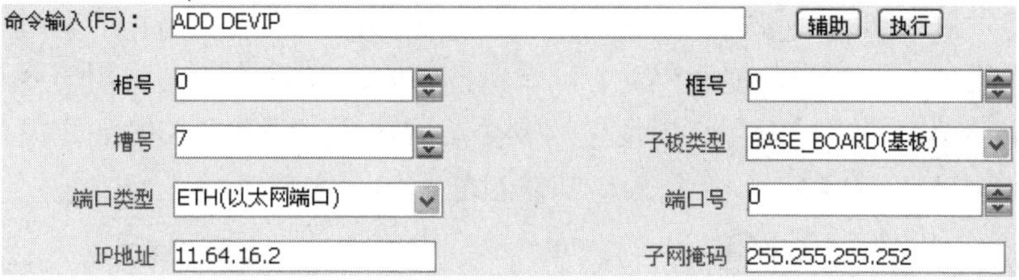

图 3-50　增加以太网端口业务 IP

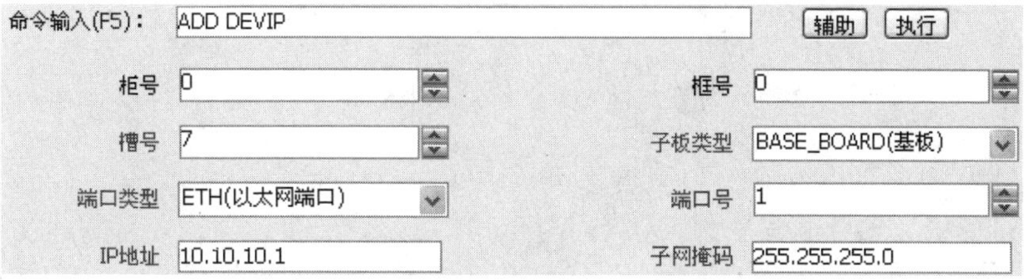

图 3-51　增加以太网端口维护通道 IP

ADD DEVIP 命令重点参数：

- 端口类型：在未采用 Trunk 配置方式的场景下选择 ETH（以太网端口）即可，目前 TD-LTE 现网均未使用 Trunk 连接方式。
- IP 地址：同一端口最多配置 8 个设备 IP 地址。IP 资源紧张的情况下，单站可以只采用一个 IP 地址，既用于业务链路通信，也用于维护链路互通；端口 IP 地址与子网掩码确定基站端口连接传输设备的子网范围大小，多个基站可以配置在同一子网内。

说明：实验室规划基站维护与业务子网段分开配置，便于识别与区分。

③ 配置业务路由信息（略）。

④ 配置基站业务/维护 VLAN 标识（略）。

（2）采用 End-point 自建立方式配置 S1 接口对接数据

① 配置基站本端 S1-C 接口信令链路参数，如图 3-52 所示。

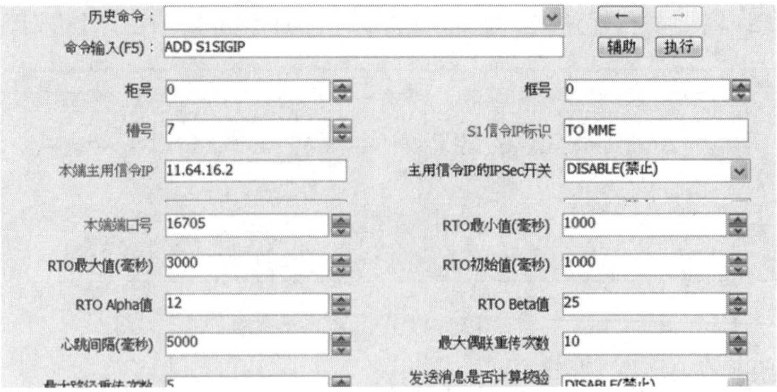

图 3-52　配置基站本端 S1-C 接口信令链路参数

ADD S1SIGIP 命令重点参数：

- End-point 自建立方式比 Link 方式简单，配置重点为基站本端信令 IP 地址、本端端口号；基站侧端口号上报给 MME 后会自动探测添加，不需要与核心网进行人为协商；现场采用信令链路双归属组网时，可配置备用信令 IP 地址，与主用信令 IP 实现 SCTP 链路层的双归属保护倒换；现场使用安全组网场景时需要将 IPSec 开关打开。

② 配置对端 MME 侧 S1-C 接口信令链路参数，如图 3-53 所示。

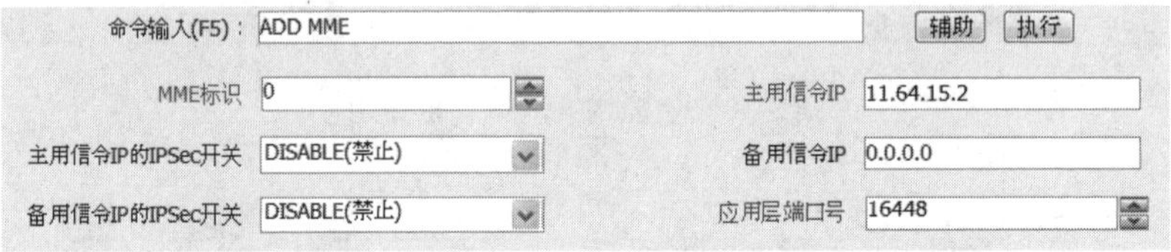

图 3-53　配置对端 MME 侧 S1-C 接口信令链路参数

ADD MME 命令重点参数：

- MME 标识（运营商索引值）：默认为 0，单站归属一个运营商，建议不更改，后续配置无线全局数据时存在索引关系。说明：MME 协商参数包括信令 IP、应用层端口，MME 协议版本号也需要与对端 MME 配置协商一致；现场采用信令链路双归属组网时，对端 MME 侧也需要配置备用信令 IP 地址，与主用信令 IP 实现 SCTP 链路层的双归属保护倒换；现场使用安全组网场景时需要将 IPSec 开关打开。

③ 配置基站本端与对端 MME 的 S1-U 接口业务链路参数，如图 3-54 和图 3-55 所示。

图 3-54　配置基站本端的 S1-U 接口业务链路参数

ADD S1SERVIP/ADD SGW 命令重点参数：

- 运营商索引值/SGW 标识：默认为 0，单站归属一个运营商，建议不更改，后续配置无线全局数据时存在索引关系。说明：配置 S1-U 接口链路重点为基站本端与对端 MME

的 S1 接口业务 IP 地址，建议打开通道检测开关，实现 S1-U 接口业务链路的状态监控。

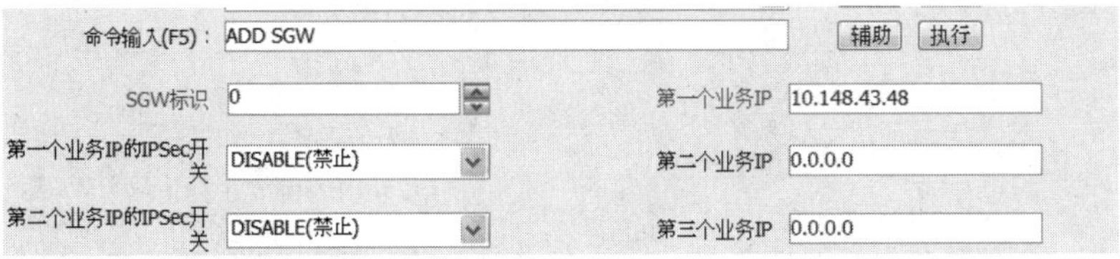

图 3-55　配置基站对端 MME 的 S1-U 接口业务链路参数

（3）采用 Link 方式配置 S1 接口对接数据

① 配置 SCTP 链路数据，用 ADD SCTPLIK 命令，如图 3-56 所示。

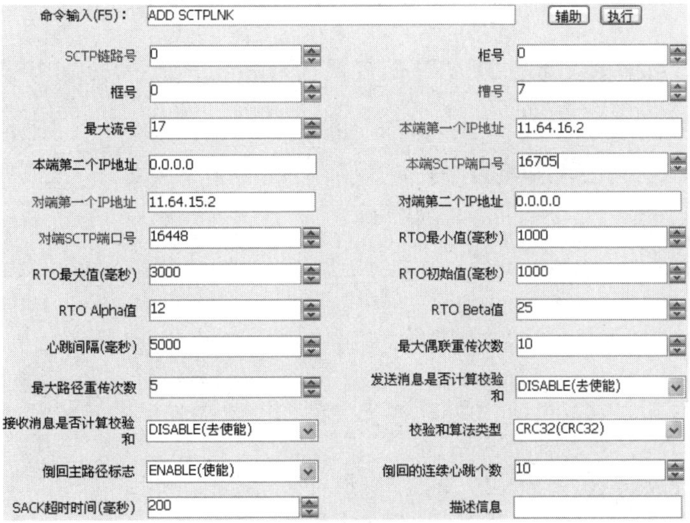

图 3-56　配置 SCTP 链路数据

说明：采用 Link 方式进行配置时，需要手工添加传输层承载链路，相关参数更为详细，重点协商参数包括两端 IP 地址与端口号。

② 配置基站 S1-C 接口信令链路数据，用 ADD S1INTERFACE 命令，如图 3-57 所示。

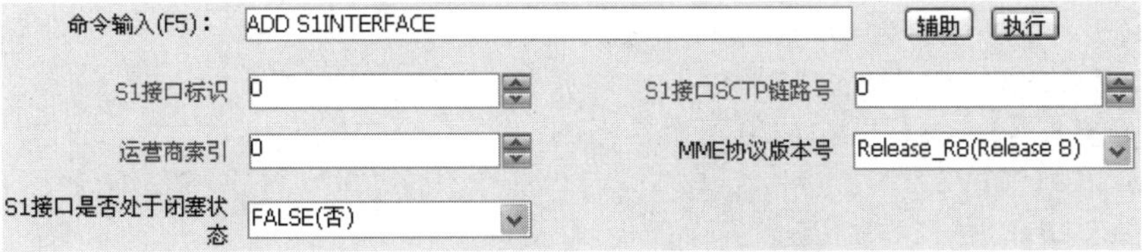

图 3-57　配置基站 S1-C 接口信令链路数据

说明：S1 接口信令承载链路需要索引底层 SCTP 链路及全局数据中的运营商信息，MME 对端协议版本号需要与核心网设备协商一致。

③ 配置 S1-U 接口 IPPATH 链路数据。

配置 S1-U 接口 IPPATH 链路数据，用 ADD IPPATH 命令，如图 3-58 所示。

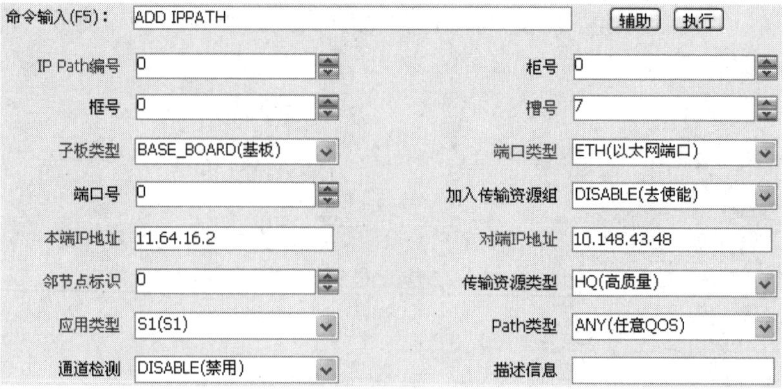

图 3-58　配置 S1-U 接口 IPPATH 链路数据

说明： S1 接口数据承载链路 IPPATH 配置重点为协商 IP 地址，目前场景未区分业务优先级，传输 IPPATH 只配置一条即可。

3.4.2　单站传输数据配置脚本示例

```
//增加物理端口配置
ADD ETHPORT: SN=7, SBT=BASE_BOARD, PA=COPPER, SPEED=AUTO, DUPLEX=AUTO;
//远端维护通道自动建立开关
SET DHCPSW: SWITCH=DISABLE;
//配置业务 IP
ADD DEVIP: SN=7, SBT=BASE_BOARD, PT=ETH, PN=0, IP="11.64.16.2", MASK="255.255.255.252";
//配置维护 IP
ADD DEVIP: SN=7, SBT=BASE_BOARD, PT=ETH, PN=1, IP="10.10.10.1", MASK="255.255.255.0";
//配置基站本端 S1-C 接口信令链路参数
ADD S1SIGIP: SN=7, S1SIGIPID="TO MME", LOCIP="11.64.16.2", LOCIPSECFLAG=DISABLE, SECLOCIPSECFLAG=DISABLE, LOCPORT=16705, SWITCHBACKFLAG=ENABLE;
//配置对端 MME 侧 S1-C 接口信令链路参数
ADD MME: MMEID=0, FIRSTSIGIP="11.64.15.2", FIRSTIPSECFLAG=DISABLE, SECIPSECFLAG=DISABLE, LOCPORT=16448;
//配置基站本端 S1-U 接口业务链路参数
ADD S1SERVIP: SN=7, S1SERVIPID="TO SGW", S1SERVIP="11.64.16.2", IPSECFLAG=DISABLE;
//配置对端 S-GW 侧 S1-U 接口业务链路参数
ADD SGW: SGWID=0, SERVIP1="10.148.43.48", SERVIP1IPSECFLAG=DISABLE, SERVIP2IPSECFLAG=DISABLE, SERVIP3IPSECFLAG=DISABLE, SERVIP4IPSECFLAG=DISABLE;
```

思考与练习

（1）基站传输配置包括哪些接口参数？配置方式、流程是什么？

（2）配置需要哪些协商规划参数？各自从哪些协商规划数据表中查找？

（3）输出脚本中哪些配置会影响后边的配置？各自影响关系怎样？

任务 5 单站无线数据配置

【学习目标】

1．了解小区和扇区的区别

2．了解华为单站无线数据配置的流程

【知识要点】

1．华为单站无线数据配置 MML 命令

2．华为单站无线数据配置步骤

3.5.1 华为单站无线数据配置

TD-LTE eNodeB101 无线网络基础规划示意图如图 3-59 所示，DBS3900 单站无线数据配置流程如图 3-60 所示，单站无线数据配置 MML 命令如表 3-11 所示。

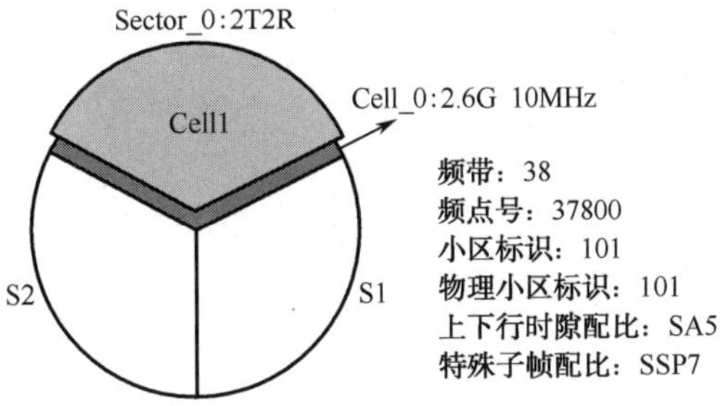

图 3-59 TD-LTE eNodeB101 无线网络基础规划示意图

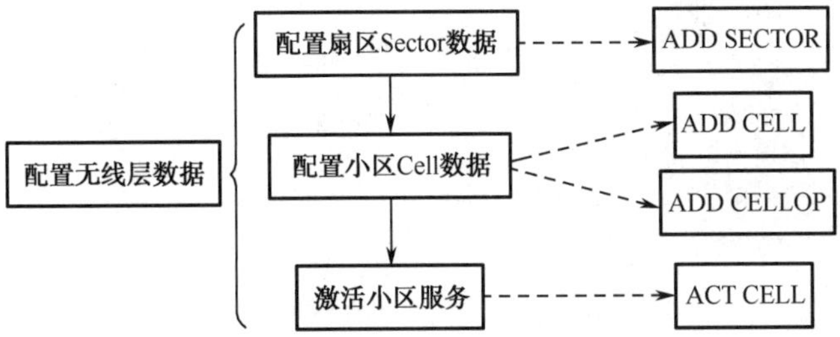

图 3-60 DBS3900 单站无线数据配置流程

表 3-11 单站无线数据配置 MML 命令

命令+对象	MML 命令用途	命令使用注意事项
ADD SECTOR	配置扇区信息数据	指定扇区覆盖所用射频器件，设置天线收发模式、MIMO 模式； TD-LTE 支持普通 MIMO：1T1R、2T2R、4T4R、8T8R； 2T2R 场景可支持 UE 互助 MIMO
ADD CELL	配置无线小区数据	配置小区频点、带宽； TD-LTE 小区带宽只有两种有效：10MHz（50RB）与 20MHz（100RB）； 小区标识 CellID+eNodeB 标识+PLMN（Mcc&Mnc）=eUTRAN 全球唯一小区标识号（ECGI）

续表

命令+对象	MML 命令用途	命令使用注意事项
ADD CELLOP	配置小区与运营商对应关系信息	绑定本地小区与跟踪区信息，在开启无线共享模式情况下可通过绑定不同运营商对应的跟踪区信息，分配不同运营商可使用的无线资源 RB 的个数
ACT CELL	激活小区	使用 DSP CELL 查询是否激活

（1）配置基站扇区数据，用 ADD SECTOR 命令，如图 3-61 所示。

说明： TD-LTE 制式下，扇区支持 1T1R、2T2R、4T4R 和 8T8R 四种天线模式，其中 2T2R 支持双拼，双拼只能用于同一 LBBP 单板上的一级链上的两个 RRU。

普通 MIMO 扇区的情况下，扇区使用的天线端口分别在两个 RRU 上，称为双拼扇区。

普通 MIMO 扇区，在 8 个发送通道和 8 个接收通道的 RRU 上建立 2T2R 的扇区，需要保证使用的通道在不同极化方向上，即此时扇区使用的天线端口必须为以下组合：R0A（path1）和 R0E（path5）、R0B（path2）和 R0F（path6）、R0C（path3）和 R0G（path7）、R0D（path4）和 R0H（path8）。

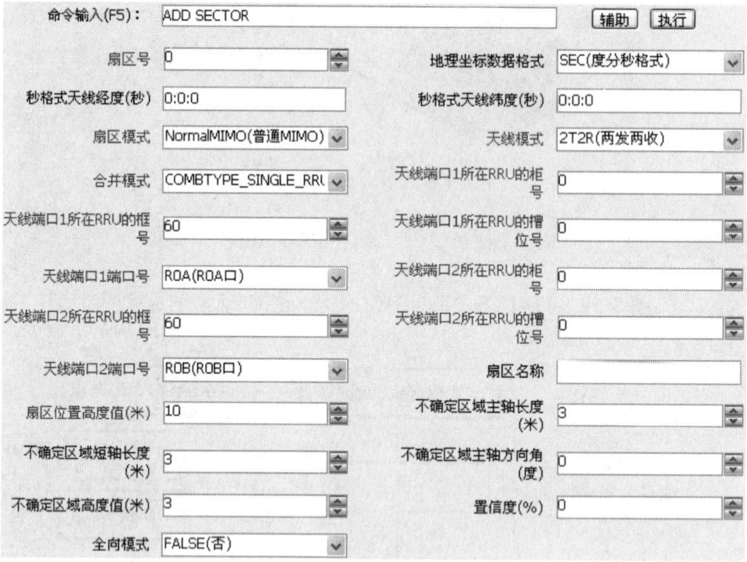

图 3-61　配置基站扇区数据

不使用的射频 path 通道可使用 MOD TXBRANCH/RXBRANCH 命令关闭。

（2）配置基站小区数据

① 配置基站小区信息数据，用 ADD CELL 命令，如图 3-62 所示。

说明： TD-LTE 制式下，载波带宽只有 10MHz 和 20MHz 两种配置有效。

小区标识用于 MME 标识引用，物理小区标识用于空中 UE 接入识别。

CELL_TDD 模式下，上下行子帧配比使用 SA5，下行获得速率最高；特殊子帧配比一般使用 SSP7，能在保证有效覆盖前提下提供合理上行接入资源。

配置 10MHz 载波带宽，预期单用户下行速率能达到 40～50Mbps。

② 配置小区运营商信息数据并激活小区，如图 3-63 所示。

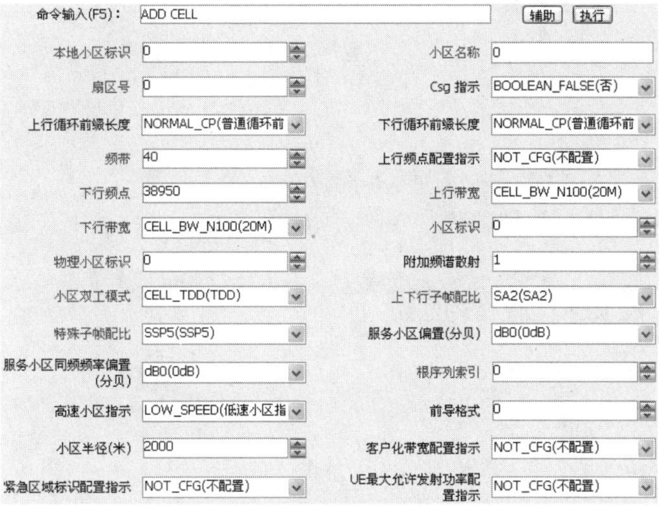

图 3-62　配置基站小区信息数据

图 3-63　配置小区运营商信息数据并激活小区

ADD CELLOP 命令重点参数：

- 小区为运营商保留：由 UE 的 AC 接入等级划分决定，是否将本小区作为终端重选过程中的候补小区，默认关闭。
- 运营商上行 RB 分配比例：在 RAN 共享模式下，且小区算法开关中的 RAN 共享模式开关打开时，一个运营商所占下行数据共享信道（PDSCH）传输 RB 资源的百分比。在数据量足够的情况下，各个运营商所占 RB 资源的比例将达到设定的值，所有运营商占比之和不能超过 100%。

说明：现网站点未使用 RAN 共享方案，不开启基站共享模式。

3.5.2　单站无线数据配置脚本示例

```
//配置基站扇区数据
ADD SECTOR: SECN=0, GCDF=SEC, SECM=NormalMIMO, ANTM=2T2R, COMBM=COMBTYPE_SINGLE_RRU, CN1=0, SRN1=60, SN1=0, PN1=R0A, CN2=0, SRN2=60, SN2=0, PN2=R0B, ALTITUDE=10;
//配置基站小区数据
ADD CELL: LocalCellId=0, CellName="0", SectorId=0, FreqBand=40, UlEarfcnCfgInd=NOT_CFG, DlEarfcn=38950, UlBandWidth=CELL_BW_N100, DlBandWidth=CELL_BW_N100, CellId=0, PhyCellId=0, FddTddInd=CELL_TDD, SubframeAssignment=SA2, SpecialSubframePatterns=SSP0, RootSequenceIdx=0, CustomizedBandWidthCfgInd=NOT_CFG, EmergencyAreaIdCfgInd=NOT_CFG, UePowerMaxCfgInd=NOT_CFG, MultiRruCellFlag=BOOLEAN_FALSE;
//添加小区运营商参数
ADD CELLOP: LocalCellId=0, TrackingAreaId=0;
```

```
//激活小区
ACT CELL: LocalCellId=0;
```

思考与练习

（1）基站无线数据配置包括哪些内容？配置流程是什么？

（2）配置需要哪些协商规划参数？各自从哪些协商规划数据表中查找？

任务 6　脚本验证与业务验证

【学习目标】

1. 了解华为 DBS3900 脚本验证
2. 了解华为 DBS3900 业务验证

【知识要点】

1. 脚本验证和业务验证方法
2. 验证步骤及故障要点

3.6.1　单站脚本验证

命令对象索引关系如图 3-64 所示，单站脚本验证的方法：首先通过 Web 方式登录基站的 OMC，在 IE 浏览器地址栏中输入地址 http://OMC920 IP 地址/eNodeB omIP/，例如：输入 http://10.77.199.43/10.20.9.102/，并输入对应的用户名和密码及验证码，如图 3-65 所示。单击“批处理”按钮执行 MML 脚本，对单站的脚本进行验证，如图 3-66 所示。

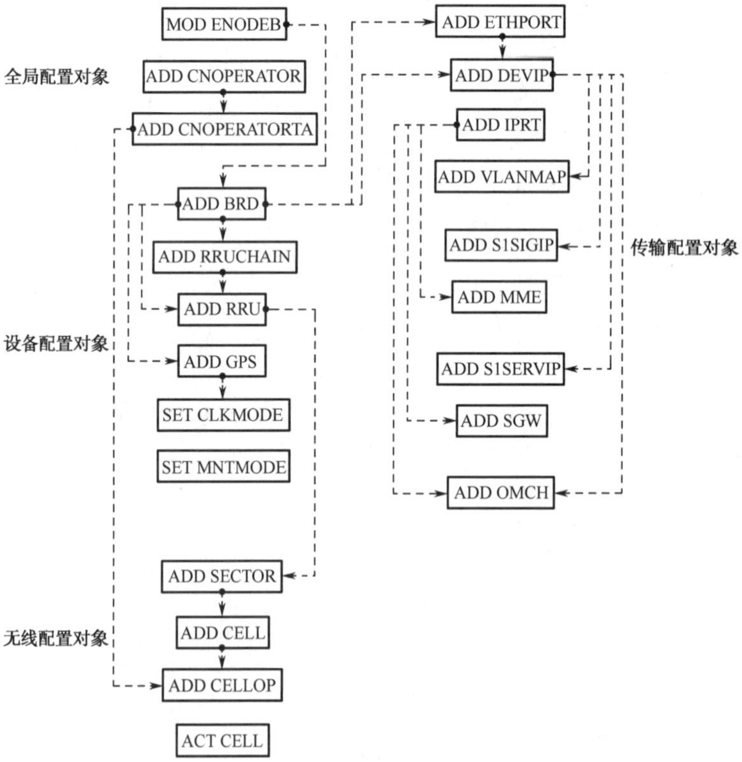

图 3-64　命令对象索引关系

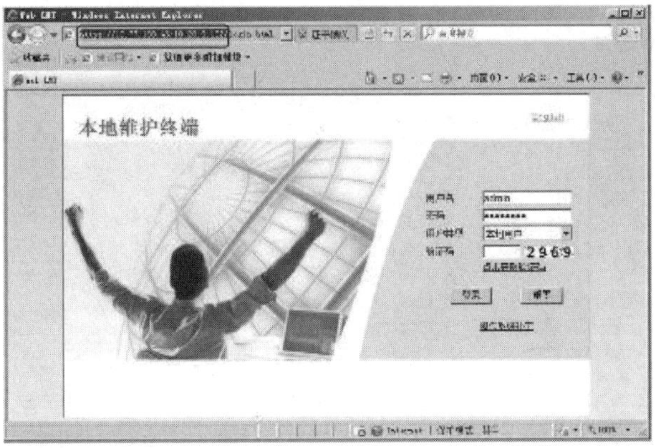

图 3-65　OMC 代理 Web 方式登录基站

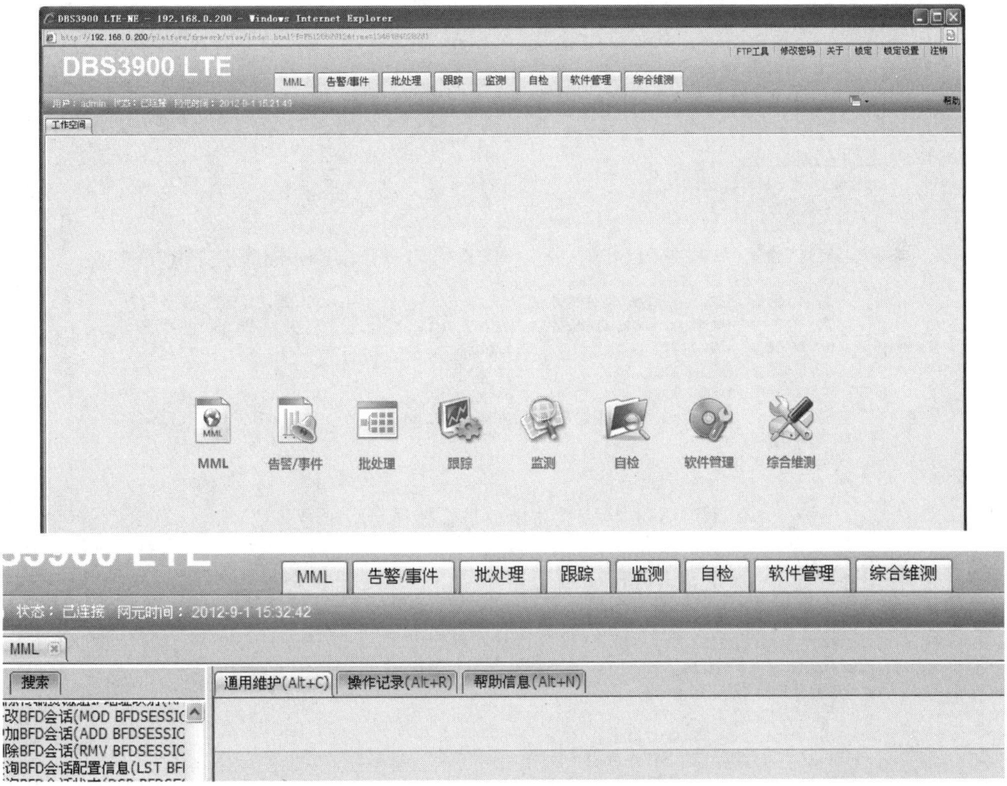

图 3-66　单击“批处理”按钮执行 MML 脚本

3.6.2　业务验证

（1）使用 MML 命令 DSP CELL，检查小区状态是否正常，如图 3-67 所示。

（2）使用 MML 命令 DSP BRDVER，检查设备单板是否能显示版本号，如能显示则说明状态正常，如图 3-68 所示。

```
%%DSP CELL:;%%
RETCODE = 0  执行成功
查询小区动态参数
------------------
                    本地小区标识  =  0
                    小区的实例状态  =  正常
          最近一次小区状态变化的原因  =  小区建立成功
  最近一次引起小区建立的操作时间  =  2012-09-25 15:19:29
  最近一次引起小区建立的操作类型  =  小区健康检查
  最近一次引起小区删除的操作时间  =  2012-09-25 15:19:26
  最近一次引起小区删除的操作类型  =  小区建立失败
                小区节能减排状态  =  未启动
                    符号关断状态  =  未启动
                    基带板槽位号  =  2
                  小区 topo 结构  =  基本模式
    最大发射功率(0.1 毫瓦分贝)  =  400
(结果个数 = 1)

小区使用的 RRU 或 RFU 信息
--------------------------
柜号  框号  槽号
0     69    0
(结果个数 = 1)
---    END
```

图 3-67　检查小区状态是否正常

```
%%DSP BRDVER:;%%
RETCODE = 0  执行成功
单板版本信息查询结果
--------------------
柜号  框号  槽号  类型  软件版本             硬件版本              BootROM 版本     操作结果

0     0     2     LBBP  V100R005C00SPC340    45570                 04.018.01.001    执行成功
0     0     6     UMPT  V100R005C00SPC340    2576                  00.012.01.003    执行成功
0     0     16    FAN   101                  FAN.2                 NULL             执行成功
0     0     18    UPEU  NULL                 NULL                  NULL             执行成功
0     0     19    UPEU  NULL                 NULL                  NULL             执行成功
0     69    0     LRRU  18.500.10.017        TRRU.HWEI.x0A120002   18.235.10.017    执行成功
(结果个数 = 6)
---    END
```

图 3-68　检查设备单板是否能显示版本号

（3）使用 MML 命令 DSP S1INTERFACE，检查 S1-C 接口状态是否正常，如图 3-69 所示。

```
%%DSP S1INTERFACE:;%%
RETCODE = 0  执行成功
查询 S1 接口链路
----------------
                    S1 接口标识  =  0
            S1 接口 SCTP 链路号  =  0
                    运营商索引  =  0
                MME 协议版本号  =  Release 8
        S1 接口是否处于闭塞状态  =  否
                S1 接口状态信息  =  正常
        S1 接口 SCTP 链路状态信息  =  正常
        核心网是否处于过载状态  =  否
          接入该 S1 接口的用户数  =  0
              核心网的具体名称  =  NULL
          服务公共陆地移动网络  =  460-02
      服务核心网的全局唯一标识  =  460-02-32769-1
              核心网的相对负载  =  255
                S1 链路故障原因  =  无
(结果个数 = 1)
---    END
```

图 3-69　检查 S1-C 接口状态是否正常

（4）使用 MML 命令 DSP IPPATH，检查 S1-U 接口状态是否正常，如图 3-70 所示。

```
%%DSP IPPATH:;%%
RETCODE = 0  执行成功
查询 IP Path 状态
------------------------

                    IP Path 编号  =  0
非实时预留发送带宽(千比特/秒)  =  0
非实时预留接收带宽(千比特/秒)  =  0
      实时发送带宽(千比特/秒)  =  0
      实时接收带宽(千比特/秒)  =  0
    非实时发送带宽(千比特/秒)  =  0
    非实时接收带宽(千比特/秒)  =  0
                  传输资源类型  =  高质量
              IP Path 检测结果  =  正常
(结果个数 = 1)
---    END
```

图 3-70 检查 S1-U 接口状态是否正常

项目 4　中兴 LTE 基站设备安装与数据配置

任务 1　B8200 硬件结构认知

【学习目标】

1．了解中兴 B8200 的硬件结构及主要技术特性

2．了解中兴 B8200 各单板的功能及工作模式

【知识要点】

1．中兴 B8200 整机及机柜的硬件结构

2．中兴 B8200 逻辑组成，各单板的面板结构、功能原理、特性

4.1.1　B8200 概述

ZXSDR B8200 L200（简称 B8200）机箱内部主要由机框和各种单板/模块组成，槽位编号如图 4-1 所示。

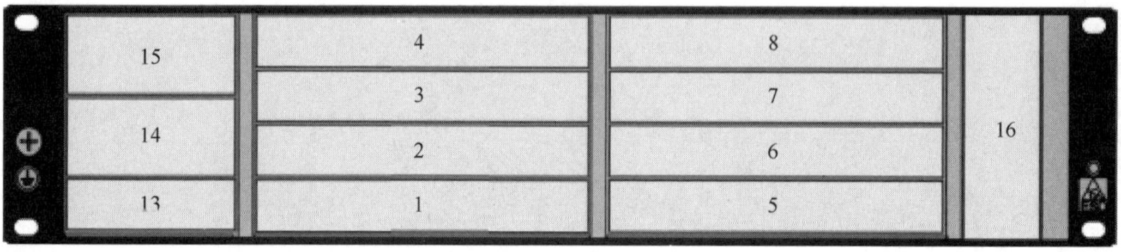

图 4-1　B8200 槽位编号

B8200 机箱具体配置信息参见表 4-1。

表 4-1　B8200 机箱具体配置信息

模块/单板名称	可 插 槽 位	配 置 原 则
控制与时钟模块（CC 单板）	1～2	必配，当有主备要求时需配置 2 块
基带处理模块（BPL 单板）	3～8	必配，根据处理能力进行配置
现场告警模块（SA 单板）	13	必配
电源模块（PM 单板）	14～15	必配，当 BPL 单板配置了 3 块或 3 块以上时需配置 2 块；当有主备要求时需配置 2 块
风扇模块（FAN 单板）	16	必配
光纤交换模块（FS 单板）	3～4	选配，支持多模时需要配置
现场告警扩展模块（SE 单板）	5	选配，当有 2 路 RS-232/RS-485 接口、16 路干接点需求时，需配置 1 块，并在同一槽位配置 1 块 0.5U 宽的假单板整件（半高），用于填补空隙
通用时钟接口模块（UCI 单板）	7	选配

续表

单板/模块名称	可 插 槽 位	配 置 原 则
通用以太网转换模块（UES 单板）	支持 SyncE 功能：2、5；不支持 SyncE 功能：1～8	必配，根据用户的以太网需求进行配置

4.1.2 B8200 的单板介绍

1. CC 单板——控制与时钟模块

CC 单板包含 3 种主要的功能模块：GE 交换模块、GPS/时钟模块和传输模块。GE 交换模块是 CC 单板和基带处理板间的交换网络，用来传送用户数据、控制及维护信号。GPS/时钟模块将 GPS 接收器集成在 CC 单板上，支持的功能有同步各种外部参考时钟，包括 GPS 时钟及 IEEE 1588 时钟；产生和传递时钟信号给其他模块；提供 GPS 接收器接口并对 GPS 接收器进行管理；提供一个实时的计时机制以服务于系统操作和维护，由 O&M 或者 GPS 对其进行校准。传输模块完成系统内业务流和控制流的数据交换，处理 S1/X2 接口协议，提供 GE/FE 物理接口。

CC 单板除了以上功能，还具有管理单板和可编程元件的软件版本，支持本地和远程软件的更新；控制和维护基站系统，提供 LMT 接口；监控系统内每个单板的运行状态等其他功能。

LTE 中经常使用的两种 CC 单板型号为 CC16B 和 CCE1。

CC16B 面板如图 4-2 所示，其中，ETH0 端口是用于 S1/X2 协议的以太网接口，该接口为 GE/FE 自适应电接口；DEBUG/CAS/LMT 端口是用于级联、调试或本地维护的以太网接口，该接口为 GE/FE 自适应电接口；TX RX 端口是用于 S1/X2 协议的以太网接口，该接口为 GE/FE 光接口，与 ETH0 互斥使用，此处必须使用 1.25Gbps 的光模块；EXT 端口是 HDMI 接口，提供 1 路 1PPS+TOD 输入、1 路输出、测试时钟信号输出；REF 端口外接 GPS 天线接口；USB 接口是数据更新的串口。

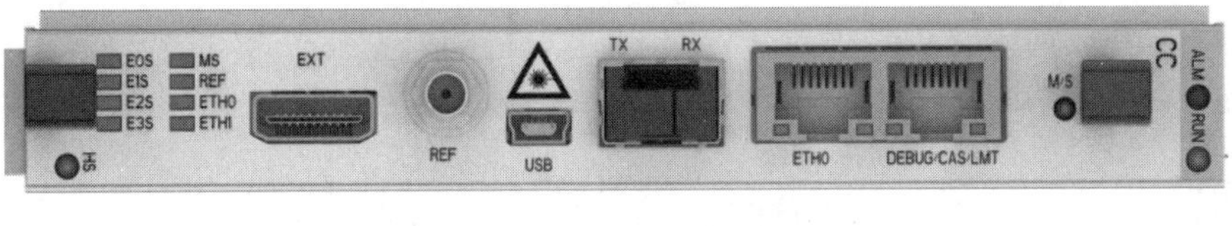

图 4-2　CC16B 面板图

CCE1 面板如图 4-3 所示，其中，ETH0 端口是用于 S1/X2 协议的以太网接口，该接口为 GE/FE 自适应接口；ETH1 端口是用于级联的以太网接口，该接口为 GE/FE 自适应电接口；DEBUG/LMT 端口是用于调试或本地维护的以太网接口，该接口为 GE/FE 自适应电接口；TX ETH2 RX 端口是用于 S1/X2 协议的光口，此接口为 1000M/10000Mbps 自适应光口；TX ETH3 RX 端口是用于 S1/X2 协议的光口，此接口为 1000M/10000Mbps 自适应光口；EXT 端口是 HDMI 接口，提供 1 路 1PPS+TOD 输入、1 路输出、测试时钟信号输出；REF 端口外接 GPS 天线接口；USB 接口是数据更新的串口。

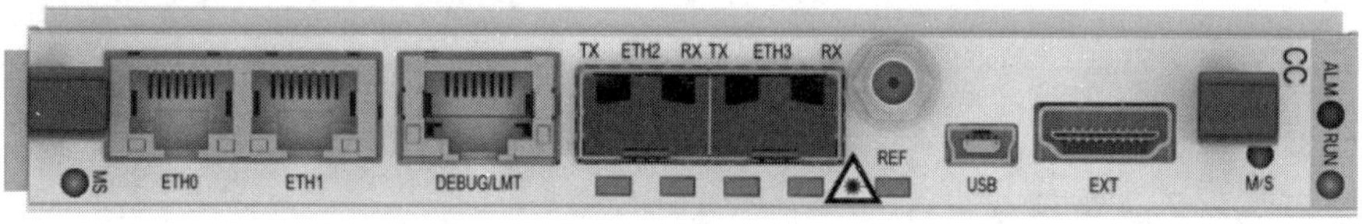

图 4-3　CCE1 面板图

CC 单板的指示灯说明如表 4-2 所示。

表 4-2　CC 单板的指示灯说明

指示灯名称	颜　色	含　义	说　明
RUN	绿色	运行指示灯	常灭：供电异常； 常亮：单板正在加载软件版本； 慢闪（0.3s 亮，0.3s 灭）：单板运行正常； 快闪（70ms 亮，70ms 灭）：单板外部通信异常
ALM	红色	告警指示灯	常灭：无硬件故障； 常亮：硬件告警
M/S	绿色	基站状态指示灯	主备状态指示： 常亮：单板处于主用状态；常灭：单板处于备用状态。 USB 开站状态指示： 慢闪 7 次（0.3s 亮，0.3s 灭，共 4.2s）：检测到 UKEY 的插入； 常灭：USB 检验不通过； 快闪（70ms 亮，70ms 灭）：USB 开站中； 慢闪（0.3s 亮，0.3s 灭）：USB 开站完成。 系统自检状态指示： 快闪（70ms 亮，70ms 灭）：系统自检； 慢闪（0.3s 亮，0.3s 灭）：系统自检完成
REF	绿色	参考源工作状态指示灯	常亮：参考源异常； 常灭：参考源未配置； 慢闪（0.3s 亮，0.3s 灭）：参考源工作正常
ETH0	绿色	面板外网口（ABIS/IUB）状态指示灯	常亮：网线连接正常； 闪：有数据收发； 常灭：网线未连接
ETH1	绿色	DEBUG/CAS/LMT 状态指示灯	常亮：网线连接正常； 闪：有数据收发； 常灭：网线未连接
E0S～E3S	绿色	E1 指示灯	分时闪烁（循环 1 次 8s，每隔 2s 分别对 1 路状态进行指示），0.125s 亮，0.125s 灭： 第 1s，闪 1 下表示第 0 路正常，不亮表示不可用； 第 3s，闪 2 下表示第 1 路正常，不亮表示不可用； 第 5s，闪 3 下表示第 2 路正常，不亮表示不可用； 第 7s，闪 4 下表示第 3 路正常，不亮表示不可用。 常灭：E1 线缆连接异常。 常亮：逻辑版本未加载

续表

指示灯名称	颜　色	含　义	说　明
网口自带指示灯	绿色	—	左灯： 常亮：连接成功；常灭：没有连接。 右灯： 闪：有数据收发；常灭：无数据收发
HS	—	—	保留

2．FS 单板——光纤交换模块

FS 单板支持的功能如下：

（1）在下行方向上，从背板接收信号并提取数据和定时；

（2）复用接收的数据并提取 I/Q 信号；

（3）I/Q 数据在下行方向上的映射及将 I/Q 信号复用为光信号；

（4）在上行方向上接收 I/Q 信号并对 I/Q 信号进行解复用和映射；

（5）完成 I/Q 信号的复用、解复用和映射；

（6）将完成复用的 I/Q 信号传输到 BP 板上；

（7）通过 HDLC 接口和 RSU/RRU 模块交换 CPU 接口信号；

（8）RadipIO 基带数据交换（此功能仅 CR0 提供）。

LTE 中经常用到两种型号的 FS 单板，分别是 FS5 和 CR0，其面板图分别如图 4-4 和图 4-5 所示。

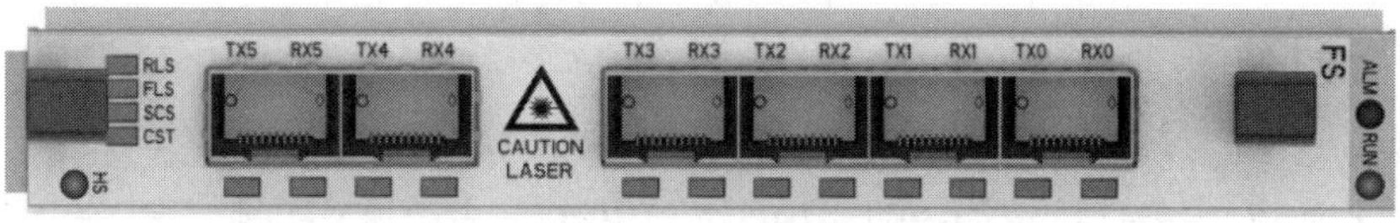

图 4-4　FS5 面板图

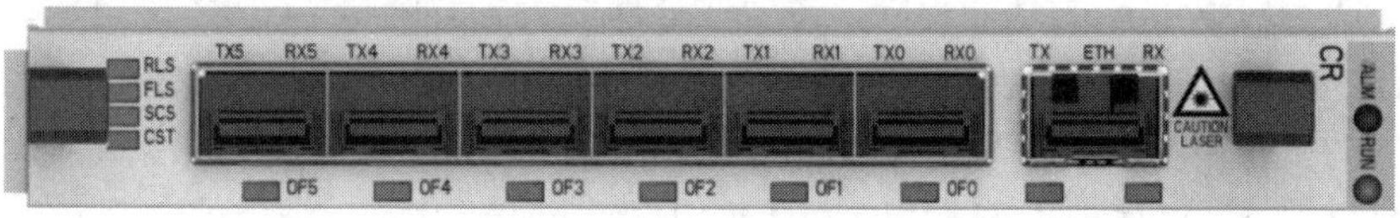

图 4-5　CR0 面板图

FS 单板上的 TX0 RX0～TX5 RX5 接口是 6 对 CPRI 光口/电口，用于 BBU 与 RSU/RRU 的连接；TXETH（CR0）RX 接口是 10GE 以太网接口，用于连接其他 BBU。FS 单板上的指示灯说明如表 4-3 所示。

表 4-3　FS 单板上的指示灯说明

指示灯名称	颜　色	含　义	说　明
RUN	绿色	运行指示灯	常灭：供电异常； 常亮：单板正在加载软件版本； 慢闪（0.3s 亮，0.3s 灭）：单板运行正常； 快闪（70ms 亮，70ms 灭）：单板外部通信异常

续表

指示灯名称	颜　色	含　义	说　明
ALM	红色	告警指示灯	常亮：硬件告警； 常灭：无硬件故障
CST	绿色	光口状态指示灯	保留
SCS	绿色	单板时钟状态指示灯	常亮：SyncE 异常； 慢闪（0.3s 亮，0.3s 灭）：时钟正常； 常灭：50CHIP 时钟异常
FLS	绿色	前向基带链路帧锁定状态指示灯	常亮：TDM 通道异常； 慢闪（0.3s 亮，0.3s 灭）：正常； 常灭：TDM 通道未配置
RLS	绿色	光口反向链路帧锁定状态指示灯	分时闪烁（18s 1 个循环，每隔 3s 分别对 6 个光口的反向基带链路帧锁定状态进行指示）： 闪 1 下：表示光口 0 的反向链路正常； 闪 2 下：表示光口 1 的反向链路正常； 闪 3 下：表示光口 2 的反向链路正常； 闪 4 下：表示光口 3 的反向链路正常； 闪 5 下：表示光口 4 的反向链路正常； 闪 6 下：表示光口 5 的反向链路正常。 常灭：光链路未配置
HS	—	—	保留

3. BPL 单板——基带处理模块

BPL 单板支持的功能有处理物理层协议，提供上行/下行 I/Q 信号，处理 MAC、RLC 和 PDCP 协议。BPL 单板有 BPL1、BPL1A、BPN0 和 BPN0A 四种型号。BPN0 和 BPN0A 是新一代的基带处理板，它们使用 ZTE 自行研发的芯片，具有高性能、低功耗的优点。BPL1、BPL1A、BPN0 和 BPN0A 的功能相同，主要在处理能力、吞吐量、CPRI 接口数目和功耗方面有所区别。BPL1、BPL1A、BPN0 和 BPN0A 的面板如图 4-6 和图 4-7 所示。BPL1/BPL1A/BPN0A 单板中的 TX0 RX0～TX2 RX2 端口是 3 对 CPRI 光口/电口，用于连接 RRU/RSU；BPN0 单板中的 TX0 RX0～TX5 RX5 端口是 6 对 CPRI 光口/电口，用于连接 RRU/RSU。注意：BPN0A 面板和 BPN0 面板相同，但只能使用 TX0 RX0～TX2 RX2 这 3 对 CPRI 接口。BPL 单板上的 RST 按键是用来复位的。BPL 单板上的指示灯说明如表 4-4 所示。

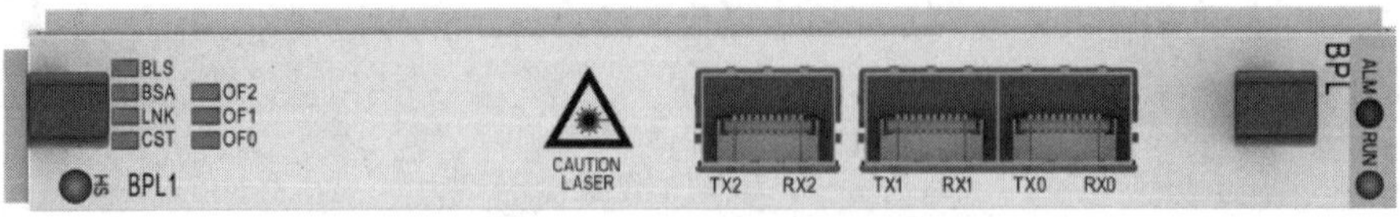

图 4-6　BPL1、BPL1A 面板图

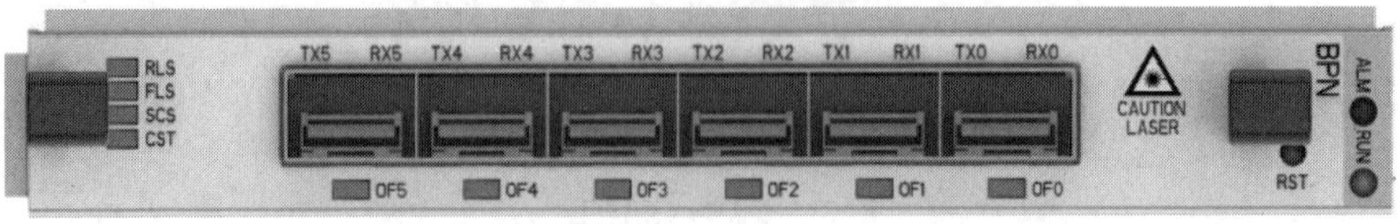

图 4-7　BPN0、BPN0A 面板图

表 4-4　BPL 单板上的指示灯说明

指示灯名称	颜　色	含　义	说　明
RUN	绿色	单板运行状态指示灯	常亮：单板正在加载软件版本； 常灭：供电异常； 慢闪（0.3s 亮，0.3s 灭）：单板运行正常； 快闪（70ms 亮，70ms 灭）：单板外部通信异常
ALM	红色	硬件故障指示灯	常亮：硬件故障； 常灭：无硬件故障
OF0～OF5	绿色	光口链路状态指示灯	常亮：光口链路异常； 慢闪（0.3s 亮，0.3s 灭）：光口通信正常； 常灭：光模块不在位/无光信号
CST	—	—	保留
HS	—	—	保留
BLS	—	—	保留
BSA	—	—	保留
LNK	—	—	保留

4．PM 单板——电源模块

PM 单板分为 PM3 和 PM4 两种，负责检测其他单板的状态，并向这些单板提供电源；支持 PM1+1 冗余配置，当 BBU 的功耗超出单个 PM 单板的额定功率时，进行负载均衡。PM 单板支持的功能如下：

（1）提供两路 DC 输出电压：3.3V 管理电源和 12V 负载电源；

（2）在人机命令的控制下复位 BBU 上的其他单板；

（3）检测 BBU 上其他单板的插拔状态；

（4）输入过压/欠压保护；

（5）输出过流保护和过载电源管理。

LTE 中经常用到两种型号的 PM 单板，是 PM3 和 PM4，其面板分别如图 4-8 和图 4-9 所示。PM 单板上的 MON 接口是调试用接口；−48V/−48VRTN 接口是−48V 输入接口；OFF/ON 是 PM3 单板的开关。PM 单板指示灯说明如表 4-5 所示。

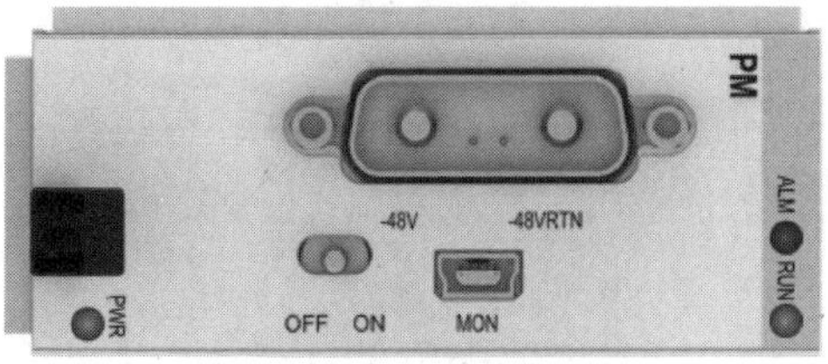

图 4-8　PM3 面板图

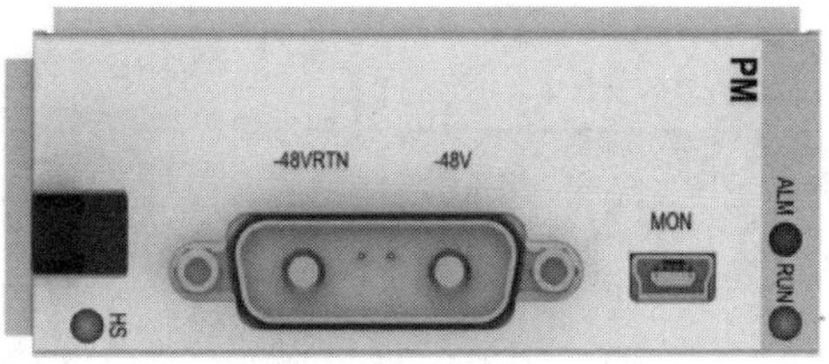

图 4-9　PM4 面板图

表 4-5　PM 单板指示灯说明

指示灯名称	颜　色	含　义	说　明
RUN	绿色	运行指示灯	常灭：供电异常； 常亮：单板正在加载软件版本； 慢闪（0.3s 亮，0.3s 灭）：单板运行正常； 快闪（70ms 亮，70ms 灭）：单板外部通信异常
ALM	红色	告警指示灯	常灭：无硬件故障； 常亮：硬件告警
PWR（PM3 面板）	蓝色	电源状态指示灯	常灭：12V 电源异常； 常亮：12V 电源正常
HS（PM4 面板）	—	—	保留

5. SA 单板——现场告警模块

ZXSDR B8200 L200 支持单个 SA 单板配置。SA 单板的主要功能如下：

（1）风扇转速控制和告警；

（2）提供外部接口；

（3）提供监控串口；

（4）监控单板温度；

（5）为外部接口提供干接点和防雷保护。

SA 面板如图 4-10 所示。SA 单板提供 8 个 E1/T1 接口、1 个 RS-485 接口、1 个 RS-232 接口和 6+2 个干接点接口（6 路输入、2 路双向）。SA 单板指示灯说明如表 4-6 所示。

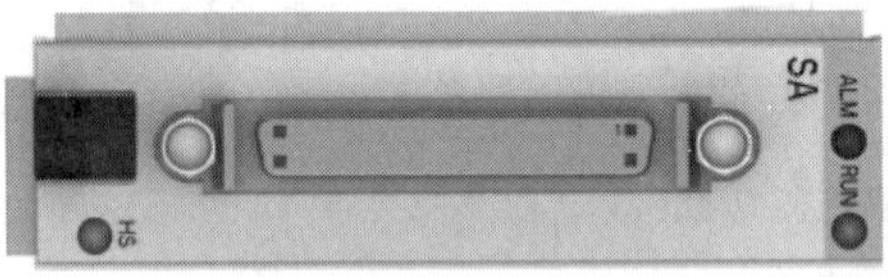

图 4-10　SA 面板图

6. SE 单板——现场告警扩展模块

SE 单板提供 E1/T1 传输接口，提供现场告警监控接口，其面板如图 4-11 所示。SE 单板提供 8 个 E1/T1 接口、1 个 RS-485 接口、1 个 RS-232 接口和 6+2 个干接点接口（6 路输入、2 路双向）。SE 单板指示灯说明如表 4-7 所示。

表 4-6　SA 单板指示灯说明

指示灯名称	颜　色	含　义	说　明
RUN	绿色	运行指示灯	常灭：供电异常； 常亮：单板正在加载软件版本； 慢闪（0.3s 亮，0.3s 灭）：单板运行正常； 快闪（70ms 亮，70ms 灭）：单板外部通信异常
ALM	红色	告警指示灯	常灭：无硬件故障； 常亮：硬件告警
HS	—	—	保留

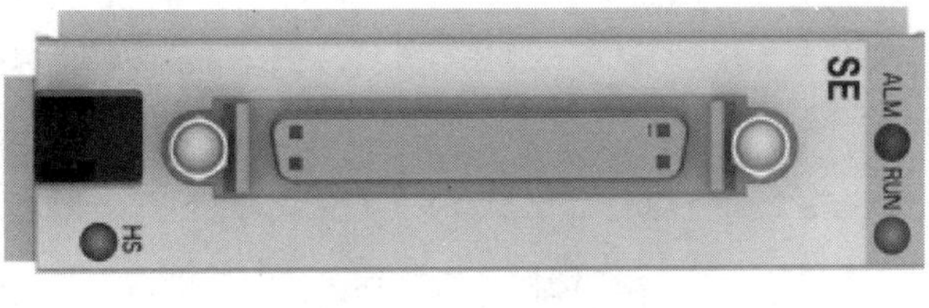

图 4-11 SE 面板图

表 4-7 SE 单板指示灯说明

指示灯名称	颜色	含义	说明
RUN	绿色	运行指示灯	常灭：供电异常； 常亮：单板正在加载软件版本； 慢闪（0.3s 亮，0.3s 灭）：单板运行正常； 快闪（70ms 亮，70ms 灭）：单板外部通信异常
ALM	红色	告警指示灯	常灭：无硬件故障； 常亮：硬件告警
HS	—	—	保留

7. FAN 单板——风扇模块

ZXSDR B8200 L200 支持单个 FAN 单板配置，FAN 单板的主要功能有根据设备的工作温度自动调节风速，风扇状态的检测、控制与上报。FAN 面板如图 4-12 所示。FAN 单板指示灯说明如表 4-8 所示。

表 4-8 FAN 单板指示灯说明

指示灯名称	颜色	含义	说明
RUN	绿色	运行指示灯	常灭：供电异常； 慢闪（0.3s 亮，0.3s 灭）：模块运行正常； 快闪（70ms 亮，70ms 灭）：外部环境异常
ALM	红色	告警指示灯	常灭：无硬件故障； 常亮：风扇故障

8. UES 单板——通用以太网转换模块

UES 单板用于同步以太网，主要功能如下：

（1）提供 6 个以太网接口，包括 4 个电口和 2 个光口，支持 100Mbps/1000Mbps 自适应；

（2）支持 L2 以太网转换、802.1q VLAN，支持端口流量控制；

（3）支持 SyncE 功能。

UES 面板如图 4-13 所示，其中 X1～X2 端口是电口，固定作为级联口；X3/UPLINK 端口是电口，可作为级联口或上联口；UPLINK 端口是电口或光口，固定作为级联口；X4/UPLINK 端口是光口，可作为级联口或上联口。

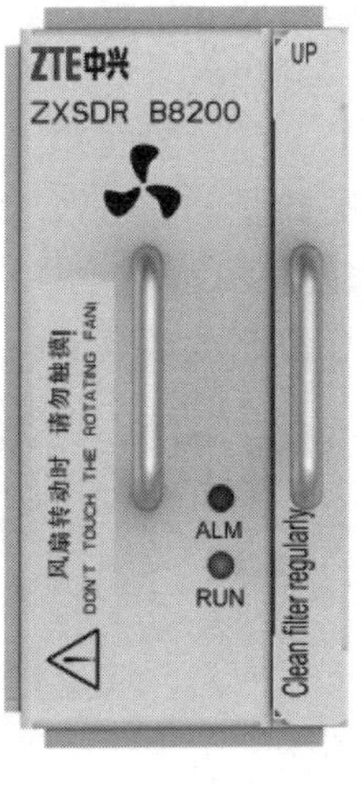

图 4-12 FAN 面板图

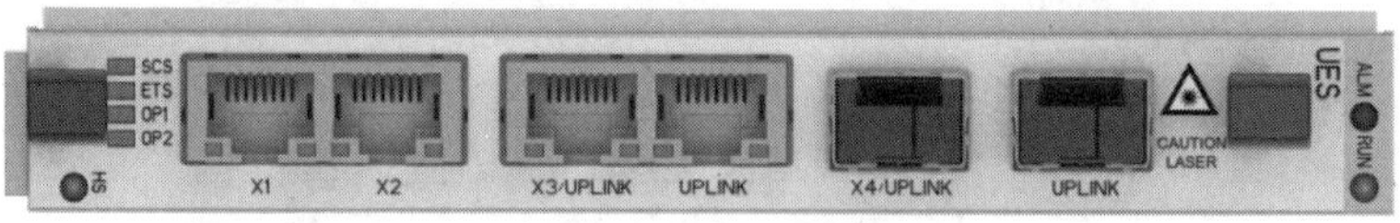

图 4-13 UES 面板图

UES 单板指示灯说明如表 4-9 所示。

表 4-9 UES 单板指示灯说明

指示灯名称	颜 色	含 义	说 明
RUN	绿色	运行指示灯	常灭：供电异常； 常亮：单板正在加载软件版本； 慢闪（0.3s 亮，0.3s 灭）：单板运行正常； 快闪（70ms 亮，70ms 灭）：单板外部通信异常
ALM	红色	告警指示灯	常灭：无硬件故障； 常亮：硬件告警
SCS	绿色	1588 功能指示灯	常亮：支持 1588 协议； 常灭：不支持 1588 协议（目前不支持）
ETS	绿色	时钟运行状态指示灯	慢闪（0.3s 亮，0.3s 灭）：锁相环锁定，同步以太网工作时钟正常； 常灭：未定义，默认常灭； 常亮：锁相环失锁，同步以太网工作时钟异常
OP1	绿色	光口 X4/UPLINK 链路运行状态指示灯	常亮：链路正常但是无数据收发； 正常闪：光通信正常； 常灭：链路中断
OP2	绿色	光口 UPLINK 链路运行状态指示灯	常亮：链路正常但无数据收发； 正常闪：光通信正常； 常灭：链路中断
HS	—	—	保留

9. UCI 单板——通用时钟接口模块

UCI 单板是通用时钟接口模块，其面板如图 4-14 所示。UCI 单板上的 TX RX 端口是 125Mbps 光口，外接 GPRS 设备作为信号输入；EXT 端口是 HDMI 接口，为本 BBU 内的 CC 单板提供 1 路 1PPS+TOD 时钟信号；REF 端口为预留接口，暂时无用；DLINK0 端口是 HDMI 接口，为其他 BBU 的 CC 单板提供两路 1PPS+TOD 信号输出；DLINK1 端口是 HDMI 接口，为其他 BBU 的 CC 单板提供两路 1PPS+TOD 信号输出。UCI 单板指示灯说明如表 4-10 所示。

图 4-14 UCI 面板图

表 4-10　UCI 单板指示灯说明

指示灯名称	颜　色	含　义	说　明
RUN	绿色	运行指示灯	常灭：供电异常； 常亮：单板正在加载软件版本； 慢闪（0.3s 亮、0.3s 灭）：单板运行正常； 快闪（70ms 亮、70ms 灭）：单板外部通信异常
ALM	红色	告警指示灯	常灭：无硬件故障； 常亮：硬件告警
OPT	—	—	保留
P&T	—	—	保留
RMD	—	—	保留
LINK	—	—	保留
HS	—	—	保留

4.1.3　中兴 LTE 基站线缆介绍

1．电源线缆

直流电源线缆用于将外部-48V 直流电源接入 BBU 设备。直流电源线缆外观如图 4-15 所示。-48VRTN 即-48V 的地线（电压 DC 0V），A 端接 A1 引脚，B 端接 B1 引脚（黑色）。-48V 的电源线（电压 DC -48V），A 端接 A2 引脚，B 端接 B2 引脚（蓝色）。电源线缆设备端接 PM 单板上的电源接口，对端接电源设备。

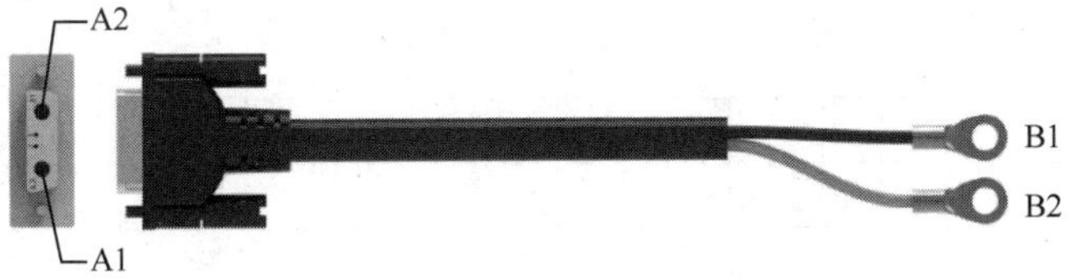

图 4-15　直流电源线缆外观图

2．保护地线缆

保护地线缆连接 ZXSDR B8200 L200 与地网，提供对设备及人身安全的保护。保护地线缆为 16mm^2 黄绿线缆，两头压接 TNR 端子。保护地线缆外观如图 4-16 所示，设备端接机箱上的保护地接口，对端接接地排。

图 4-16　保护地线缆外观图

3．S1/X2 线缆

S1/X2 线缆连接 ZXSDR B8200 L200 与核心网、eNodeB、传输设备。S1/X2 线缆既可以

使用以太网线缆，也可以使用光纤，但两者互斥使用。S1/X2 光纤总体外观如图 4-17 所示。线缆在 BBU 侧的一端为 LC 型接头，另一端常见的有 LC 型接头、SC 型接头和 FC 型接头等。

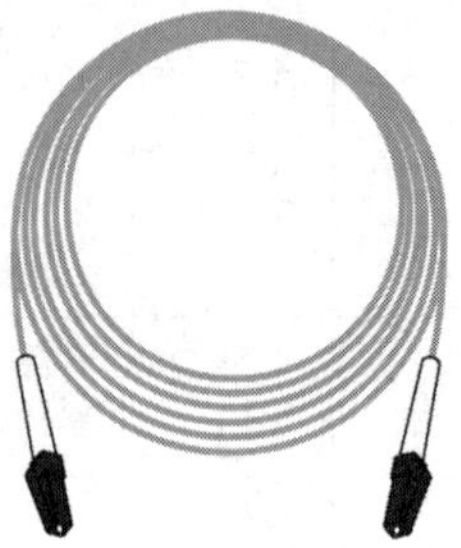

图 4-17　S1/X2 光纤总体外观图

S1/X2 以太网线缆总体外观如图 4-18 所示，其信号关系如表 4-11 所示。

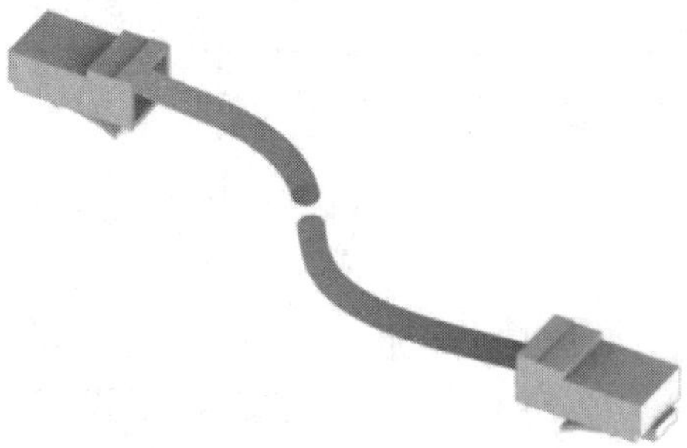

图 4-18　S1/X2 以太网线缆总体外观图

表 4-11　以太网线缆的信号关系表

A 端引脚	定　义	线缆颜色	B 端引脚
1	ETH-TR1+	白色/橙色	1
2	ETH-TR1-	橙色	2
3	ETH-TR2+	白色/绿色	3
4	ETH-TR3+	绿色	4
5	ETH-TR3-	白色/蓝色	5
6	ETH-TR2-	蓝色	6
7	ETH-TR4+	白色/棕色	7
8	ETH-TR4-	棕色	8

OMC 维护线缆的信号关系和 S1/X2 以太网线缆的相同。如果 S1/X2 线缆是光纤，则设备端连接 CC 单板的 TX RX 接口，对端连接核心网、eNodeB、传输设备；如果 S1/X2 线缆是以太网线缆，则设备端连接 CC 单板的 ETH0 接口，对端连接核心网、eNodeB、传输设备。

4．SA 面板线缆

SA 面板线缆 A 端为 SCSI50 芯插头，B1 端为 DB44 插头，B2 端为 DB9 插头，B3 端为 DB25 插头，B4 端压接 TNR 端子，SA 面板线缆外观如图 4-19 所示，SA 面板线缆接线关系如表 4-12 所示。

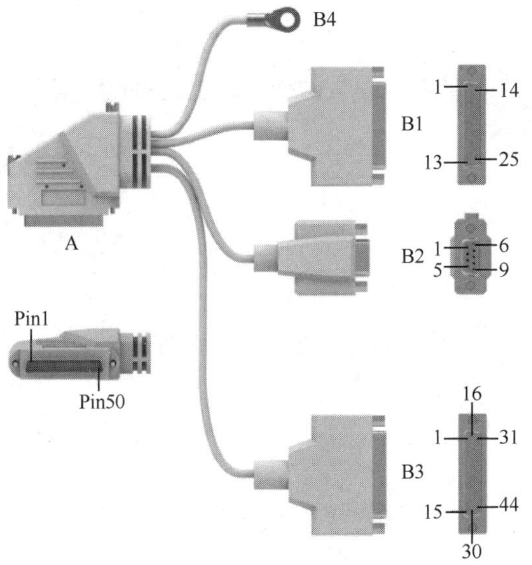

图 4-19 SA 面板线缆外观图

表 4-12 SA 面板线缆接线关系表

设备端	对端
A 端连接 SA 面板端口	B1 端保留备用 B2 端连接 RS-232/RS-485 串口线缆 B3 端连接干接点线缆 B4 端接地

5. 基带—射频线缆（RRU 接口线缆）

基带—射频线缆用于传输 ZXSDR B8200 L200 与 RRU 之间的数据。RRU 接口线缆外观如图 4-20 和图 4-21 所示。其中，图 4-20 中的 A 端为 LC 型光接口，B 端为防水型光接口（连接 RRU），图 4-21 中的两端均为 LC 型光接口。图 4-20 和图 4-21 中的 A 端连接 BBU 上的 BPL 单板的光接口 TX0 RX0、TX1 RX1 和 TX2 RX2，B 端连接 RRU。

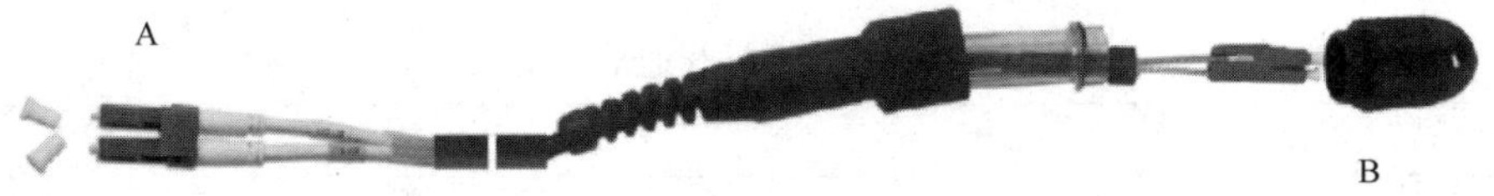

图 4-20 RRU 接口线缆外观图 1

图 4-21 RRU 接口线缆外观图 2

6. GPS 线缆

GPS 线缆用于将 GPS 卫星信号引入 ZXSDR B8200 L200。GPS 连接线为 SMA（M）—SMA（M），75Ω同轴电缆，用于连接功分器/防雷器。GPS 线缆外观如图 4-22 所示，GPS 线缆的 A

端连接CC单板的REF接口，B端连接功分器/防雷器。

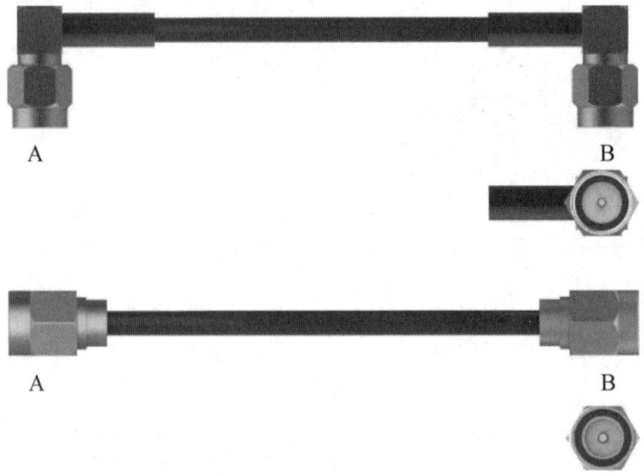

图4-22　GPS线缆外观图

7. 本地维护线缆

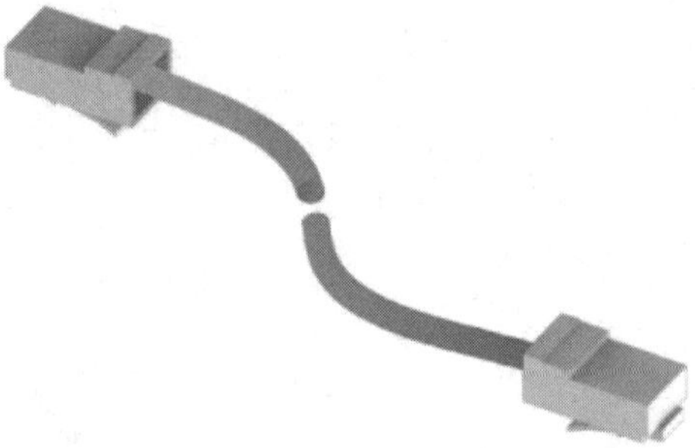

图4-23　以太网线外观图

本地维护线缆是以太网线，用于连接ZXSDR B8200 L200和本地操作维护终端LMT。以太网线两端都是RJ45接口，外观如图4-23所示，以太网线的设备端连接CC单板的DEBUG/CAS/LMT接口，对端连接LMT终端，以太网线信号说明如表4-13所示。

8. 干接点接口线缆

干接点接口线缆用于连接外部环境监控设备。干接点接口线缆外观如图4-24所示。干接点输入端线缆为DB26直式电缆插头，与RS-232/RS-485接口共用一个线缆接头，干接点输入线缆引脚说明如表4-14所示，干接点输出线缆引脚说明如表4-15所示。干接点接口线缆的A端连接SA/SE面板线缆B2端口，B端连接外部监控设备。

表4-13　以太网线信号说明

位　序	名　称	信号说明	引　脚
1	LMT_ETH-TR1+	ZXSDR B8200 L200以太网口对外收发信号	1
2	LMT_ETH-TR1-	ZXSDR B8200 L200以太网口对外收发信号	2
3	LMT_ETH-TR2+	ZXSDR B8200 L200以太网口对外收发信号	3
4	LMT_ETH-TR3+	ZXSDR B8200 L200以太网口对外收发信号	4
5	LMT_ETH-TR3-	ZXSDR B8200 L200以太网口对外收发信号	5
6	LMT_ETH-TR2-	ZXSDR B8200 L200以太网口对外收发信号	6
7	LMT_ETH-TR4+	ZXSDR B8200 L200以太网口对外收发信号	7
8	LMT_ETH-TR4-	ZXSDR B8200 L200以太网口对外收发信号	8

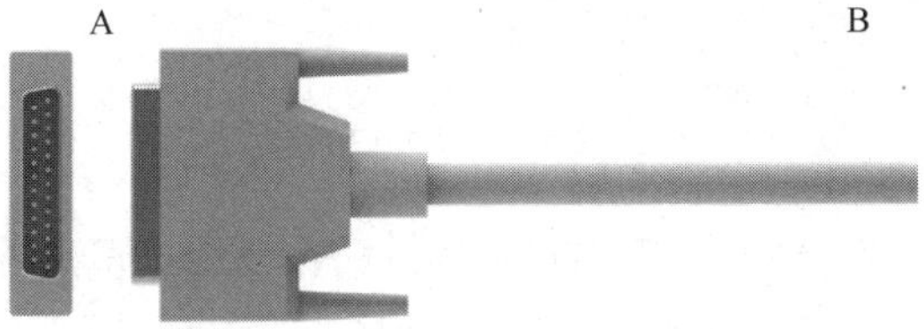

图 4-24　干接点接口线缆外观图

表 4-14　干接点输入线缆引脚说明

位　序	名　称	信号说明	A 端引脚
1	I_SW10	干接点输入，开关信号	1
2	I_SW11	干接点输入，开关信号	2
3	I_SW12	干接点输入，开关信号	3
4	I_SW13	干接点输入，开关信号	4
5	I_SW14	干接点输入，开关信号	5
6	I_SW15	干接点输入，开关信号	6
7	GND	地	14

表 4-15　干接点输出线缆引脚说明

位　序	名　称	信号说明	A 端引脚
1	B_SWIO1	干接点输出，开关信号，可以兼容输入	1
2	B_SWIO2	干接点输出，开关信号，可以兼容输入	3
3	GND	干接点输出，开关信号	2，4

思考与练习

1．填空题

（1）CC 单板可插在 B8200 的________号槽位。

（2）B8200 中可以选配的单板有________和________。

（3）CC 单板包含________、________和________三种主要的功能模块。

2．选择题

（1）CC 单板中（　　）接口用来外接 GPS 天线接口。

A．REF　　B．ETH0　　C．EXT　　D．USB

（2）B8200 的 BPL 单板有哪些型号（　　）？

A．BPN0　　B．BPN0A　　C．BPL2　　D．BPL1A

3．简答题

（1）简要描述 FS 单板的主要功能。

（2）简要描述 SA 单板的主要功能。

任务 2　RRU 硬件结构认知

【学习目标】

1．了解中兴 RRU 的硬件结构及主要技术特性

2．了解中兴 RRU 的功能及工作模式

【知识要点】

1．中兴 RRU 整机、机柜的硬件结构

2．中兴 RRU 逻辑组成，各单板的面板结构、功能原理及特性

4.2.1 ZXSDR R8882 L268 介绍

1．设备概述

ZTE 采用 eBBU（基带处理单元）+eRRU（远端射频处理单元）分布式基站解决方案，两者配合共同完成 LTE 基站业务功能。ZTE 分布式基站解决方案示意图如图 4-25 所示。

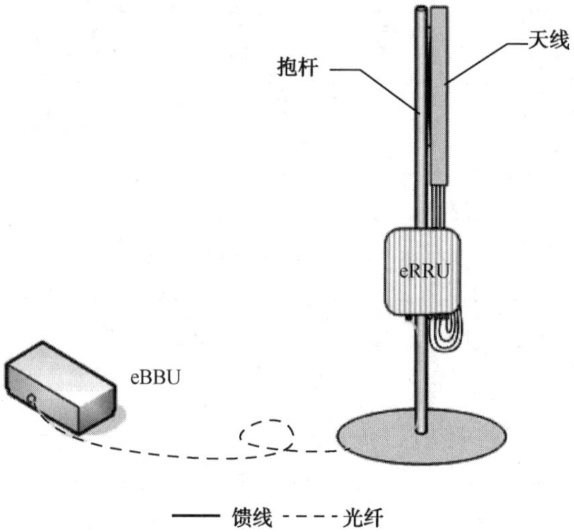

图 4-25 ZTE 分布式基站解决方案示意图

LTE 中 eBBU+eRRU 分布式基站解决方案具有如下优势：

（1）建网人工费和工程实施费大大降低：eBBU+eRRU 分布式基站设备体积小、重量轻，易于运输和工程安装。

（2）建网快，费用低：eBBU+eRRU 分布式基站适合在各种场景中安装，可以上铁塔、置于楼顶、壁挂，站点选择灵活，不受机房空间限制。可帮助运营商快速部署网络，节约机房租赁费用和网络运营成本。

（3）升级扩容方便，节约网络建设初期的成本：eRRU 可以尽可能地靠近天线安装，节约馈缆成本，减少馈线损耗，提高 eRRU 机顶输出功率，增加覆盖范围。

（4）功耗低，用电省：相对于传统的基站，eBBU+eRRU 分布式基站功耗更低，可降低在电源上的投资及用电费用，节约网络运营成本。

（5）分布式组网，可有效利用运营商的网络资源：支持基带和射频之间的星形、链形组网模式。

（6）采用更具前瞻性的通用化基站平台：同一个硬件平台能够实现不同的标准制式，多种标准制式能够共存于同一个基站中。这样可以简化运营商管理，把需要投资的多种基站合并为一种基站（多模基站），使运营商能更灵活地选择未来网络的演进方向，终端用户也将感受到网络的透明性和平滑演进。

在 LTE 系统中，EPC 负责核心网侧业务，其中，MME 负责信令处理，S-GW 负责数据处理，eNodeB 负责接入网侧业务。eNodeB 与 EPC 之间通过 S1 接口连接，eNodeB 之间通过 X2 接口连接。eNodeB 采用基带与射频分离方式设计，eBBU 实现 S1/X2 接口信令控制、业务数据处理和基带数据处理，eRRU 实现射频处理。这样既可以将 eRRU 以射频拉远的方式部署，也可以将 eRRU 和 eBBU 放置在同一个机柜内以组成宏基站的方式部署。eRRU 和 eBBU 之间采用 CPRI 的光接口连接。eRRU 在 LTE 网络中的位置如图 4-26 所示。

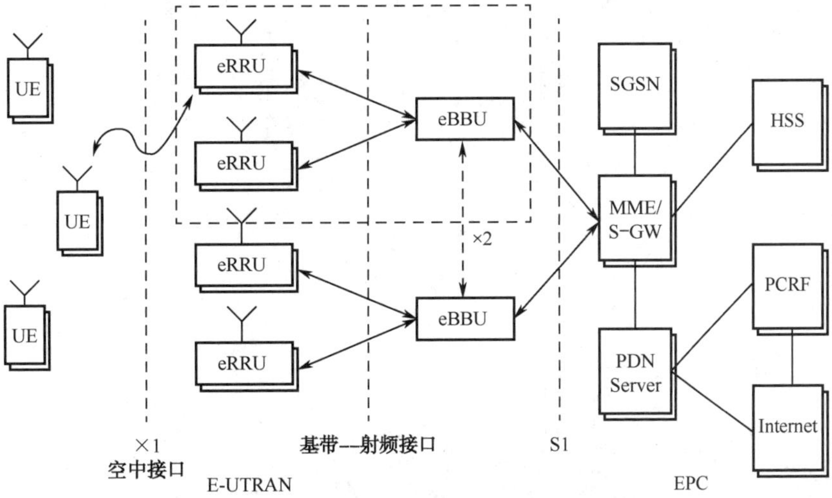

图 4-26　eRRU 在 LTE 网络中的位置

ZXSDR R8882 L268（简称 R8882）是远端射频处理单元，完成上下行基带成形、滤波、射频调制及解调、放大等功能。ZXSDR R8882 L268 机顶功率为 2×40W，支持 5MHz、10MHz、15MHz、20MHz 四种可变带宽。单 eRRU 支持下行 2×2 MIMO 配置，上行支持 4 天线接收。通过 CPRI 级联光口，可以支持 4 级 ZXSDR R8882 L268 级联，同时还能保证系统的时钟性能。

ZXSDR R8882 L268 远端射频处理单元应用于室外覆盖，与 eBBU 配合使用，覆盖方式灵活。ZXSDR R8882 L268 采用小型化设计，为全密封、自然散热的室外射频单元站，满足各种室外应用环境要求，可安装在靠近天线位置的桅杆或墙面上，有效降低射频损耗。机顶输出功率为 2×40W，可广泛应用于从密集城区到郊区广域覆盖的多种应用场景，ZXSDR R8882 L268 设备外观如图 4-27 所示。ZXSDR R8882 L268 主要安装在抱杆、墙面和龙门架上，此设备支持星形组网（如图 4-28 所示）和链形组网（如图 4-29 所示）。

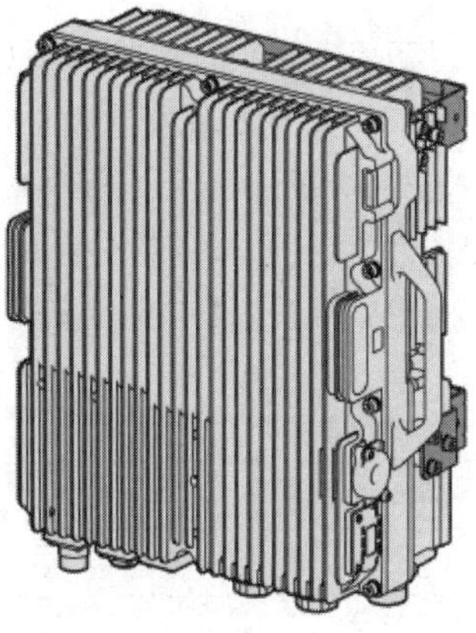

图 4-27　ZXSDR R8882 L268 设备外观图

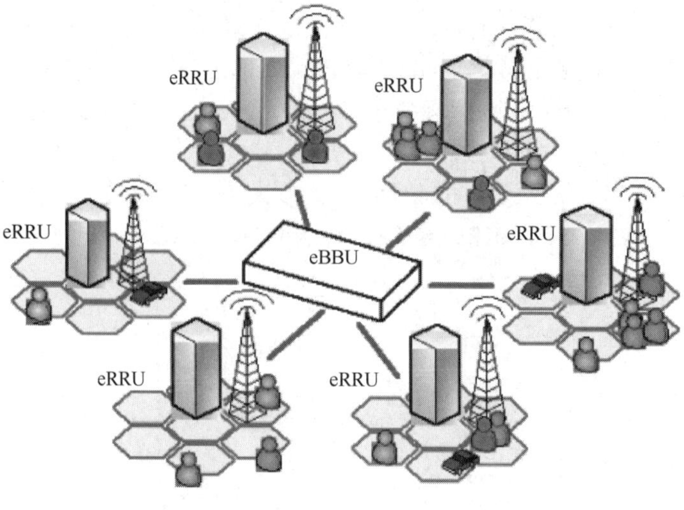

图 4-28　星形组网示意图

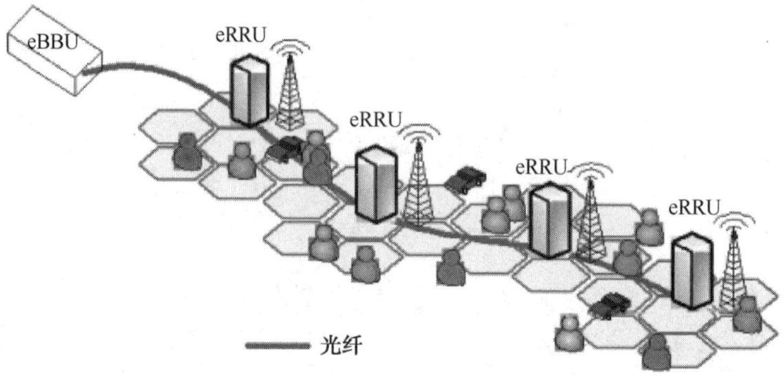

图 4-29　链形组网示意图

2. 设备技术指标

ZXSDR R8882 L268的物理指标如表4-16所示。无线性能方面支持5MHz、10MHz、15MHz和20MHz带宽，频率范围为2500MHz～2570MHz（上行）/2620MHz～2690MHz（下行），灵敏度是-104dBm，RRU噪声系数小于3.5dB，机顶发射功率为2×40W。

传输性能方面，级联时总的传输距离不超过25km；单级时，最大传输距离为10km，2×3.072Gbps和2×2.4576Gbps光口速率。

表 4-16　ZXSDR R8882 L268 的物理指标

项　目	指　标
尺寸	380mm×320mm×140mm（高×宽×深）
质量	小于 18kg
颜色	银灰
额定输入电压	DC -48V（变化范围为 DC -37V～DC -57V）
峰值功耗	330W

续表

项　　目	指　　标
工作环境温度	−40℃～55℃
工作环境湿度	5%～100%
储存环境温度	−55℃～70℃
储存环境湿度	10%～100%

3．设备硬件介绍

ZXSDR R8882 L268 外部接口位于机箱底部和侧面，如图 4-30 和图 4-31 所示。ZXSDR R8882 L268 外部接口说明如表 4-17 所示。

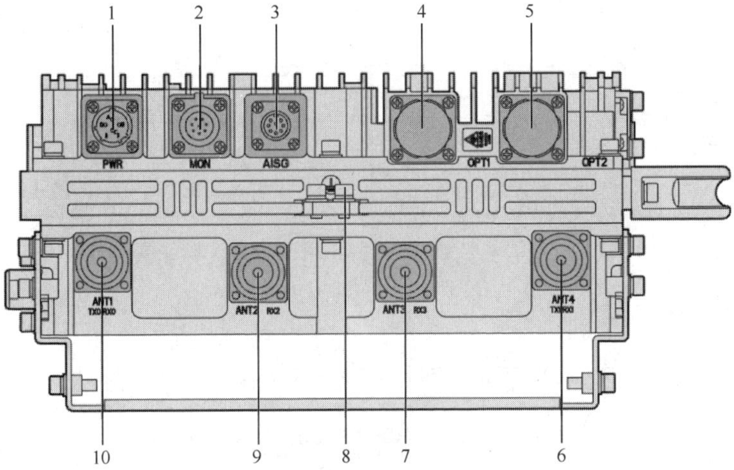

图 4-30　ZXSDR R8882 L268 的机箱底部接口图

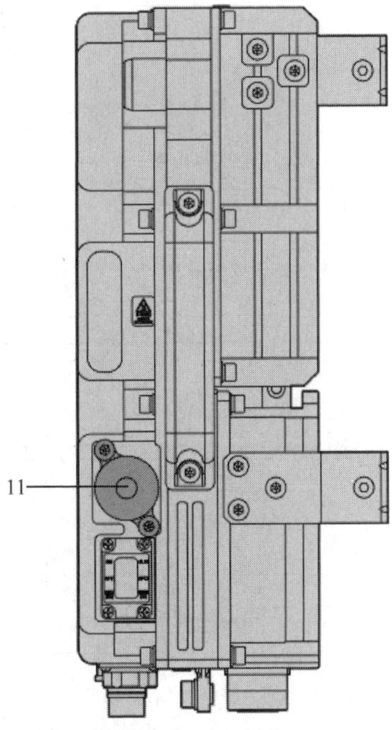

图 4-31　ZXSDR R8882 L268 的机箱侧面接口图

表 4-17　ZXSDR R8882 L268 的外部接口说明表

编　号	丝　印	接　口	接口类型/连接器
1	PWR	电源接口	6 芯塑壳圆形电缆连接器（孔）
2	MON	外部监控接口	8 芯面板安装直式电缆焊接圆形插座（针）
3	AISG	AISG 设备接口	8 芯圆形连接器
4	OPT1	连接 eBBU 的接口	LC 型光接口（IEC 874）
5	OPT2	eRRU 级联接口	LC 型光接口（IEC 874）
6	ANT4	发射/接收天馈接口	50Ω DIN 型连接器
7	ANT3	分集接收天馈接口	50Ω DIN 型连接器
8		接地螺钉	—
9	ANT2	分集接收天馈接口	50Ω DIN 型连接器
10	ANT1	发射/接收天馈接口	50Ω DIN 型连接器
11	LMT	操作维护以太网接口	8P8C 弯式 PCB 焊接屏蔽（带 LED 电话插座）

ZXSDR R8882 L268 指示灯位于机箱侧下方，指示灯说明如表 4-18 所示。

4．设备外部线缆安装

外部线缆安装流程如图 4-32 所示，可根据现场实际情况进行调整。

表 4-18　ZXSDR R8882 L268 的指示灯说明

指示灯名称	颜　色	含　义	工 作 方 式
RUN	绿色	运行指示灯	连闪：设备启动； 常亮：单板复位或 CPU 挂死； 1Hz 闪烁：状态正常； 5Hz 闪烁：版本下载中； 灭：断电
ALM	红色	告警指示灯	灭：运行无故障； 常亮：单板启动中； 5Hz 闪烁：严重或紧急告警； 1Hz 闪烁：一般或轻微告警
OPT1	绿色	光口 1 状态指示灯	常亮：物理通，链路不通； 灭：物理断； 1Hz 闪烁：通信正常
OPT2	绿色	光口 2 状态指示灯	常亮：物理通，链路不通； 1Hz 闪烁：通信正常； 灭：物理不通
VSWR1	红色	发射通道驻波比指示灯	灭：正常； 常亮：VSWR 告警
VSWR2	红色	发射通道驻波比指示灯	灭：正常； 常亮：VSWR 告警

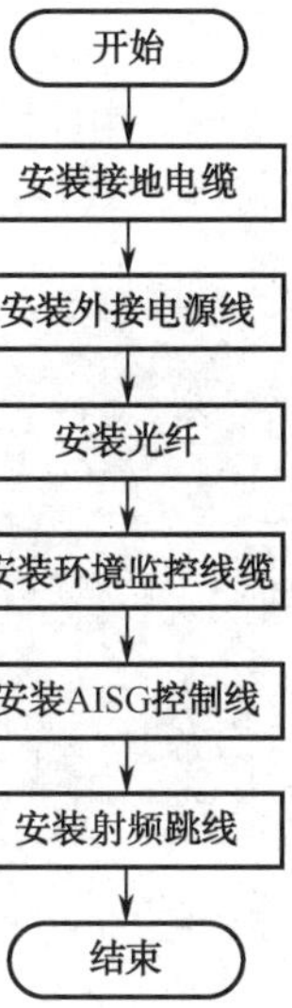

图 4-32　外部线缆安装流程图

（1）安装接地电缆

ZXSDR R8882 L268 接地电缆采用 25mm^2 黄绿色阻燃多股导线制作，两端压接金属圆形裸端子（又称线鼻、铜鼻），如图 4-33 所示。

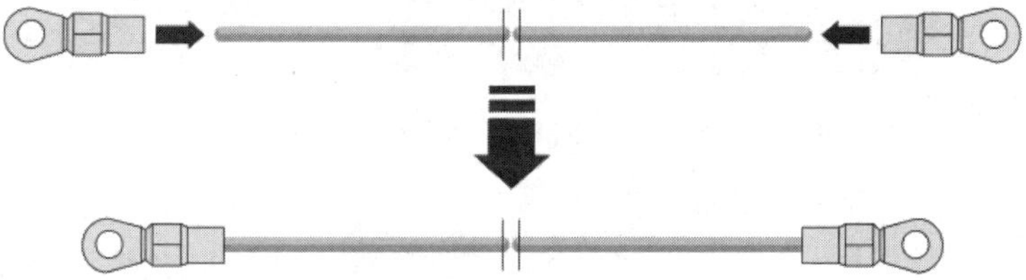

图 4-33　接地电缆结构

将接地电缆的一端套在 ZXSDR R8882 L268 机箱的一个接地螺栓上并固定，如图 4-34 所示。

将接地电缆的另一端连接到防雷箱接地螺栓上，并用另一接地电缆连接防雷箱接地螺栓与室外接地铜排，如图 4-35 所示。在接地电缆上粘贴标签；测量接地电阻，要求小于 5Ω；给两端铜鼻涂抹黄油，做好防水。

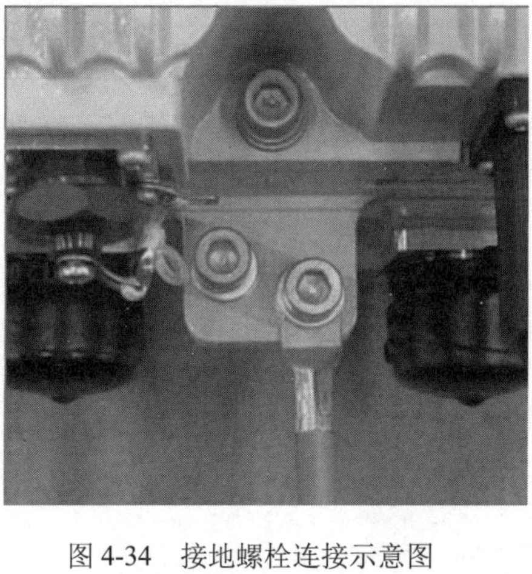

图 4-34　接地螺栓连接示意图

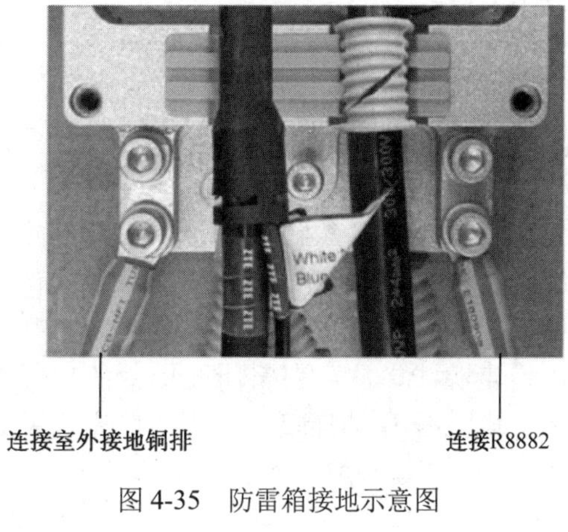

图 4-35　防雷箱接地示意图

（2）安装外接电源线

ZXSDR R8882 L268 电源电缆的连接示意图如图 4-36 所示，图中数字 1 表示电源转接盒输入电源线，数字 2 表示 R8882 输入电源线，数字 3 表示干接点线。

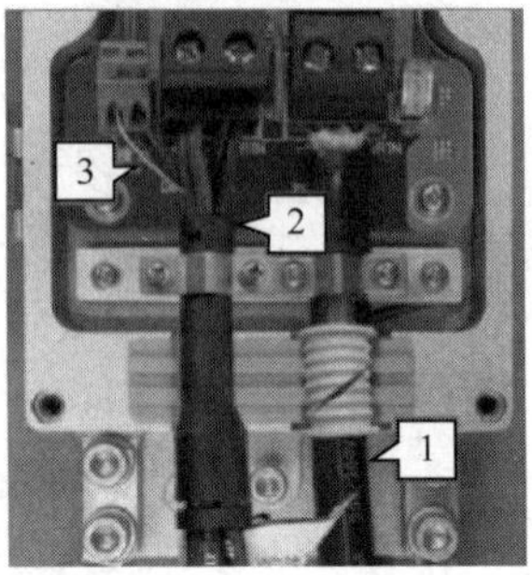

图 4-36　ZXSDR R8882 L268 电源电缆连接示意图

ZXSDR R8882 L268 电源电缆的结构如图 4-37 所示。电源电缆的内部芯线颜色及定义如表 4-19 所示，若采用二芯电缆，则蓝色芯线代表-48V，黑色芯线代表-48V GND；若采用四芯电缆，则需要将两路蓝色芯线并接，代表-48V；两路黑色芯线并接，代表-48V GND。

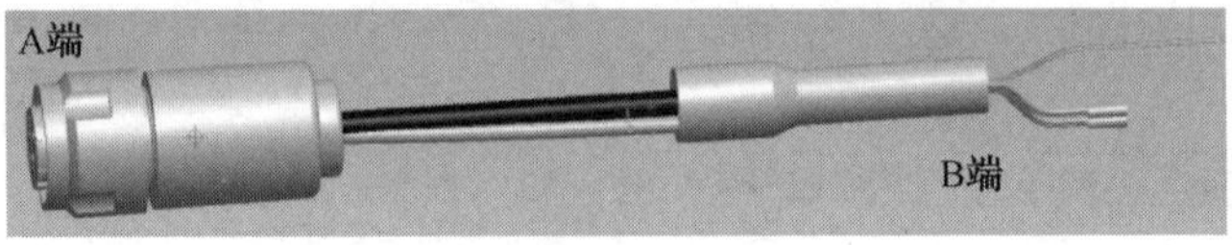

图 4-37　ZXSDR R8882 L268 电源电缆的结构

表 4-19　电源电缆的内部芯线颜色及定义

芯线颜色	定　义	信号说明
蓝色	-48V	-48V 电源
蓝色	-48V	-48V 电源
黑色	-48V GND	-48V 地
黑色	-48V GND	-48V 地
白色	NODE_IN+	干接点
棕色	NODE_IN-	干接点

安装 R8882 输入电源线时应将电源线 A 端与 R8882 PWR 接口相连接，电源线 B 端连接示意图如图 4-38 所示，蓝色线芯连接-48V 接口，黑色线芯连接-48VRTN 接口，蓝/白干接点线芯连接干接点接口。

安装电源转接盒输入电源线时应将电源转接盒输入电源线的线芯绝缘层剥去适当的长度；将线缆 A 端穿过防水胶圈（$2\times4mm^2$ 电源线需要穿过胶圈，$2\times6mm^2$ 和 $2\times10mm^2$ 电源线不需要穿过胶圈），蓝色线芯连接-48V 接口，黑色线芯连接-48VRTN 接口；用压线板固定电源线，注意要将压线板处的电源线外皮剥去，使压线板接触屏蔽层，如图 4-39 所示。电源线 B 端连接室内直流防雷箱的输出接口，蓝色线芯连接-48V 接口，黑色线芯连接-48VRTN 接口。

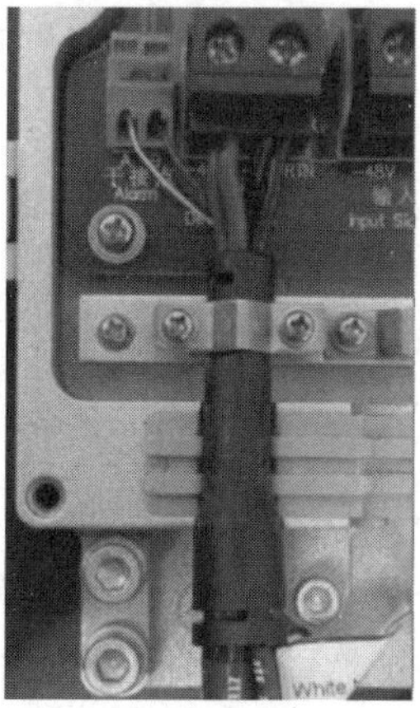

图 4-38　电源线 B 端连接示意图

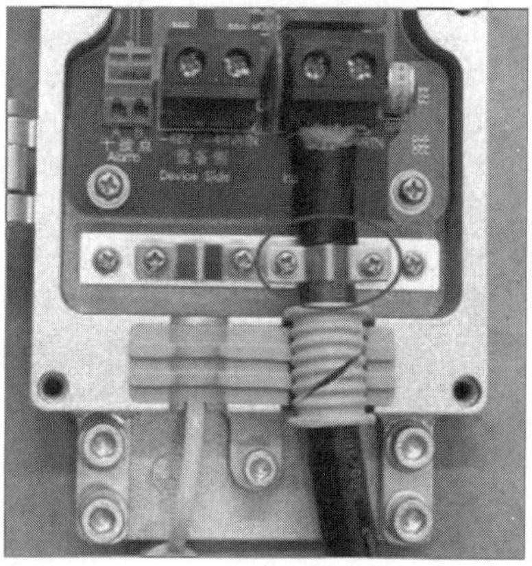

图 4-39　电源线 A 端安装示意图

（3）安装光纤

① 安装 eBBU 与 eRRU 之间的光纤。

必须在 ZXSDR R8882 L268 机箱已经安装并固定完毕之后进行，连接 eBBU 与 ZXSDR R8882 L268 之间的光纤示意图如图 4-40 所示。

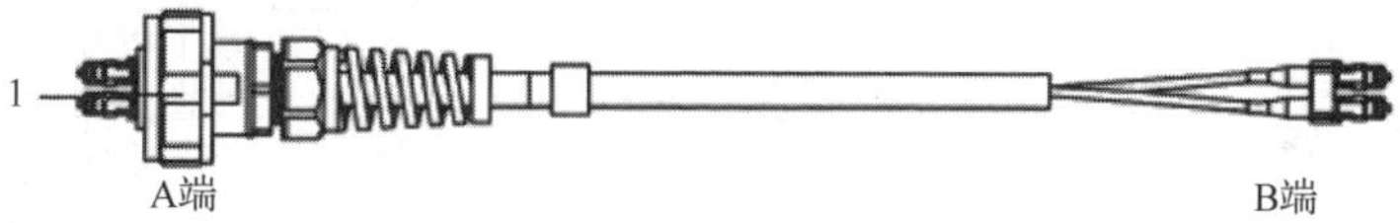

图 4-40　连接 eBBU 与 ZXSDR R8882 L268 之间的光纤示意图

连接 eBBU 时，将 ZXSDR R8882 L268 的基带射频光纤接口（LC1/2）与 eBBU 的光接口相连接。在光纤两头贴好去向标签；面向设备一侧，将光纤有色标的一面朝向人，光纤 A 端对中插入设备光口内，旋紧螺母，如图 4-41 所示，图中数字 1 代表色标。

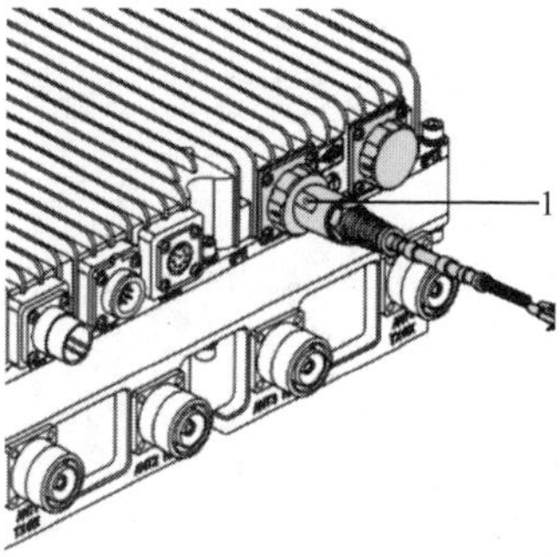

图 4-41　安装光纤

光纤 A 端与 ZXSDR R8882 L268 的基带射频光纤接口（OPT1/2）相连接；光纤 B 端的 DLC 光接头与 eBBU 光接器相连；拧紧光纤 A 端的户外密封组件以防进水。

② 安装 eRRU 之间的光纤。

必须在需级联的 ZXSDR R8882 L268 机箱已经安装并固定完毕之后进行，ZXSDR R8882 L268 之间的级联光纤如图 4-42 所示。图中数字 1 代表户外密封组件，用光纤将两个 ZXSDR R8882 L268 的基带射频光纤接口（OPT1/2）连接起来。

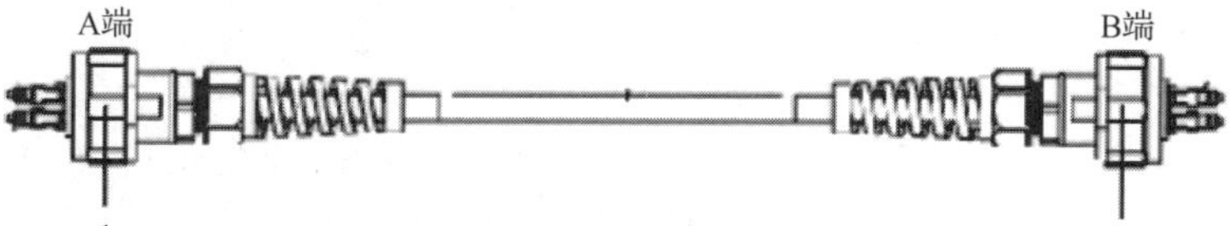

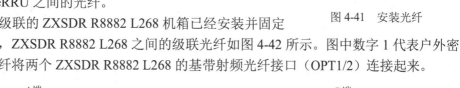

图 4-42　ZXSDR R8882 L268 之间的级联光纤

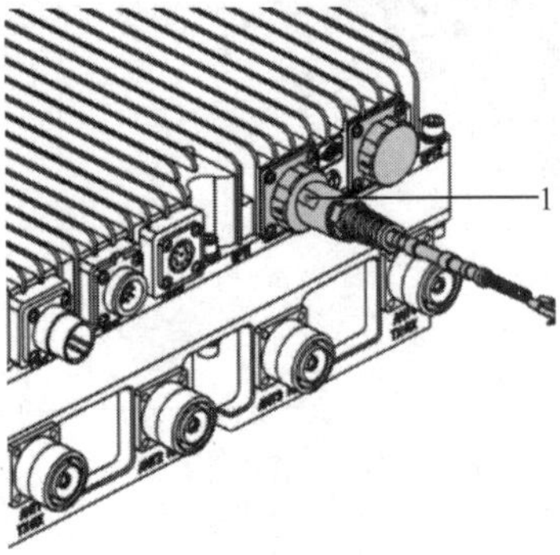

图 4-43　安装光纤

在光纤两头贴好去向标签；将设备朝向人，将光纤有色标的一面朝向人，光纤接头对中插入设备光口内，旋紧螺母，如图 4-43 所示，图中数字 1 代表色标。拧紧光纤的户外密封组件以防进水。

（4）安装环境监控线缆

必须在 ZXSDR R8882 L268 机箱已经安装并固定完毕后进行，环境监控线缆提供一个 RS-485 接口（用于 ZXSDR R8882 L268 环境监控）和 4 路外部干接点监控接入。环境监控线缆的 A 端为 8 芯圆形插头，B 端需要根据工程现场制作，总长度为 1.2m，环境监控线缆示意图如图 4-44 所示。线缆芯线关系说明如表 4-20 所示，将 eRRU 的第一路干接点用于其与室外直流防雷箱的连接。将环境监控线缆的 A 端连接 ZXSDR R8882 L268 机箱的环境监控接口；将环境监控线缆的 B 端连接外部监控设备或干接点；在 B 端粘贴好标签。

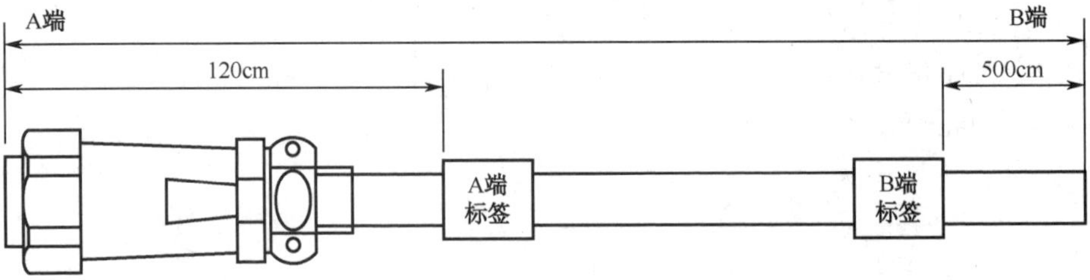

图 4-44　环境监控线缆示意图

表 4-20　环境监控线缆芯线关系说明表

引　脚	芯 线 颜 色	信 号 说 明
PIN1	棕色	干接点输入，正极性
PIN2	黄色	干接点输入，负极性
PIN3	蓝色	干接点输入，正极性
PIN4	白色	干接点输入，负极性
PIN5	绿色	RS-485 总线信号正
PIN6	灰色	RS-485 总线信号负
PIN7	红色	RS-485 总线信号正
PIN8	黑色	RS-485 总线信号负

（5）安装 AISG 控制线

AISG 控制线用于电调天线的控制，AISG 控制线的结构如图 4-45 所示。AISG 控制线的线序含义如表 4-21 所示。将 AISG 控制线的 A 端连接 ZXSDR R8882 L268 的调试接口（AISG）并拧上接口的螺钉，将 AISG 控制线的 B 端连接电调天线的控制接口并拧上接口的螺钉，做好接口的防水处理。

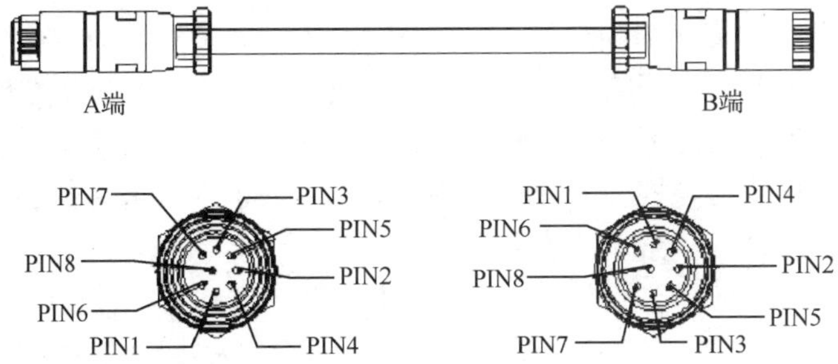

图 4-45　AISG 控制线的结构

表 4-21　AISG 控制线的线序含义

A 端 引 脚	B 端 引 脚	名　称	含　义
PIN3	PIN1	RS-485B	RS-484-
PIN5	PIN2	RS-485A	RS-485+
PIN6	PIN3，PIN4	直流输出	输出直流电压
PIN7	PIN5，PIN6	直流地	输出直流电压回流地
PIN1，PIN2，PIN4，PIN8	—	NC	空脚

（6）安装射频跳线

射频跳线是连接主馈线和 ZXSDR R8882 L268 机箱天馈接口的一段线缆，射频跳线的安装一般在主馈线已经安装完成后进行；射频跳线一般采用成品 2m 的 1/2 跳线，在现场也可根据实际情况自制。射频跳线的安装位置如图 4-46 所示。将射频跳线的 DIN 型阳头与主馈线的 DIN 型阴头相连接，将射频跳线的 DIN 型阳头与机箱的射频天线接口相连接，做好接口的防水处理。

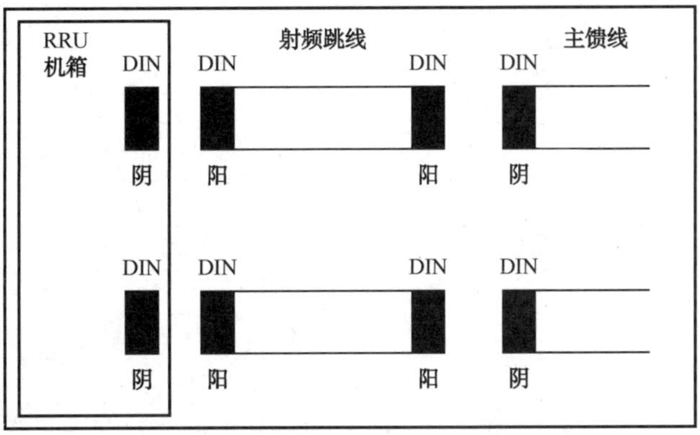

图 4-46　射频跳线的安装位置

4.2.2　ZXSDR R8962 L23A 介绍

1．设备概述

ZXSDR R8962 L23A 远端射频处理单元应用于室外覆盖，与 eBBU 配合使用，覆盖方式灵活，和 eBBU 间采用光接口相连，传输 I/Q 数据、时钟信号和控制信息；和级联的 eRRU

间也采用光接口相连。ZXSDR R8962 L23A 具有体积小（小于 13.5L）、质量轻（小于 10kg）、功耗低（160W）、易于安装维护的特点，可以直接安装在靠近天线位置的桅杆或者墙面上，可以有效降低射频损耗，最大支持每天线 20W 的机顶射频功率，可以广泛应用于从密集城区到郊区广域覆盖等多种应用场景。设备供电方式灵活，支持 DC −48V 的直流电源配置，也支持 AC 220V 的交流电源配置；支持功放静态调压。

ZXSDR R8962 L23A 在上电初始化后，支持 LTE TDD 双工模式；支持空口上下行帧结构和特殊子帧结构；通过 eBBU 的控制可以实现 eNodeB 间的 TDD 同步；支持 2300MHz～2400MHz 频段的 LTE TDD 单载波信号的发射与接收；能够建立两发、两收的中射频通道；支持上下行多种调制方式，支持 QPSK、16QAM、64QAM 的调制方式；支持 10MHz、20MHz 载波带宽。

2. 设备技术指标

ZXSDR R8962 L23A 采用分布式电源系统，支持−48V 直流供电方式（范围为−37～−57V）和 220V 交流供电方式（范围为 154～286V），电源具备输入过压保护、欠压保护、输入掉电告警、输出过压保护和调压功能。ZXSDR R8962 L23A 要求接地电阻小于 5Ω，整机功耗为 160W。ZXSDR R8962 L23A 的技术指标如表 4-22 所示。

表 4-22　ZXSDR R8962 L23A 的技术指标

项　　目	指　　标
整机外形尺寸	380mm×280mm×122mm（H×W×D）
质量	10kg
颜色	银灰色
工作温度	-40℃～+55℃
工作湿度	4%～100%
每天线发射功率	20W
频段	2300MHz～2400MHz
带宽	10MHz、20MHz
级联	最多支持 4 级级联
每通道额定输出功率	20W
光接口支持的传输距离	光接口支持的最大传输距离不低于 10km
光口传输性能	系统传输的误比特率不大于 10^{-12}，传输误块率要求小于 10^{-7}
光纤接口的最大环回延时	不大于 5μs（不包括光纤线路的传输延时）
光纤接口速率	3.072Gbps
端口驻波比	整机射频输出端口驻波比应小于 1.5
两个发射通道的隔离度	大于 70dB

3. 设备硬件介绍

ZXSDR R8962 L23A 的产品外观如图 4-47 所示，此款 RRU 主要由 4 个功能模块组成，收发信单元、交流电源模块/直流电源模块、腔体滤波器、低噪放功放。

收发信单元完成信号的模/数和数/模转换、变频、放大、滤波，实现信号的 RF 收发，以及 ZXSDR R8962 L23A 的系统控制和接口功能。交流电源模块/直流电源模块将输入的交流/

直流电压转化为系统内部所需的电压，给系统内部所有硬件子系统或者模块供电。腔体滤波器实现接收滤波和发射滤波，提供通道射频滤波。低噪放功放包括功放输出功率检测电缆和数字预失真反馈电路，实现收发信单元输入信号的功率放大；提供前向功率和反向功率耦合输出口，实现功率检测等功能。

eBBU 和 ZXSDR R8962 L23A 采用标准的基带—射频接口连接，接口采用光模块双 LC 头接插件。

ZXSDR R8962 L23A 的物理接口如图 4-48 所示。

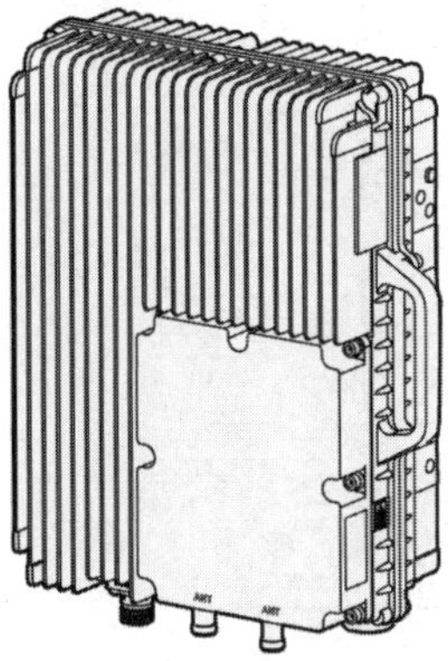

图 4-47 ZXSDR R8962 L23A 的产品外观图

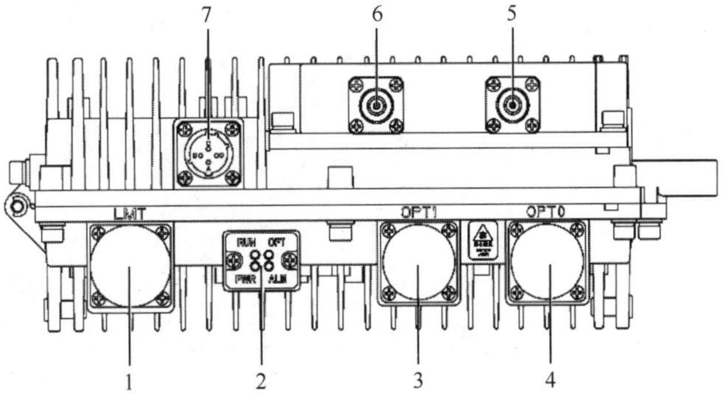

图 4-48 ZXSDR R8962 L23A 的物理接口图

图 4-48 中的数字表示如下：

1—LMT：操作维护接口/干接点接口；

2—状态指示灯：设备运行状态指示、光口状态指示、告警、电源工作状态指示；

3—OPT1：连接 eBBU 或级联 ZXSDR R8962 L23A 的接口 1；

4—OPT0：连接 eBBU 或级联 ZXSDR R8962 L23A 的接口 0；

5—ANT0：天线连接接口 0；

6—ANT1：天线连接接口 1；

7—PWR：-48V 直流或 220V 交流电源接口。

ZXSDR R8962 L23A 支持抱杆安装（如图 4-49 所示）和挂墙安装（如图 4-50 所示）。

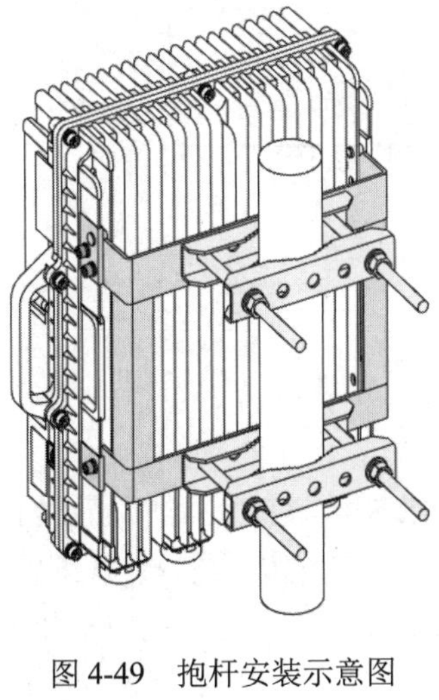

图 4-49 抱杆安装示意图

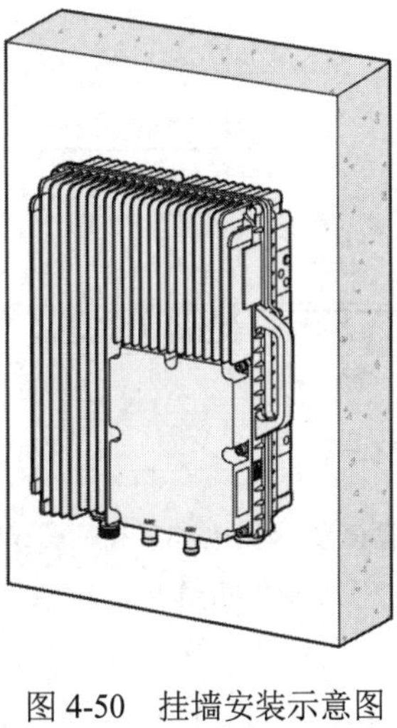

图 4-50 挂墙安装示意图

ZXSDR R8962 L23A 通过标准基带—射频接口和 eBBU 连接，支持星形组网（如图 4-51 所示）、链形组网（如图 4-52 所示）和环形组网（如图 4-53 所示）。

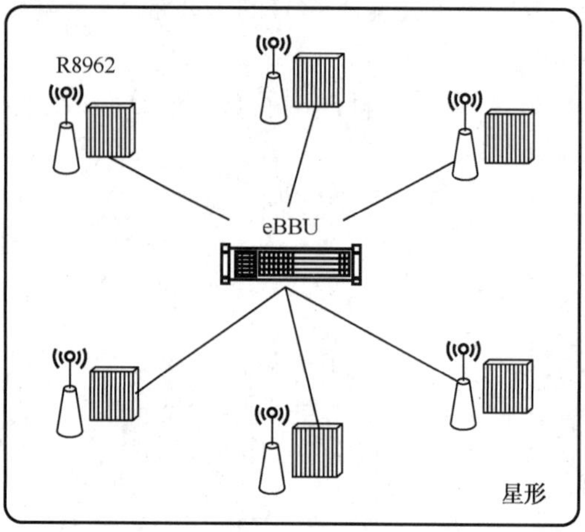

图 4-51　星形组网

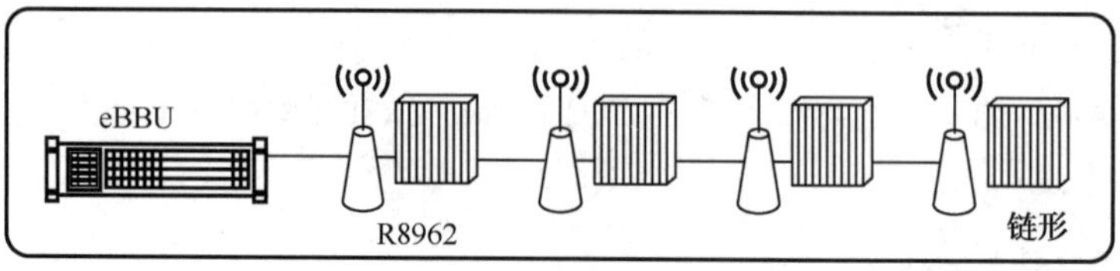

图 4-52　链形组网

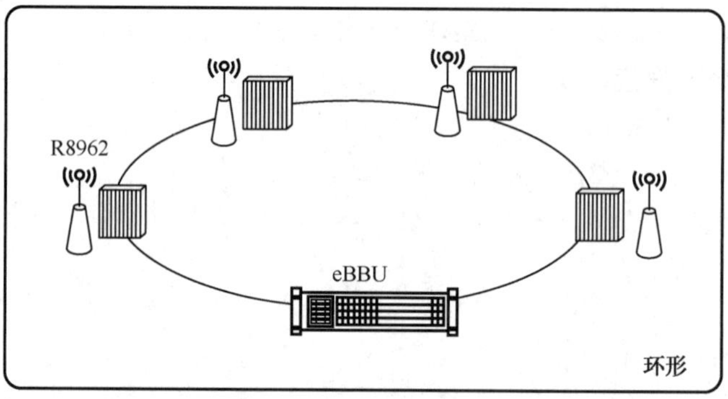

图 4-53　环形组网

4.2.3　ZXSDR R8840 L232 介绍

1．设备概述

ZXSDR R8840 L232 的机箱结构如图 4-54 所示，ZXSDR R8840 L232 机箱的接口如图 4-55 所示。ZXSDR R8840 L232 由 4 个功能模块组成，收发信单元完成信号的模/数和数/模转换、变频、放大、滤波，实现信号的 RF 收发，以及 ZXSDR R8840 L232 的系统控制和接口功能。电源模块连接-48V 直流电源输入，分别向功放和收发信单元提供 30V 和 5.5V 电压，并向收发信单元提供输入/输出电压异常告警。腔体滤波器内部集成2个滤波器，提供前向功率耦合。功放模块实现收发信单元输入信号的功率放大，提供前向功率和反向功率耦合输出口，实现功率检测和驻波检测等功能。

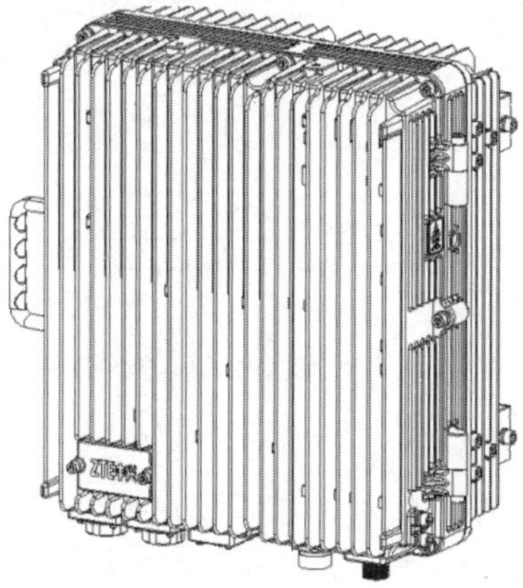

图4-54 ZXSDR R8840 L232 的机箱结构

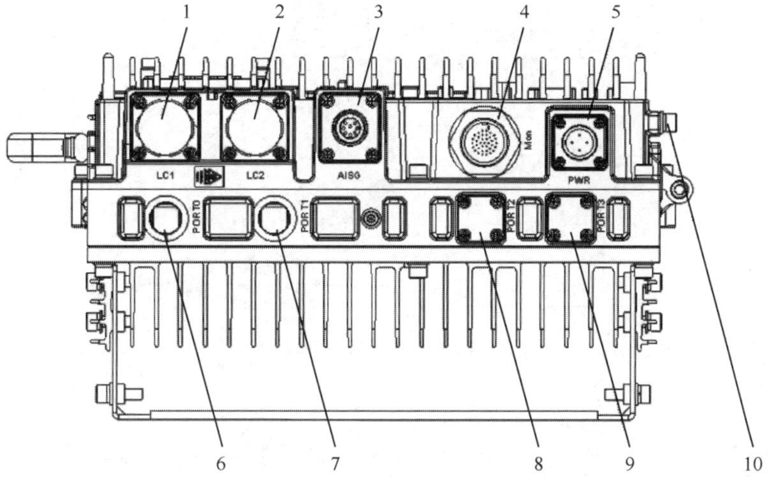

图4-55 ZXSDR R8840 L232 机箱的接口

图4-55中数字分别代表：

1—LC1：光口1；

2—LC2：光口2；

3—AISG：电调天线接口；

4—MON：本地维护端口；

5—PWR：电源接口；

6—PORT0：天线接口0；

7—PORT1：天线接口1；

8—PORT2：天线接口2（暂未使用）；

9—PORT3：天线接口3（暂未使用）；

10—GND：接地端子。

2. 设备线缆介绍

（1）直流电源线缆

ZXSDR R8840 L232 的直流电源线缆用于连接电源接口（DC IN）和供电设备，采用 4 芯电缆，按照工勘长度的要求制作。电缆一端焊接 4 芯直式圆形插头，另一端裸露，在裸露的芯线上粘贴表示信号定义的标签。直流电源线缆的结构如图 4-56 所示。

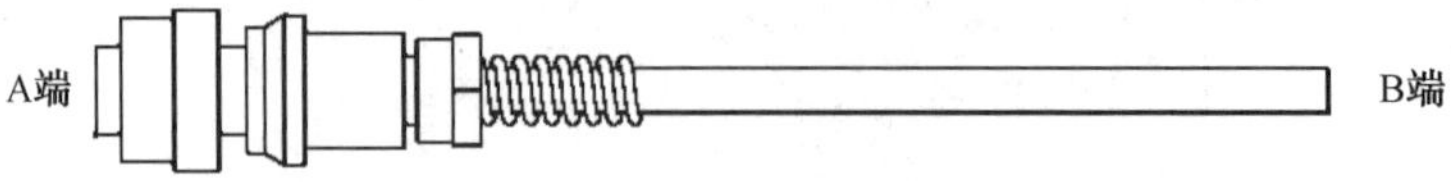

图 4-56 直流电源线缆的结构图

（2）保护地线缆

ZXSDR R8840 L232 的保护地线缆用于连接机箱的一个接地螺栓和接地铜排，采用 16mm^2 黄绿线压接双孔接线端子。保护地线缆结构如图 4-57 所示。

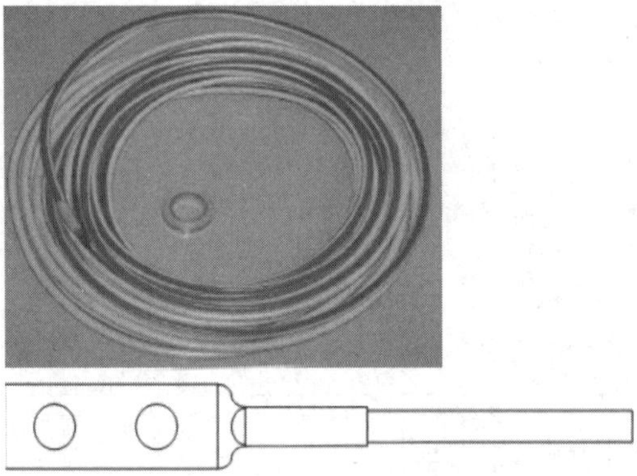

图 4-57 保护地线缆结构图

（3）光纤

在 ZXSDR R8840 L232 系统中，光纤有如下用途：作为 eRRU 级联线缆、作为 eRRU 与 eBBU 的连接线缆。ZXSDR R8840 L232 系统与 eBBU 连接的光纤为单模光纤，A 端为 LC 型接口，B 端为防水型 LC 型接口，外观如图 4-58 所示。

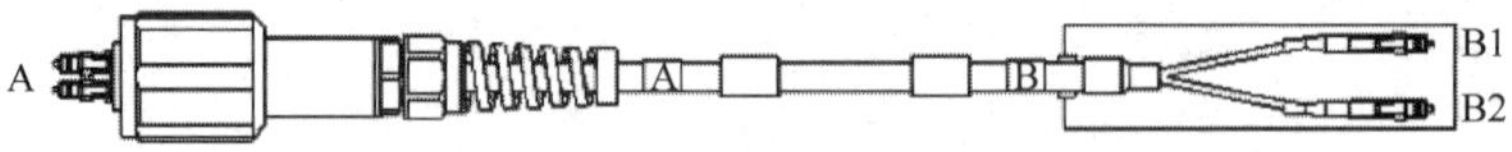

图 4-58 与 eBBU 连接的光纤外观图

ZXSDR R8840 L232 系统的级联光纤为单模光纤，A、B 两端均为 LC 型接口，外观如图 4-59 所示。

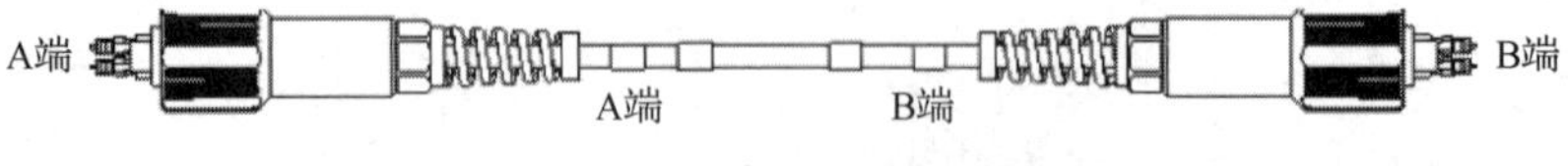

图 4-59 级联光纤外观图

（4）射频跳线

射频跳线用于 ZXSDR R8840 L232 与主馈线及主馈线与天线的连接。当主馈线采用 7/8 英寸或 4/5 英寸同轴电缆时，需要采用射频跳线进行转接。射频跳线的外观结构如图 4-60 所示。射频跳线的长度根据现场需要而定。

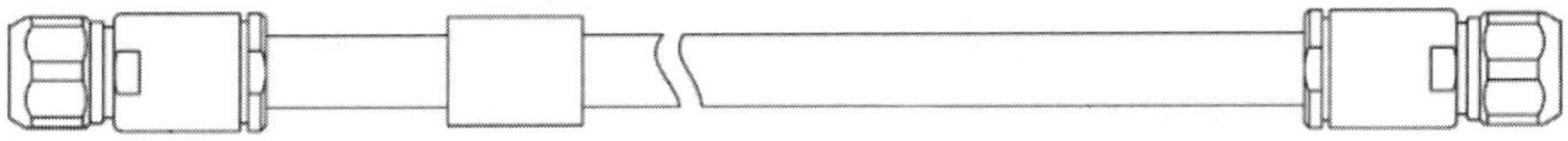

图 4-60　射频跳线的外观结构

（5）干接点/AISG 接口线缆

干接点接口线缆采用 D37 芯航空线缆，用于连接 ZXSDR R8840 L232 的 MON 口和本地维护终端或外部监控部件，可以实现在本地对设备的操作维护，能够提供对外部监控的干接点。干接点接口线缆外形结构示意图如图 4-61 所示。

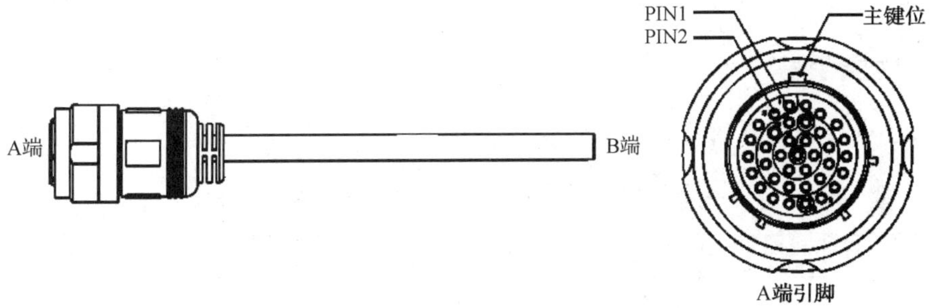

图 4-61　干接点接口线缆外形结构示意图

D37 芯航空插头引脚定义如表 4-23 所示。

表 4-23　D37 芯航空插头引脚定义

引 脚 号	信 号 说 明	颜　色
15/16	干接点 4-/+	白蓝/蓝
17/18	干接点 3-/+	白橙/橙
19/20	干接点 2-/+	白绿/绿
21/22	干接点 1-/+	白棕/棕
23/24	RS-485 收	红蓝/蓝
25/26	RS-485 发	红橙/橙

AISG 接口线缆用于连接 ZXSDR R8840 L232 的 AISG 接口和电调天线的控制接口，为 AISG 设备提供 AISG 信号连接。AISG 控制线 B 端为 8 芯航空插头，其外观如图 4-62 所示。

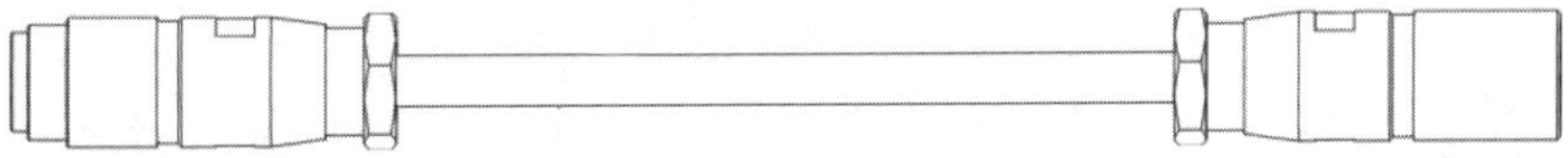

图 4-62　AISG 接口线缆外观

4.2.4 ZXSDR R8884 L200 介绍

1. 设备概述

ZXSDR R8884 L200 是分布式基站的射频拉远单元，它具有三种机型规格：R8884 S2600、R8884 M8026、R8884 M1826。其通过标准的 CPRI 接口与基带处理单元 eBBU 一起组成完整的 eNodeB，实现所覆盖区域的无线传输，以及对无线信道的控制。

ZXSDR R8884 L200 是一款基于 SDR 平台的 RRU，在同一频带下通过软件升级即可实现 GSM/UMTS/CDMA RRU 到 LTE RRU 的平滑过渡。ZXSDR R8884 L200 可在同一频带下支持多模。ZXSDR R8884 L200 可以处理 4 个独立的 1.4MHz/3MHz/5MHz 或 2 个独立的 10MHz/15MHz/20MHz 带宽载波。ZXSDR R8884 L200 的部署将有益于没有连续 20MHz 带宽的运营商，特别是在稀缺的低频段，支持 4 发 4 收/2 发 4 收/2 发 2 收，下行链路支持 4×4/4×2/2×2MIMO，优化了频谱效率，提高了上行网络性能，提供更好的用户体验。ZXSDR R8884 L200 支持星形组网。

2. 设备技术指标

ZXSDR R8884 L200 的技术指标如表 4-24 所示。

表 4-24　ZXSDR R8884 L200 的技术指标

项　目	指　标		
尺寸	600mm×320mm×145mm（高×宽×深）		
质量	≤29kg		
颜色	银灰色		
供电	DC -48V（DC -60V～DC -37V）		
温度	-40℃～55℃		
相对湿度	10%～100%		
接地要求	≤5Ω，在年雷暴日小于 20 天的少雷区，接地电阻可小于 10Ω		
业务带宽	支持 1.4MHz、3MHz、5MHz、10MHz、15MHz、20MHz 业务带宽；可处理 4 个独立的 1.4MHz/3MHz/5MHz 或 2 个独立的 10MHz/15MHz/20MHz 带宽载波		
CPRI 接口	2×6.144Gbps（MIMO 4×4/4×2）		
	R8884 S2600	R8884 M8026	R8884 M1826
频率范围	B7： TX：2620MHz～2690MHz； RX：2500MHz～2570MHz	B20： TX：791MHz～821MHz； RX：832MHz～862MHz。 B7： TX：2620MHz～2690MHz； RX：2500MHz～2570MHz	B3 Type1： TX：1825MHz～1880MHz； RX：1730MHz～1785MHz。 B3 Type2： TX：1805MHz～1860MHz； RX：1710MHz～1765MHz。 B7： TX：2620MHz～2690MHz； RX：2500MHz～2570MHz
发射功率	4×30W	2×40W+2×40W	2×40W+2×40W
功耗（基于单模单载扇室温环境）	平均功耗：340W； 峰值功耗：565W	平均功耗：380W； 峰值功耗：650W	平均功耗：395W； 峰值功耗：685W

3. 设备硬件介绍

ZXSDR R8884 L200 设备外观如图 4-63 所示。

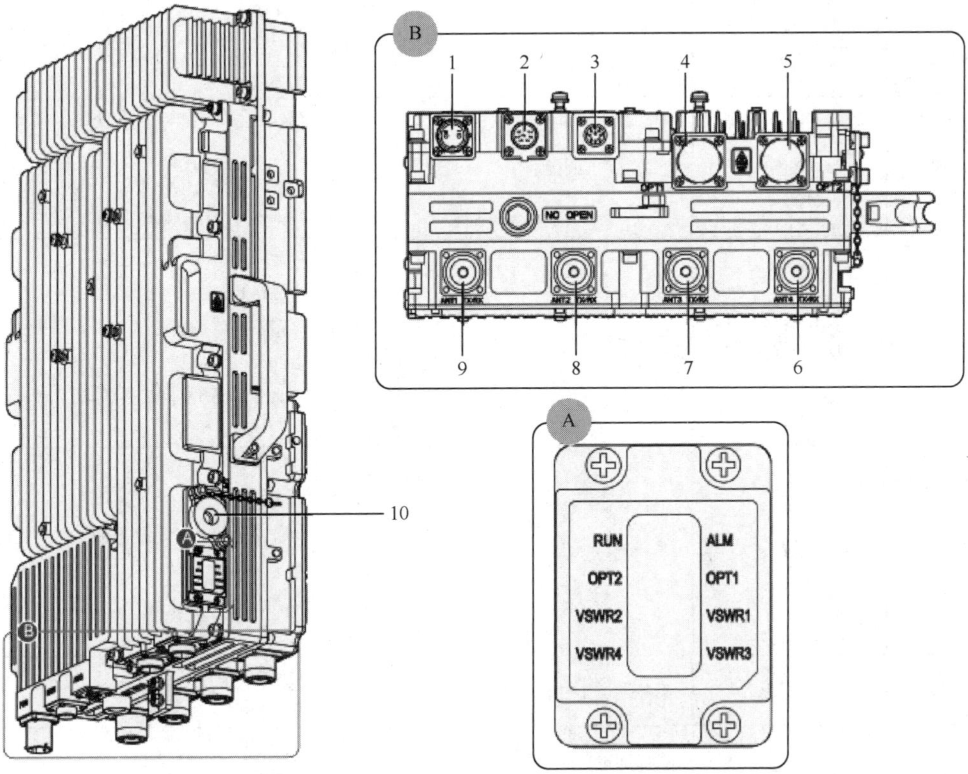

图 4-63　ZXSDR R8884 L200 设备外观

ZXSDR R8884 L200 外部接口位于机箱底部和侧面，说明如表 4-25 所示。

表 4-25　ZXSDR R8884 L200 外部接口说明

编　号	丝　印	接　口	接口类型/连接器
1	PWR	电源接口	2 芯塑壳圆形电缆连接器
2	MON	RS-485/干接点监控接口	8 芯圆形连接器
3	AISG	AISG 设备接口	8 芯圆形连接器
4	OPT1	与 eBBU 的接口	标准 CPRI 接口
5	OPT2	保留	标准 CPRI 接口
6	ANT4	第 4 通道发射/接收天馈	50Ω DIN 型连接器
7	ANT3	第 3 通道发射/接收天馈	50Ω DIN 型连接器
8	ANT2	第 2 通道发射/接收天馈	50Ω DIN 型连接器
9	ANT1	第 1 通道发射/接收天馈	50Ω DIN 型连接器
10	LMT	操作维护以太网接口	8P8C 以太网接口

OPT1、OPT2 接口使用 6.144Gbps 光模块；ANT1/ANT2 支持 GSM，采用互为分集的方式，完成 2 个通道上信号的分集接收功能。ZXSDR R8884 L200 指示灯位于机箱侧下方，说明如表 4-26 所示。

表 4-26　ZXSDR R8884 L200 的指示灯说明

名　称	颜　色	含　义	工作方式
RUN	绿色	运行指示灯	常亮：重启和开机状态； 1Hz 闪：正常状态； 5Hz 闪：版本下载中； 常灭：自测失败
ALM	红色	告警指示灯	常灭：运行、重启、开机、软件下载过程中无故障发生； 5Hz 闪：重要告警或紧急告警； 1Hz 闪：一般告警或次要告警
OPT1	绿色	光口 1 状态指示灯	常亮：光纤链路正常； 常灭：光纤链路断开； 5Hz 闪：此链路为时钟参考信号源，锁相回路处于快速捕获状态； 0.25Hz 闪：此链路为时钟参考信号源，锁相回路处于跟踪状态
OPT2	绿色	光口 2 状态指示灯	常亮：光纤链路正常； 常灭：光纤链路断开； 5Hz 闪：此链路为时钟参考信号源，锁相回路处于快速捕获状态； 0.25Hz 闪：此链路为时钟参考信号源，锁相回路处于跟踪状态
VSWR1	红/绿色	射频通道 1 驻波告警指示灯	绿灯亮：无告警； 红灯亮：有告警
VSWR2	红/绿色	射频通道 2 驻波告警指示灯	绿灯亮：无告警； 红灯亮：有告警
VSWR3	红/绿色	射频通道 3 驻波告警指示灯	绿灯亮：无告警； 红灯亮：有告警
VSWR4	红/绿色	射频通道 4 驻波告警指示灯	绿灯亮：无告警； 红灯亮：有告警

思考与练习

1．填空题

（1）ZXSDR R8882 L268 支持________组网和________组网。

（2）ZXSDR R8962 L23A 最大支持每天线________机顶射频功率。

（3）ZXSDR R8962 L23A 支持________、________和________调制方式。

2．选择题

（1）ZXSDR R8882 L268 支持（　　）级级联。

A．3　　B．4　　C．2　　D．5

（2）ZXSDR R8882 L268 单级时最大支持传输距离为（　　）。

A．5km　　B．25km　　C．15km　　D．10km

（3）ZXSDR R8882 L268 接地线缆采用（　　）mm^2 黄绿色阻燃多股导线制作。

A．16　　B．25　　C．20　　D．15

3．简答题

（1）请简要回答分布式基站的解决方案具有哪些优势。

（2）请简要描述 ZXSDR R8882 L268 外部线缆安装的流程。

任务 3 单站全局数据配置

【学习目标】

1．了解中兴基站开局步骤及配置前的准备工作

2．掌握中兴基站设备的连接顺序

【知识要点】

1．中兴基站的 LMT 配置

2．中兴单站的全局数据配置

4.3.1 单站配置准备

1．基站开局

基站开局的步骤如下：

（1）开启连线。

（2）选择“Data recovery”→eNodeB→“OK”。

（3）拓扑图如图 4-64 所示。

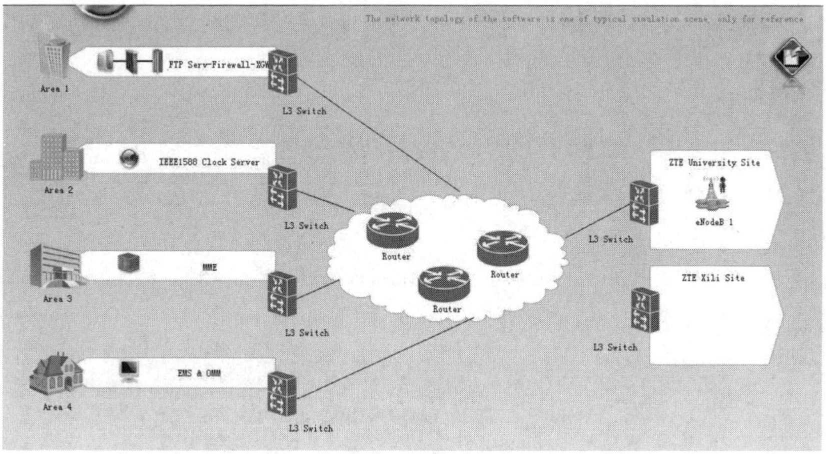

图 4-64 拓扑图

（4）进入“Virtual eNodeB”。

（5）搬设备进房间→ZXSDR BS8800。

（6）进入 ZXSDR BS8800→放入 SDR B8200、FAN、PDM、RSU（3 个）（注意：此处根据网络拓扑选择 3 个 RSU），如图 4-65 所示。

（7）进入 ZXSDR BS8800→放入 CC、BPL、SA、PM 单板，如图 4-66 所示。

（8）选择“Network Topology”→拖网元进基站→进入基站。

（9）进行设备连线。

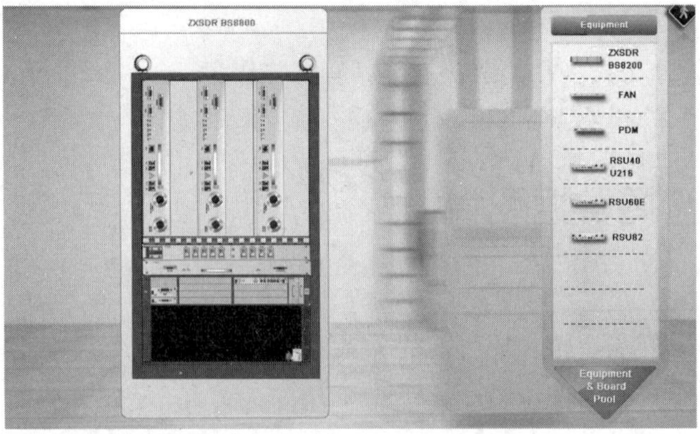

图 4-65　放入 SDR B8200、FAN、PDM、RSU（3 个）

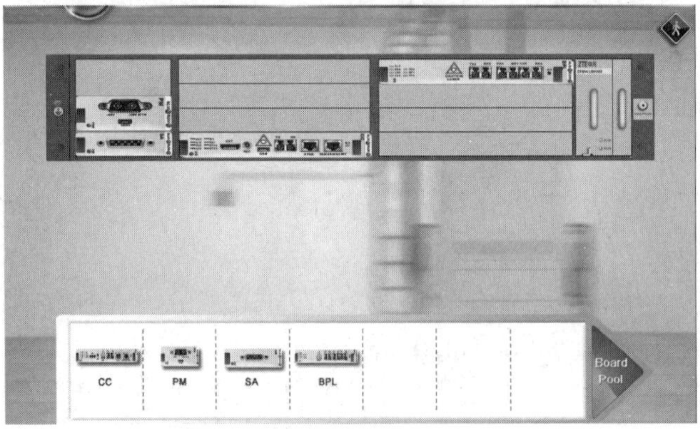

图 4-66　放入 CC、BPL、SA、PM 单板

2. 设备连线

设备连线：按照地线→电源线→高速线缆→传输线→馈线的顺序进行连接，本书介绍的方法是在中兴的 LTE 仿真教学软件中使用的，实际现网设备在连线的时候可以参考此方法。

（1）地线

进入机柜→BBU→接地→“Power cable and grounding cable”→25mm^2 黄绿线 A 端口→接地→25mm^2 黄绿线 B 端口→进入机柜→接地，如图 4-67 所示。

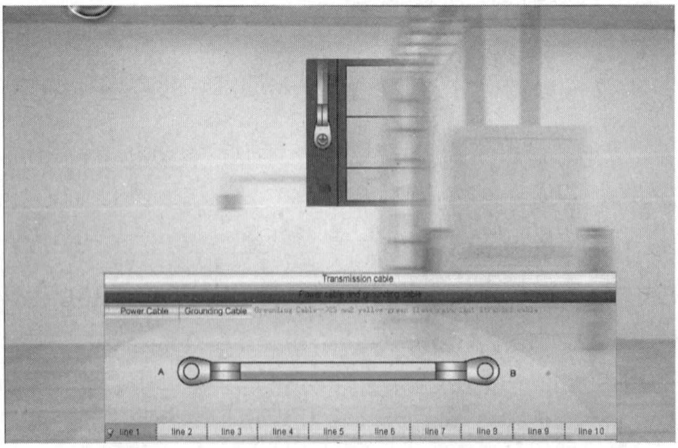

图 4-67　地线连接示意图

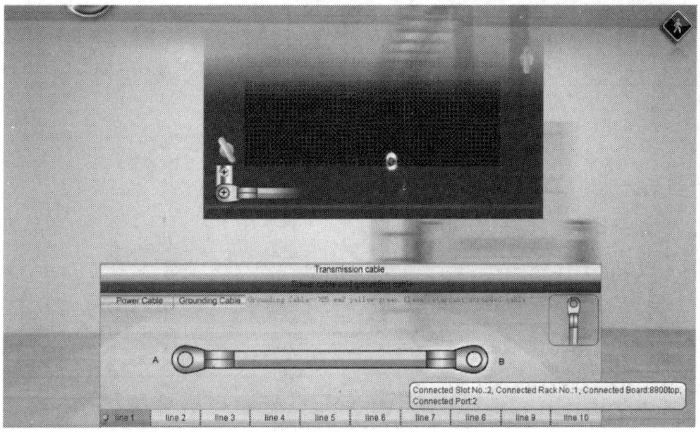

图 4-67　地线连接示意图（续）

（2）电源线

进入 PDM 单板→“Power cable and grounding cable”→25mm^2 黑蓝双线→蓝线 A1 端口接-48V，黑线 A2 端口接-48VRTN→进入配电箱→蓝线 B1 端口接 DB9→黑线 B2 端口接地，如图 4-68 所示。

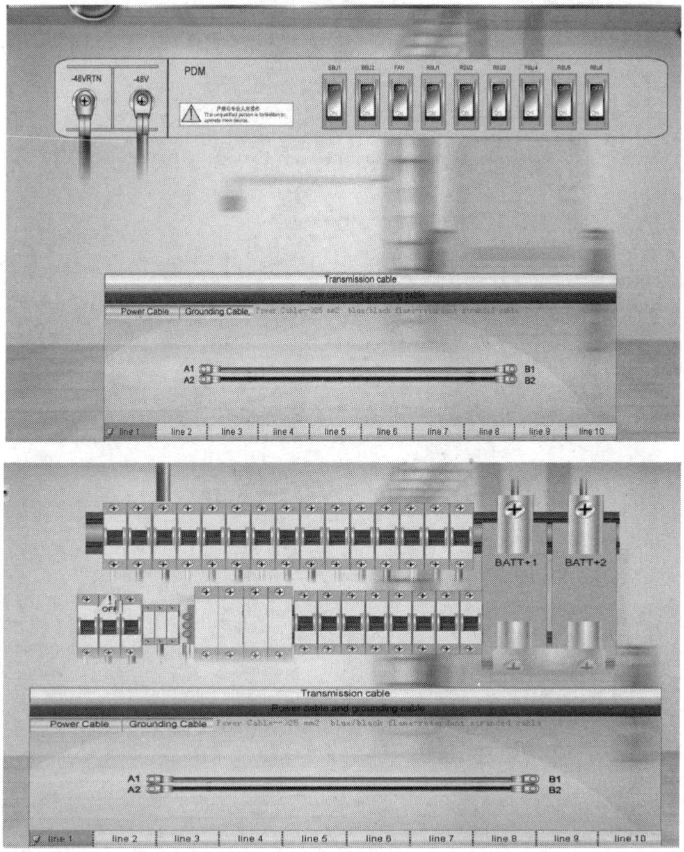

图 4-68　电源线连接示意图

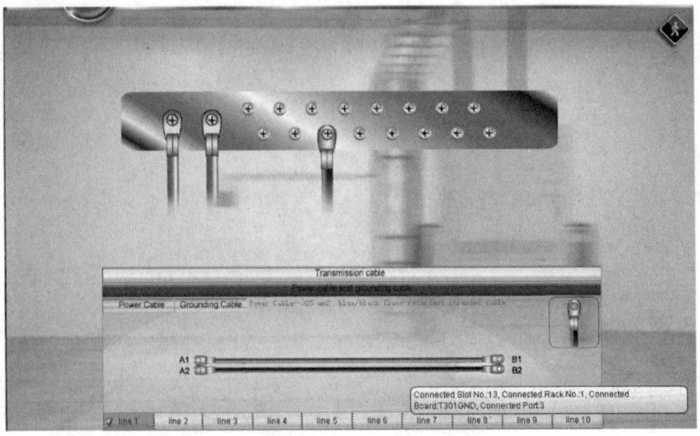

图 4-68　电源线连接示意图（续）

（3）高速线缆

进入 RSU82→“Transmission cable”→“Optical Fiber”→“High Speed cable”→A 端口接 TX1 RX1→B 端口接 TX1 RX1（line1），RSU82（line2）和 RSU82（line3）的连接方法同 RSU82（line1），如图 4-69 所示。

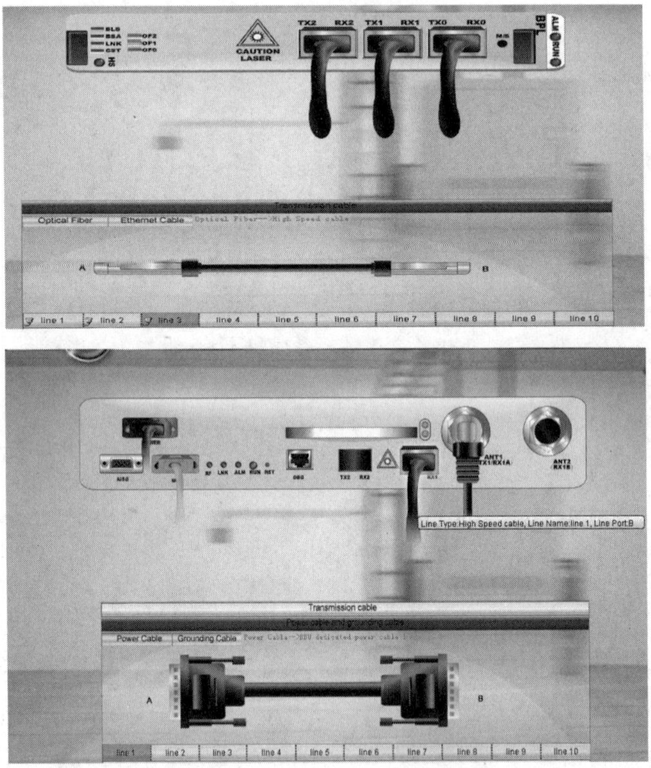

图 4-69　高速线缆连接示意图

（4）传输线

进入 CC 单板→“Transmission cable”→“Enternet Cable”→“CAT5E Straight-through Ethernet cable”→A 端口接 CC 单板 ETH 口→建 19 英寸机框→放入 NR 8250→进入 NR 8250 B 端口，如图 4-70 所示。

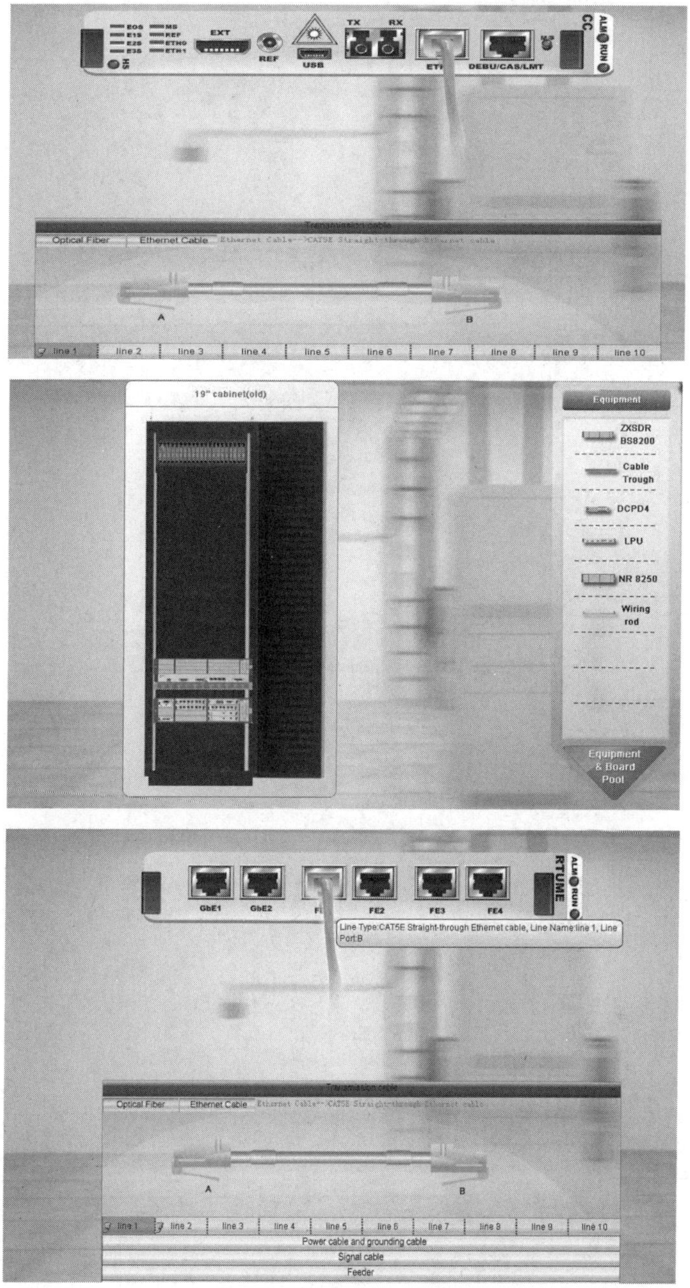

图 4-70　传输线连接示意图

（5）馈线

进入 RSU82→“Feeder”→“Main Feeder”→“1/2"ultra flexible jumper（RSU side）”，B 端口接 ANT1 口→7/8 Main Feeder 2→右击“Be Used for connecting”→“1/2"ultra flexible jumper（RSU side）”，A 端口接 7/8"延长线端口→进入α基站→“1/2"ultra flexible jumper（RRU side）”→A 端口接α基站，B 端口接延长线端口（line1），RSU82（line2）和 RSU82（line3）的连接方法同 RSU 82（line1），如图 4-71 所示。

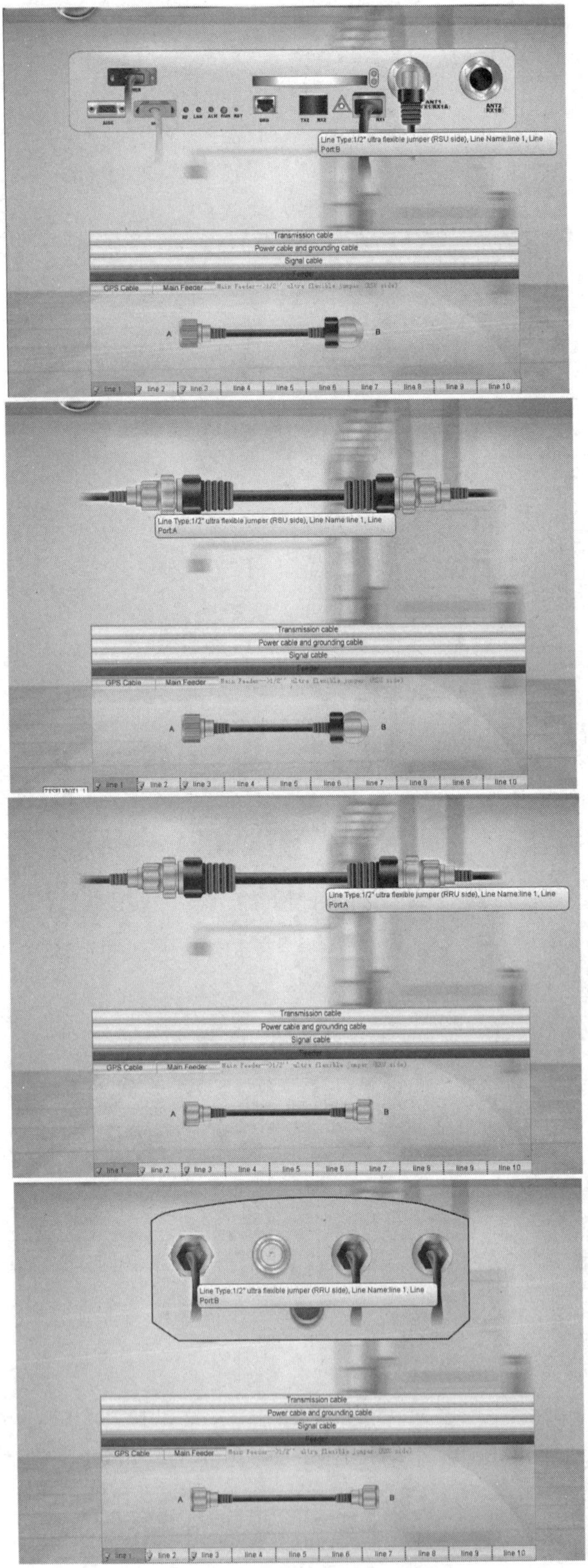

图 4-71　馈线连接示意图

3. LMT 配置

（1）网线连接

进入 CC 单板→“Transmission cable”→“Ethernet Cable”→“CAT5E Straight-through Ethernet cable”→A 端口接 CC 单板 DEBU/CAS/LMT 口（line2）→进入计算机桌面→B 端口接计算机网口，如图 4-72 所示。

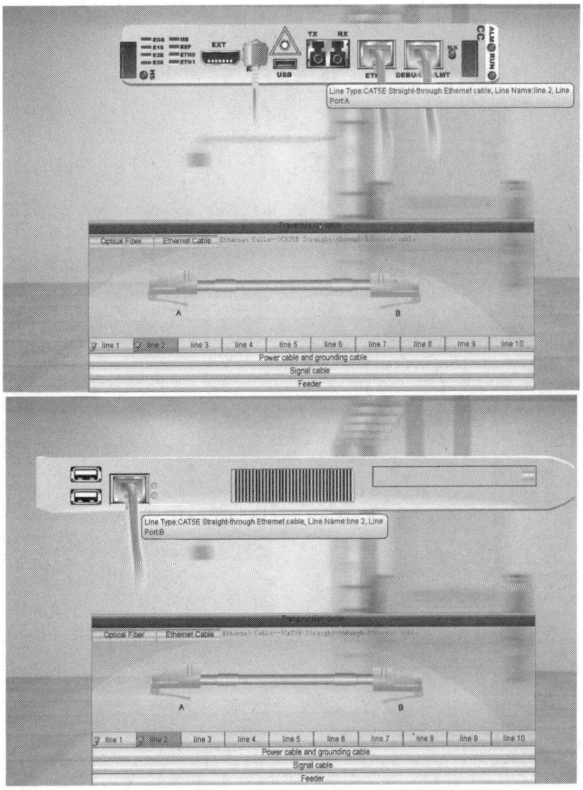

图 4-72　网线连接示意图

配置 IP：进入计算机桌面→双击图标“Shortcut to Local Area Connection”→“IP address：192.254.1.55”，“Subnet mask：255.255.255.0”→“OK”，如图 4-73 所示。

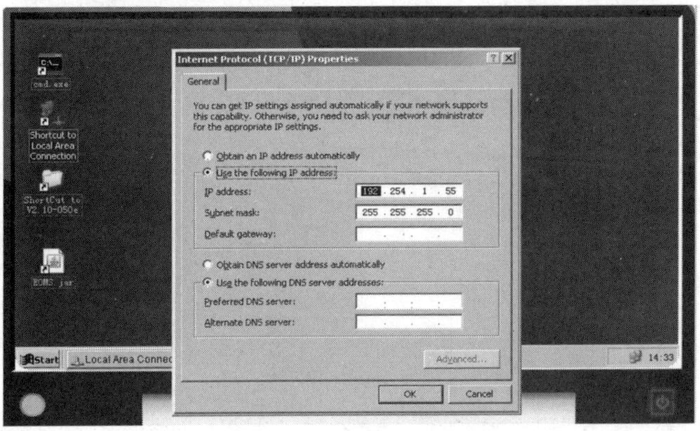

图 4-73　LMT 配置

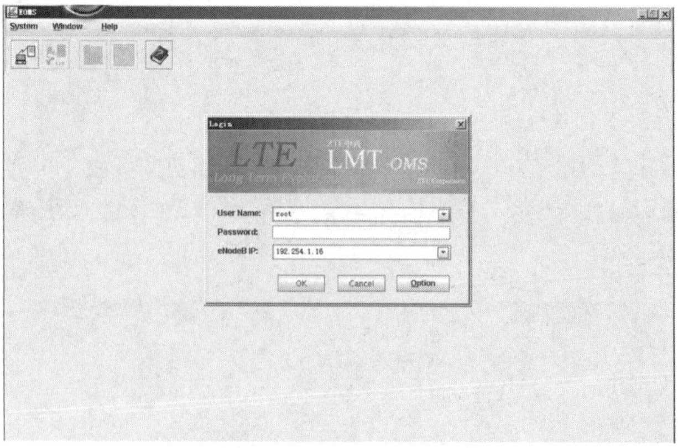

图 4-73　LMT 配置（续）

（2）参数配置

双击“EOMS.jar”→“OK”，按照以下顺序进行配置。

① GE Parameter 配置，此处全部按照默认配置，如图 4-74 所示。

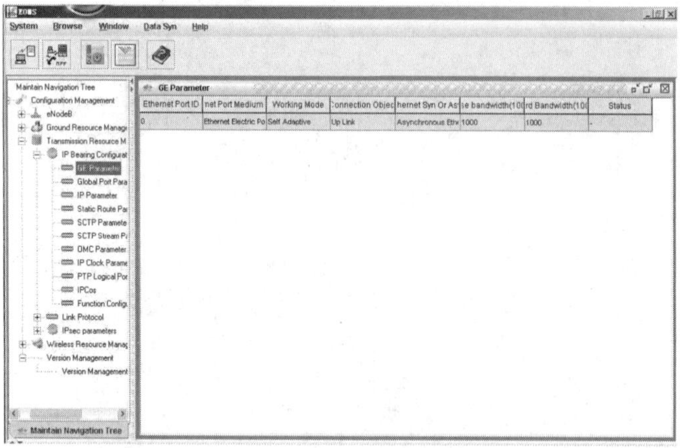

图 4-74　GE Parameter 配置

② “GE Parameter”→“Add”→“OK”。

③ Global Port Parameter 配置，如图 4-75 所示。

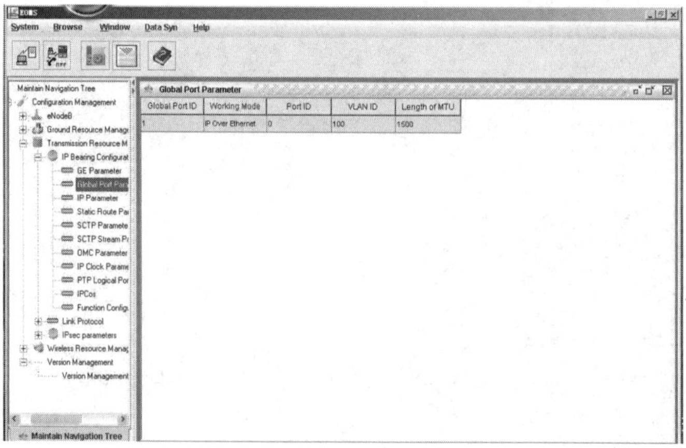

图 4-75　Global Port Parameter 配置

④ IP Parameter 配置，如图 4-76 所示。

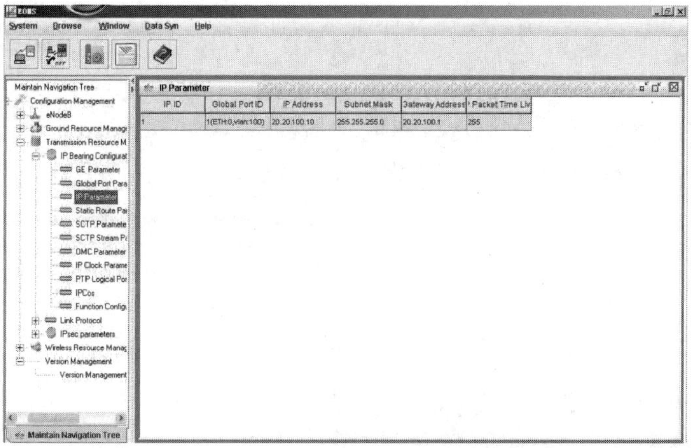

图 4-76 IP Parameter 配置

⑤ Static Route Parameter 配置，如图 4-77 所示。

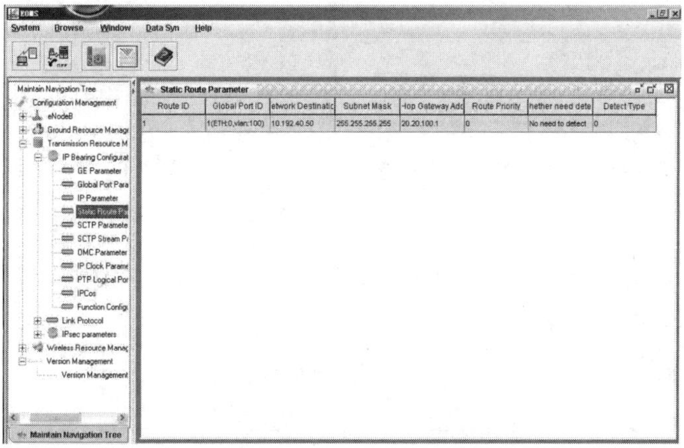

图 4-77 Static Route Parameter 配置

⑥ OMC Parameter 配置。

参数要依据实际的网络拓扑情况进行相应的配置，如图 4-78 所示。

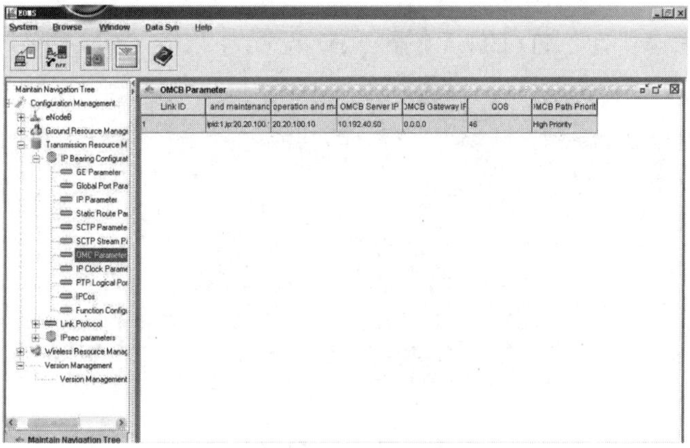

图 4-78 OMC Parameter 配置

4.3.2 单站全局数据配置脚本示例

（1）进入 OMC

如图 4-79 所示，服务器地址为安装网管时的 IP 地址，这里是 192.254 网段地址，用户名为 admin，密码为空。图中是学生机，教师机 IP 地址是 192.254.1.70。

进入 OMC 后，选择“视图”→“配置管理”命令，如图 4-80 所示。

图 4-79 进入 OMC

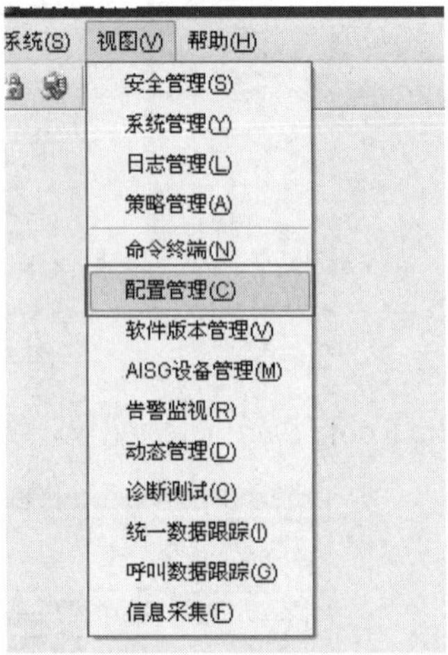

图 4-80 配置管理

（2）创建子网

如图 4-81 所示，进入配置管理对话框后，右击，在弹出的快捷菜单中选择“创建子网”命令，弹出如图 4-82 所示对话框。

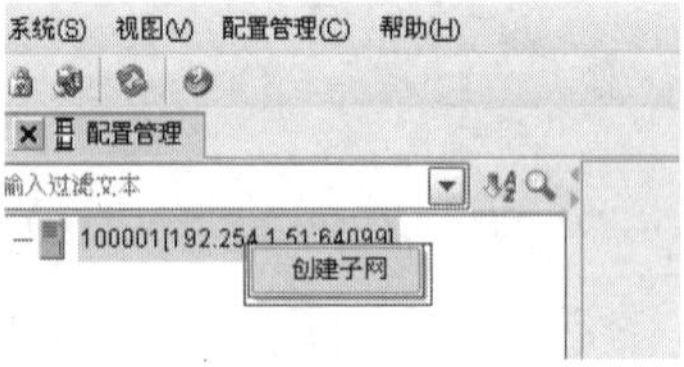

图 4-81 创建子网

此例中用户标识设置为“TD-LTE”，子网 ID 设置为“0”，子网类型选择“接入网”。在配置中要注意的是用户标识可以自由设置，子网 ID 不可重复。

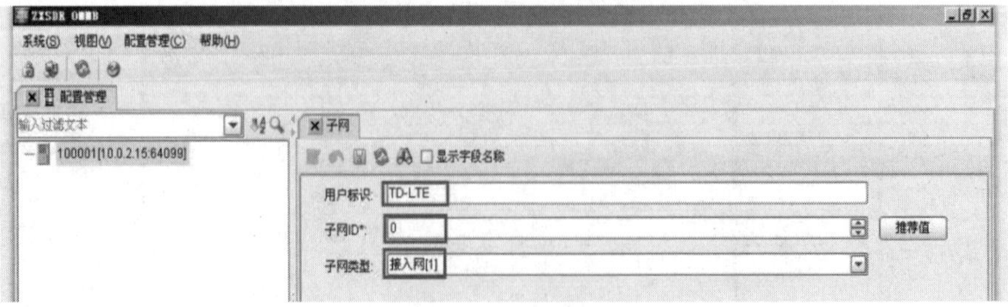

图 4-82 子网配置

（3）创建网元

子网配置好后会在配置管理对话框中出现创建好的子网名称，右击创建好的子网，在弹出的快捷菜单中选择“管理网元”命令，在弹出的对话框中对网元进行设置，如图 4-83 所示，此处网元 IP 地址即为基站和外部通信的 eNodeB 地址，直接配置为 192.254.1.16，BBU 类型此处选择“B8200”。

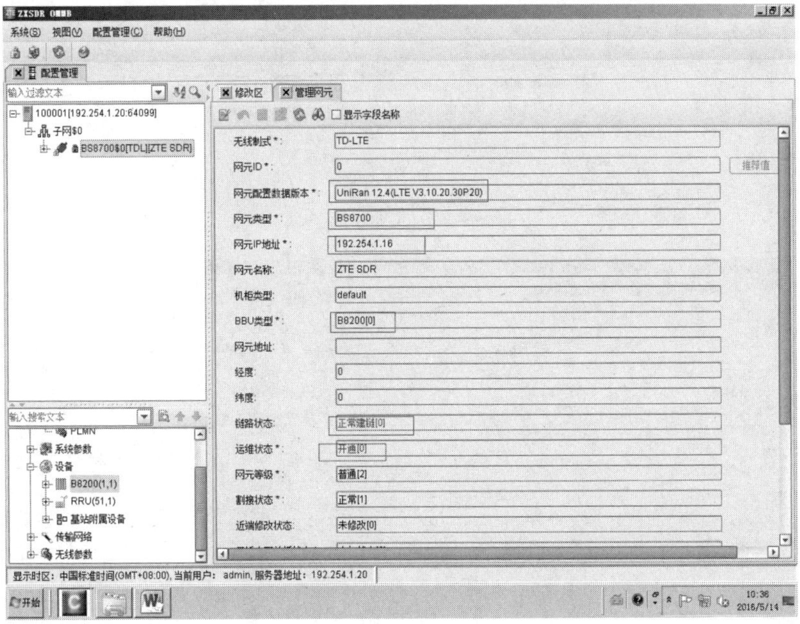

图 4-83　创建网元

（4）申请互斥权限

网元设置好后，右击设置好的网元，在弹出的快捷菜单中选择“申请互斥权限”命令，只有申请了互斥权限才能进行后面的操作，如图 4-84 所示。

图 4-84　申请互斥权限

（5）运营商配置

如图 4-85 所示，创建运营商，此处运营商名称和运营商信息均设置为“CMCC”。运营商创建好后，选择“运营商”→“PLMN”，此处移动国家码设置为“460”，移动网络码设置为“07”，如图 4-86 所示。

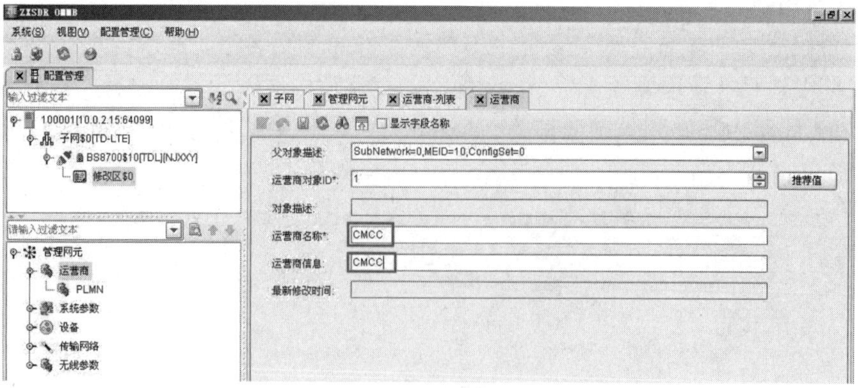

图 4-85　创建运营商

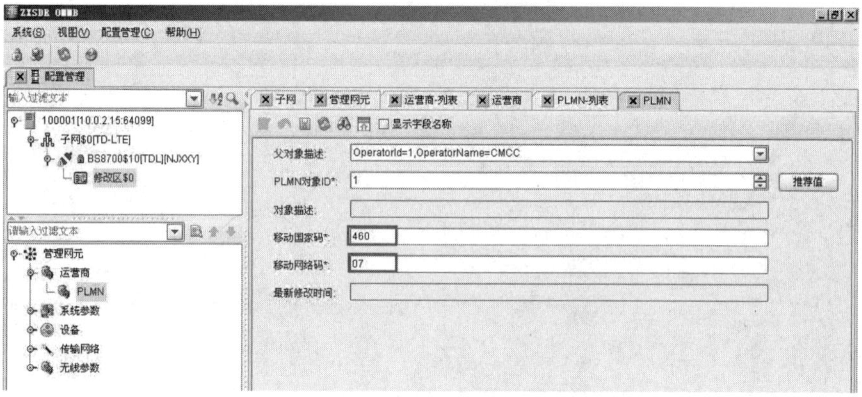

图 4-86　PLMN 设置

思考与练习

1．填空题

在中兴 LTE BBU 设备中，CC 单板用于 LMT 配置的默认 IP 为________________。

2．问答题

在中兴基站设备单站配置中，链路协议需要配置什么内容？

任务 4　单站传输数据配置

【学习目标】

1．了解中兴单站传输数据配置过程

2．了解在中兴单站数据配置中的设备配置方法

【知识要点】

1．中兴单站传输数据配置方法

2．设备配置、连线配置和传输配置的具体流程

4.4.1 设备配置

1. 添加 BBU 侧设备

首先单击网元，选中“修改区”，双击“设备”后（如图 4-87 所示），会在右边显示出机架图。根据实际位置情况添加 CCC（即 CC16）单板及其他单板，单板板位图如图 4-88 所示，注意在实际配置中板位图要和设备配置情况保持一致。

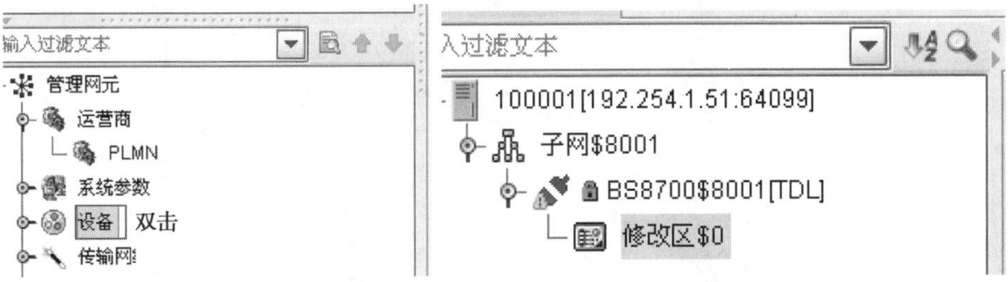

图 4-87 添加 BBU 设备

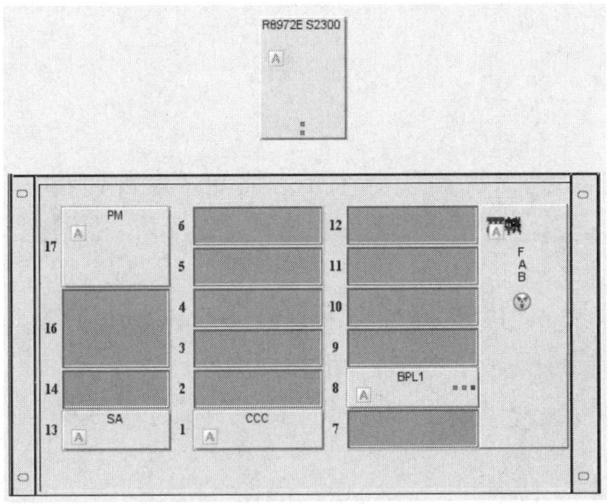

图 4-88 单板板位图

在弹出的机架图中按如图 4-88 所示进行配置，如增加 PM 单板，如图 4-89 所示。

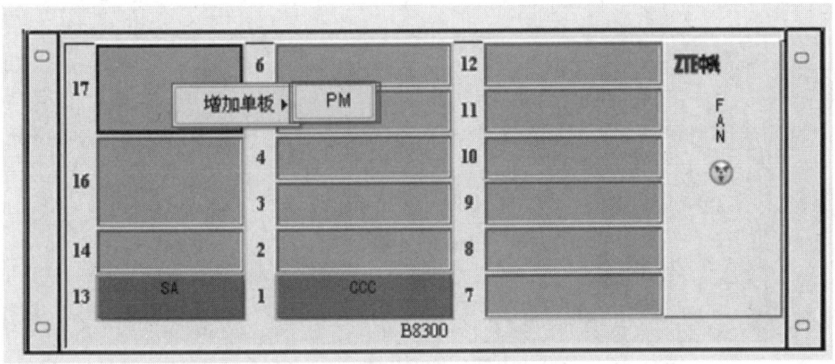

图 4-89 增加 PM 单板

2．配置 RRU

在机架图上单击 图标添加 RRU 机架和单板，如图 4-90 所示，RRU 机架编号可以自动生成，用户也可以自己填写，但是限制范围是 51～107。右击“设备”，在弹出的快捷菜单中选择“添加 RRU”命令，会弹出 RRU 类型选择对话框，选中需要的类型即可。

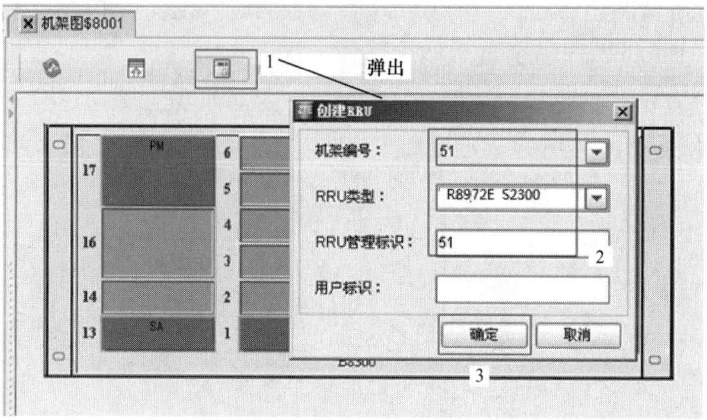

图 4-90　配置 RRU

3．BPL 光口设备配置

如图 4-91 所示，双击“光口设备”，再双击右侧光口设备列表中的第一行即第 1 个光口，即进入光口设置对话框，此处需要配置光模块类型、光模块协议类型和无线制式几个参数，具体配置如图 4-92 所示。

光口设置好后，再进入光口设备集配置对话框，此处需要选择上行连接方式为“单光纤上联”，是否自动调整数据帧头选择“Y”，如图 4-93 所示。

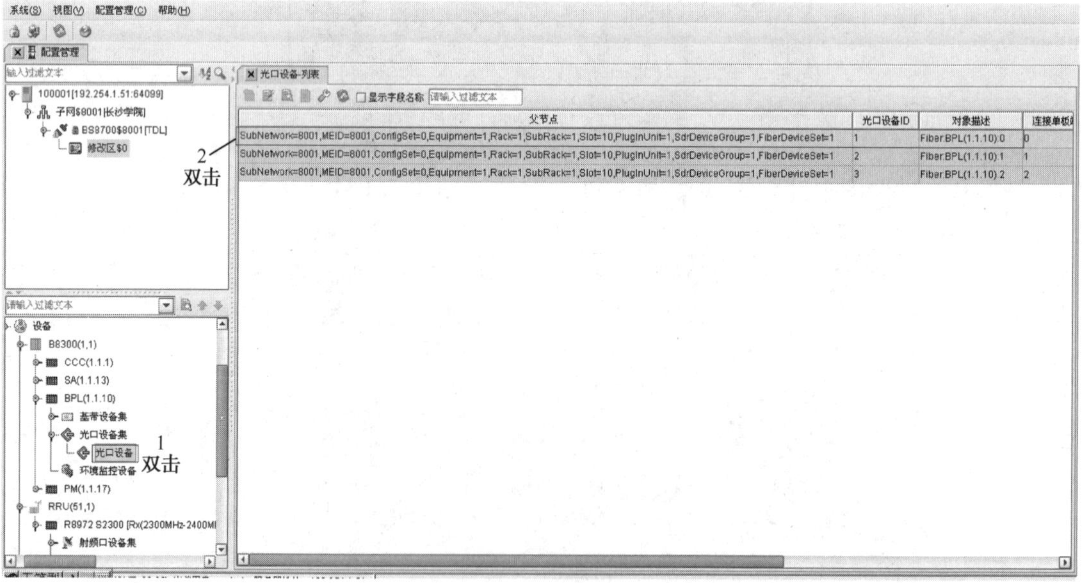

图 4-91　光口设备配置

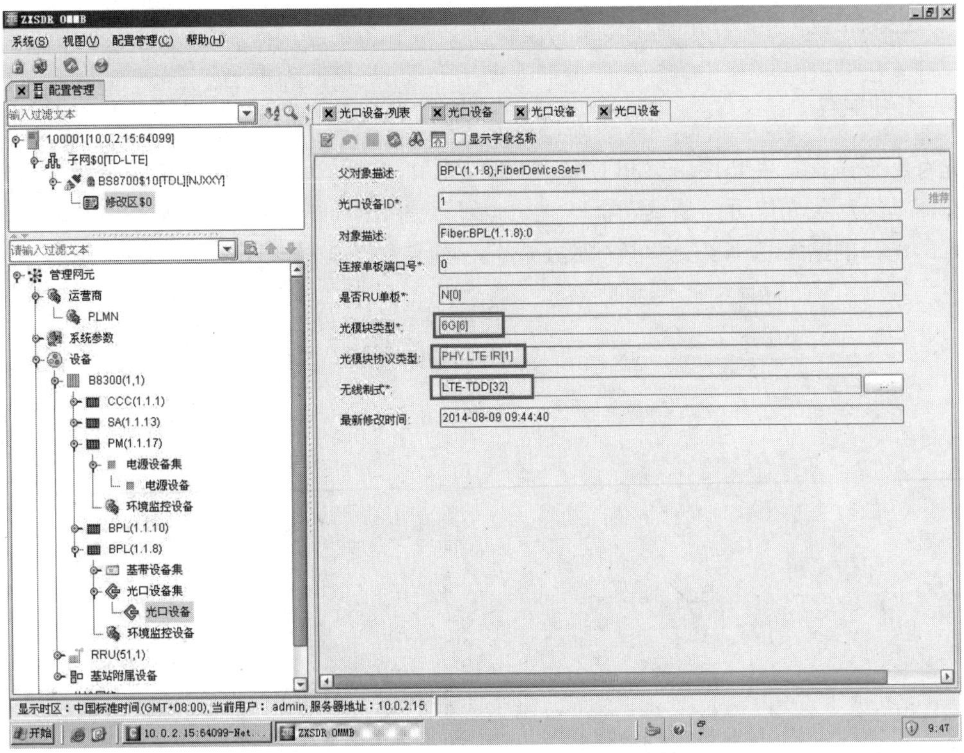

图 4-92　光口设置对话框

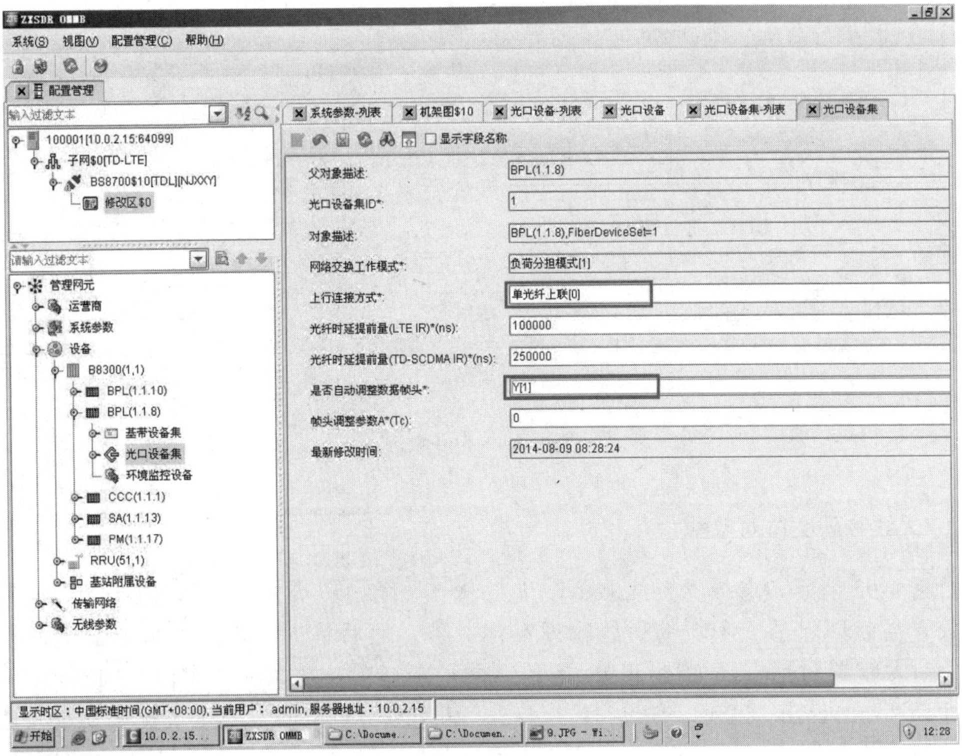

图 4-93　光口设备集配置对话框

4.4.2 连线配置

1．光纤配置

光纤配置是指配置光接口板和RRU的拓扑关系。光纤的上级对象光口和下级对象光口必须存在，上级对象光口可以是基带板的光口也可以是RRU的光口，RRU是否支持级联，需要检查。光口的速率和协议类型必须匹配，具体配置如图4-94所示。

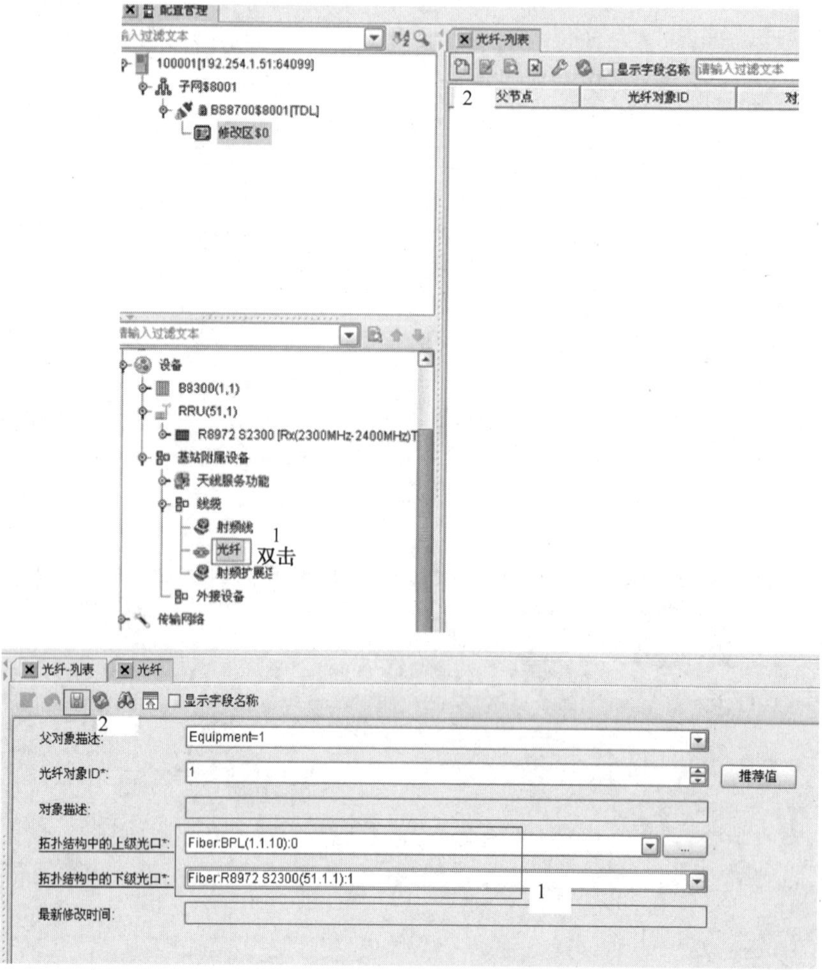

图4-94　光纤配置

2．天线物理实体对象配置

如图4-95所示，选择“天线服务功能”→“天线物理实体对象”，双击“天线物理实体对象”后就创建了一个新的天线物理实体对象，然后单击“修改”按钮，进入天线物理实体对象配置对话框，如图4-96所示，此处选择覆盖场景为“室内”，选择使用的天线属性为“AntProfile=201”，如图4-97所示，其他参数选择默认配置，配置好后单击“保存”按钮，将配置参数进行保存。以此类推，其他天线参数配置可参考以上步骤。

图 4-95　创建天线物理实体对象

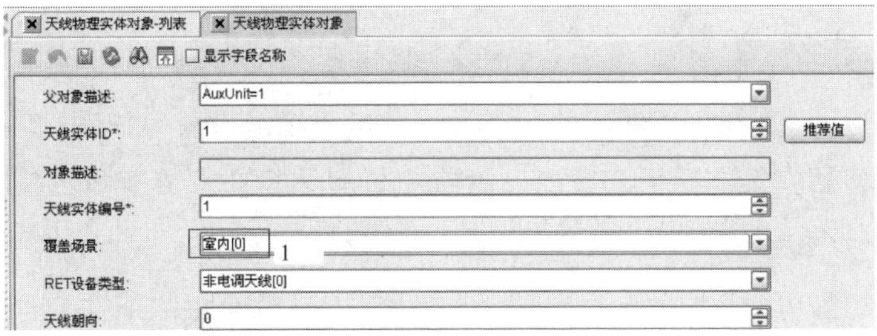

图 4-96　天线物理实体对象配置

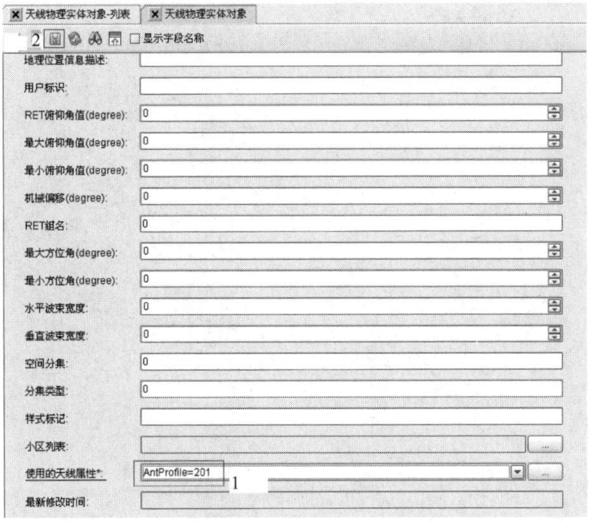

图 4-97　天线属性配置

3．射频线配置

如图 4-98 所示，选择“线缆”→“射频线”，双击“射频线”，则可创建射频线，然后单击“修改”按钮对射频线参数进行配置，如图 4-99 所示。

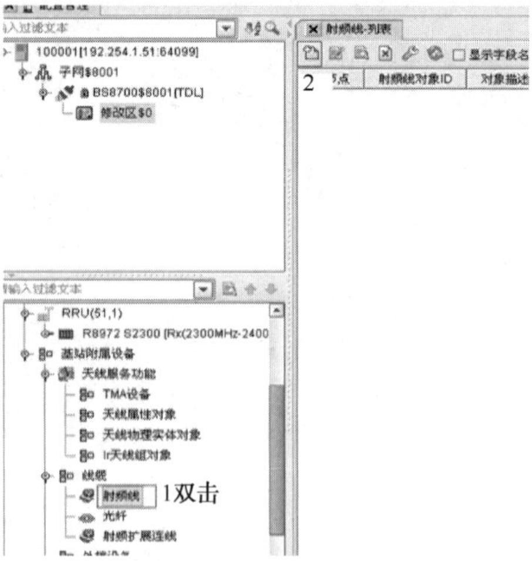

图 4-98 创建射频线

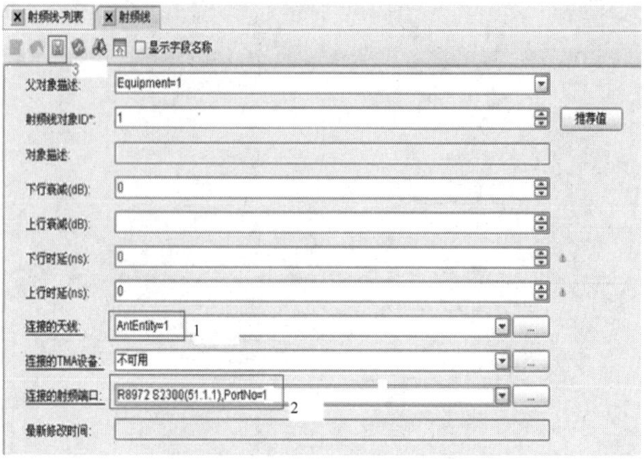

图 4-99 射频线参数配置

4．Ir 天线组对象配置

如图 4-100 所示，选择“天线服务功能”→“Ir 天线组对象”，双击“Ir 天线组对象”即可创建 Ir 天线组对象，然后单击“修改”按钮，对 Ir 天线组对象参数进行配置，如图 4-101 所示。

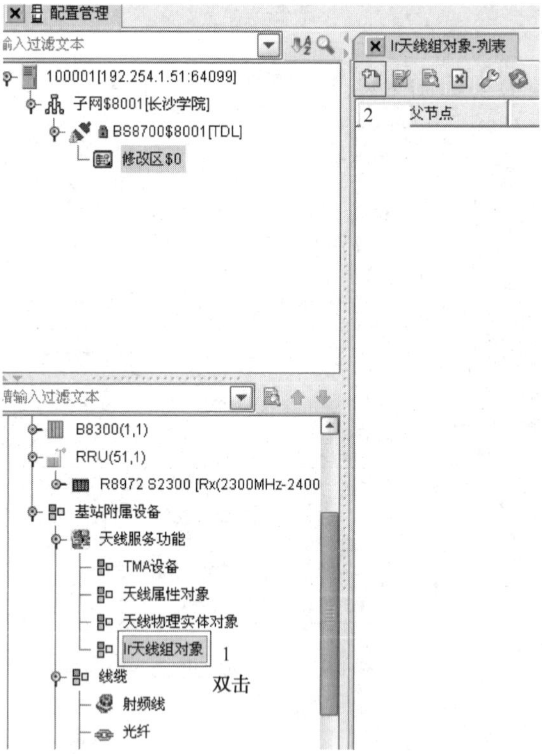

图 4-100 创建 Ir 天线组对象

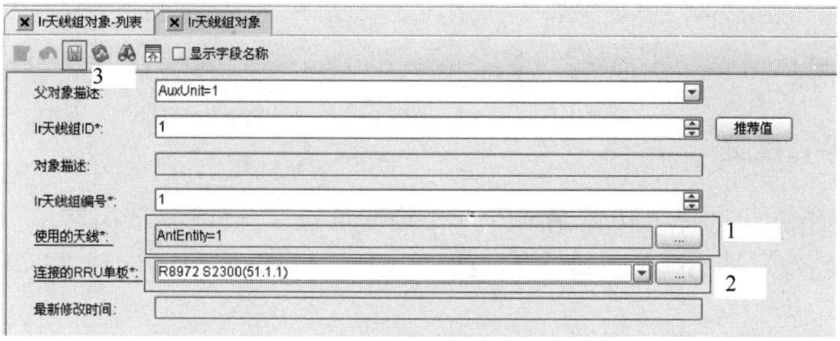

图 4-101　Ir 天线组对象参数配置

5. 配置时钟设备

如图 4-102 所示，选择“CCC（1.1.1）”→“时钟设备集”→“时钟设备”，双击“时钟设备”即可创建时钟设备，然后单击“修改”按钮，对时钟设备参数进行配置，如图 4-103 所示。

图 4-102　创建时钟设备

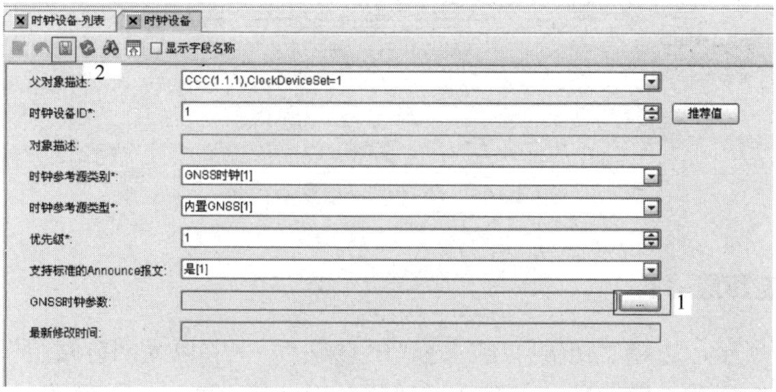

图 4-103　时钟设备参数配置

4.4.3 传输配置

1. 物理层端口配置

如图 4-104 所示，选择“传输网络”→“物理承载” →“物理层端口”，双击“物理层端口”即可创建物理层端口，然后单击“修改”按钮，对物理层端口参数进行配置，如图 4-105 所示。

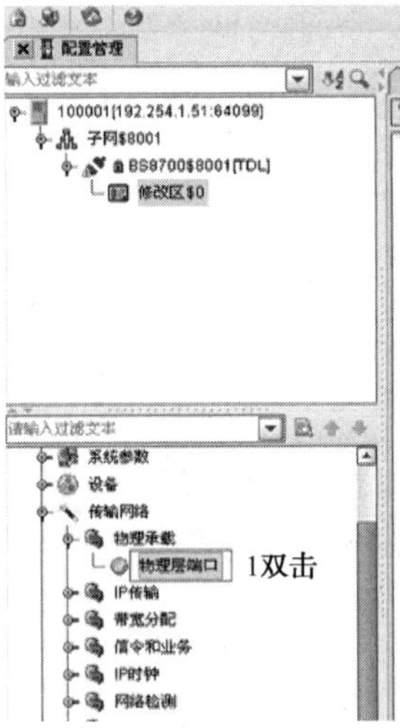

图 4-104　创建物理层端口

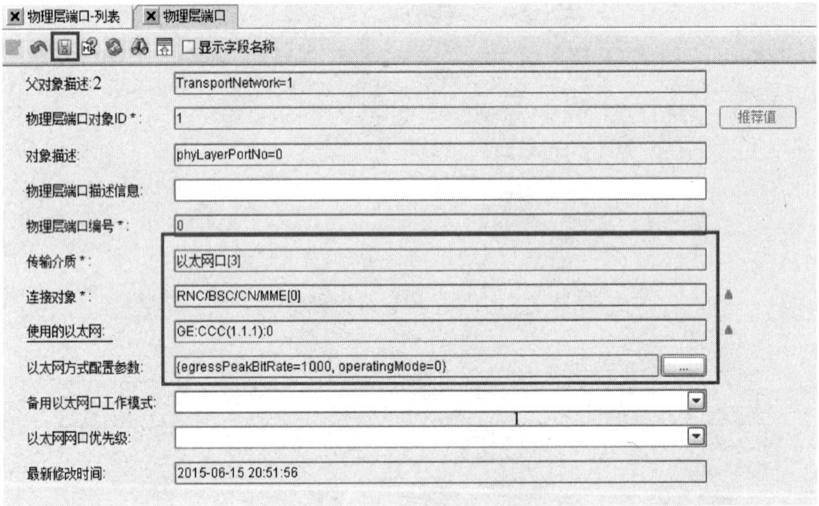

图 4-105　物理层端口参数配置

2. 以太网链路层配置

如图 4-106 所示，选择“传输网络”→“IP 传输” →“以太网链路层”，双击“以太网链路层”即可创建以太网链路层，然后单击“修改”按钮，对以太网链路层参数进行配置，如图 4-107 所示。

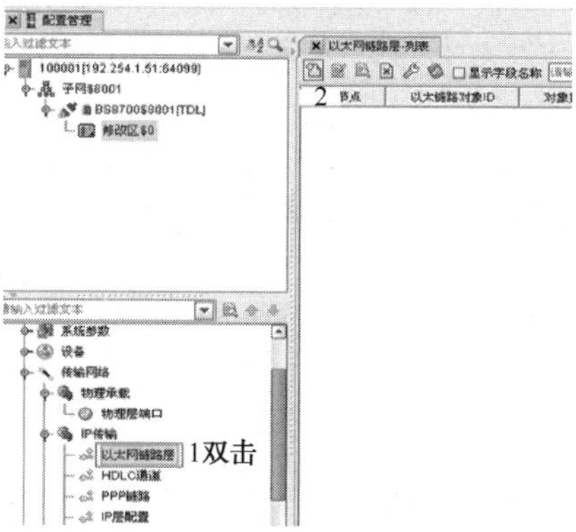

图 4-106　创建以太网链路层

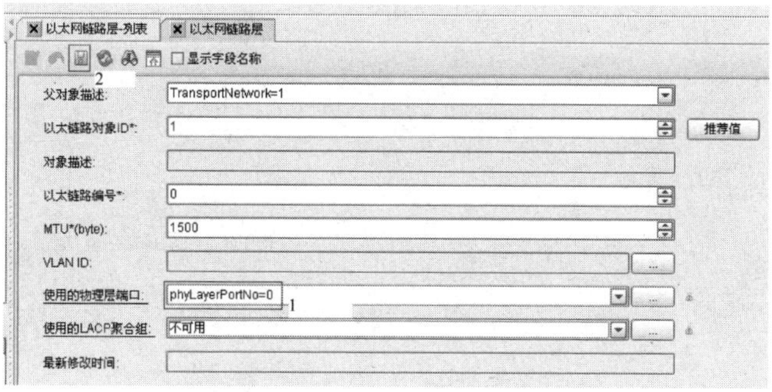

图 4-107　以太网链路层参数配置

3. IP 层配置

如图 4-108 所示，选择“传输网络”→“IP 传输”→“IP 层配置”，双击“IP 层配置”即可创建 IP 层，然后单击“修改”按钮，对 IP 层参数进行配置，如图 4-109 所示，此处 IP 地址配置为“192.168.11.100”，网关 IP 配置为“192.168.11.111”。

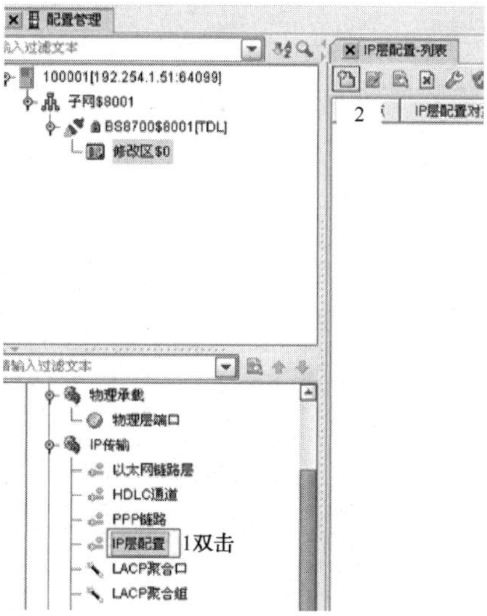

图 4-108　创建 IP 层配置

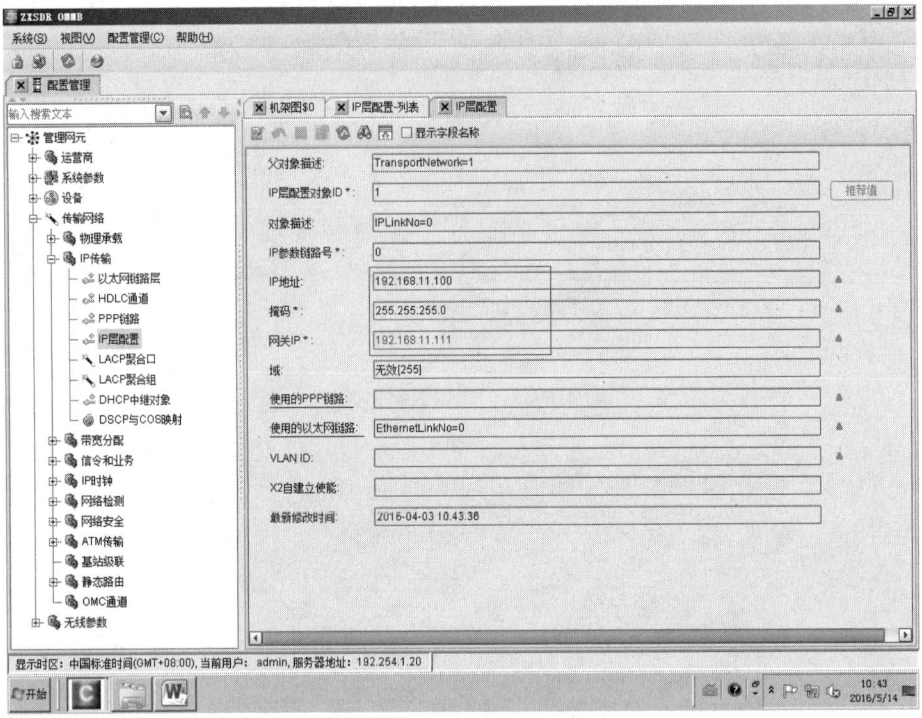

图 4-109　IP 层参数配置

4．带宽配置

如图 4-110 所示，选择“传输网络”→“带宽分配”→“带宽资源组”，双击“带宽资源组”即可创建带宽资源组，然后单击“修改”按钮，对带宽资源组参数进行配置，如图 4-111 所示。

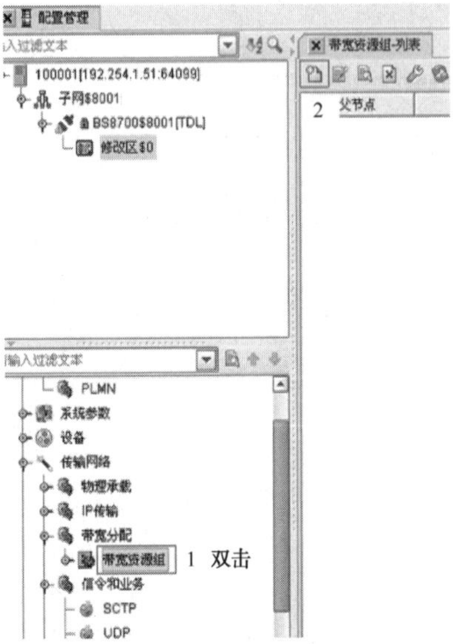

图 4-110　创建带宽资源组

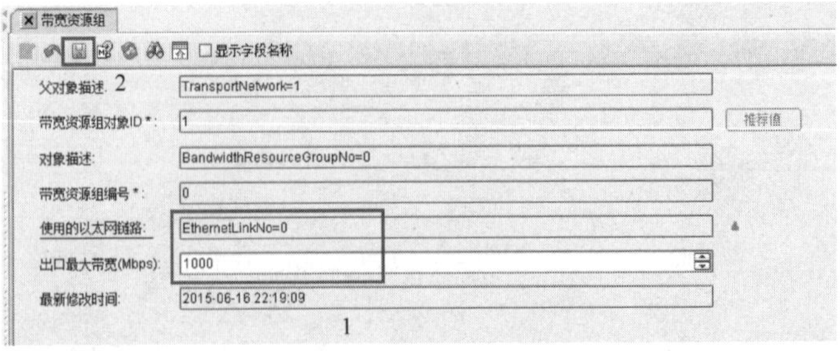

图 4-111　带宽资源组参数配置

带宽资源组设置好后，选择“传输网络”→“带宽分配”→“带宽资源组”→“带宽资源”，双击“带宽资源”即可创建带宽资源，如图4-112所示，然后单击“修改”按钮，对带宽资源参数进行配置，如图4-113所示。带宽资源配置好后，选择“传输网络”→“带宽分配”→“带宽资源组”→“带宽资源”→“带宽资源QoS队列”，选择“带宽资源QoS队列”即可创建带宽资源QoS队列，然后单击“修改”按钮，对带宽资源QoS队列参数进行配置，如图4-114所示。

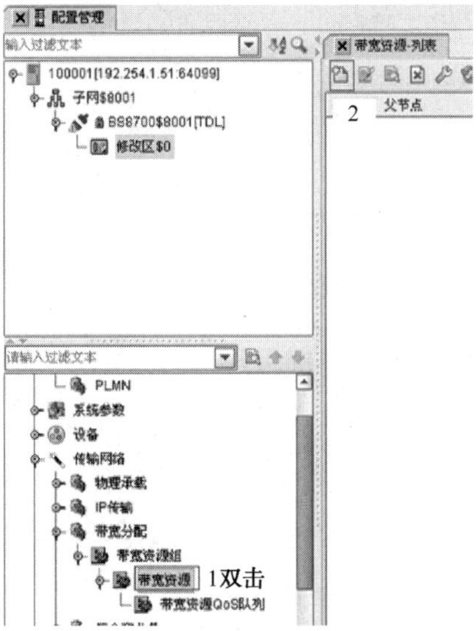

图4-112 创建带宽资源

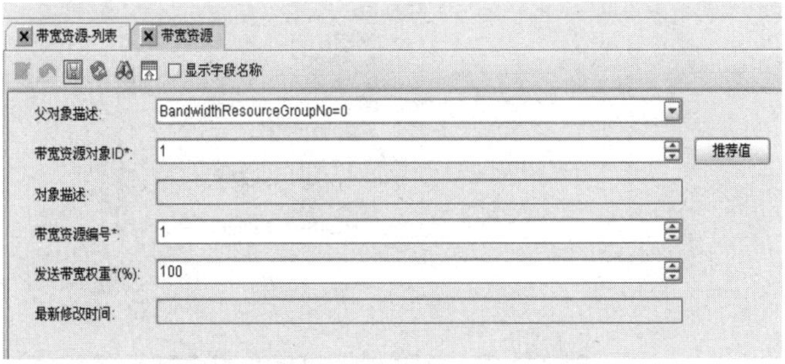

图4-113 带宽资源参数配置

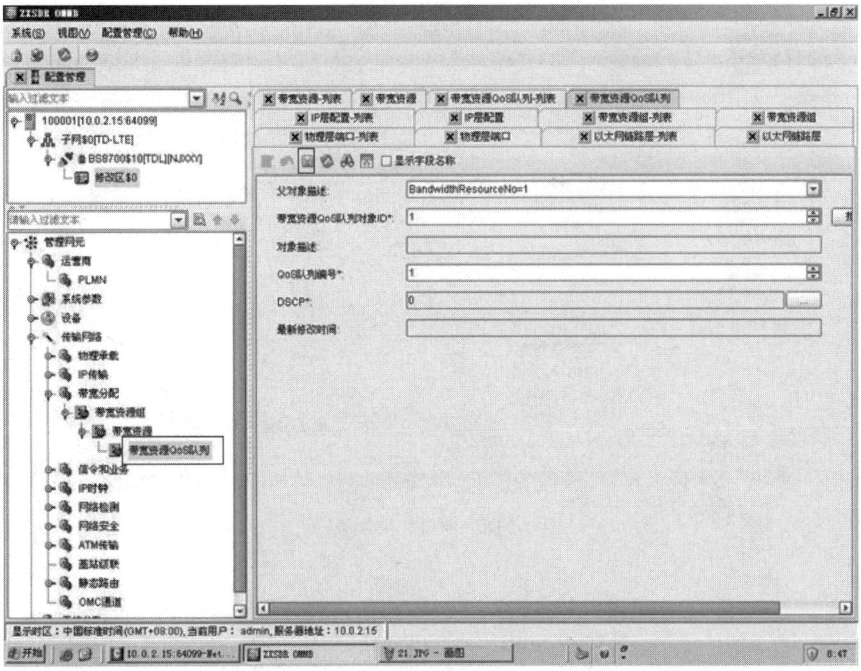

图4-114 带宽资源QoS队列参数配置

5．SCTP 配置

如图 4-115 所示，选择“传输网络”→“信令和业务”→“SCTP”，双击“SCTP”即可创建 SCTP，然后单击“修改”按钮，对 SCTP 参数进行配置，如图 4-116 所示。

图 4-115　创建 SCTP

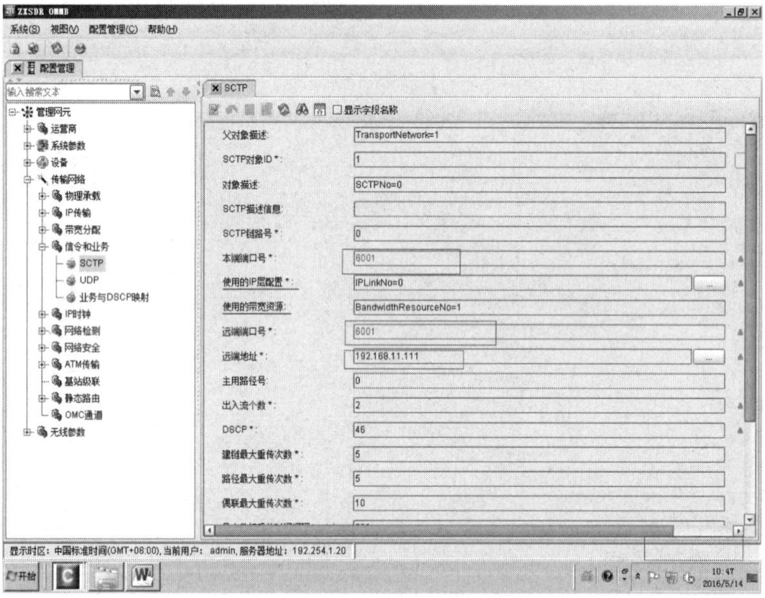

图 4-116　SCTP 参数配置

6．业务与 DSCP 映射配置

如图 4-117 所示，选择“传输网络”→“信令和业务”→“业务与 DSCP 映射”，双击“业务与 DSCP 映射”即可创建业务与 DSCP 映射，然后单击“修改”按钮，对物理层端口业务与 DSCP 映射参数进行配置，如图 4-118 所示，此处填入系统默认数据即可。

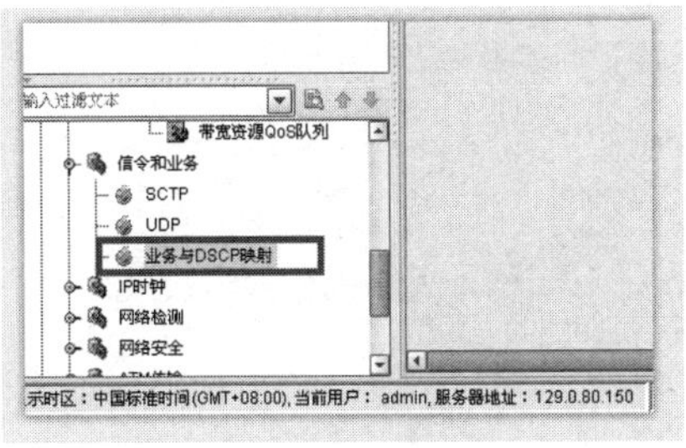

图 4-117 创建业务与 DSCP 映射

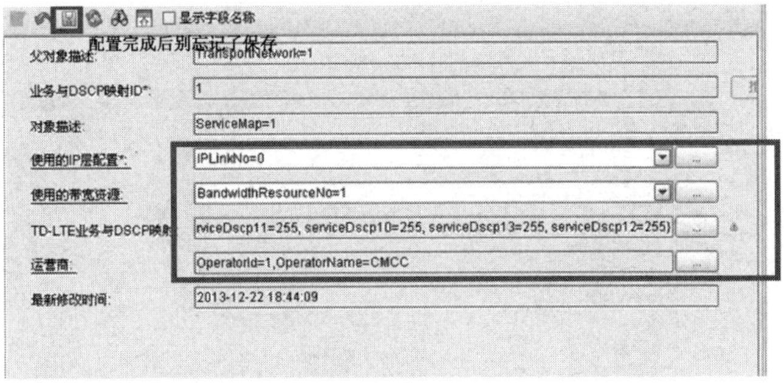

图 4-118 物理层端口业务与 DSCP 映射参数配置

7．静态路由配置

如图 4-119 所示，选择“传输网络”→“静态路由”→“静态路由配置”，双击“静态路由配置”即可创建静态路由，然后单击“修改”按钮，对静态路由参数进行配置，如图 4-120 所示。

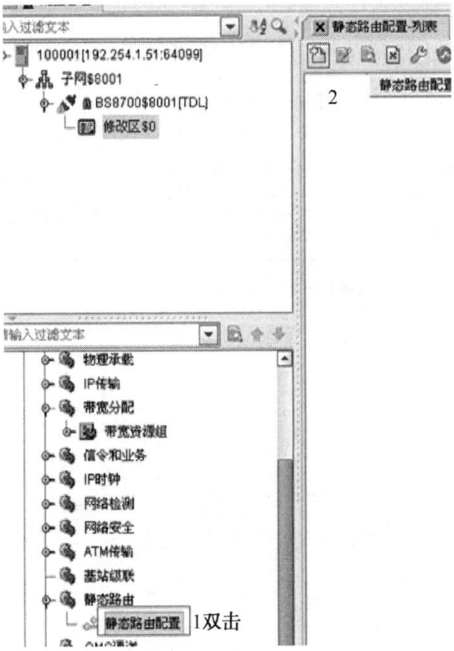

图 4-119 创建静态路由

8．OMCB 通道配置

如图 4-121 所示，选择“传输网络”→“OMC 通道”，双击“OMC 通道”即可创建 OMC 通道，然后单击“修改”按钮，对 OMC 通道参数进行配置，如图 4-122 所示。

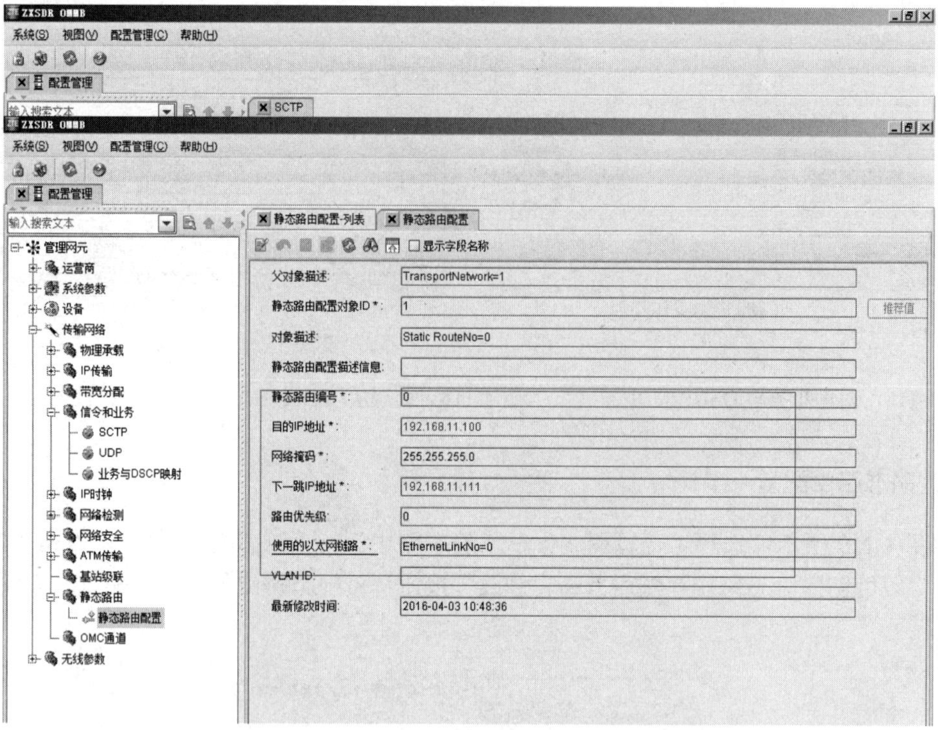

图 4-120　静态路由参数配置

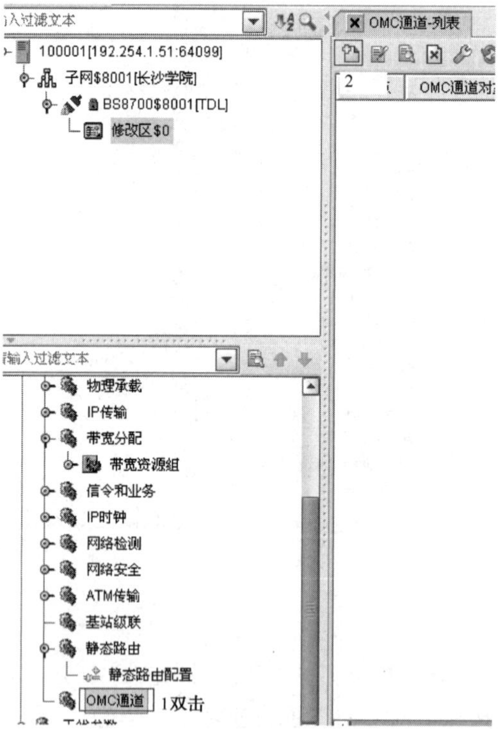

图 4-121　创建 OMC 通道

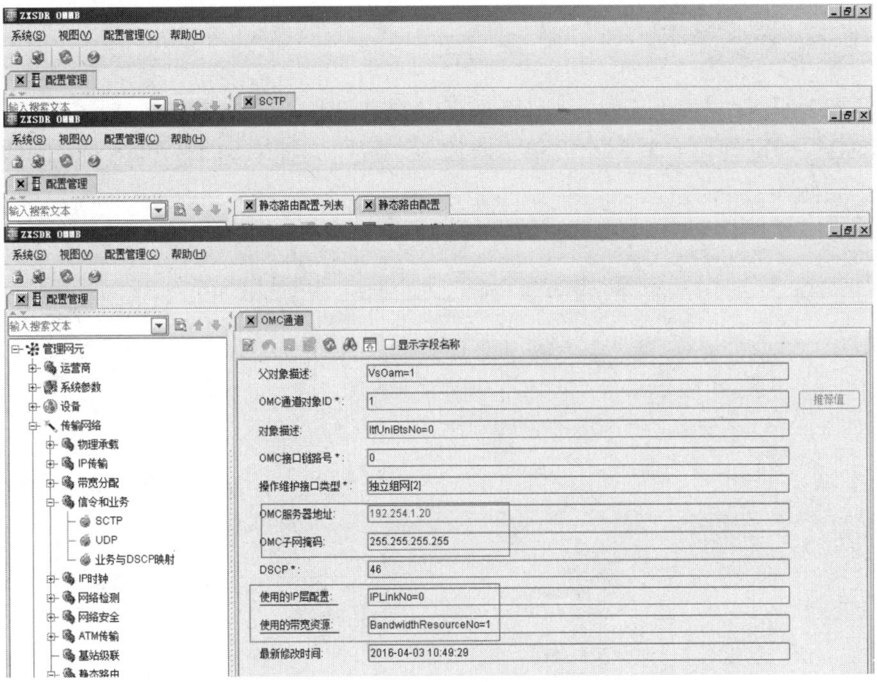

图 4-122　OMC 通道参数配置

思考与练习

1．OMC 动态管理可以实现的功能有（　　）。

A．小区关断　　　　B．小区状态查询

C．单板重启　　　　D．网元状态查询

2．OMC 诊断测试可以实现的功能有（　　）。

A．小区功率查询　　　　B．驻波比

C．RRU 序列号　　　　D．光口功率

3．OMC 配置管理可以实现的功能有（　　）。

A．小区数据修改　　　　B．传输数据修改

C．数据同步　　　　D．数据导入、导出

任务 5　单站无线数据配置

【学习目标】

1．了解中兴单站无线数据配置流程

2．了解服务小区参数配置原则

【知识要点】

1．单站无线数据配置的原则

2．单站无线数据配置流程

1．LTE 网络配置

如图 4-123 所示，选择“无线参数”→“TD-LTE ENBFunction TDD”，双击“TD-LTE ENB Function TDD”即可创建 LTE 网络，单击“修改”按钮，对 TD-LTE ENBFunction TDD 参数进行配置，如图 4-124 所示。

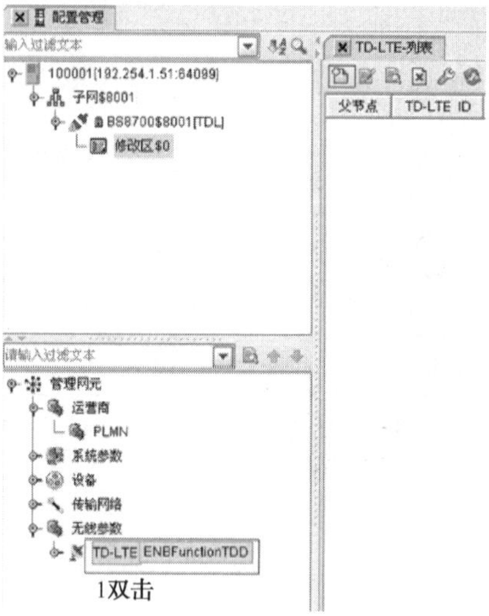

图 4-123　创建 LTE 网络

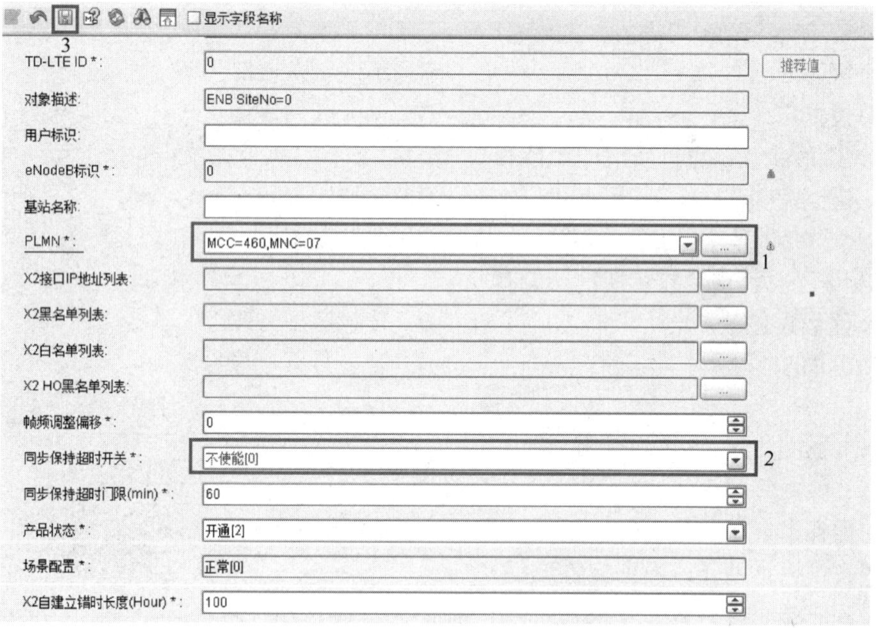

图 4-124　LTE 网络参数配置

2．基带资源配置

如图 4-125 所示，选择“无线参数”→“TD-LTE”→“资源接口配置”→“基带资源”，双击“基带资源”即可创建基带资源，单击“修改”按钮，对基带资源参数进行配置，如图4-126所示。其中，小区CP ID参数一项，范围是0～2，表示一个LTE小区内最多有3个CP，一般从0开始编号。

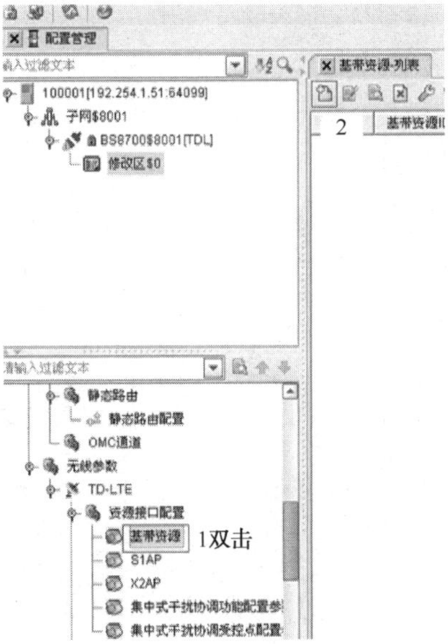

图4-125　创建基带资源

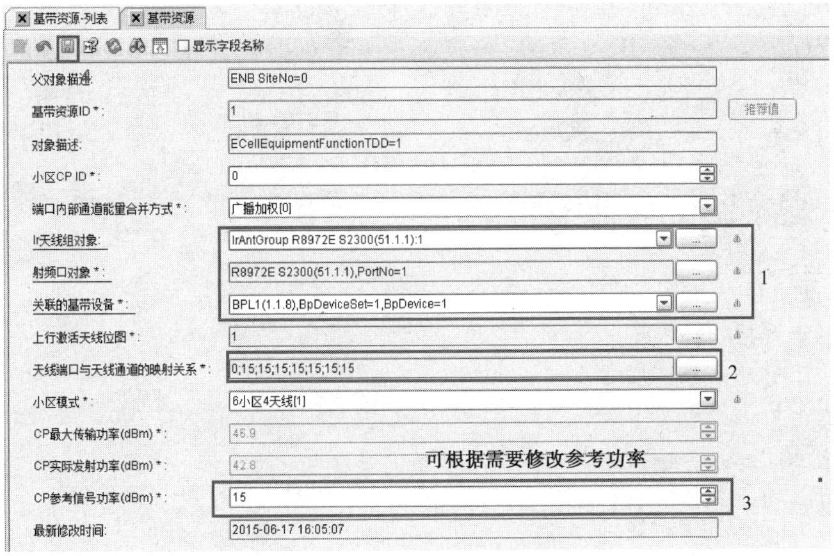

图4-126　基带资源参数配置

3. 服务小区配置

选择“无线参数”→“TD-LTE”→“E-UTRAN TDD小区”，双击“E-UTRAN TDD小区”即可创建服务小区，单击“修改”按钮，对服务小区参数进行配置，如图4-127所示。

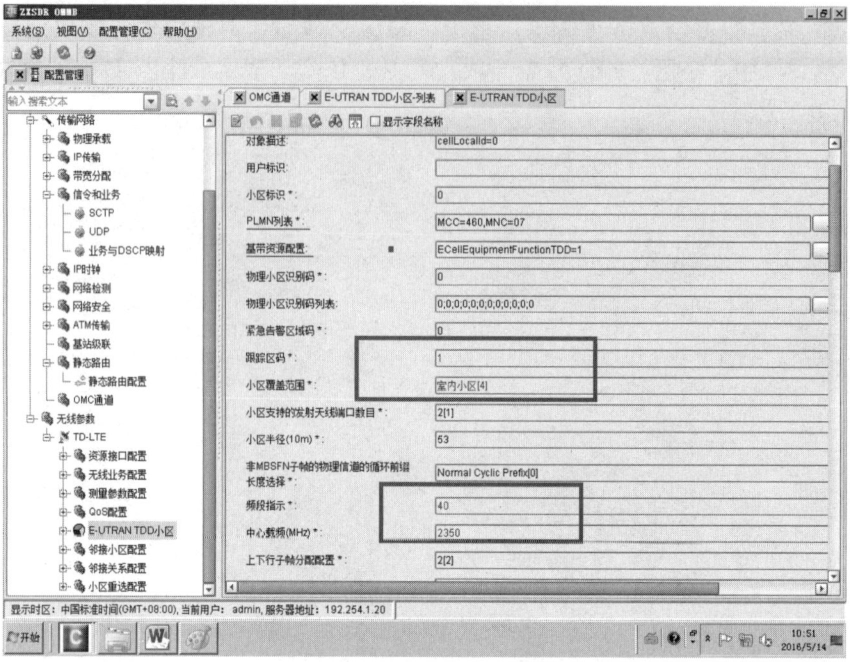

图 4-127　服务小区参数配置

思考与练习

1．BPL1 上 3 个光口可使用的光模块大小为（　　）。

A．1.25GHz　　B．2.5GHz　　C．6GHz　　D．10GHz

2．以下哪个网元设备不能被 OMC 管理（　　）。

A．eNodeB　　B．SGSN　　C．MME　　D．S-GW

任务 6　脚本验证与业务验证

【学习目标】

1．了解中兴基站脚本验证

2．了解中兴基站业务验证

【知识要点】

1．脚本验证和业务验证的方法，各个参数的意义

2．验证步骤

4.6.1　单站批量加载

1．基站配置管理

右击选择“OMC”→“基站配置管理”进入基站配置管理对话框，如图 4-128 所示。

2．基站版本管理

进入基站配置管理对话框后，选择“基站版本管理”，查看基站版本信息和软件版本信息，

如图 4-129 所示，选择最新的版本信息进行加载，如图 4-130 所示，版本加载成功如图 4-131 所示。

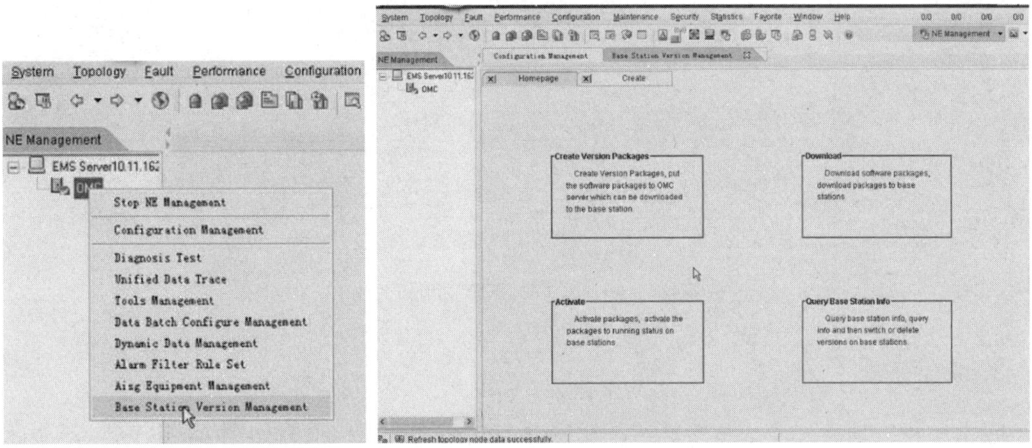

图 4-128　基站配置管理

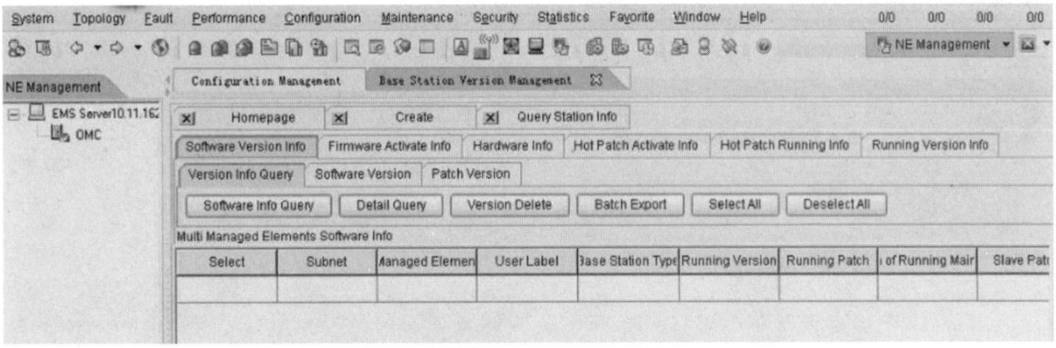

图 4-129　查看基站版本信息和软件版本信息

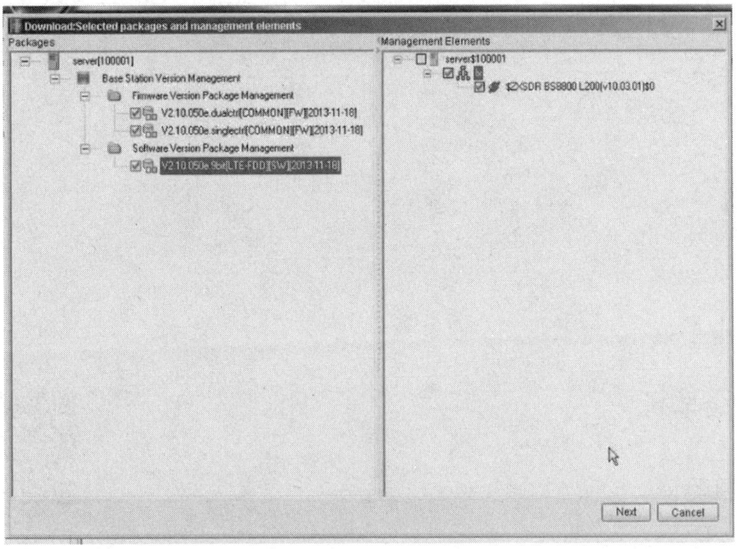

图 4-130　加载最新版本信息

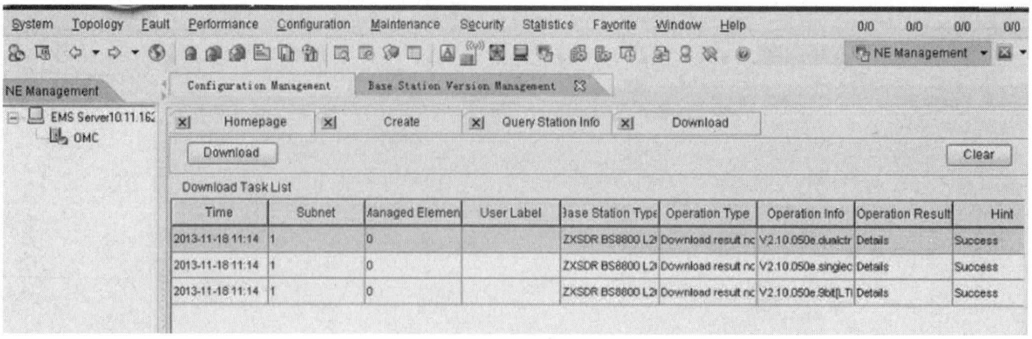

图 4-131　版本加载成功

3. 激活基站

版本加载成功后一步是激活基站，如图 4-132 所示，固件加载如图 4-133 所示，至此单站配置工作完成。

图 4-132　激活基站

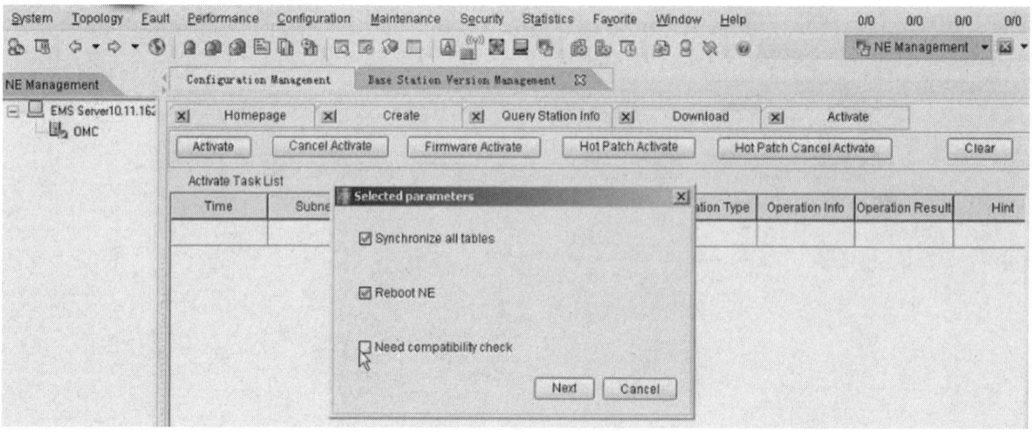

图 4-133　固件加载

4.6.2　单站业务验证

1. 基站连接验证

在中兴 LTE 仿真软件中，双击“Mobile Broadband”，弹出基站连接验证对话框，选择天线类别，如果上面的配置成功，则此时会显示连接成功，如图 4-134 所示。

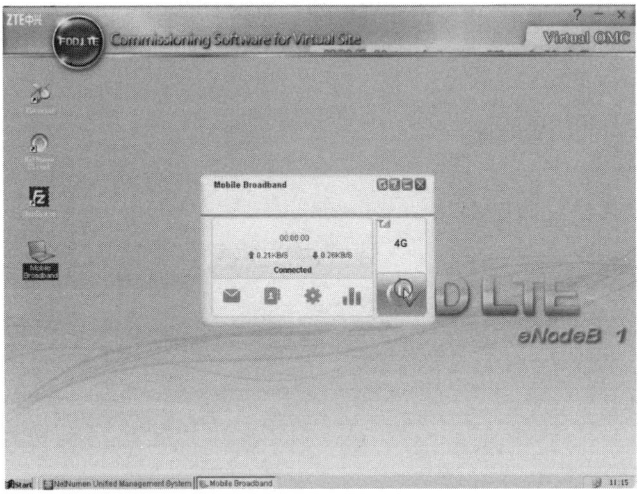

图 4-134　基站连接成功

2．数据服务验证

在中兴 LTE 仿真软件中，双击 FTP 服务器，弹出数据服务验证对话框，选择服务器地址："10.33.33.33"，用户名为"lte"，密码为"lte"，端口号为"21"，单击"连接"按钮，如果前面的配置无问题，则此时会显示连接成功，如图 4-135 所示。

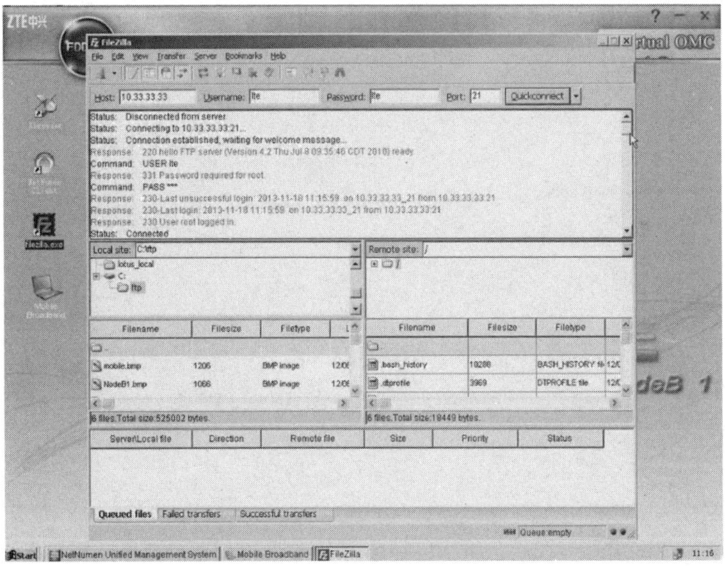

图 4-135　数据服务验证

思考与练习

1．选择题

（1）LTE 基站设备的 IP 地址为 192.254.216.1，子网掩码为 255.255.255.252，则若想使计算机与该设备进行通信，则计算机的 IP 地址应设为（　　）。

A．192.254.216.1　　B．192.254.216.2

C．192.254.1.2　　D．192.254.1.254

（2）软件运行异常告警处理方法包括（　　）。

A．检查是否有其他相关告警　　B．复位单板

C．重新下载版本　　D．检查产品进程是否正常

（3）小区退出服务可能原因为（　　）。

A．设备掉电　　B．RRU 断链

C．数据配置错误　　D．光口链路故障

项目 5　大唐 5G 基站设备介绍与使用

任务 1　BBU 硬件结构认知

【学习目标】

1. 了解大唐 EMB6216 的硬件结构及主要技术特性
2. 了解大唐 EMB6216 各单板的功能及工作模式

【知识要点】

1. 大唐 EMB6216 整机及机柜的硬件结构
2. 大唐 EMB6216 逻辑组成，各单板的面板结构、功能原理、特性

5.1.1　大唐 5G 基站概述

1. 大唐 5G 基站基本功能

EMB6216+AAU 是大唐开发的分布式基站，实现基带处理部分和射频拉远部分的独立安装，其应用更加灵活，广泛应用于室内、楼宇、隧道等复杂环境中，具有广覆盖、低成本等优势。如图 5-1 所示为 5G 系统网络结构。

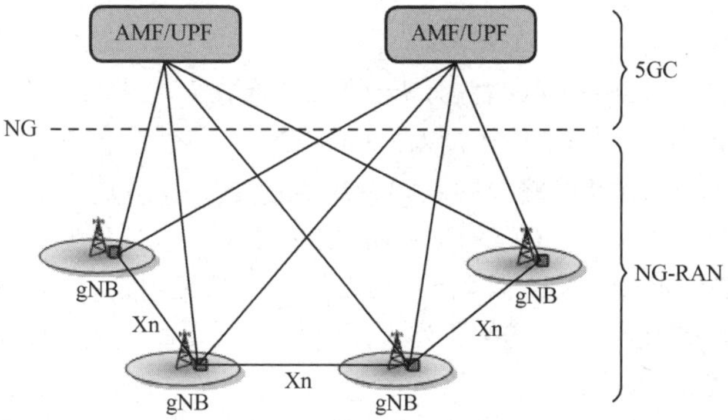

图 5-1　5G 系统网络结构

图 5-1 中，AMF：访问及移动性管理功能单元；UPF：用户平面功能单元；5GC：5G 核心网；NG-RAN：5G 无线接入网；gNB：5G 基站；Xn：gNB 和 gNB 之间通过 Xn 接口相互连接；NG：gNB 通过 NG 接口连接到 5GC。

其主要技术特点：

（1）支持 CU/DU 分离；

（2）单机框具有 18×100MHz 载波处理能力；

（3）单板 3×100MHz 带宽处理能力；

（4）NG/Xn 接口支持 2×25Gbps 光接口；

（5）支持 4G/5G 共框。

2．大唐 5G 基站硬件构成

区分不同场景的分层组网架构如图 5-2 所示。

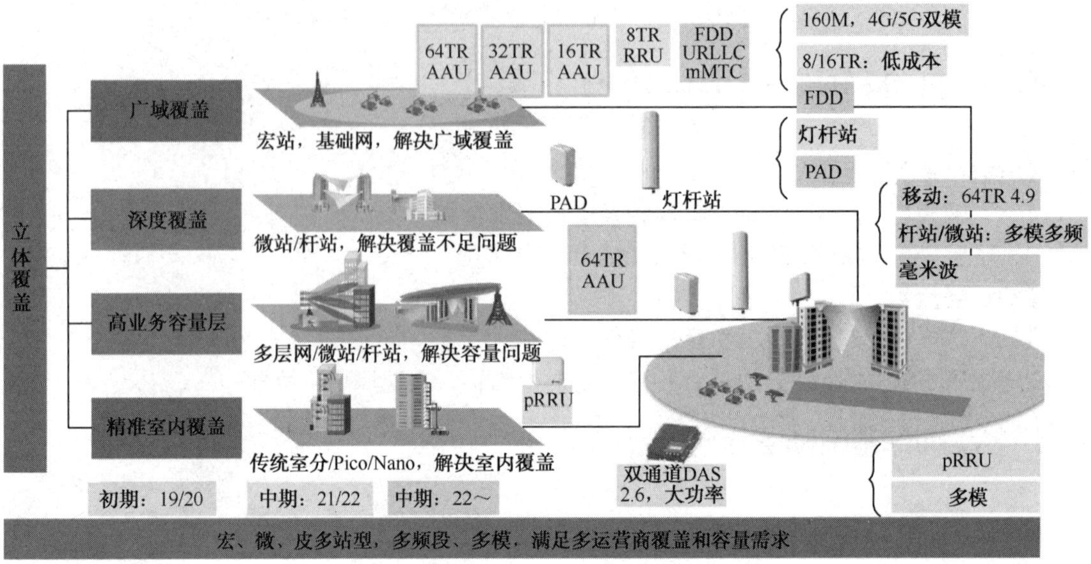

图 5-2　区分不同场景的分层组网架构

3．大唐 5G 基站组网方案及配置规范

（1）NSA 建网模式

① 无线网：新建 5G AAU、4G 利旧，天面需要新增 5G AAU；5G BBU 可新增或利旧，4G 升级 BBU 支持 NSA；5G 基站传输接入接口 10GE。

② 传输网：5G 新建 SPN 网络（同 SA），4G 利旧。

③ 核心网：EPC 升级支持 5G，增加 NSA 功能要求，包括双连接、5G 用户签约、QoS 扩展、区分记录 LTE 和 NR 的流量等功能；EPC 网络仍然采用物理部署模式，不涉及 NFV。

④ 网管：升级支持 5G，EPC 网络仍然采用物理部署模式，因此不涉及网络管理和编排。

（2）SA 建网模式

① 无线网：64T64R AAU 宏站、天面需要新增 5G AAU；5G BBU 可新增或利旧；5G 基站传输接入接口 10GE。

② 传输网：新建 SPN 网络。根据实际 5G 无线部署场景，传输组网按照前传、中传和回传组网部署，前传连接 AAU 和 DU，使用光纤直驱或者传输组网；中传连接 DU 和 CU；回传连接 CU 和 5G 核心网。目前，CU、DU 合在一起部署，只需考虑前传和回传网络。根据无线基站部署数量部署传输网络，回传网络采用接入、汇聚和核心层组网，通常接入层接入 6～8 个基站，汇聚层接入 6 个接入环，核心层接入 3～6 个汇聚环。对于接入环，基站接口 10GE，环上 50G/100GE；对于汇聚环，单汇聚环带小于等于 10 个接入环；对于核心环，核心环上 N×100G 或者 200G。5G 传输网需要具有大带宽、时延、分片、L3、同步和管控等关键特性。

③ 核心网：新建 5GC 核心网，包括 AMF、SMF、UPF、AUSF、UDM、PCF、UDR、NRF、NSSF 等网络功能；这些 NF 采用虚拟化部署，即 VNF。5GC 网络组网：VNF 的所有

虚拟机均部署在服务器上；服务器各出一对 10GE 光口，连接不同业务、存储、管理 TOR；通过 EOR 实现不同 VNF 间的流量转发和 VNF 跟外部网络的通信。5G 对接 SPN 80G 流量，CMNET 出 20G 经过旁挂防火墙访问公网。

④ 网管和编排：vEMS 是 VNF 业务网络管理系统，提供网元管理功能。MANO 负责 NFV 管理和编排，包括 NFVO、VNFM、VIM。vEMS 和 MANO 以虚拟机形态引入，部署于 NFVI 的管理域服务器中。

4. 大唐 5G 基站硬件结构

大唐 5G 基站硬件结构如图 5-3 所示。

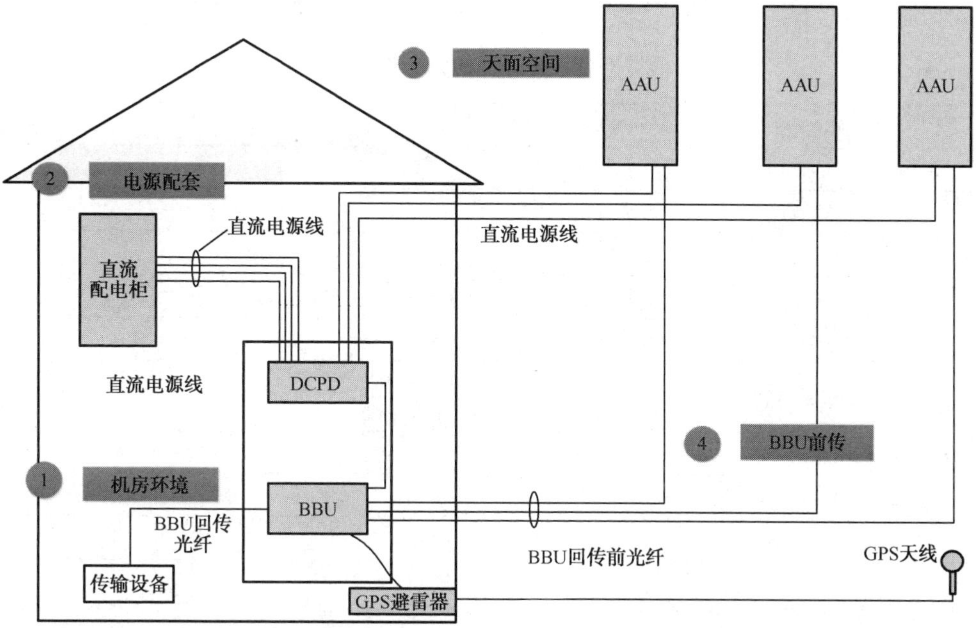

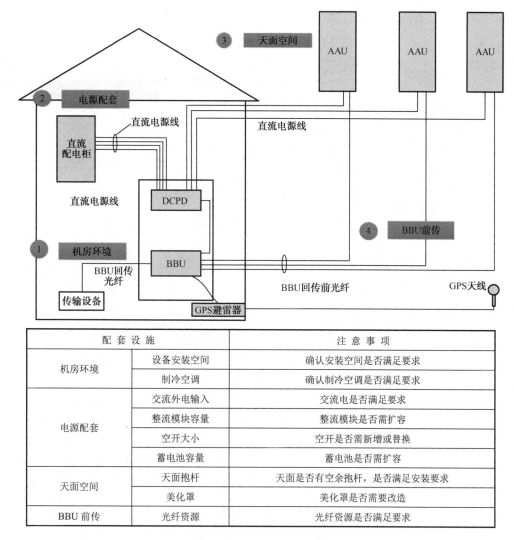

配套设施		注意事项
机房环境	设备安装空间	确认安装空间是否满足要求
	制冷空调	确认制冷空调是否满足要求
电源配套	交流外电输入	交流电是否满足要求
	整流模块容量	整流模块是否需扩容
	空开大小	空开是否需新增或替换
	蓄电池容量	蓄电池是否需扩容
天面空间	天面抱杆	天面是否有空余抱杆，是否满足安装要求
	美化罩	美化罩是否需要改造
BBU 前传	光纤资源	光纤资源是否满足要求

图 5-3 大唐 5G 基站硬件结构

5.1.2 EMB6216 概述

EMB6216 机箱的主要特点包括：采用钣金加塑胶组合面板，机箱重量轻；机箱整体电导通，屏蔽效果好；风道设计合理，通风散热效果良好；机箱安装、维护简单方便；外观简洁流畅、美观大方。

1. EMB6216 硬件组成

（1）交换控制和传输单元；

（2）基带处理单元；

（3）电源单元；

（4）风扇单元。

2. EMB6216 的技术指标

EMB6216 的各项技术指标如表 5-1 所示，EMB6216 的外观如图 5-4 所示。

表 5-1　EMB6216 的各项技术指标

<table>
<tr><th>参数名称</th><th colspan="3">指　标</th></tr>
<tr><td>尺寸（高×宽×深）/（mm×mm×mm）</td><td colspan="3">88×440×360</td></tr>
<tr><td>满配质量/kg</td><td colspan="3">18</td></tr>
<tr><td>高度</td><td colspan="3">2U</td></tr>
<tr><td>安装方式</td><td colspan="3">19 英寸机柜安装、机架安装、挂墙机框安装</td></tr>
<tr><td>功耗/W</td><td colspan="3">满配：800，典型：350（S111）</td></tr>
<tr><td>DC 电源模块功率/W</td><td colspan="3">HDPSE：带载 720，额定 900；
HDPSF：带载 960，额定 1200</td></tr>
<tr><td>风机最大散热功率/W</td><td colspan="3">2000</td></tr>
<tr><td>温度（长期）/℃</td><td colspan="3">-5～+40</td></tr>
<tr><td>湿度（长期）/%</td><td colspan="3">15～85</td></tr>
<tr><td>输入电源/V</td><td colspan="3">DC：-48（电压波动范围：-57～-40）；
AC：220（电压波动范围：140～300）；
BBU 电源线 DC/AC 配置数量：1 根（单电源）或 2 根（双电源）</td></tr>
<tr><td>室内/室外防护等级</td><td colspan="3">IP20</td></tr>
<tr><td>支持环保的技术</td><td colspan="3">RoHS</td></tr>
<tr><td rowspan="7">HBPOx 载波能力</td><td>基带板型号</td><td>单基带板支持的最多小区数</td><td>支持的无线设备及数量</td></tr>
<tr><td>HBPODd1</td><td>1×100MHz</td><td>PICO 4T4R×1；
PICO 2T2R×1</td></tr>
<tr><td>HBPOFs1</td><td>3×100MHz</td><td>64T64R NR×3</td></tr>
<tr><td>HBPOFa1</td><td>3×100MHz</td><td>32T32R NR×3</td></tr>
<tr><td>HBPOFc1</td><td>3×50MHz</td><td>4T4R FDD×3</td></tr>
<tr><td>HBPOFd1</td><td>6×100MHz</td><td>PICO 4T4R×6；
PICO 2T2R×6</td></tr>
<tr><td>BPOK</td><td>3×20MHz；
3×50MHz</td><td>4T4R LTE 20MHz×3；
4T4R LTE 50MHz×3</td></tr>
<tr><td>最大载波能力</td><td colspan="3">18×100MHz，TDD NR；
36×50MHz，FDD NR</td></tr>
</table>

续表

参 数 名 称	指 标
光模块速率/Gbps	HSCTDa1：支持 2×25/10； SCTF：支持 2×1.25/10； HBPOx：支持 6×25； BPOK：支持 6×10
光模块是否可现场更换	是

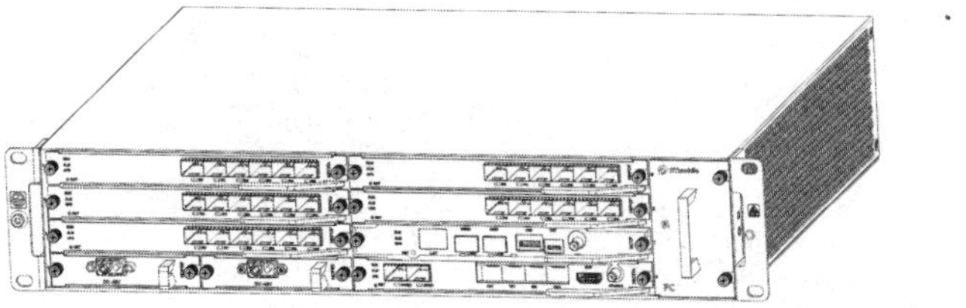

图 5-4 EMB6216 的外观图

3. EMB6216 机箱散热方式

（1）采用风机强制风冷，冷空气通过机箱右侧滤网过滤后，通过风机向左吹风，冷却功能板卡区，后从机箱左部出风区域排出。

（2）1～3 号槽位中任意位置为空时，安装通风阻尼板组件。

（3）5～7 号槽位中任意位置为空时，安装贴膜空面板组件。

（4）4 号槽位右侧为空时，安装半宽贴膜的空面板，其组成示意图如图 5-5 所示。

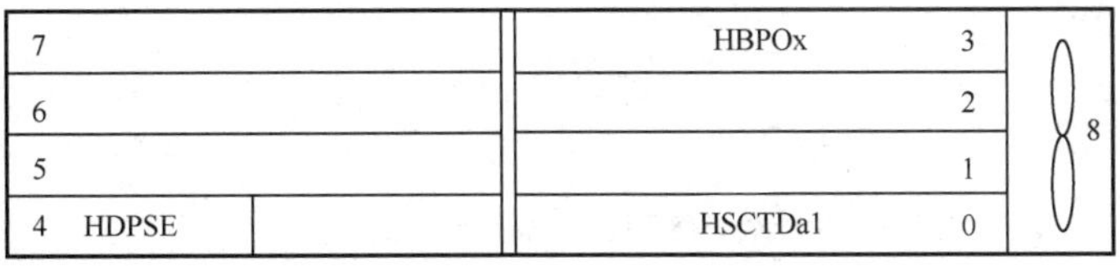

图 5-5 半宽贴膜的空面板组成示意图

5.1.3 EMB6216 单板介绍

EMB6216 主设备中包含交换控制和传输单元（HSCTDa1/SCTF）、基带处理单元（HBPOFs1/HBPODd1/HBPOFa1/HBPOFd1/HBPOFc1/BPOK），另外还包括风扇单元（HFCE）、电源单元（HDPSE/HDPSF）。

EMB6216 共有 8 个单板槽位、2 个电源槽位和 1 个风扇槽位，提供背板接口，进行单板间的通信及电源供给。EMB6216 的典型配置如图 5-6 所示。

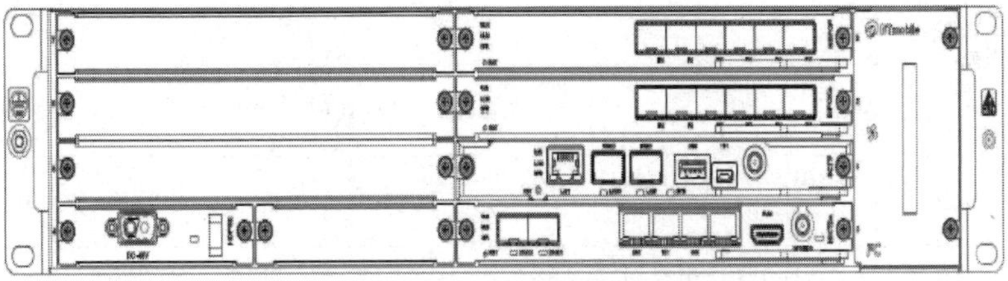

图 5-6 EMB6216 的典型配置

1．HSCTDa1 单板

HSCTDa1 单板为主控板，其外观结构示意图如图 5-7 所示。此板为必配单板，最多配 1 块，一般配置在 0 号槽位。HSCTDa1 单板主要功能如下：基站系统与 GPS/北斗之间的同步；卫星信号丢失情况下的 24 小时同步保持；与核心网之间的接口及接口协议处理；与 BBU 内部各板卡之间的业务、信令交换处理；内部板卡在位及存活检测；内部板卡上下电控制；时钟分发。

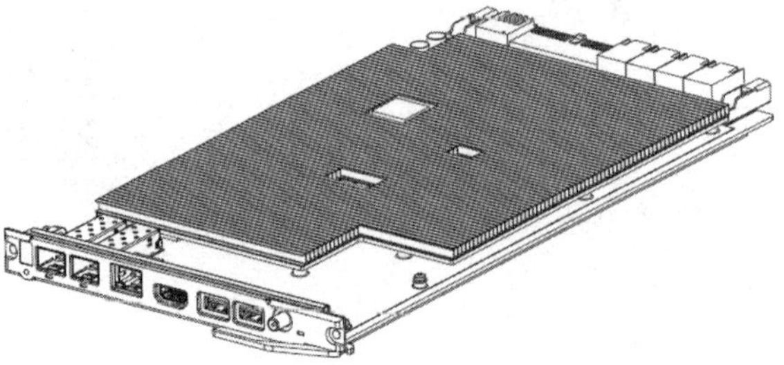

图 5-7　HSCTDa1 单板外观结构示意图

HSCTDa1 面板上有一个用于本地维护的以太网 RJ45 电口，两个用于 NG/Xn 连接的 SFP+光口，一个用于连接 U 盘的 USB 接口，一个用于连接 GPS/北斗天线的 SMA 电口，一个用于测试时钟的 USB 电口，一个用于外同步输入的 HDMI 接口。HSCTDa1 面板接口示意图如图 5-8 所示，HSCTDa1 面板接插件描述如表 5-2 所示。

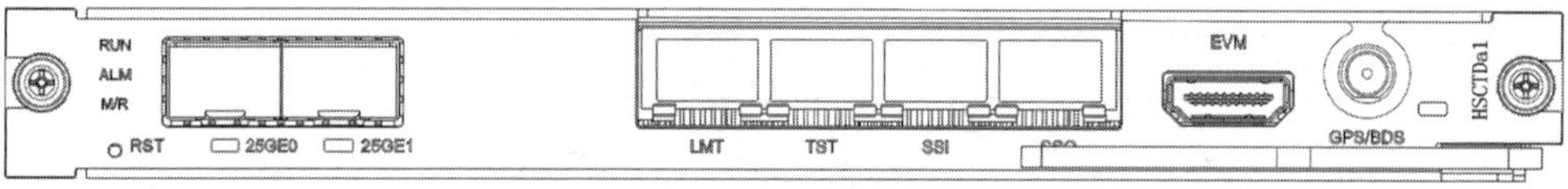

图 5-8　HSCTDa1 面板接口示意图

表 5-2　HSCTDa1 面板接插件描述

名　称	接插件类型	对 应 线 缆	说　明
25GE0	SFP28 连接器	BBU 与交换机连接的核心网之间的接口万兆以太网光纤	用于实现与核心网的万兆数据相连、输入/输出，10Gbps 和 25Gbps 可配置
25GE1	SFP28 连接器	BBU 与交换机连接的核心网之间的接口万兆以太网光纤	用于实现与核心网的万兆数据相连、输入/输出，10Gbps 和 25Gbps 可配置
LMT	RJ45 连接器	BBU 与本地维护终端或者交换机之间的以太网线缆	用于实现与本地维护终端的连接、输入/输出，100/1000Mbps 自适应
USB	A 型 USB 插座连接器		X86 升级 BIOS 用的 USB 接口，支持 U 盘
GPS/BDS	SMA 母头连接器	BBU 与 GPS/北斗天线之间的射频线缆	用于实现与 GPS/北斗天线相连、输入/输出
EXT	HDMI	BBU 与外时钟同步设备之间的屏蔽数据线缆	提供外时钟输入，10MHz/PP1S/TOD
TST	USB 连接器	BBU 与测试仪表之间的连接线缆	提供测试时钟，10MHz，80ms

HSCTDa1 面板上设计了 3 个公共功能指示信号灯 RUN、ALM 和 M/R，信号灯含义见表 5-3。

表 5-3 HSCTDa1 面板上公共功能指示信号灯含义

名称	中文名称	颜色	状态	含义
RUN	运行灯	绿	不亮	未上电
			亮	进入正常运行之前（BSP 阶段、初始化阶段、初配阶段）
			闪（1Hz，0.5s 亮，0.5s 灭）	处于正常运行阶段
			快闪（4Hz，0.125s 亮，0.125s 灭）	处于固件升级阶段
ALM	告警灯	红	不亮	无告警和故障
			亮	有不可恢复故障，并且对用户接入和业务有影响
			闪（1Hz，0.5s 亮，0.5s 灭）	有告警
M/R	主备灯	绿	亮	主用板
			不亮	备用板

HSCTDa1 面板上设计了 3 个专用指示灯 25GE0、25GE1、GPS/BDS，含义见表 5-4。

表 5-4 HSCTDa1 面板专用指示灯含义

名称	中文名称	颜色	状态	含义
GPS/BDS	GPS/北斗状态灯	绿	不亮	GPS 未锁定
			闪（1Hz，1s 亮，1s 灭）	GPS 已锁定
			亮	超时
25GE0	25GE 光口 0 状态灯	绿	不亮	25GE 光口 0 未连接或有连接故障
			亮	25GE 光口 0 正常
25GE1	25GE 光口 1 状态灯	绿	不亮	25GE 光口 1 未连接或有连接故障
			亮	25GE 光口 1 正常

2. SCTF 单板

交换控制和传输单元 SCTF 单板的主要功能包括：实现业务面数据的汇聚与转发；实现控制面信令流程处理；实现设备 OM 操作维护；实现卫星同步和时钟保持；实现 IEEE 1588V2 同步；实现设备内板卡上电和节电等的控制；实现设备内板卡在位检测和存活检测；实现设备内板卡时钟和同步码流分发；实现设备内不依赖于单板的软件和机框管理；实现主备冗余备份。SCTF 单板外观结构示意图如图 5-9 所示。

SCTF 面板上有一个用于本地维护的以太网 RJ45 电口，两个用于与 S1/X2 连接的 SFP+ 光口，一个用于连接 GPS 天线的 SMA 电口，一个用于测试时钟的 TST 的 MiniUSB 口，一个用于本地USB存储设备扩展的USB接口，SCTF面板接口示意图如图5-10所示，HSCTDa1面板接插件描述如表5-5所示。

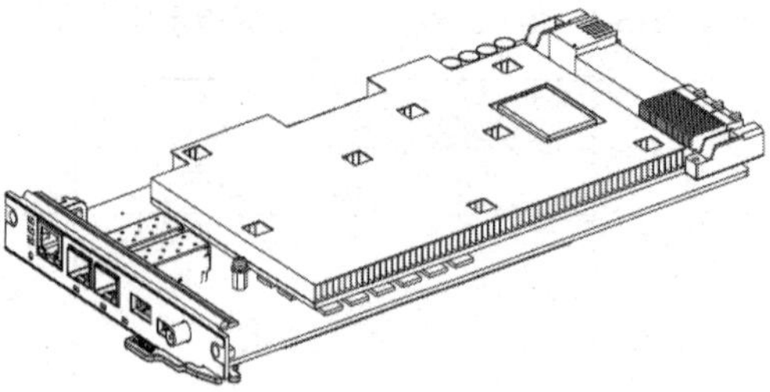

图5-9　SCTF单板外观结构示意图

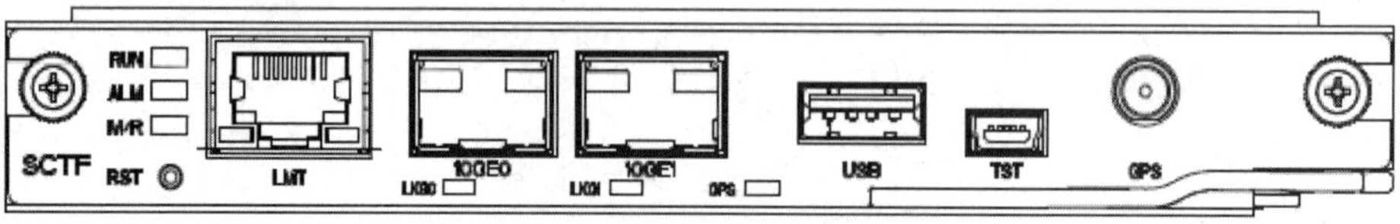

图5-10　SCTF面板接口示意图

表5-5　HSCTDa1面板接插件描述

名　　称	接插件类型	对 应 线 缆	说　　明
10GE0	SFP+连接器	BBU与交换机连接的EPC之间的S1/X2接口万兆以太网光纤，光模块速率最高支持10Gbps	用于实现与核心网的万兆数据相连、输入/输出，1000Mbps和10GE可配置
10GE1	SFP+连接器	BBU与交换机连接的EPC之间的S1/X2接口万兆以太网光纤，光模块速率最高支持10Gbps	用于实现与核心网的万兆数据相连、输入/输出，1000Mbps和10GE可配置
LMT	RJ45连接器	BBU 与本地维护终端或者交换机之间的以太网线缆	用于实现与本地维护终端的连接、输入/输出，FE/GE自适应
GPS	SMA母头连接器	BBU与GPS天线之间的射频线缆	用于实现与GPS天线相连
TST	MiniUSB连接器	BBU与测试仪表之间的连接线缆	提供测试时钟，10Mbps，80ms
USB	标准USB连接器	BBU前面板支持1路USB存储接口	用于本地USB存储设备扩展，接口形式为USB A Type

SCTF面板上设计了功能指示信号灯，其含义如表5-6所示。

表5-6　SCTF面板上功能指示信号灯含义

名　　称	中文名称	颜　　色	状　　态	含　　义
RUN	运行灯	绿	不亮	未上电
			亮	进入正常运行之前（BSP阶段、初始化阶段、初配阶段）
			闪（1Hz，1s亮，1s灭）	处于正常运行阶段
ALM	告警灯	红	不亮	无告警、无故障
			亮	有不可恢复故障
			闪（1Hz，1s亮，1s灭）	有告警

续表

名　称	中文名称	颜　色	状　态	含　义
M/R	主备灯	绿	亮	主用板
GPS	GPS 状态灯	绿	不亮	GPS 未锁定或超时
			闪（1Hz，1s 亮，1s 灭）	GPS 进入 holdover 状态
			亮	GPS 锁定
LKG0	GE 光口 0 状态灯	绿	不亮	GE 光口 0 未连接或有连接故障
			亮	GE 光口 0 状态正常
LKG1	GE 光口 1 状态灯	绿	不亮	GE 光口 1 未连接或有连接故障
			亮	GE 光口 1 状态正常

3. HBPOx 单板

HBPOx 单板为必配单板，其结构示意图如图 5-11 所示，其功能有物理层符号处理、链路层处理、系统同步、电源受控延时开启、I^2C SLAVE 管理。

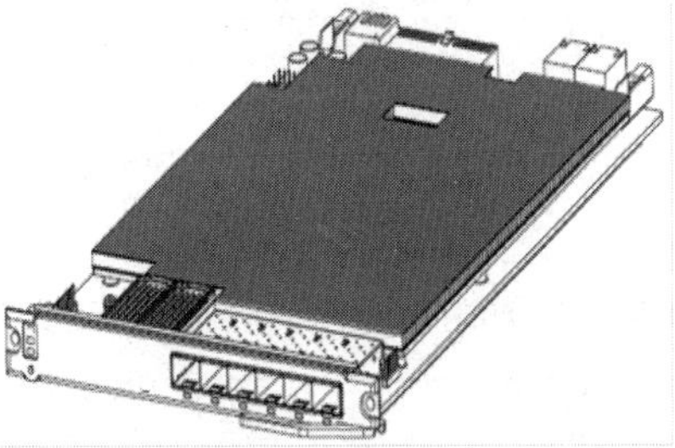

图 5-11　HBPOx 结构示意图

HBPOx 面板接口示意图如图 5-12 所示。HBPOx 前面板有 6 个支持 25Gbps 速率的 IR 光口、一个整板复位按钮和一个助拔器，HBPOx 面板接插件说明参见表 5-7。

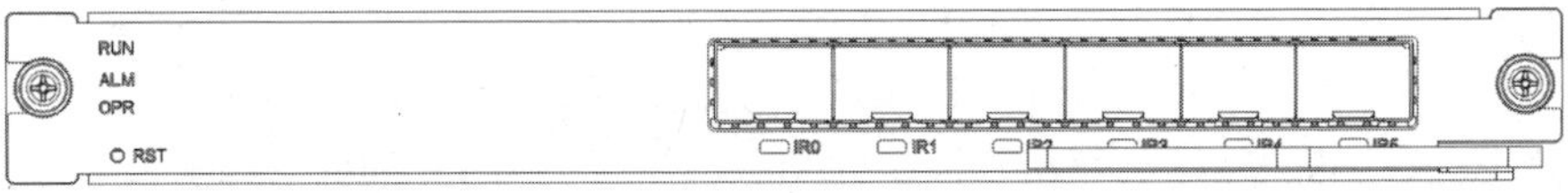

图 5-12　HBPOx 面板接口示意图

表 5-7　HBPOx 面板接插件说明

名　称	接插件类型	对应线缆	说　明
IR0	SFP28 连接器	BBU 与 AAU 之间的接口光纤	用于 AAU 的相连、输入/输出
IR1	SFP28 连接器	BBU 与 AAU 之间的接口光纤	用于 AAU 的相连、输入/输出
IR2	SFP28 连接器	BBU 与 AAU 之间的接口光纤	用于 AAU 的相连、输入/输出
IR3	SFP28 连接器	BBU 与 AAU 之间的接口光纤	用于 AAU 的相连、输入/输出
IR4	SFP28 连接器	BBU 与 AAU 之间的接口光纤	用于 AAU 的相连、输入/输出
IR5	SFP28 连接器	BBU 与 AAU 之间的接口光纤	用于 AAU 的相连、输入/输出

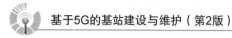

HBPOx 面板上设计了 3 个指示灯 RUN、ALM 和 OPR，其含义见表 5-8。

表 5-8 HBPOx 面板指标灯含义

名　称	中文名称	颜　色	状　态	含　义
RUN	运行灯	绿	不亮	未上电
			亮	进入正常运行之前（BSP 阶段、初始化阶段、初配阶段）
			闪（1Hz，0.5s 亮，0.5s 灭）	处于正常运行阶段
			快闪（4Hz，0.125s 亮，0.125s 灭）	处于固件升级阶段
ALM	告警灯	红	不亮	无告警和故障
			亮	有不可恢复故障，并且对用户接入和业务有影响
			闪（1Hz，0.5s 亮，0.5s 灭）	有告警
OPR	业务灯	绿	亮	至少有一个逻辑小区
			不亮	没有逻辑小区

HBPOx 面板上有 6 个专用指示灯，HBPOx 面板专用指示灯含义见表 5-9。

表 5-9 HBPOx 面板专用指示灯含义

名　称	中文名称	颜　色	状　态	含　义
IR0～IR5	IR 接口状态灯	绿	常灭	IR 接口没有光信号
			常亮	IR 接口有光信号但尚未同步
			慢闪（1Hz，0.5s 亮，0.5s 灭）	IR 接口同步

4．BPOK 单板

BPOK 单板外观示意图如图 5-13 所示，其功能包括：实现标准 IR 接口；实现基带数据的汇聚和分发；实现板间 MAC 数据和消息的交互；实现 TD-LTE 物理层算法或实现 LTE FDD 物理层算法；实现 TD-LTE MAC/RLC/PDCP 等 L2 功能或实现 LTE FDD MAC/RLC/PDCP 等 L2 功能；接收 SCT 的电源控制信号控制上下电，实现板卡节电；对上下电信号去抖；接收 SCT 的同步时钟和同步码流，实现与系统的同步；配合完成自身的系统管理。

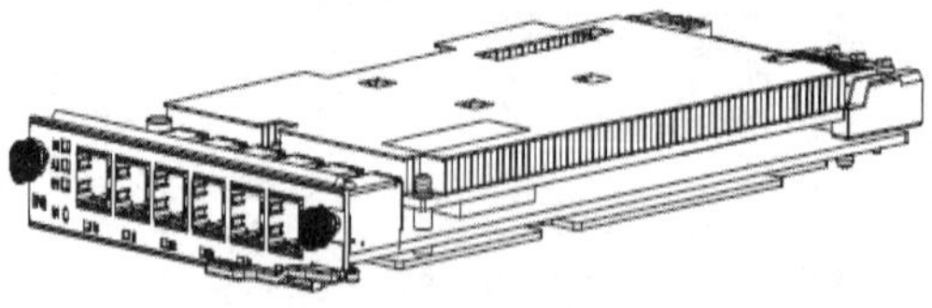

图 5-13 BPOK 单板外观示意图

BPOK 面板接口及指示灯、BPOK 面板指示灯含义分别如图 5-14、表 5-10 所示。

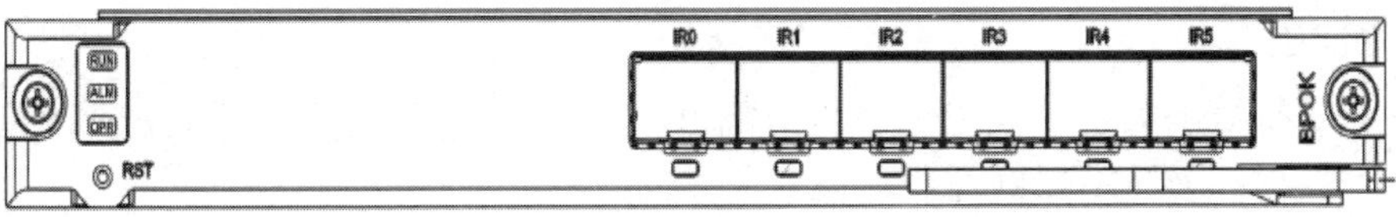

图 5-14 BPOK 面板接口及指示灯

表 5-10 BPOK 面板指示灯含义

名　称	中文名称	颜　色	状　态	含　义
RUN	运行灯	绿	常灭	未上电
			常亮	进入正常运行之前(BSP 阶段、初始化阶段、初配阶段)
			慢闪（1Hz，0.5s 亮，0.5s 灭）	处于正常运行阶段
			快闪（4Hz，0.125s 亮，0.125s 灭）	处于固件升级阶段
ALM	告警灯	红	常灭	无告警和故障
			常亮	有不可恢复故障，并且对用户接入和业务有影响
			慢闪（1Hz，0.5s 亮，0.5s 灭）	有活跃故障类告警
			快闪（4Hz，0.125s 亮，0.125s 灭）	处于固件升级阶段
OPR	业务灯	绿	常灭	没有逻辑小区
			常亮	至少有一个逻辑小区
			快闪（4Hz，0.125s 亮，0.125s 灭）	处于固件升级阶段
IR0～IR5	Ir 接口状态灯	绿	常灭	Ir 接口没有光信号
			常亮	Ir 接口有光信号但尚未同步
			慢闪（1Hz，0.5s 亮，0.5s 灭）	Ir 接口同步

5．HFCE 单板

HFCE 单板外观如图 5-15 所示，为必配单板，布配在 8 号槽位，其功能包括：用温度传感器对风扇内部的环境温度进行测量，由于风扇模块位于系统的风道入口处，温度传感器测量值可以直观地反映设备所处的环境温度。将温度传感器测量值通过通信口上报给主控板 HSCTDa1 做后续处理；转速测定，实现对风扇的转速数据采集，测量数据通过 I^2C 总线接口上报给主控板 HSCTDa1 做后续处理；风扇转速控制，根据系统环境需求调节各个风扇的转速，以实现最佳的功耗和噪声控制。

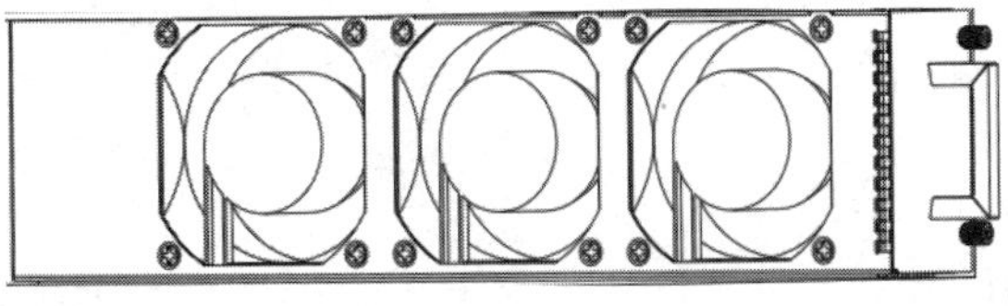

图 5-15 HFCE 单板外观

6. HDPSE 单板

HDPSE 单板外观如图 5-16 所示，为必配单板，配置在 4 号槽位，其功能是实现-48V 到 12V 的电源转换，为 EMB6216 平台所有板卡提供电源。

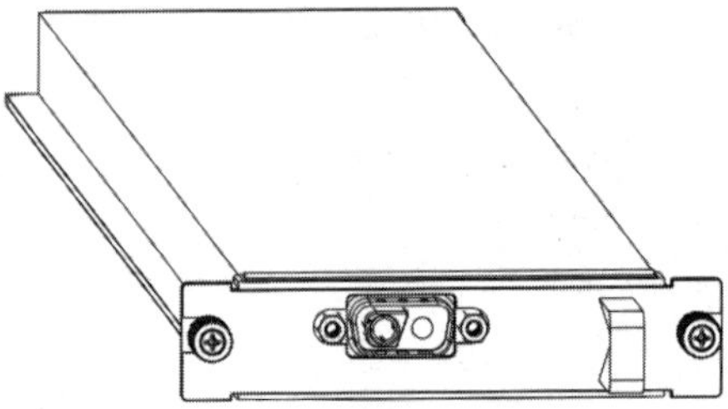

图 5-16　HDPSE 单板外观

HDPSE 前面板上有一个直流电源输入电口、一个电源开关控制接插件，用于控制 BBU 平台的电源，HDPSE 面板接口示意图如图 5-17 所示，面板指示灯含义如表 5-11 所示。

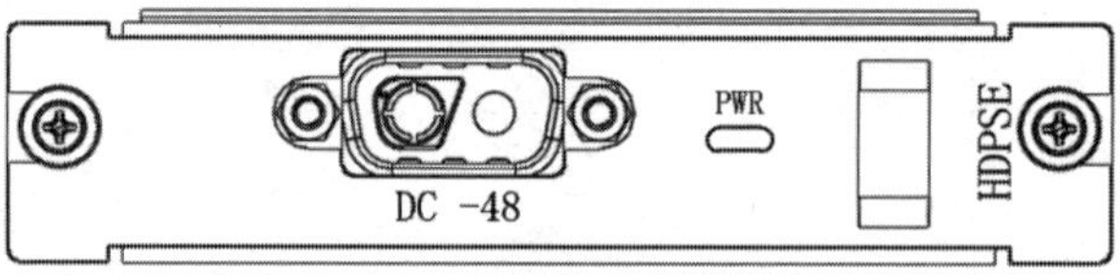

图 5-17　HDPSE 面板接口示意图

表 5-11　HDPSE 面板指示灯含义

名　称	中文名称	颜　色	状　态	含　义
PWR	电源指示灯	绿	常灭	电源输出不正常
			常亮	电源输出正常

思考与练习

1. 填空题

（1）分布式基站实现了________和________的独立安装。

（2）EMB6216 的 5G 板卡包括________、________、________和________。

2. 选择题

（1）以下选项中，为 EMB6216 供电的板卡是（　　）。

A. HFCE　　B. BPOK　　C. SCTF　　D. HDPSE

（2）EMB6216 板卡最多支持安装（　　）块 HBPOx。

A. 5　　B. 11　　C. 12　　D. 13

（3）HBPOx 单板可以配置在（　　）号槽位。

A. 4　　B. 5　　C. 7　　D. 6

3. 简答题

（1）5G 网络架构包含哪些网元和接口？

（2）HSCTDa1 单板一般配置在哪个槽位？HSCTDa1 的作用是什么？

（3）EMB6216 是否可以支撑 4G/5G 共模部署？4G 板卡包括哪些？5G 板卡包括哪些？

任务 2 AAU/RRU 硬件结构

【学习目标】

1. 了解大唐 AAU/RRU 的分类及硬件结构
2. 了解大唐 AAU/RRU 的逻辑结构和功能

【知识要点】

1. 大唐 AAU/RRU 的逻辑结构
2. 大唐 AAU/RRU 的分类及技术指标

5.2.1 AAU/RRU 的基础知识

1. AAU/RRU 逻辑结构

AAU（大规模有源天线单元）、RRU（射频拉远单元）主要完成基带数据的上下变频处理，以及射频信号的发射、接收处理。AAU 内部模块关系图如图 5-18 所示，RRU 内部模块关系图如图 5-19 所示。

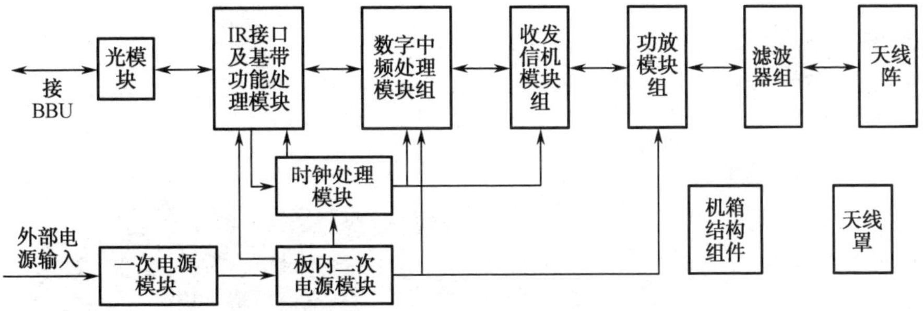

图 5-18 AAU 内部模块关系图

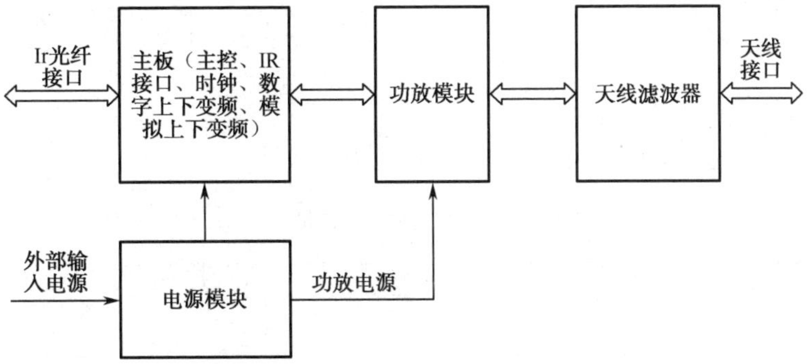

图 5-19 RRU 内部模块关系图

2. AAU/RRU 的分类

AAU/RRU 有很多种类，适用的频段、配置场景各不相同，如表 5-12 所示。

表 5-12　AAU/RRU 的分类

适 用 场 景	通 道 数	RRU 型号
宏站 AAU	64TR	TDAU5164N78
		TDAU5264N41A
		TDAU5264N78
		TDAU5364N41
		TDAU5364N78
	32TR	TDAU5232N78
室分 RRU		pRU5231
		pRU5235

5.2.2　AAU/RRU 硬件结构认知

1．TDAU5164N78

TDAU5164N78 面板如图 5-20 所示，其特点包括：效率高，采用 CFR+DPD+GaN 功放技术；容量大，AAU 设备最大可支持 1 个 100MHz 带宽的新空口信号；覆盖广，64 通道/192 天线振子；结构紧凑，设计合理，安装灵活便捷；可以通过远端配置新的系统参数和下载最新软件版本，方便地进行系统优化和软件升级。

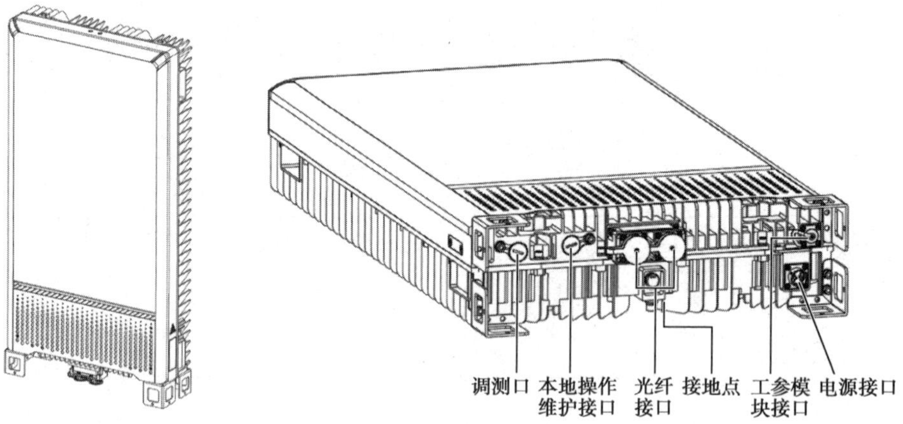

图 5-20　TDAU5164N78 面板

TDAU5164N78 技术指标如表 5-13 所示。

表 5-13　TDAU5164N78 技术指标

参 数 名 称	指　　标
工作频段	3400～3600MHz
IBW 带宽	100MHz
通道/天线数	64 通道/192 天线
尺寸	896mm×490mm×142mm
迎风面	0.44m²

续表

参数名称	指　标	
质量	44kg	
设备容量	62L	
最大发射功率	200W	
典型功耗	1000W	
AAU 接口类型	2×100Gbps	
最大拉远距离	10km	
供电方式	DC -48V（电压波动范围-57～-40V）	
安装方式	支持抱杆、挂墙安装方式	
环境温度、湿度	相对湿度：5%～100%	
	工作温度：-40℃～+55℃	

2. TDAU5264N41A

TDAU5264N41A 面板如图 5-21 所示，供电采用-48V 直流供电，所支持的频段范围是2515～2675MHz，支持带宽 160MHz，最大输出功率为 240W，功耗为 1090W。TDAU5264N41A 有 2 个 25Gbps 的光纤接口，天线阵子数量为 64 通道 192 天线阵子。

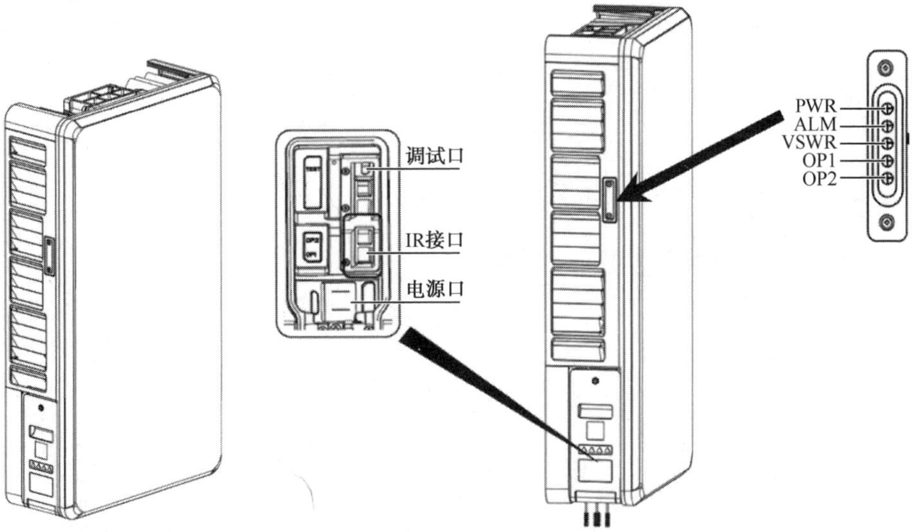

图 5-21　TDAU5264N41A 面板

TDAU5264N41A 技术指标如表 5-14 所示。

表 5-14　TDAU5264N41A 技术指标

参数名称	指　标
工作频段	2515～2675MHz
IBW 带宽	160MHz
通道/天线数	64 通道/192 天线
尺寸	868mm×489mm×186mm

续表

参 数 名 称	指　　标
迎风面	0.42m^2
质量	41kg
设备容量	75L
最大发射功率	240W
典型功耗	800W
AAU 接口类型	2×25Gbps
最大拉远距离	10km
供电方式	DC-48V（电压波动范围-57～-40V）
安装方式	支持抱杆、挂墙安装方式
环境温度、湿度	相对湿度：5%～100%
	工作温度：-40℃～+55℃

3．TDAU5264N78

TDAU5264N78 面板如图 5-22 所示，技术指标如表 5-15 所示。

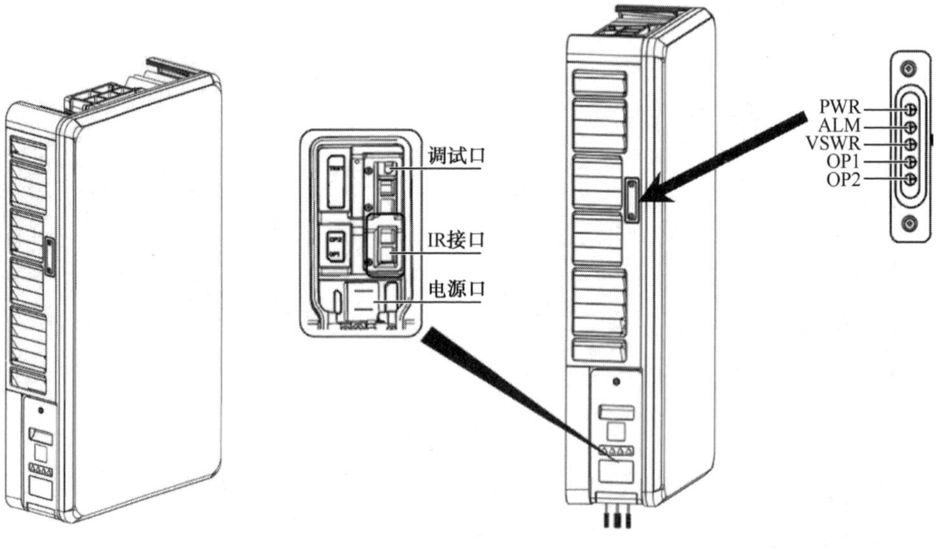

图 5-22　TDAU5264N78 面板

表 5-15　TDAU5264N78 技术指标

参 数 名 称	指　　标
工作频段	3400～3600MHz
IBW 带宽	200MHz
通道/天线数	64 通道/192 天线
尺寸	868mm×489mm×186mm
迎风面	0.42m^2

续表

参 数 名 称	指 标
质量	41kg
设备容量	75L
最大发射功率	240W
典型功耗	800W
AAU 接口类型	2×25Gbps
最大拉远距离	10km
供电方式	DC-48V（电压波动范围-57～-40V）
安装方式	支持抱杆、挂墙安装方式
环境温度、湿度	相对湿度：5%～100%
	工作温度：-40℃～+55℃

4．TDAU5364N41

TDAU5364N41 面板如图 5-23 所示，技术指标如表 5-16 所示。

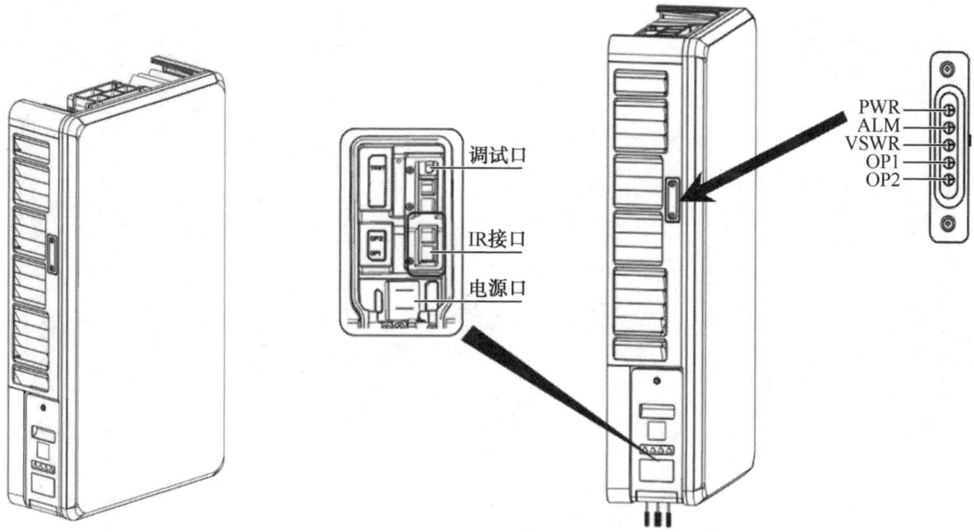

图 5-23 TDAU5364N41 面板

表 5-16 TDAU5364N41 技术指标

参 数 名 称	指 标
工作频段	2515～2675MHz
IBW 带宽	160MHz
通道/天线数	64 通道/192 天线
尺寸	868mm×489mm×186mm
迎风面	$0.42m^2$
质量	42kg

续表

参数名称	指　标
设备容量	75L
最大发射功率	320W
典型功耗	925W
AAU 接口类型	2×25Gbps
最大拉远距离	10km
供电方式	DC−48V（电压波动范围−57～−40V）
安装方式	支持抱杆、挂墙安装方式
环境温度、湿度	相对湿度：5%～100%
	工作温度：−40℃～+55℃

5. TDAU5364N78

TDAU5364N78 面板如图 5-24 所示，技术指标如表 5-17 所示。

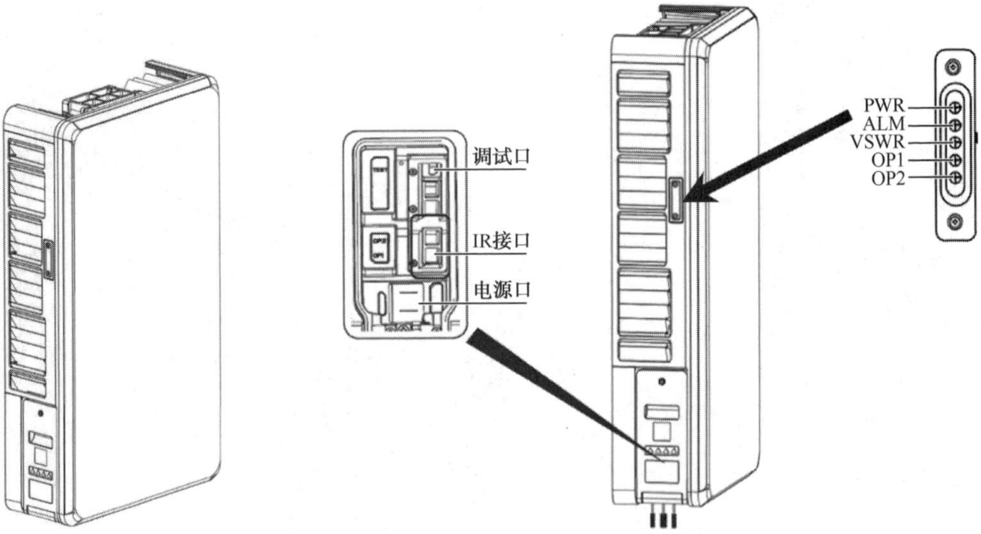

图 5-24　TDAU5364N78 面板

表 5-17　TDAU5364N78 技术指标

参数名称	指　标
工作频段	3400～3600MHz
IBW 带宽	200MHz
通道/天线数	64 通道/192 天线
尺寸	868mm×489mm×186mm
迎风面	0.42m^2
质量	42kg
设备容量	75L

续表

参 数 名 称	指 标
最大发射功率	320W
典型功耗	925W
接收灵敏度	≤-97dBm
AAU 接口类型	2×25Gbps
最大拉远距离	10km
供电方式	DC-48V（电压波动范围-57～-40V）
安装方式	支持抱杆、挂墙安装方式
环境温度、湿度	相对湿度：5%～100%
	工作温度：-40℃～+55℃

6．TDAU5232N78

TDAU5232N78 面板如图 5-25 所示，技术指标如表 5-18 所示。

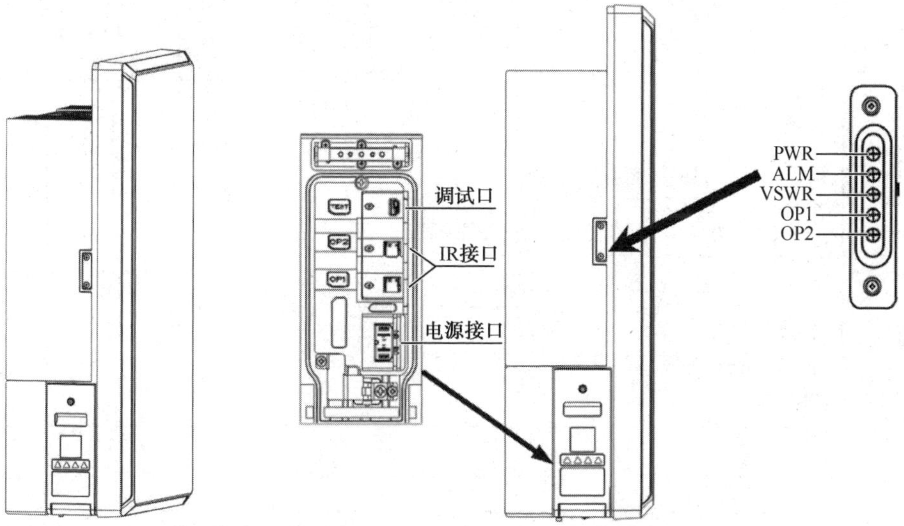

图 5-25 TDAU5232N78 面板

表 5-18 TDAU5232N78 技术指标

参 数 名 称	指 标
工作频段	3400～3600MHz
IBW 带宽	200MHz
通道/天线数	32 通道/192 天线
尺寸	756mm×405mm×222mm
迎风面	$0.31m^2$
质量	35kg
设备容量	58L

续表

参数名称	指标
最大发射功率	320W
典型功耗	715W
接收灵敏度	≤-97dBm
AAU 接口类型	2×25Gbps
最大拉远距离	10km
供电方式	DC-48V（电压波动范围-57～-40V）
安装方式	支持抱杆、挂墙安装方式
环境温度、湿度	相对湿度：5%～100%
	工作温度：-40℃～+55℃

如图 5-26 所示为 BBU-AAU 直连图，如图 5-27 所示为 BBU-AAU 拉远图。

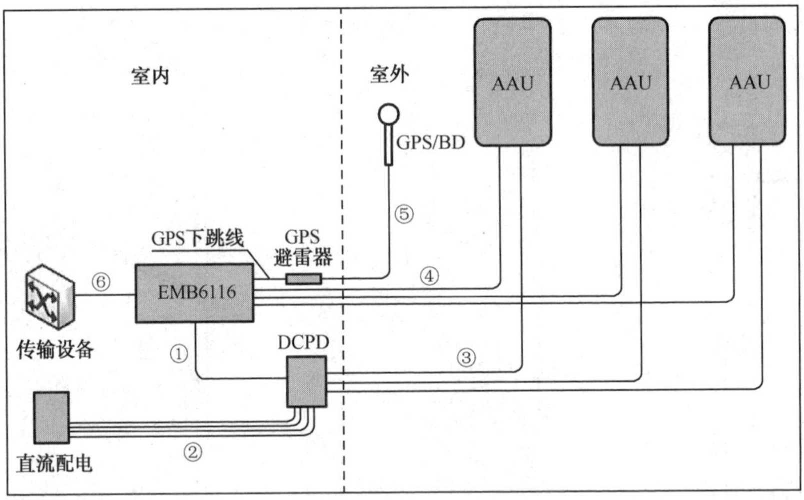

图 5-26　BBU-AAU 直连图

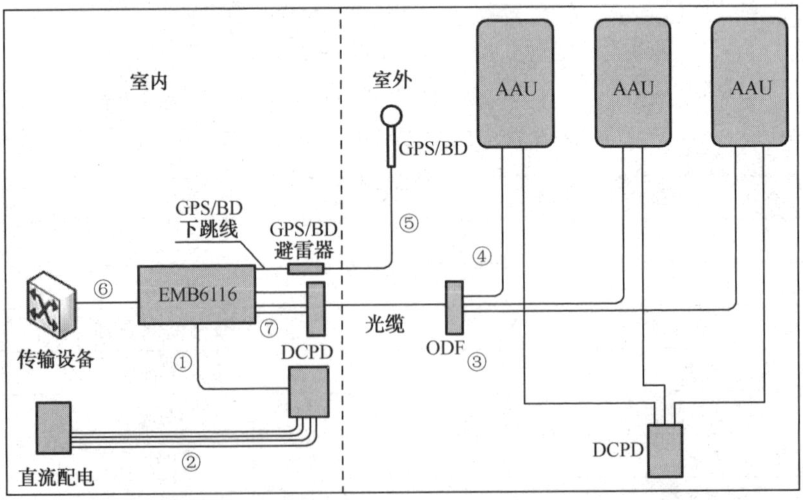

图 5-27　BBU-AAU 拉远图

思考与练习

1．填空题

（1）_______将来自天线的接收信号进行放大。

（2）TDAU5264N41A 支持的频段为__________________________。

（3）TDAU5264N78 支持的频段为__________________________。

2．简答题

（1）请画出 AAU/RRU 的逻辑架构。

（2）TDAU5364N41 与 TDAU5232N78 的区别有哪些？

任务3 5G基站开通准备

【学习目标】

1．熟悉大唐 5G 基站开通流程

2．熟悉大唐 5G 基站开通准备工作

【知识要点】

1．2.6G 单模 100M 配置（S111）硬件环境

2．2.6G 单模 100M 配置（S111）工具及软件的使用与准备

3．2.6G 单模 100M 配置（S111）开通流程

1．2.6G 单模 100M 配置（S111）硬件环境准备

5G 网络完成安装且配套设施已经具备后，接下来开展 5G 系统的开通与调测工作。5G 系统的开通与调测需要协同接入网、传输网和核心网多个方面的资源。SA 模式下，5G 基站系统通常由 EMB6216+AAU 构成。

2.6GHz（通常简写为 2.6G，以下其他情况类似）频段配置 S111 场景，通常应用于电联网络，5G 系统配置如图 5-28 所示。

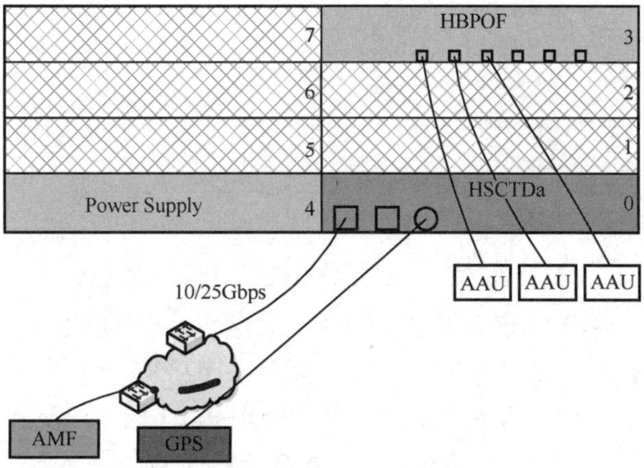

图 5-28 2.6G 频段配置 S111 场景 5G 系统配置

（1）每个 AAU 建立 1 个 100M NR 小区。

（2）插 1 块 HBPOF 基带板，支持 3 个 100M 64 通道 NR 小区。

（3）支持的 64TR AAU 包括 TDAU5164N78A、TDAU5364N78。

2. 2.6G 单模 100M 配置（S111）工具及软件准备

5G 基站开通前，应做好开通调测准备，包括硬件准备和软件准备。5G 开通准备所需的资源名称和作用如表 5-19 所示。

表 5-19　5G 开通准备所需的资源名称和作用

资源类型	资源名称	作用
硬件准备	万用表 1 个	检查设备电源是否正常
	笔记本电脑 1 台（Window7 操作系统）	
	千兆网线 1 根（建议长度在 5m 左右）	计算机直连基站本地调测
	斜口钳 1 把	绑扎线缆时使用
	M3 十字口螺丝刀 1 把	拆装板卡时使用
	电源接线板 1 个	
软件准备	本地维护软件 LMT	必需，开通调测时使用
	基站软件包	匹配版本的升级包
	基站配置文件模板	版本匹配，格式为.cfg
	基站传输及小区规划数据	

准备工作完成后，开始上电开通工作。到达基房后，首先进行上电前的检查，以确保设备供电正常，避免电源出现问题对设备和人员造成伤害。设备上电前检查的项目如表 5-19 所示。

表 5-20　设备上电前检查的项目

编号	检查项目
1	测量直流回路极间及交流回路相间的电阻值，确认没有短路或断路
2	电源线颜色应当符合规范，安全标识应当齐全
3	电源线各连接点应当稳固，线序、极性应当正确
4	电气部件连接应当牢靠，重点检查传输线、GPS 馈线接头等处
5	光缆接口与扇区应当一一对应，光纤连接应当正常
6	所有空开应当处于闭合状态
7	接地线连接应当正确，接触应当牢靠

设备正常加电后，使用 LMT 软件连接 BBU 的主控板（HSCTD 或 HSCTDa），此时需要配置笔记本电脑的本地连接 IPv4 的 IP 地址。为保证 BBU 的主控板与调测笔记本电脑处于同一个网段中，通常将本地 IP 地址配置为 172.26.245.100，子网掩码配置为 255.255.255.0。本地 IP 地址配置路径：控制面板\网络和 Internet\网络连接\本地连接属性\Internet 协议版本 4（TCP/IPv4），如图 5-29 所示。

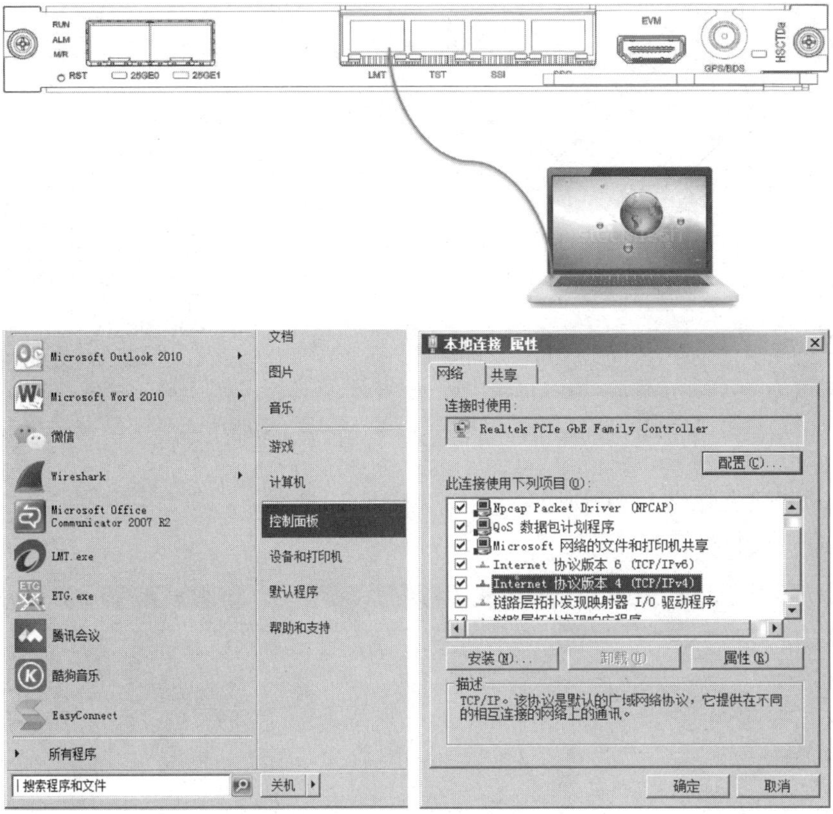

图 5-29 本地 IP 地址配置路径

完成 IP 地址设置后，进行 LMT 软件安装（也可以提前安装）。当成功安装 LMT 工具软件后，双击 LMT 工具软件图标，弹出 LMT 登录对话框，如图 5-30 所示。

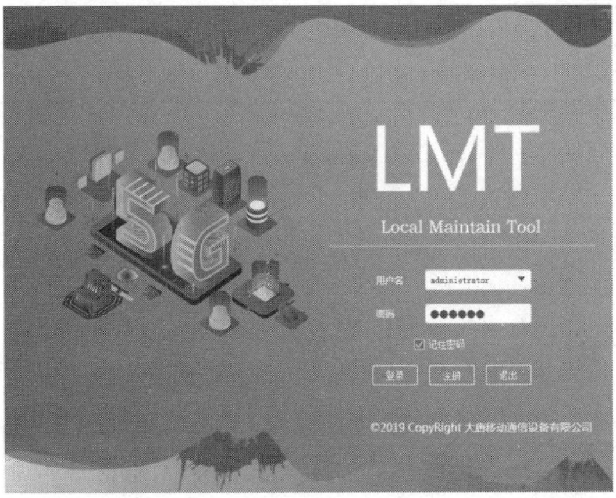

图 5-30 LMT 登录对话框

此时进行登录信息的填写：用户名是“administrator”，密码是“111111”。填写完成后，单击“登录”按钮即可成功进入 LMT 软件。进入 LMT 软件后，会同时出现两个插件工具，分别是 LmtAgen 和 FTPServer，分别用于网卡监听和文件传输，这两个插件不能关闭（最小化即可），分别如图 5-31 所示。

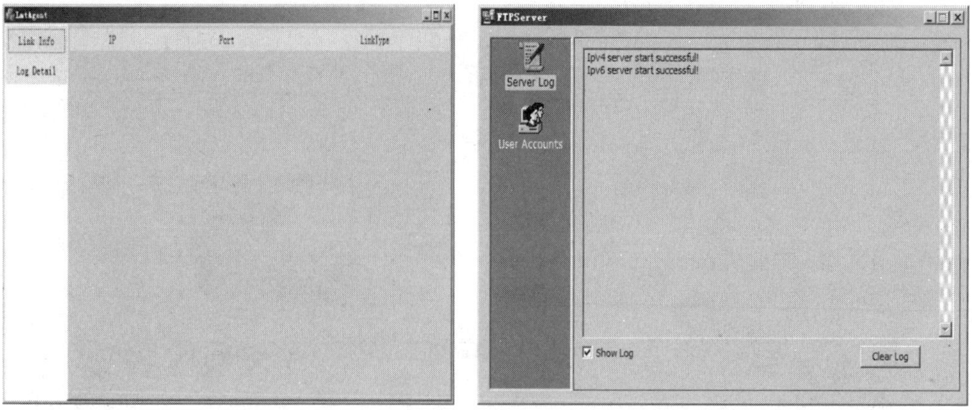

图 5-31 LmtAgen 和 FTPServer

将插件最小化后弹出 LMT 使用对话框，如图 5-32 所示，可基于实际需求进行连接基站、打开配置文件、比较配置文件等操作。

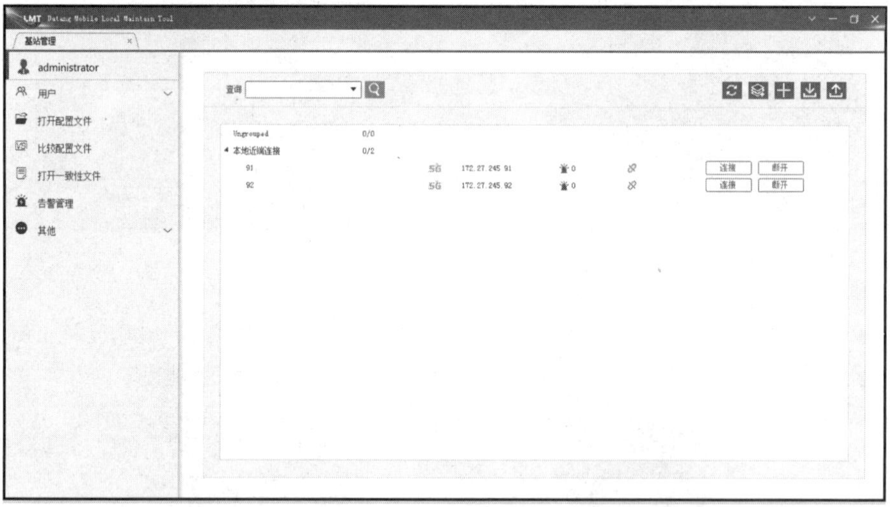

图 5-32 LMT 使用对话框

选择基站 IP 地址，通常主控板放置在 0 号槽位，则使用 IP 地址 172.27.245.91。单击“连接”按钮，即可连接 5G 设备。

3. 2.6G 单模 100M 配置（S111）开通流程

5G 基站开通调测流程如图 5-33 所示。主控板 HSCTDa 上电，升级 BBU 版本，生成动态配置文件复位基站，接入 AAU，升级 AAU 包，建立本地小区。小区建立后针对基站状态进行查询，基站状态正常则进行业务调测验证。

思考与练习

（1）2.6G 单模 100M 配置（S111）开通调测需要准备哪些工具？它们的作用是什么？

（2）2.6G 单模 100M 配置（S111）开通调测流程是什么？

（3）2.6G 单模 100M 配置（S111）开通调测需要准备哪些硬件和软件？

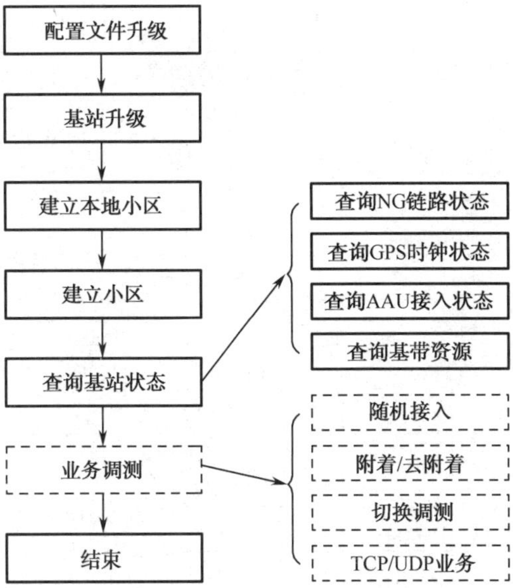

图 5-33　5G 基站开通调测流程

任务 4　5G 基站 CFG 文件制作

【学习目标】

1．熟悉大唐 5G 基站开通 CFG 文件制作方法

2．熟悉大唐 5G 基站开通硬件规划方法

3．熟悉大唐 5G 基站开通硬件本地小区规划方法

【知识要点】

1．2.6G 单模 100M 配置（S111）规划协商参数表中参数的含义与作用

2．2.6G 单模 100M 配置（S111）CFG 文件制作方法

3．2.6G 单模 100M 配置（S111）硬件规划方法及注意事项

4．2.6G 单模 100M 配置（S111）本地小区规划方法及注意事项

1．2.6G 单模 100M 配置（S111）CFG 文件制作

CFG 文件即配置文件，制作 CFG 文件需要提前获取规划协商参数表，5G 基站开通与调测、小区个性参数一览表如表 5-21 所示。

表 5-21　5G 基站开通与调测、小区个性参数一览表

序　号	参数类别	参 数 名 称	修改原则（参数对应项）	参数节点位置	注意事项
1	基站基本信息	基站物理 ID	基站 ID	GNB 基站	必改
2		设备友好名	基站名称		必改
3		GNB 全球 ID	基站 ID		必改
4	OM 参数	本地 IP 地址	OM IP 地址	GNB 基站/局向/管理站/操作维护链路	必改
5		子网掩码	OM 掩码		

续表

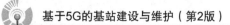

序 号	参数类别	参 数 名 称	修改原则（参数对应项）	参数节点位置	注意事项
6	OM 参数	默认网关	OM 网关	GNB 基站/局向/管理站/操作维护链路	
7		对端 IP 地址	OMC IP 地址		
8		VLAN 标识	OM VLAN		
9	SCTP 链路	SCTP 链路工作模式	默认客户端	GNB 基站/传输管理/SCTP 链路/SCTP 偶联	
10		对端 IP 地址 1、2	AMF IP 地址		
11		链路协议类型	NGAP		
12	业务 IP	IP 地址	业务 IP 地址	GNB 基站/传输管理/IP 配置/IP 地址	必改
13		子网掩码	业务掩码		
14	路由关系	对端 IP 网段地址	网段包含 AMF/UPF/邻基站	GNB 基站/传输管理/路由关系	
15		对端 IP 掩码	无		
16		网关 IP 地址	业务网关		必改
17	VLAN 配置	VLAN 标识	业务 VLAN 地址	GNB 基站/传输管理/VLAN 配置	
18		VLAN 类型	AMF 信令、Ng 用户、Xn 信令、Xn 用户		
19	小区基本信息	小区友好名	小区名字	GNB 基站/NR 业务/NR 小区	必改
20		小区物理 ID 列表	PCI		必改
21		OMC 配置的小区物理 ID	PCI		必改
22		小区物理 ID	PCI		必改
23	根序列	前导码根序列逻辑索引	和规划保持一致	GNB 基站/NR 业务/NR 小区/NR 小区信道及过程配置/NR 小区随机接入/NR 小区随机接入参数	必改
24	扰码	PDSCH 数据部分扰码	PCI	GNB 基站/NR 业务/NR 小区/NR 小区信道及过程配置/NR 小区 PDSCH 信道	必改
25		PDSCH DMRS 扰码 0	PCI		必改
26		PDSCH DMRS 扰码 1	PCI		必改
27		PUSCH 数据部分扰码	PCI	GNB 基站/NR 业务/NR 小区/NR 小区信道及过程配置/NR 小区 PUSCH 信道	必改
28		Scrambling ID	PCI	GNB 基站/NR 业务/NR 小区/NR 小区信道及过程配置/NR 小区 CSI-RS 参数/NR 小区用于 CQI 测量的 CSIRS 配置参数	必改
29		Scrambling ID	PCI	GNB 基站/NR 业务/NR 小区/NR 小区信道及过程配置/NR 小区 CSI-RS 参数/CSITRS 配置参数	必改
30	PLMN	实例描述	注意 PLMN 索引号	GNB 基站/NR 业务/NR 全局参数配置/Plmn 与运营商映射表	
31		移动国家码	460		
32		移动网络码	00 移动、01 联通、11 电信		
33		运营商 ID	0 移动、1 联通、2 电信、3 广电		

续表

序　号	参数类别	参 数 名 称	修改原则（参数对应项）	参数节点位置	注意事项
34	TAC	实例描述	注意 TAC 索引号	GNB 基站/NR 业务/NR 全局参数配置/Tac 与运营商映射关系表	
35		小区所属跟踪区的 ID	TAC		
36		运营商 ID	0 移动、1 联通、2 电信、3 广电		
37	运营商映射关系	实例描述	注意运营商 ID	GNB 基站/NR 业务/NR 全局参数配置/运营商与 gnbid&bit 映射关系表	
38		GNB 全球 ID 有效位数	和核心网保持一致		
39		GNB 全球 ID	基站 ID		必改
40	小区网络规划	NgRAN 区域码		GNB 基站/NR 业务/NR 小区/NR 小区网络规划	
41		该小区广播的 plmn 的索引	和第 30 项参数保持一致		
42		该小区广播的 tac 的索引	和第 34 项参数保持一致		

获取 5G 基站开通与调测、小区个性参数一览表后，选取配置文件模板，即可使用 LMT 软件完成配置文件制作，具体步骤如下：

① 获取 CFG 文件模板。

配置文件模板格式为 xxx.cfg，一般是做好的通用型模板，便于参数拉齐。操作步骤：打开配置文件→打开配置文件模板→导入。获取配置文件模板的步骤如图 5-34 所示。

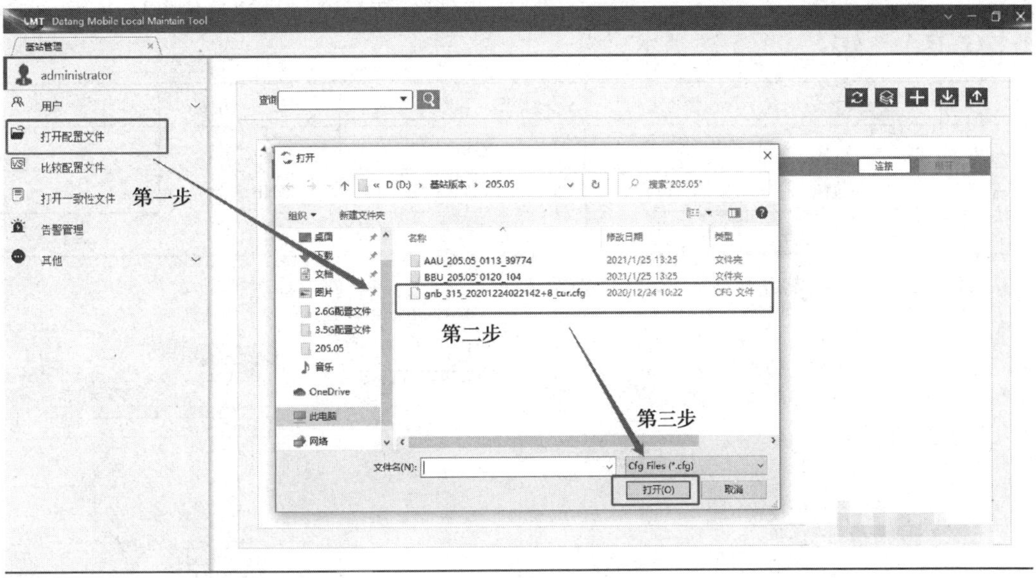

图 5-34　获取配置文件模板的步骤

配置文件模板加载完成后，会弹出对话框，显示加载后的配置文件。可根据规划数据对配置进行修改，制作新的基站配置文件，修改完成后关闭该对话框，会提示是否保存文件，单击“是”按钮保存修改后的配置文件。此时在指定目录下会形成一个后缀为“.cfg”的文件，此文件用于接下来的基站开通工作。保存配置文件如图 5-35 所示。

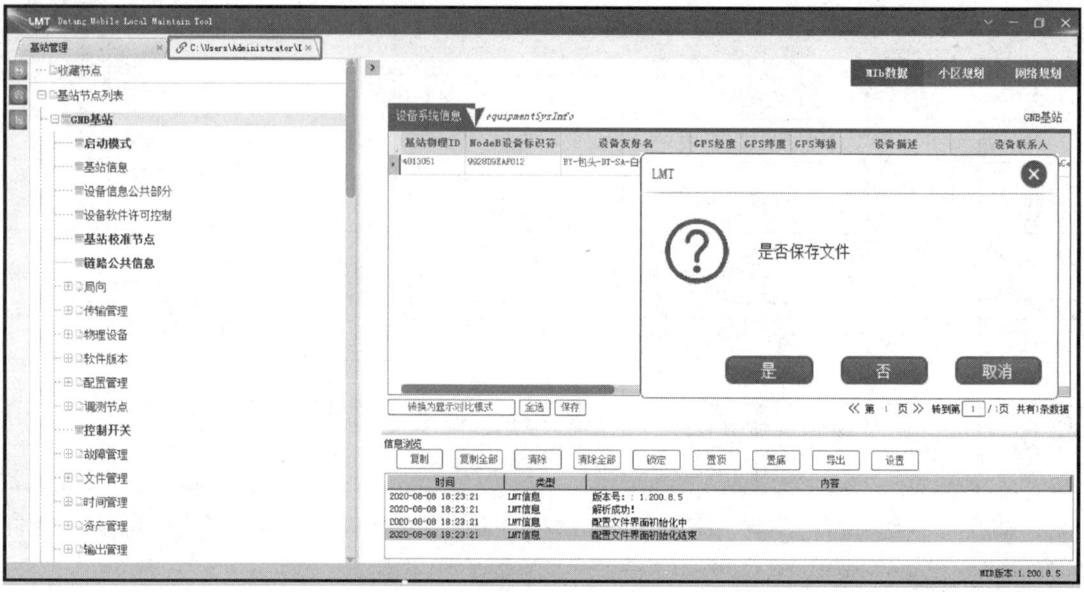

图 5-35　保存配置文件

② CFG 文件——基站基本信息配置。

制作 CFG 文件时，需要对基站基本信息进行配置，配置内容包括基站物理 ID、设备友好名、GNB 全球 ID，如图 5-36 所示。

序号	参数类别	参数名称	修改原则（参数对应项）	参数节点位置	注意事项
1	基站基本信息	基站物理 ID	基站 ID	GNB 基站	必改
2		设备友好名	基站名称		必改
3		GNB 全球 ID	基站 ID		必改

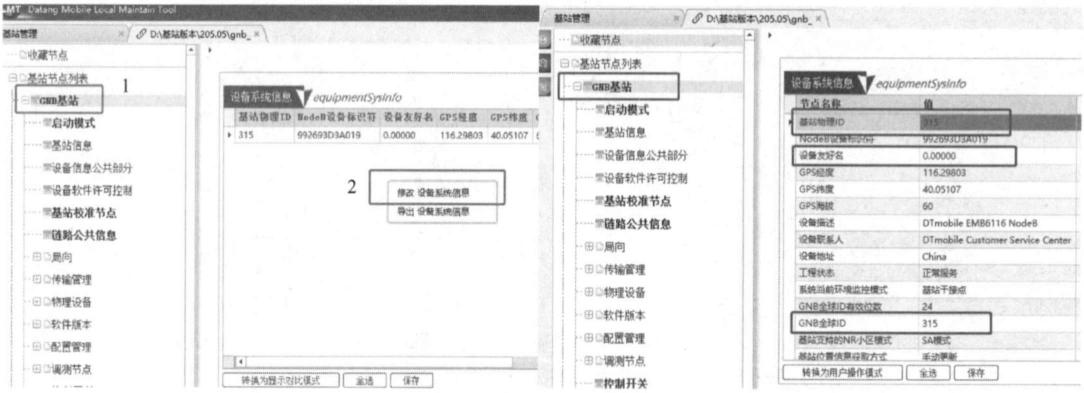

图 5-36　基站基本信息配置

③ CFG 文件——OM 参数配置。

制作 CFG 文件时，需要对 OM 参数进行配置，配置内容包括本地 IP 地址、子网掩码、默认网关、对端 IP 地址、VLAN 标识，如图 5-37 所示。

序号	参数类别	参数名称	修改原则（参数对应项）	参数节点位置	注意事项
4	OM 参数	本地 IP 地址	OM IP 地址	GNB 基站/局向/管理站/操作维护链路	必改
5		子网掩码	OM 掩码		
6		默认网关	OM 网关		
7		对端 IP 地址	OMC IP 地址		
8		VLAN 标识	OM VLAN		

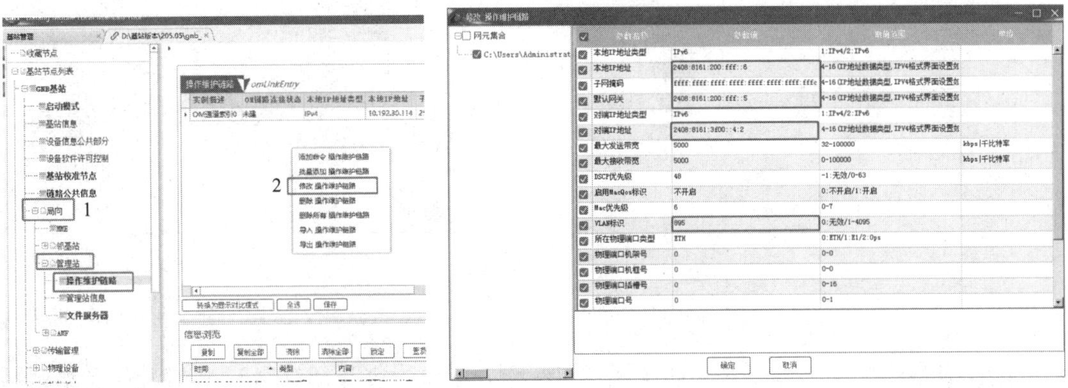

图 5-37　OM 参数配置

④ CFG 文件——SCTP 链路配置。

制作 CFG 文件时，需要对 SCTP 链路进行配置，配置内容包括 SCTP 链路工作模式，对端 IP 地址 1、2，链路协议类型，如图 5-38 所示。

序号	参数类别	参数名称	修改原则（参数对应项）	参数节点位置	注意事项
9	SCTP 链路	SCTP 链路工作模式	默认客户端	GNB 基站/传输管理/SCTP 链路/SCTP 偶联	
10		对端 IP 地址 1、2	AMF IP 地址		
11		链路协议类型	NGAP		

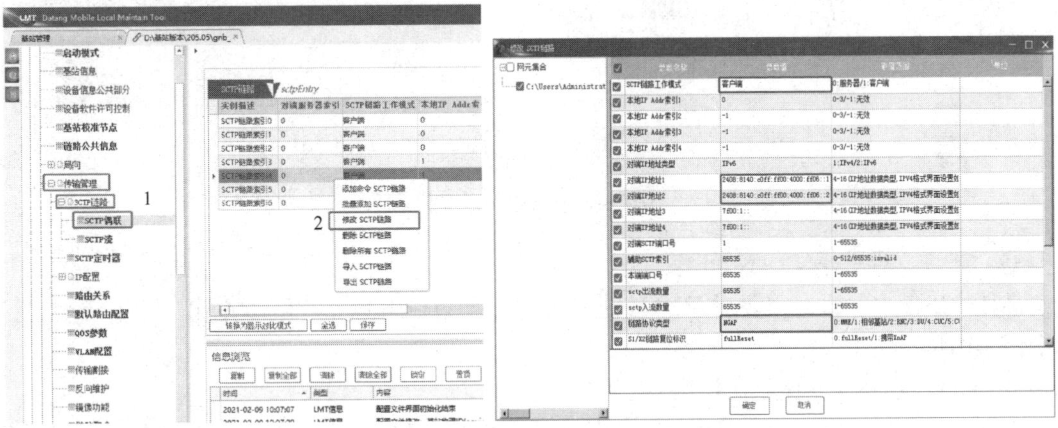

图 5-38　SCTP 链路配置

⑤ CFG 文件——业务 IP 配置。

制作 CFG 文件时，需要对业务 IP 进行配置，配置内容包括 IP 地址、子网掩码，如图 5-39 所示。

序号	参数类别	参数名称	修改原则（参数对应项）	参数节点位置	注意事项
12	业务 IP	IP 地址	业务 IP 地址	GNB 基站/传输管理/IP 配置/IP 地址	必改
13		子网掩码	业务掩码		

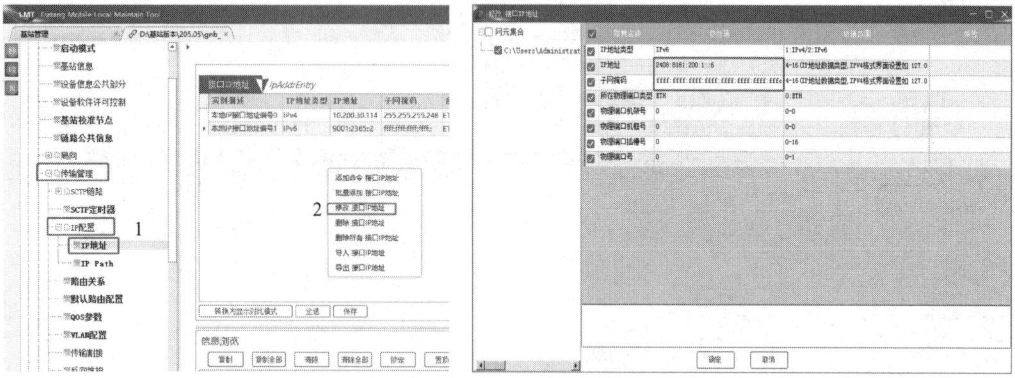

图 5-39　业务 IP 配置

⑥ CFG 文件——路由关系配置。

制作 CFG 文件时，需要对路由关系进行配置，配置内容包括对端 IP 网段地址、对端 IP 掩码、网关 IP 地址，如图 5-40 所示。

序号	参数类别	参数名称	修改原则（参数对应项）	参数节点位置	注意事项
14	路由关系	对端 IP 网段地址	网段包含 AMF/UPF/邻基站	GNB 基站/传输管理/路由关系	
15		对端 IP 掩码	无		
16		网关 IP 地址	业务网关		必改

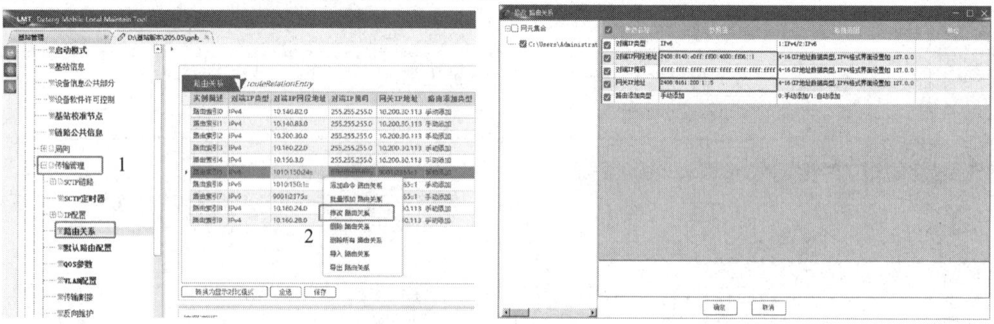

图 5-40　路由关系配置

⑦ CFG 文件——VLAN 配置。

制作 CFG 文件时，需要对 VLAN 进行配置，配置内容包括 VLAN 标识、VLAN 类型，如图 5-41 所示。

⑧ CFG 文件——小区基本信息配置。

制作 CFG 文件时，需要对小区基本信息进行配置，配置内容包括小区友好名、小区物理 ID 列表、OMC 配置的小区物理 ID、小区物理 ID，如图 5-42 所示。

⑨ CFG 文件——根序列配置。

制作 CFG 文件时，需要对根序列进行配置，配置内容为前导码根序列逻辑索引，如图 5-43 所示。

序号	参数类别	参数名称	修改原则（参数对应项）	参数节点位置	注意事项
17	VLAN 配置	VLAN 标识	业务 VLAN 地址	GNB 基站/传输管理/VLAN 配置	
18		VLAN 类型	AMF 信令、Ng 用户、Xn 信令、Xn 用户		

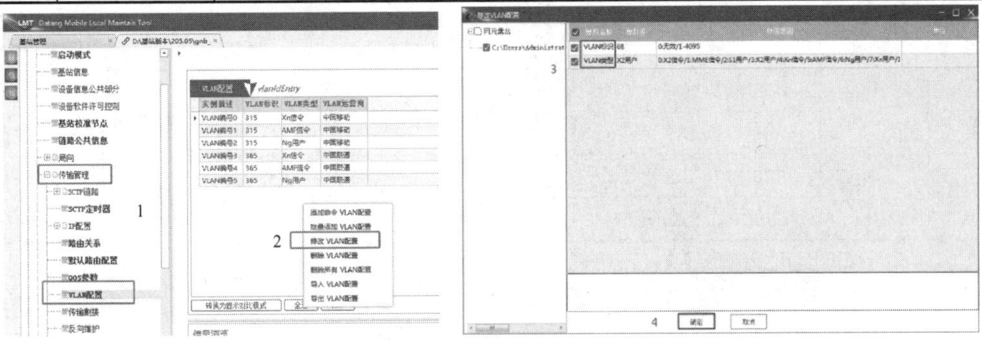

图 5-41　VLAN 配置

序号	参数类别	参数名称	修改原则（参数对应项）	参数节点位置	注意事项
19	小区基本信息	小区友好名	小区名字	GNB 基站/NR 业务/NR 小区	必改
20		小区物理 ID 列表	PCI		必改
21		OMC 配置的小区物理 ID	PCI		必改
22		小区物理 ID	PCI		必改

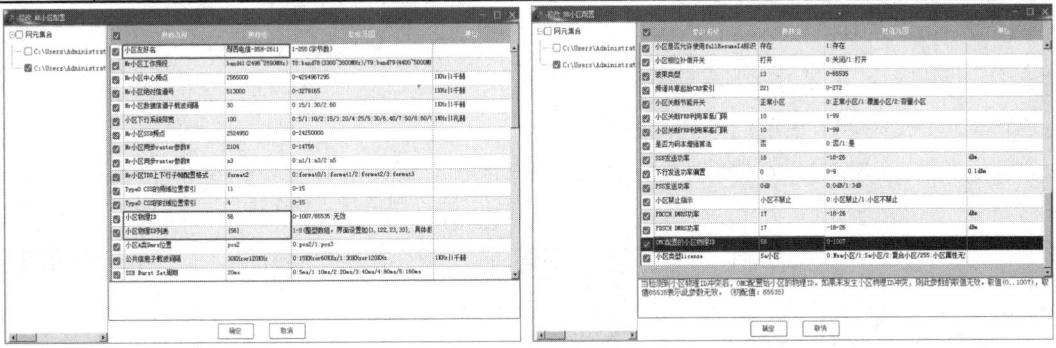

图 5-42　小区基本信息配置

序号	参数类别	参数名称	修改原则（参数对应项）	参数节点位置	注意事项
23	根序列	前导码根序列逻辑索引	和规划保持一致	GNB 基站/NR 业务/NR 小区/NR 小区信道及过程配置/NR 小区随机接入/NR 小区随机接入参数	必改

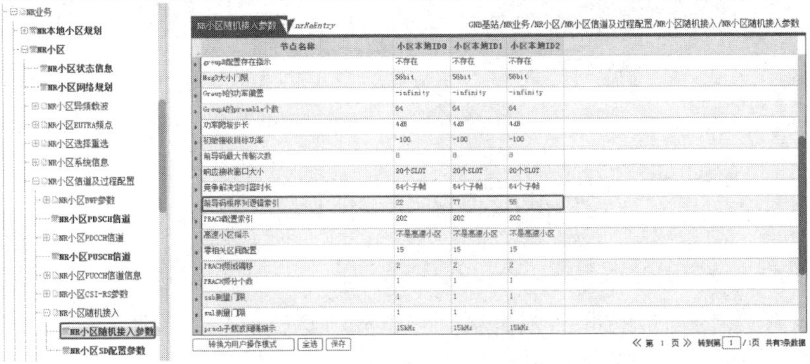

图 5-43　根序列配置

⑩ CFG 文件——业务信道扰码配置。

制作 CFG 文件时，需要对业务信道扰码进行配置，配置内容包括 PDSCH 数据部分扰码、PDSCH DMRS 扰码 0、PDSCH DMRS 扰码 1、PUSCH 数据部分扰码，如图 5-44 所示。

序号	参数类别	参数名称	修改原则（参数对应项）	参数节点位置	注意事项
24	扰码	PDSCH 数据部分扰码	PCI	GNB 基站/NR 业务/NR 小区/NR 小区信道及过程配置/NR 小区 PDSCH 信道	必改
25		PDSCH DMRS 扰码 0	PCI		必改
26		PDSCH DMRS 扰码 1	PCI		必改
27		PUSCH 数据部分扰码	PCI		必改

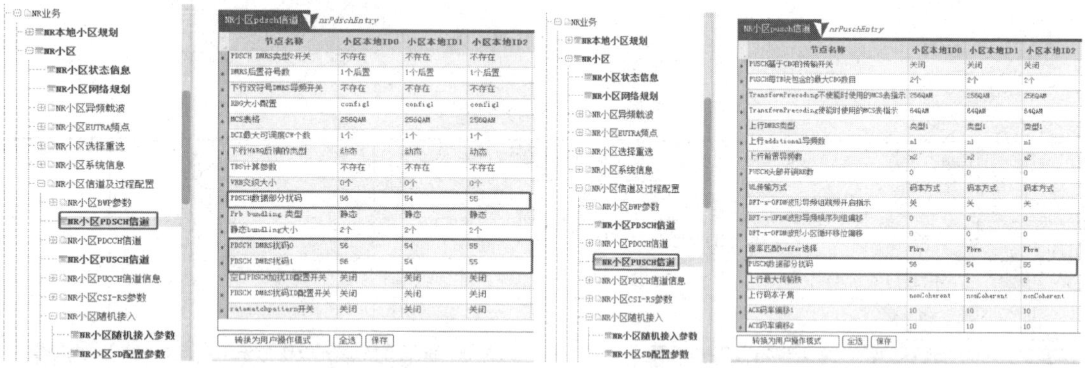

图 5-44　业务信道扰码配置

⑪ CFG 文件——参考信号扰码配置。

制作 CFG 文件时，需要对参考信号扰码进行配置，配置内容为 Scrambling ID，如图 5-45 所示。

序号	参数类别	参数名称	修改原则（参数对应项）	参数节点位置	注意事项
28	扰码	Scrambling ID	PCI	GNB 基站/NR 业务/NR 小区/NR 小区信道及过程配置/NR 小区 CSI-RS 参数/NR 小区用于 CQI 测量的 CSIRS 配置参数	必改
29		Scrambling ID	PCI	GNB 基站/NR 业务/NR 小区/NR 小区信道及过程配置/NR 小区 CSI-RS 参数/CSITRS 配置参数	必改

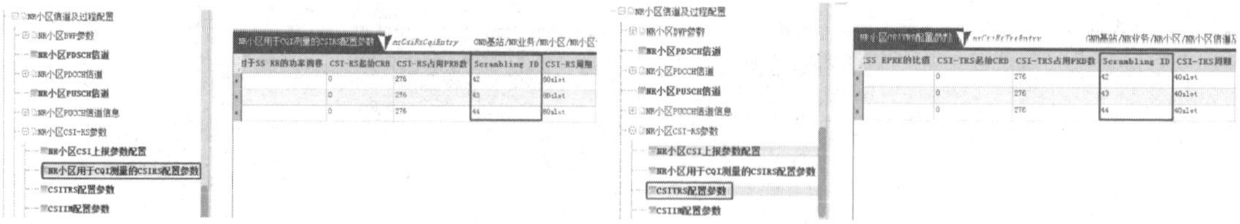

图 5-45　参考信号扰码配置

⑫ CFG 文件——PLMN 配置。

制作 CFG 文件时，需要对 PLMN 进行配置，配置内容包括实例描述、移动国家码、移动网络码、运营商 ID，如图 5-46 所示。

序号	参数类别	参数名称	修改原则（参数对应项）	参数节点位置	注意事项
30	PLMN	实例描述	注意 PLMN 索引号	GNB 基站/NR 业务/NR 全局参数配置/Plmn 与运营商映射表	
31		移动国家码	460		
32		移动网络码	00 移动、01 联通、11 电信		
33		运营商 ID	0 移动、1 联通、2 电信、3 广电		

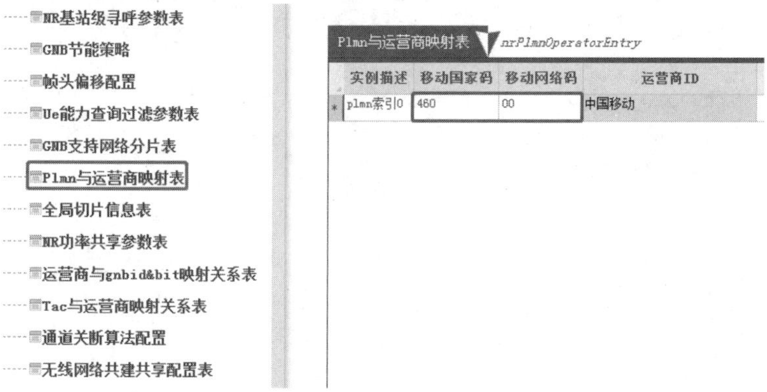

图 5-46　PLMN 配置

⑬ CFG 文件——TAC 配置。

制作 CFG 文件时，需要对 TAC 进行配置，配置内容包括实例描述、小区所属跟踪区的 ID、运营商 ID，如图 5-47 所示。

序号	参数类别	参数名称	修改原则（参数对应项）	参数节点位置	注意事项
34	TAC	实例描述	注意 TAC 索引号	GNB 基站/NR 业务/NR 全局参数配置/Tac 与运营商映射关系表	
35		小区所属跟踪区的 ID	TAC		
36		运营商 ID	0 移动、1 联通、2 电信、3 广电		

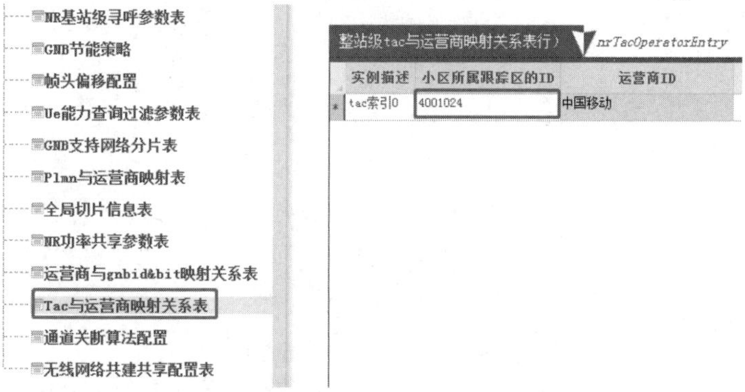

图 5-47　TAC 配置

⑭ CFG 文件——运营商映射关系配置。

制作 CFG 文件时，需要对运营商映射关系进行配置，配置内容包括实例描述、GNB 全球 ID 有效位数、GNB 全球 ID，如图 5-48 所示。

序号	参数类别	参数名称	修改原则（参数对应项）	参数节点位置	注意事项
37	运营商映射关系	实例描述	注意运营商 ID	GNB 基站/NR 业务/NR 全局参数配置/运营商与 gnbid&bit 映射关系表	
38		GNB 全球 ID 有效位数	和核心网保持一致		
39		GNB 全球 ID	基站 ID		必改

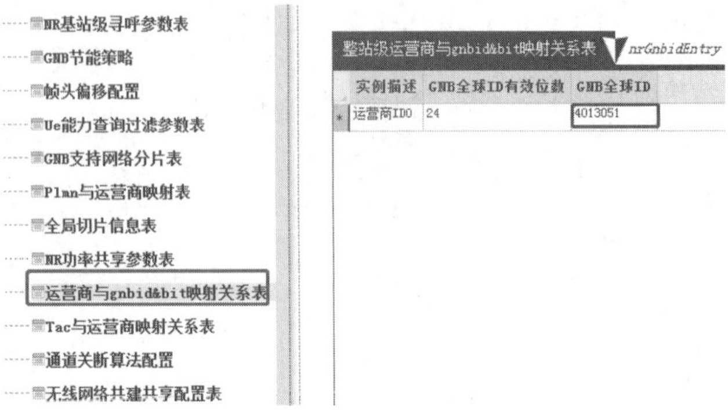

图 5-48　运营商映射关系配置

⑮ CFG 文件——小区网络规划配置。

制作 CFG 文件时，需要对小区网络规划进行配置，配置内容包括 NgRAN 区域码、该小区广播的 plmn 的索引、该小区广播的 tac 的索引，如图 5-49 所示。

序号	参数类别	参数名称	修改原则（参数对应项）	参数节点位置	注意事项
40	小区网络规划	NgRAN 区域码		GNB 基站/NR 业务/NR 小区/NR 小区网络规划	
41		该小区广播的 plmn 的索引	和第 30 项参数保持一致		
42		该小区广播的 tac 的索引	和第 34 项参数保持一致		

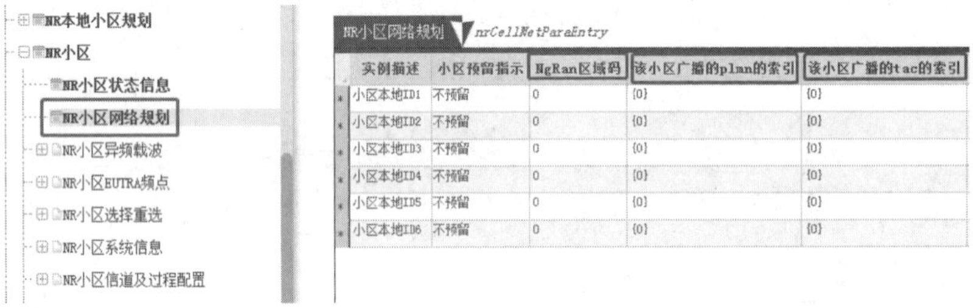

图 5-49　小区网络规划配置

2．2.6G 单模 100M 配置（S111）硬件与小区规划

① CFG 文件——机框板卡规划。

以 EMB6116 机框板卡规划为例，单击“网络规划”按钮，机框类型选择“10-EMB6116”，单击“确定”按钮，进入网络规划对话框。板卡规划要和实际应用保持一致，规划板卡时，需要对板卡的属性进行正确配置。需要配置的参数包括：机架号、机框号、插槽号、板类型、板卡 IR 帧结构、板卡 IR 速率、板卡管理状态等。

将主控板放置在 0 号槽位，基带板放置在 3、8、9 号槽位，电源放置在 4 号槽位，风扇放置在 12 号槽位。以基带板为例进行机框板卡规划，EMB6116 机框板卡规划与基带板配置结果如图 5-50 所示。

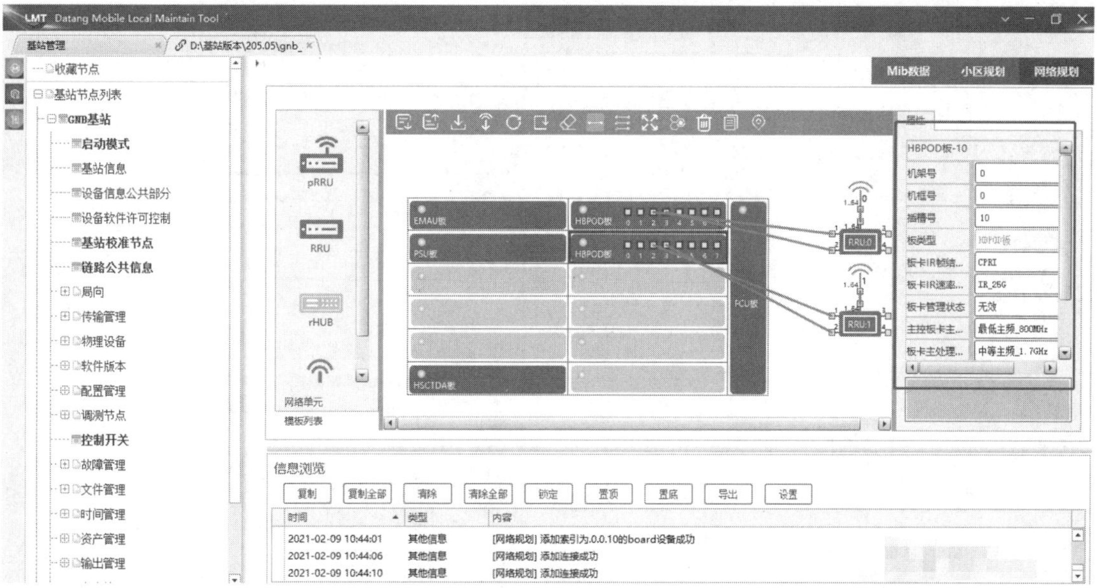

图 5-50　EMB6116 机框板卡规划与基带板配置结果

机框板卡规划完成后，开始对 AAU 板卡进行规划。基于实际设备信息，选择合适的 AAU，规划 AAU 属性，选择通道数、RRU 类型、数量，射频单元光口工作模式选择“负荷分担模式”。以 TDAU5264N41A 为例进行 AAU 规划，如图 5-51 所示。

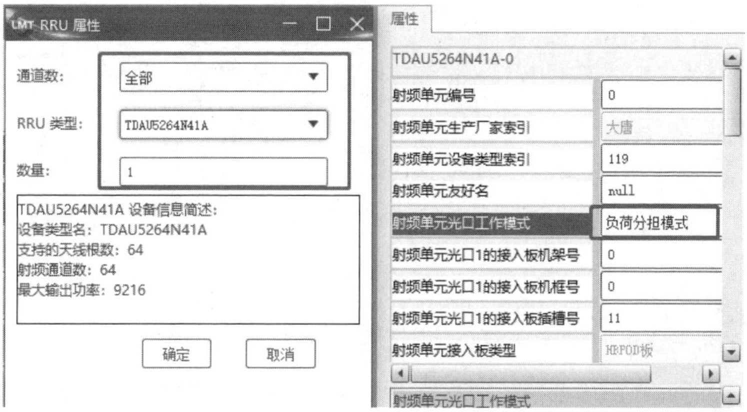

图 5-51　AAU 板卡规划——TDAU5264N41A

AAU 规划完成后，进行天线规划。基于实际设备信息，选择合适的天线，规划天线阵属性，选择天线根数、厂家名称、Antenna 类型。同时注意，天线阵属性要和天线阵厂家索引、天线阵型号索引相对应。为确保后续网管导出工作参数的准确性，需按规划填写天线方位角、天线挂高、天线机械下倾角等参数。

以 TDAU5264N41A 为例进行天线规划，如图 5-52 所示。

使用连线工具，分别把天线阵、AAU、基带板连接起来，此时机框板卡规划完成。

② CFG 文件——本地小区规划。

以本地小区 4 为例，进行本地小区规划、相关属性参数配置，如图 5-53 所示。

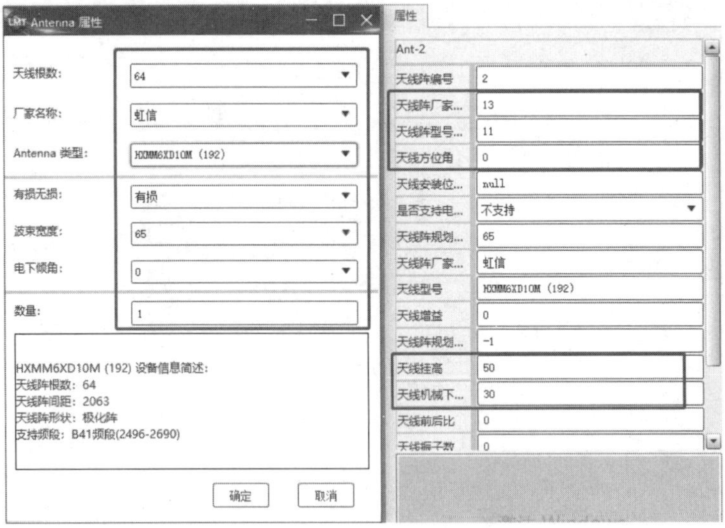

图 5-52　天线规划——TDAU5264N41A

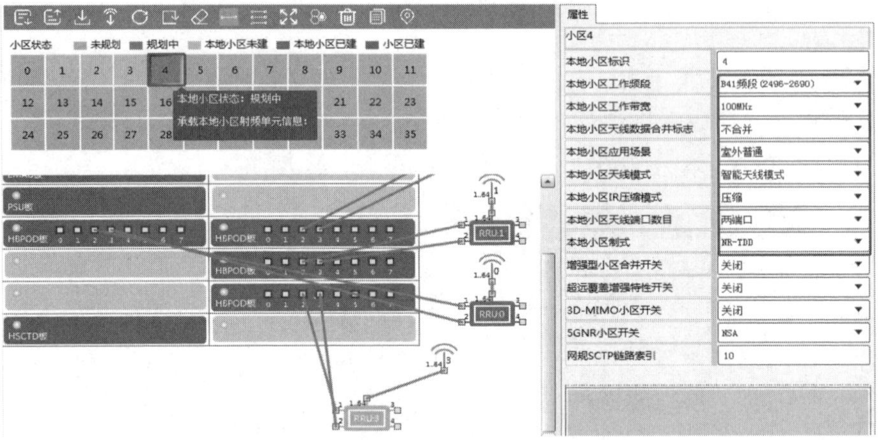

图 5-53　本地小区规划——本地小区 4

本地小区规划完成后，进行 AAU 通道设置。双击 AAU，把 AAU 的 64 个通道全部归属本地小区 4，基于实际设备信息进行参数配置。以 TDAU5264N41A 为例，选择 B41 频段，如图 5-54 所示。

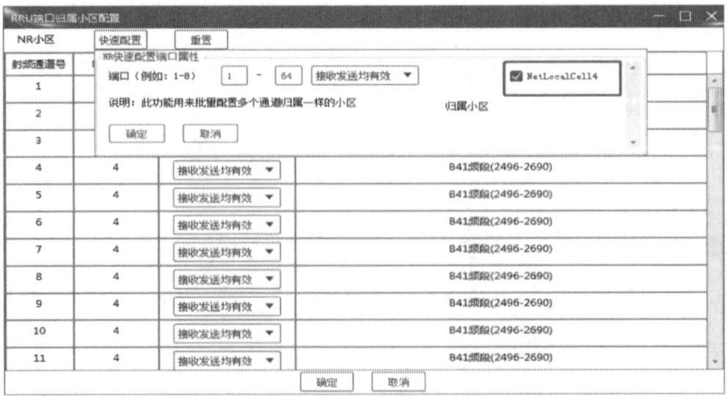

图 5-54　本地小区规划——AAU 通道设置（以 TDAU5264N41A 为例）

规划完成后，下发网规命令，当本地小区 4 颜色变黄，说明本地小区规划完成。在 NR 本地小区规划表中，可以看到新规划的本地小区 4，如图 5-55 所示。

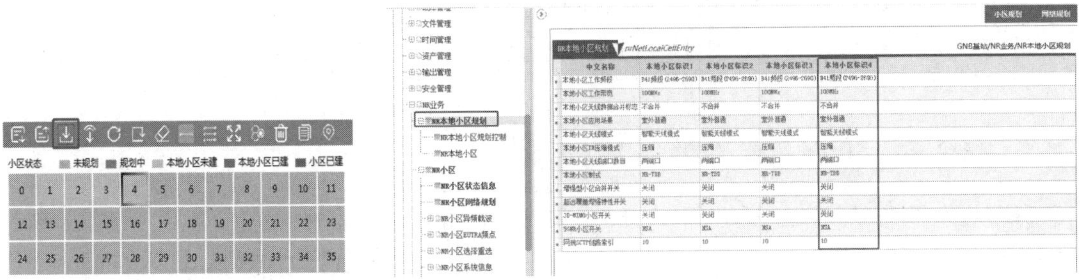

图 5-55　本地小区规划——下发网规命令和查看 NR 本地小区规划

由于使用了配置文件模板进行配置文件制作，所以小区相关参数已经在配置文件中存在，无须再次进行配置。如果使用空模板进行配置文件制作，需要结合实际场景，对小区参数逐一进行配置，本书暂不对该内容进行描述。EMB6216 机框类型选择如图 5-56 所示。

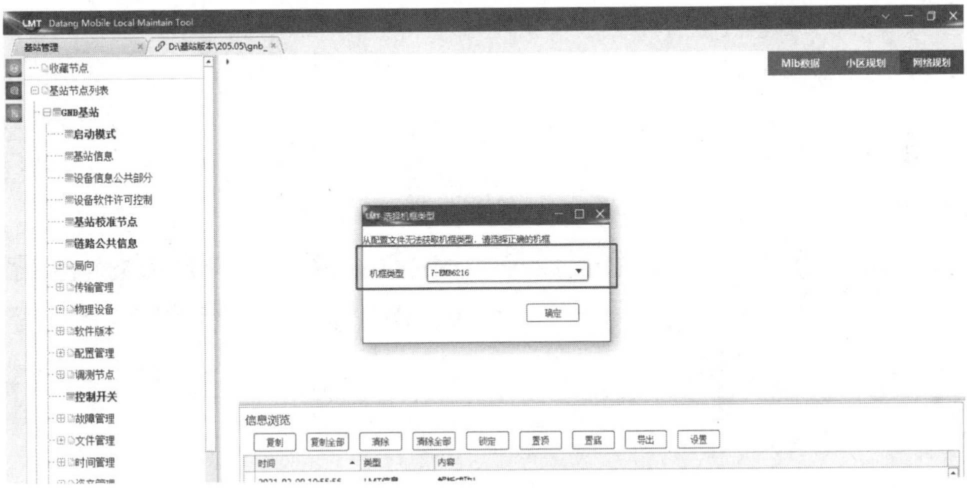

图 5-56　EMB6216 机框类型选择

思考与练习

（1）2.6G 单模 100M 配置（S111）开通调测需要提前获取的规划协商参数有哪些？
（2）2.6G 单模 100M 配置（S111）开通调测需要配置的传输数据有哪些？
（3）2.6G 单模 100M 配置（S111）开通调测需要配置的全局数据有哪些？
（4）2.6G 单模 100M 配置（S111）开通调测需要配置的小区数据有哪些？

任务 5　5G 基站升级

【学习目标】

1. 熟悉大唐 5G 基站升级流程
2. 熟悉大唐 5G 基站 BBU 和 AAU 升级方法

【知识要点】

1．2.6G 单模 100M 配置（S111）BBU 升级方法

2．2.6G 单模 100M 配置（S111）AAU 升级方法

3．2.6G 单模 100M 配置（S111）升级后检查的内容

1．2.6G 单模 100M 配置（S111）版本升级

5G 基站软件版本包包括 BBU 软件版本包（5GIIIBBU.dtz）和 AAU 软件版本包（5GIIIAAU.dtz）。进行升级操作时，需要分别对 BBU 软件版本包和 AAU 软件版本包进行升级。部分场景下，也会单独对 BBU 软件版本包或 AAU 软件版本包进行升级。5G 基站版本升级流程如图 5-57 所示。

图 5-57　5G 基站版本升级流程

① 板卡处理器状态查询。

进行 5G 基站版本升级操作前，需要对板卡处理器状态进行查询。通过 LMT 软件连接到基站后，对设备进行升级前的检查，需要确认基站所有板卡的处理器均可用。操作节点：物理设备→机架→机框→板卡→板卡拓扑→处理器，查询结果如图 5-58 所示。

图 5-58　5G 基站板卡处理器状态查询结果

② 基站当前运行的软件包查询。

在进行目标版本升级前，需要查看基站当前运行的软件包，并不是所有的升级操作都可以一步到位升级完毕，部分升级操作可能需要过渡版本。借助过渡版本，才可以完成目标版本的升级操作。操作节点：软件版本→当前运行基站软件包，查询结果如图 5-59 所示。

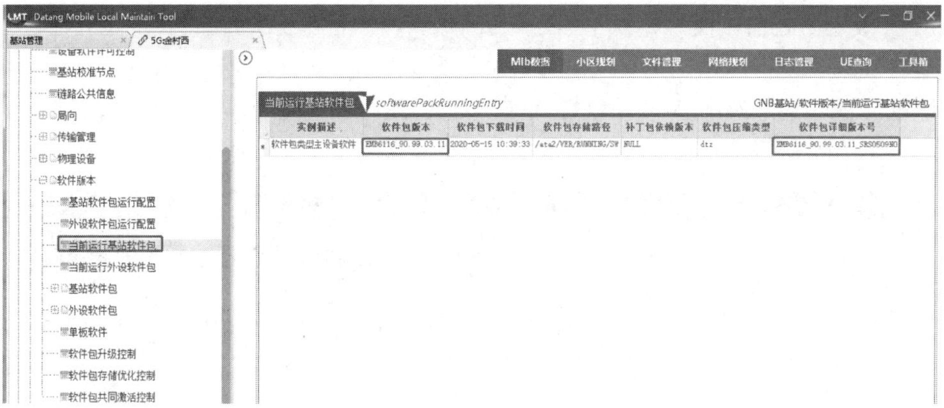

图 5-59　5G 基站当前运行软件包查询结果

③ BBU 升级。

单击 LMT 软件界面的“文件管理”，出现本地文件和远程文件显示对话框，5G 基站存储管理目录如图 5-60 所示。其中，本地文件表示笔记本电脑中的本地文件，基站文件表示基站 ata 的存储结构。

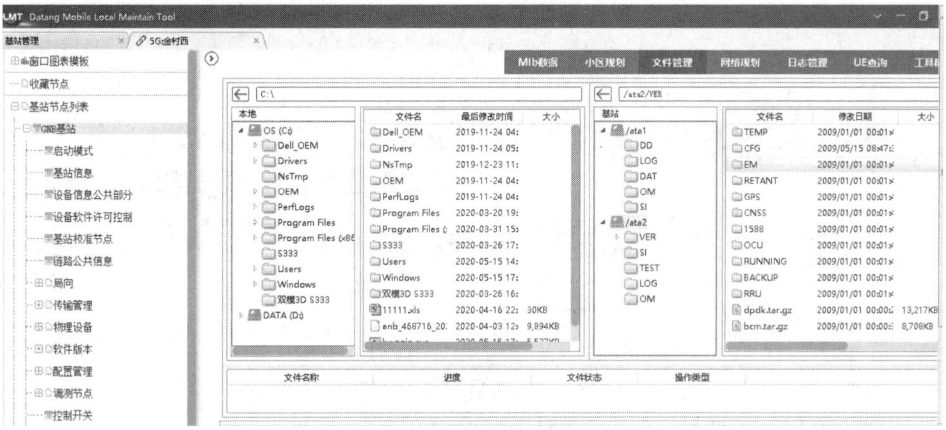

图 5-60　5G 基站存储管理目录

在本地文件目录中找到 BBU 软件包，文件名为 5GIIIBBU.dtz。右击 BBU 软件包，在弹出的快捷菜单中选择“下载至基站”命令，会弹出软件包下载激活配置对话框，激活标志选择“强制激活”，完成后单击“确定”按钮，软件包会自动下载，下载完成后，5G 基站自动复位重启。具体操作步骤如图 5-61 所示。

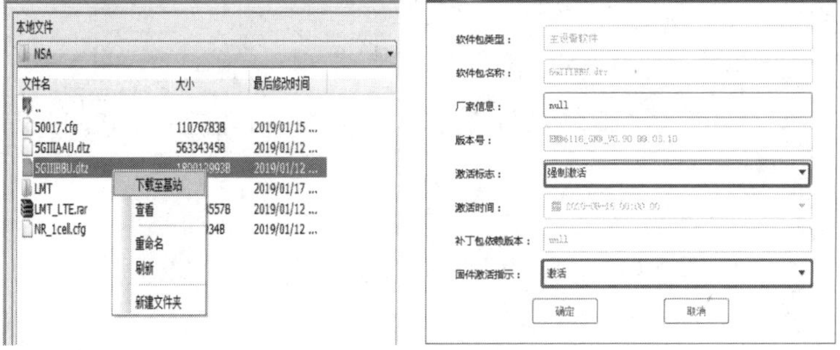

图 5-61　5G 基站 BBU 升级

BBU 升级重启之后，需确认以下信息：板卡处理器是否正常可用；当前运行的基站版本是否为本次升级的版本，相同则说明升级成功，升级完成。操作节点：软件版本→当前运行基站软件包。查询结果如图 5-62 所示，单击“当前运行基站软件包”，查看右侧“软件包详细版本号”下的版本信息。

图 5-62　5G 基站 BBU 升级后版本查询结果

④ AAU 接入状态查询。

在对 AAU 进行升级前，需要确认 AAU 处于接入状态，才可进入升级操作。操作节点：物理设备→射频单元→射频单元拓扑→射频单元信息。单击“射频单元信息”，右侧会出现 AAU 的接入信息，如果显示 3 个 AAU 的信息，说明 AAU 全部接入，可以进行升级。查询结果如图 5-63 所示。

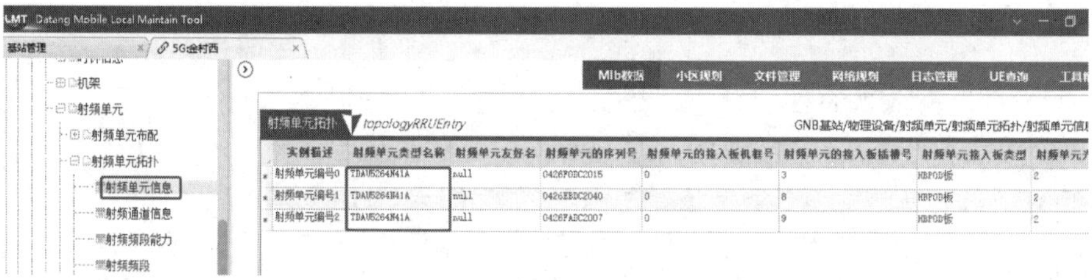

图 5-63　5G 基站 AAU 接入状态查询结果

⑤ AAU 当前运行的软件包查询。

AAU 进行升级前，需要核查 AAU 当前正在运行的软件包，将查询到的软件包信息和目标版本进行比对，相同则不用升级，不同则需要升级。操作节点：软件版本→当前运行外设软件包。单击“当前运行外设软件包”，查看右侧“软件包详细版本号”下的版本信息。查询结果如图 5-64 所示。

图 5-64　AAU 当前正在运行的软件包查询结果

⑥ AAU 升级。

在本地文件目录中找到 AAU 软件包，文件名为 5GIIIAAU.dtz。右击 AAU 软件包，在弹出的快捷菜单中选择“下载至基站”命令，此时会弹出软件包下载激活配置，参数为默认值，单击“确定”按钮。操作过程如图 5-65 所示。

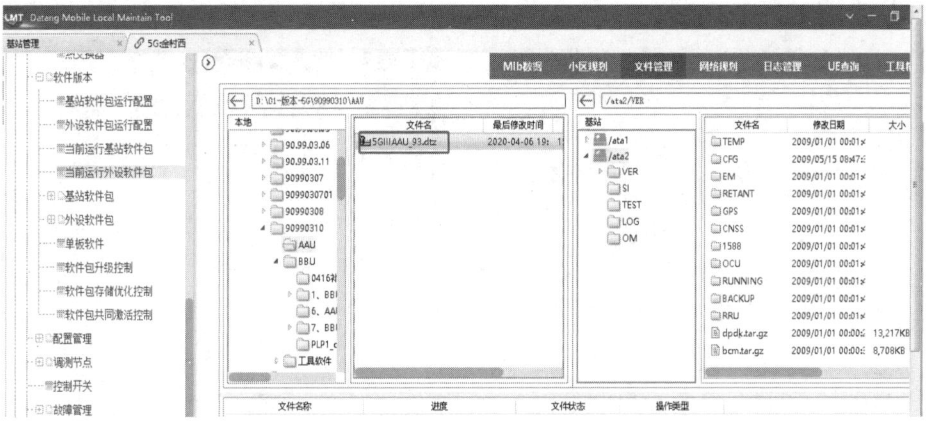

图 5-65　5G 基站 AAU 升级

2．2.6G 单模 100M 配置（S111）版本升级后检查

① AAU 升级后软件包查询。

AAU 升级后，需要核查 AAU 当前正在运行的软件包，将查询到的软件包信息和目标版本进行比对，相同则说明升级成功，不同则说明升级失败。操作节点：软件版本→当前运行外设软件包。单击“当前运行外设软件包”，查看右侧“软件包详细版本号”下的版本信息。

② AAU 升级后接入状态查询。

AAU 升级后，需要查询 AAU 接入个数和接入状态。操作节点：物理设备→射频单元→射频单元拓扑→射频单元信息。单击“射频单元信息”，右侧会出现 AAU 的接入信息，显示“RRU 接入完成”，说明 AAU 接入已正常。

思考与练习

（1）2.6G 单模 100M 配置（S111）升级流程是什么？

（2）2.6G 单模 100M 配置（S111）BBU 与 AAU 升级注意事项有哪些？

（3）2.6G 单模 100M 配置（S111）升级后检查内容有哪些？

任务 6　5G CFG 文件下载

【学习目标】

熟悉大唐 5G 基站配置文件下载方法

【知识要点】

2.6G 单模 100M 配置（S111）配置文件下载方法

1．2.6G 单模 100M 配置（S111）CFG 文件下载

5G 基站升级完成后，需要将已经完成的基站配置文件下载到基站中。单击 LMT 软件界

面的“文件管理”，出现本地文件和远程文件显示对话框。在本地文件目录中找到已经做好的基站的配置文件，右击 CFG 文件，在弹出的快捷菜单中选择“下载至基站”命令。具体操作步骤如图 5-66 所示。

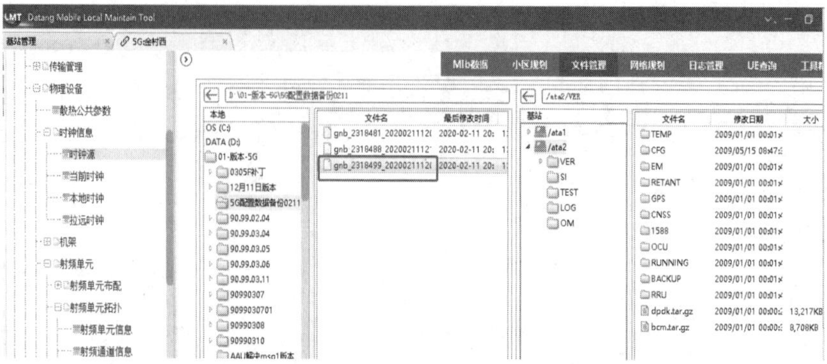

图 5-66　5G 基站配置文件存放目录

此时会弹出提醒消息，参数设为默认值，单击“确定”按钮。下载配置文件时，关注下载进度条，显示下载完成或在打印消息中看到文件下载成功，表示配置文件下载成功。具体操作步骤如图 5-67 所示。

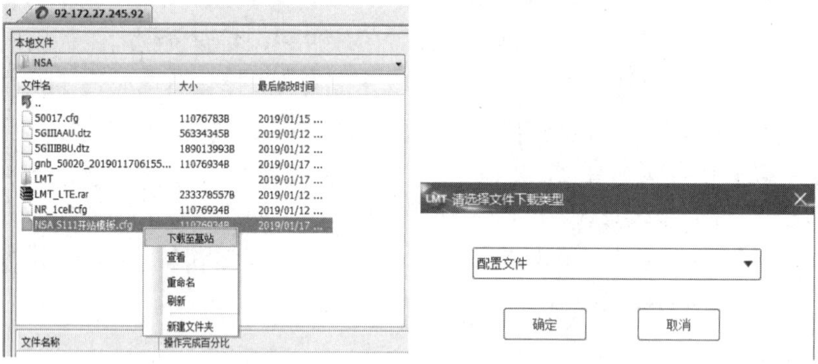

图 5-67　5G 基站配置文件下载操作

配置文件下载成功后，为了使配置文件生效，需要复位基站。操作步骤：单击“GNB 基站”→右击后在弹出的快捷菜单中选择“修改设备系统信息”命令→复位设备。具体操作步骤如图 5-68 所示。

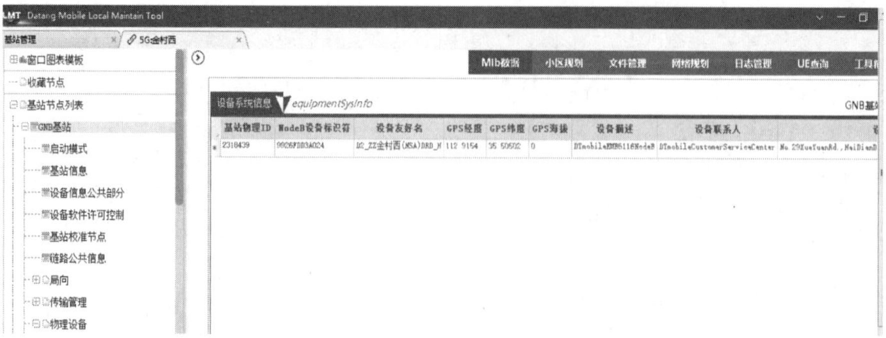

图 5-68　5G 基站配置文件下载后复位操作

思考与练习

（1）2.6G 单模 100M 配置（S111）CFG 文件的下载路径是什么？

（1）2.6G 单模 100M 配置（S111）CFG 文件下载注意事项有哪些？

任务 7　5G 基站开通调测完成后检查

【学习目标】

1．熟悉大唐 5G 基站开通调测后状态核查项目及含义

2．熟悉大唐 5G 基站开通调测后状态核查项目的正常状态

3．熟悉大唐 5G 基站开通调测后状态核查项目的核查办法

【知识要点】

1．2.6G 单模 100M 配置（S111）开通调测后状态核查项目

2．2.6G 单模 100M 配置（S111）开通调测后状态核查项目的含义

3．2.6G 单模 100M 配置（S111）开通调测后状态核查项目的核查办法

4．2.6G 单模 100M 配置（S111）开通调测后状态的总体评估办法

1．2.6G 单模 100M 配置（S111）开通调测完成后项目核查

5G 基站开通调测完成后，需要对板卡状态、处理器状态、当前运行基站版本、当前运行外设版本、OM 通道建立状态、链路公共信息、基站运行状态、本地小区状态、小区状态核查、SCTP 偶联状态、射频单元接入状态、射频通道信息、时钟信息、BBU 侧光模块信息、AAU 侧光模块信息、风扇状态、告警核查、基站是否上网管等主要状态信息进行查询，所有状态显示正常后，认为开通调测工作已经完成。若存在状态异常现象，需要及时处理。

5G 基站开通状态查询表如表 5-22 所示。

表 5-22　5G 基站开通状态查询表

序　号	查 询 项	正常状态标准	核 查 结 果
1	板卡状态	板卡过程状态：初始化结束	
2		板卡运行状态：正常	
3		板卡管理状态：解锁定	
4	处理器状态	处理器运行状态：初始化结束	
5		处理器操作状态：可用	
6	当前运行基站版本	BBU 版本和目标开站版本一致	
7	当前运行外设版本	AAU 版本和目标开站版本一致	
8	OM 通道建立状态	OM 通道建立状态：建立成功	
9	链路公共信息	S1/NG 链路运行状态：正常	
10	基站运行状态	运行状态显示为正常	
11	本地小区状态	本地小区过程状态：已建立	
12		本地小区操作状态：可用	

续表

序　号	查 询 项	正常状态标准	核 查 结 果
13	小区状态核查	小区管理状态：激活	
14		小区运行状态：可用	
15		小区降质状态：未降质	
16	SCTP 偶联状态	链路协议类型为 ENDC：与对端连接成功	
17		链路协议类型 AMF：能够 Ping 通对端地址	
18	射频单元接入状态	射频单元是否匹配网规：匹配网规	
19		射频单元接入状态标志：RRU 接入完成	
20		射频单元操作状态：可用	
21	射频通道信息	通道开关状态：打开	
22		发送方向天线校准状态：正常	
23		接收方向天线校准状态：正常	
24		天线电压驻波比：20 以下（注：单位为 0.1）	
25		发送方向输出功率：35dBm	
26	时钟信息	时钟可用状态：可用	
27		时钟运行状态：锁定	
28		锁星数：4 颗以上（注：级联时钟源，可不关注锁星数）	
29	BBU 侧光模块信息	FPGA 状态：同步	
30		在位状态：在位	
31		光口实际传输速率：25000（单位：Mbps）	
32		发送功率：-70～20（单位：0.1dBm）	
33		接收功率：最低值-80（单位：0.1dBm）	
34	AAU 侧光模块信息	FPGA 状态：同步	
35		在位状态：在位	
36		光口实际传输速率：25000（单位：Mbps）	
37		发送功率：-70～20（单位：0.1dBm）	
38		接收功率：最低值-80（单位：0.1dBm）	
39	风扇状态	风扇转速：>10000	
40		风扇 PWM：不等于 0（注：等于 0 表示风机停转；等于 255 表示风机满转，随温度自动调节）	
41	告警核查	当前不存在活跃告警	
42	基站是否上网管	联系后台确认基站已上网管	

2. 2.6G 单模 100M 配置（S111）开通调测完成后项目核查办法

2.6G 单模 100M 配置（S111）开通调测完成后项目核查办法与 CFG 文件制作方法基本一致，这里不再赘述。

思考与练习

（1）2.6G 单模 100M 配置（S111）开通调测后，需要核查的项目有哪些？

（2）2.6G 单模 100M 配置（S111）开通调测后检查的项目，哪些会对业务造成直接影响？

（3）总结 2.6G 单模 100M 配置（S111）开通调测后不正常项目的处理办法与处理思路。

项目 6　基站故障分析与排除

任务 1　基站传输故障分析

【学习目标】

1．了解 LTE 常见传输故障

2．能够列出常见故障的定位思路及定位方法

【知识要点】

1．LTE 传输故障的分类及常见原因

2．各种传输故障的处理步骤

6.1.1　传输故障常见原因及处理步骤

传输故障分析流程如图 6-1 所示。传输故障常用的定位分析方法有 3 种：分段法、分层法和替换法。在实际进行网络故障排查时，可以先采用分段法确定故障点，再通过分层法或其他方法排除故障。

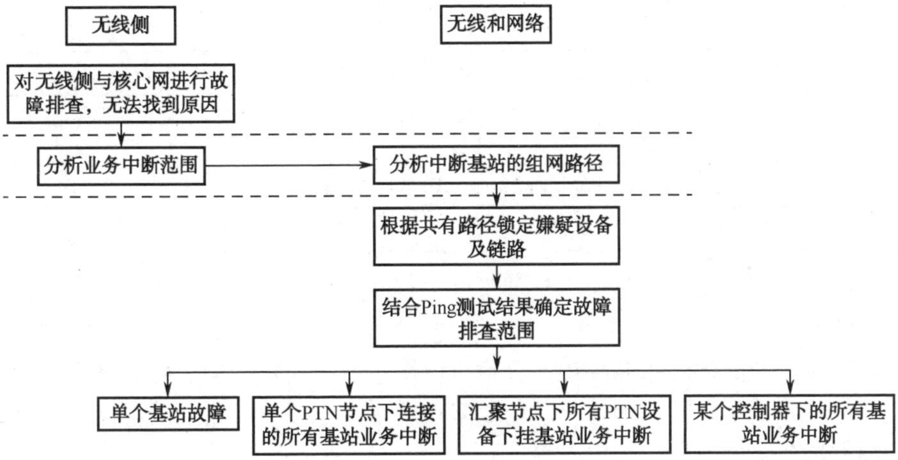

图 6-1　传输故障分析流程

（1）分段法是最重要的传输网络故障隔离手段，对于不同的故障类型，采用的方法也不同。如图 6-2 所示，从 eNodeB 到 MME/S-GW 无法 Ping 通，使用分段法，首先对图中的 A 点与 C 点之间、A 点与 B 点之间分别进行 Ping 操作，发现可以 Ping 通，则继续进行 Ping 操作，C 点与 D 点之间、D 点与 MME/S-GW 之间、E 点与 MME/S-GW 之间都可以 Ping 通，而 B 点和 E 点之间无法 Ping 通，则故障点在 B 点和 E 点之间的这条通道上，采用分段法可以对故障进行快速定位。

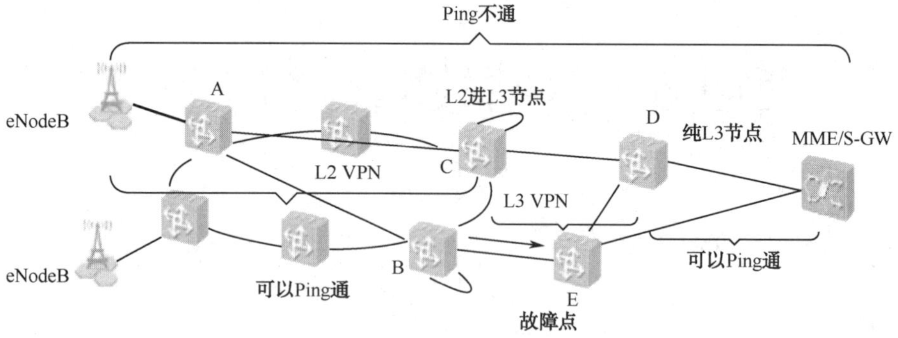

图 6-2　分段法示例

（2）常用的故障定位程序主要有 Ping 和 Tracert。Ping 用于检查 TCP/IP 网络连接及设备主机是否可达，源设备向目的设备发送 ICMP 请求报文，等待并显示目的设备的 ICMP 回应报文。通过指定发送 Ping 报文大小来定位 MTU 配置不一致问题；通过指定发送 Ping 报文超时时间，来判断对端是中断了还是处理时间过长，传输丢包、传输时延、传输抖动用于指示网络连接质量；通过 Ping 的返回码判断故障类型。Tracert 用于测试数据包从发送主机到目的地所经过的网关，主要用于检查网络路由连通性故障，根据路由测试结果分析和定位网络发生故障的位置，可以辅助测试路由传输时延。

TCP/IP 各层关注点如表 6-1 所示。

表 6-1　TCP/IP 各层关注点

TCP/IP 各层	关　注　点
网络层	地址和子网掩码是否正确，路由协议配置是否正确。排除时沿着源、目的地的路径查看路由表，同时检查接口的 IP 地址
数据链路层	端口的状态，协议为 UP，则链路层正常工作，和利用率有关
物理层	负责介质的连接，主要关注电缆、连接头、信号电平、编码、时钟和组帧

（3）替换法就是使用一个工作正常的部件去替换一个可能工作不正常的部件，从而达到定位故障、排除故障的目的。这里的部件可以是一根网线、一个磁盘模块或者一个风扇模块。替换法适用于硬件故障的分析和处理，往往可以快速准确地定位到发生故障的部件，并且对维护人员没有特别的要求。使用替换法的局限在于事先必须准备相同的备件，因此要求进行较充分的前期准备工作。

传输故障常见原因及处理步骤主要分为 3 种。

1. 物理层故障常见原因及处理步骤

（1）光纤、光模块损坏；光模块未插紧；光模块与对端设备不匹配；基站与对端传输设备的端口属性设置不一致；对端设备数据配置错误；本端或对端单板故障等。物理层故障处理步骤：观察以太网端口灯的情况；检查网线、光纤及光模块；检查数据配置；故障隔离。

对于华为的 UMPT 单板而言，以太网端口有左右两个灯，绿灯常亮表示物理端口与对端协商通过，灯灭则表示与对端协商失败；黄灯快闪表示有数据流通过，常灭表示没有数据流通过。

（2）网线检查：可将插在基站一侧的网线端口插到计算机上，看计算机与交换机对接网口是否能 UP，若能 UP 则说明网线正常。

（3）光纤及光模块检查：重新插拔光模块，同时收集光模块信息；重新插拔光纤，观察光纤是否损坏，可尝试更换光纤；检查光模块是否损坏，可采用环回发验证。

（4）数据配置检查：打开华为 LMT 基站维护软件，执行 LST ETHPORT、DSP ETHPORT 命令查询以太网端口的配置。DBS3900 端口配置规范：FE/GE 业务光口，100M/1000Mbps 自适应模式；FE/GE 业务电口，10M/100M/1000Mbps 自适应模式；CI 互联光口，100M/1000Mbps 自适应模式。

故障隔离步骤：

（1）使计算机和 eNodeB 网口相连，查看告警是否消失。

（2）将计算机和对端设备进行对接，查看计算机的灯是否点亮。故障分析：如果步骤（1）结果正常而步骤（2）结果不正常，则是对端端口物理故障；如果步骤（1）结果不正常而步骤（2）结果正常，则 eNodeB 上可能存在异常，使用 RST ETHPORT 和 RST BRD 命令把接口和单板复位，查看是否有芯片异常告警，如果有则更换接口单板。

5G 站点的物理层故障常见原因：

（1）光纤、光模块损坏；

（2）光模块未插紧；

（3）光模块与对端设备不匹配；

（4）本端或对端单板故障；

（5）基站与对端传输设备端口属性设置不一致。

排查流程：

（1）观察以太网端口灯的情况；

（2）检查网线、光纤和光模块；

（3）检查数据配置；

（4）默认基站配置为自适应，对端 PTN 侧也建议配置为自适应；

（5）对端 PTN 设备强制千兆，基站侧也建议强制千兆，即打开强制千兆开关。

2. 数据链路层故障常见原因及处理步骤

数据链路层不通主要考虑 ARP、VLAN 的处理是否正确。常见故障有物理层故障、本地未配置 VLAN 或 VLAN ID 配置错误、对端设备数据配置问题导致本端无法生成 ARP 表项。处理步骤为检查基站收发数据包情况、查询 ARP 表项、检查 VLAN 配置。

（1）多次执行 DSP ETHPORT 命令查看基站的收发包情况和端口状态，若基站只有发送的包在增长，则基站发出去的包对端没有响应。

（2）查询 ARP 表项：执行 DSP ARP 命令检查基站是否学到了 ARP。

（3）检查 VLAN 配置：执行 LST VLANMAP 命令查看 VLAN 配置是否正确；执行 STR PORTREDIRECT 命令启用端口重镜像进行抓包，比较配置的 VLAN 与抓包报文所带的 VLAN。

3. 网络层故障常见原因及处理步骤

常见故障：物理层或数据链路层故障；本端或对端 IP 未配置或配置错误；本端或对端路由未配置或配置错误；开启 BFD 时设置的 DSCP 值未在 QoS 中定义；本端或对端 BFD 会话未配置或配置错误导致路由失效。

网络层故障大多是路由不通导致的，在保证物理层、数据链路层正常的情况下，处理步骤如下。

（1）查询路由信息：执行 LST IPRT/DSP IPRT 命令查看基站的路由信息是否正确。

（2）Traceroute 定位：在 eNodeB 中使用 Tracert 来查询发送报文经过的各个端点，看到达哪个端口时网关不通。

（3）如基站开启 BFD 检测，且 BFD 会话为 DOWN 状态，检查本端和对端 BFD 的配置数据是否正确；检查 BFD 会话报文的 DSCP 值是否在 VLANCLASS 中有定义。

（4）抓包：在基站上通过 STR PORTREDIRECT 命令启用端口重镜像进行抓包和分析。

6.1.2 传输故障典型案例

1. 典型案例 1

故障原因：OLAN 光口中没有插光模块。

故障现象：

（1）告警台同时出现“0200000b”CCU 光模块不在位故障告警、“0200000c”CCU 检测无光故障告警、“01010003”SCTP 链路中断告警、“01060004”传输底层链路故障告警、“01060006”OAM 异常告警、“01080002”基站退服告警，共 6 条告警。

（2）CCU 板卡 OLAN 光口中没有插入光模块。

（3）CCU 板卡左侧 OLAN 指示灯灭，ALM 指示灯亮（红光）。

解决步骤：

（1）插入光模块。

（2）将传输光纤插入光模块中。

（3）CCU 板卡左侧 OLAN 指示灯亮（绿光）。

（4）告警台“0200000b”CCU 光模块不在位故障告警、“0200000c”CCU 检测无光故障告警这 2 条先恢复，“01010003”SCTP 链路中断告警、“01060004”传输底层链路故障告警、“01060006”OAM 异常告警这 3 条告警后恢复，“01080002”基站退服告警这 1 条告警最后恢复。

（5）CCU 板卡左侧 ALM 指示灯灭。

（6）故障处理完毕。

2. 典型案例 2

故障原因：OLAN 光口光模块松动。

故障现象：

（1）告警台同时出现“0200000b”CCU 光模块不在位故障告警、“0200000c”CCU 检测无光故障告警、“01010003”SCTP 链路中断告警、“01060004”传输底层链路故障告警、“01060006”OAM 异常告警、“01080002”基站退服告警，共 6 条告警。

（2）CCU 板卡 OLAN 光口中虽然有光模块但没有正确插入，观察可发现光模块露出 CCU 面板的距离较长，用手按压会晃动。

（3）CCU 板卡左侧 OLAN 指示灯灭，ALM 指示灯亮（红光）。

解决步骤：

（1）将光模块插牢固。

（2）CCU 板卡左侧 OLAN 指示灯亮（绿光）。

（3）告警台“0200000b”CCU 光模块不在位故障告警、“0200000c”CCU 检测无光故障告警这 2 条先恢复，“01010003”SCTP 链路中断告警、“01060004”传输底层链路故障告警、“01060006”OAM 异常告警这 3 条告警后恢复，“01080002”基站退服告警这 1 条告警最后恢复。

（4）CCU 板卡左侧 ALM 指示灯灭。

（5）故障处理完毕。

3．典型案例 3

故障原因：OLAN 光口中已插入光模块，但没有插光纤。

故障现象：

（1）告警台同时出现“0200000c”CCU 检测无光故障告警、“01010003”SCTP 链路中断告警、“01060004”传输底层链路故障告警、“01060006”OAM 异常告警、“01080002”基站退服告警，共 5 条告警。

（2）CCU 板卡 OLAN 光口的光模块上没有插入光纤。

（3）CCU 板卡左侧 OLAN 指示灯灭，ALM 指示灯亮（红光）。

解决步骤：

（1）将传输光纤正确插入 OLAN 光口的光模块中。

（2）CCU 板卡左侧 OLAN 指示灯亮（绿光）。

（3）告警台“0200000c”CCU 检测无光故障告警这 1 条先恢复，“01010003”SCTP 链路中断告警、“01060004”传输底层链路故障告警、“01060006”OAM 异常告警这 3 条告警后恢复，“01080002”基站退服告警这 1 条告警最后恢复。

（4）CCU 板卡左侧 ALM 指示灯灭。

（5）故障处理完毕。

4．典型案例 4

故障原因：OLAN 光口中插入了光模块和光纤，但光纤已损坏。

故障现象：

（1）告警台同时出现“0200000c”CCU 检测无光故障告警、“01010003”SCTP 链路中断告警、“01060004”传输底层链路故障告警、“01060006”OAM 异常告警、“01080002”基站退服告警，共 5 条告警。

（2）CCU 板卡 OLAN 光口的光模块中已插入光纤，但左侧 OLAN 指示灯灭，ALM 指示灯亮（红光）。

解决步骤：

（1）将原光纤接头拔出。

（2）插入新的光纤。

（3）CCU 板卡左侧 OLAN 指示灯亮（绿光）。

（4）告警台“0200000c”CCU 检测无光故障告警这 1 条先恢复，“01010003”SCTP 链路中断告警、“01060004”传输底层链路故障告警、“01060006”OAM 异常告警这 3 条告警后恢复，“01080002”基站退服告警这1条告警最后恢复。

（5）CCU板卡左侧ALM指示灯灭。

（6）故障处理完毕。

5. 典型案例5

故障原因：OLAN光口正常，对端传输设备运行异常。

故障现象：

（1）告警台同时出现“0200000c”CCU检测无光故障告警、“01010003”SCTP链路中断告警、“01060004”传输底层链路故障告警、“01060006”OAM异常告警、“01080002”基站退服告警，共5条告警。

（2）CCU板卡OLAN光口上光模块和光纤均正常，但左侧OLAN指示灯灭，ALM指示灯亮（红光）。

（3）传输设备运行异常。

解决步骤：

（1）查看传输设备运行状态。

（2）处理传输设备故障。

如果传输设备故障处理完毕，基站反应如下：

（3）CCU板卡左侧OLAN指示灯亮（绿光）。

（4）告警台“0200000c”CCU检测无光故障告警这1条先恢复，“01010003”SCTP链路中断告警、“01060004”传输底层链路故障告警、“01060006”OAM异常告警这3条告警后恢复，“01080002”基站退服告警这1条告警最后恢复。

（5）CCU板卡左侧ALM指示灯灭。

（6）故障处理完毕。

任务2　基站天馈故障分析

【学习目标】

1. 了解天馈系统的组成
2. 掌握与天馈系统相关告警的含义

【知识要点】

1. 天馈告警常见原因
2. 天馈故障分析方法

6.2.1　天馈故障常见原因及处理步骤

如图6-3所示为天馈系统结构图。天馈故障主要分为射频通道故障、BBU-RRU CPRI光纤故障、GPS故障三大类。天馈故障的处理流程如图6-4所示。

1. 射频通道故障分析

射频通道故障对系统的影响：小区退服；掉话或者断话；无法接入或者接入成功率低；手机信号不稳定，时有时无，通话质量下降。

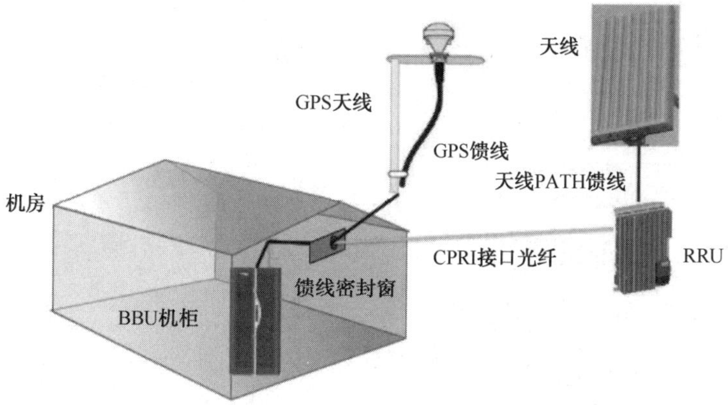

图 6-3 天馈系统结构图

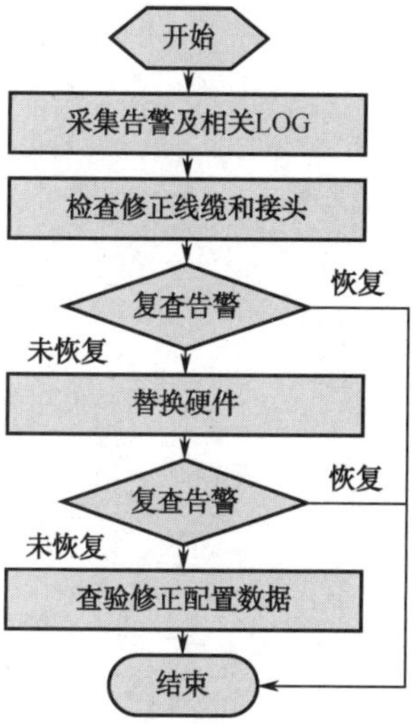

图 6-4 天馈故障的处理流程

射频通道故障常见告警：

① 射频单元驻波告警（射频单元发射通道的天馈接口驻波超过了设置的驻波告警门限）。

② 射频单元硬件故障告警（射频单元内部的硬件发生故障）。

③ 射频单元接收通道 RTWP/RSSI 过低告警（多通道的 RRU 的校准通道出现故障，导致无法完成通道的校准功能）。

④ 射频单元接收通道 RTWP/RSSI 不平衡告警（同一小区的射频单元间的接收通道的 RTWP/RSSI 统计值相差超过 10dB）。

⑤ 射频单元发射通道增益异常告警（射频单元发射通道的实际增益与校准增益相差超过 2.5dB）。

⑥ 射频单元交流掉电告警（内置 AC-DC 模块的射频单元的外部交流电源输入中断）。

⑦ 制式间射频单元参数配置冲突告警（多模配置下，同一个射频单元在不同制式间配置的工作制式或其他射频单元参数配置不一致）。

射频通道故障产生的原因：馈线安装异常或者馈线接口工艺差（接头未拧紧、进水或损坏等）；天馈接口连接的馈缆存在挤压、弯折或馈缆损坏；射频单元硬件故障；天馈系统组件合路器或耦合器损坏（室分系统特有故障）；射频单元频段类型与天馈系统组件（如天线、馈线、跳线、合路器、分路器、滤波器、塔放等）频段类型不匹配；射频单元的主集或分集接收通道故障；数据配置故障；射频单元的主集或分集天线单独存在外部干扰；射频单元掉电。

射频故障处理流程如图 6-5 所示。

2. GPS 故障分析

GPS 故障对业务的影响：基站不能与参考时钟源同步，系统时钟进入保持状态，短期内不影响业务；如果基站长时间获取不到参考时钟，会导致基站系统时钟不可用，此时基站业务会出现各种异常，如小区切换失败、掉话等，严重时基站不能提供业务。

GPS 故障常见告警：

① 星卡天线故障告警（星卡与天馈之间的电缆断开，或者电缆中的馈电流过小或过大）。

② 星卡锁星不足告警（基站锁定卫星数量不足）。

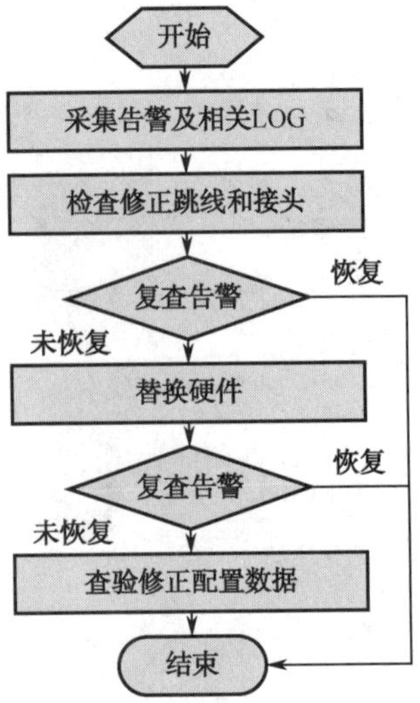

图 6-5　射频故障处理流程

③ 时钟参考源异常告警（外部时钟参考源信号丢失、外部时钟参考源信号不可用、参考源的相位与本地晶振相位偏差太大、参考源的频率与本地晶振频率偏差太大从而导致的时钟同步失败）。

④ 星卡维护链路异常告警（星卡串口维护链路中断）。

GPS 故障产生的原因：馈线头工艺差，接头连接处松动，进水；线缆馈线开路或短路；GPS 天线安装位置不合理，周围有干扰、遮挡，锁星不足；GPS 天线故障；主控板、放大器或星卡故障；BBU 到 GPS 避雷器的信号线开路或短路；避雷器失效；数据配置故障。

GPS 故障处理流程如图 6-6 所示。

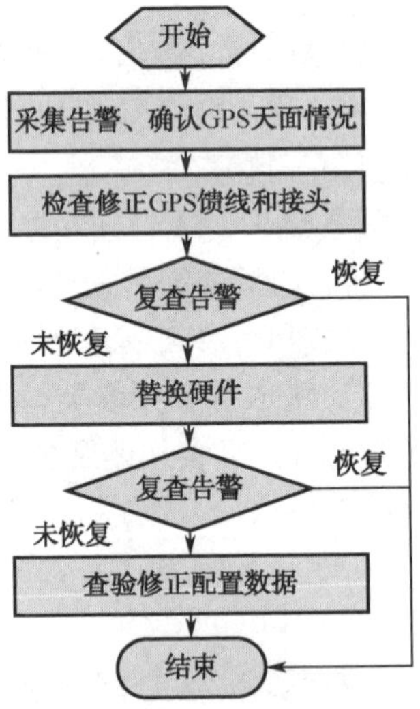

图 6-6　GPS 故障处理流程

3. CPRI 接口故障分析

CPRI 接口故障对业务的影响主要有小区退服或服务质量劣化、RRU 故障或频繁重启。

CPRI 接口故障的常见告警：

① BBU CPRI/IR 光模块故障告警（BBU 连接下级射频单元的端口上的光模块故障）。

② BBU CPRI/IR 光模块不在位告警(BBU 连接下级射频单元的端口上的光模块不在位)。

③ BBU 光模块收发异常告警（BBU 与下级射频单元之间的光纤链路（物理层）的光信号接收异常）。

④ BBU CPRI/IR 光接口性能恶化告警（BBU 连接下级射频单元的端口上的光模块的性能恶化）。

⑤ BBU CPRI/IR 接口异常告警（BBU 与下级射频单元间的链路（链路层）数据收发异常）。

⑥ 射频单元维护链路异常告警（BBU 与射频单元间的维护链路出现异常）。

⑦ 射频单元光模块不在位告警（射频单元与对端设备（上级/下级射频单元或 BBU）连接端口上的光模块连线不在位）。

⑧ 射频单元光模块类型不匹配告警（射频单元与对端设备（上级/下级射频单元或 BBU）连接端口上安装的光模块的类型与射频模块支持的光模块类型不匹配）。

⑨ 射频单元光接口性能恶化告警（射频单元光模块的接收或发送性能恶化）。

⑩ 射频单元 CPRI/IR 接口异常告警（射频单元与对端设备（上级/下级射频单元或 BBU）间接口链路（链路层）数据收发异常）。

⑪ 射频单元光模块收发异常告警（射频单元与对端设备（上级/下级射频单元或 BBU）之间的光纤链路（物理层）的光信号收发异常）。

CPRI 接口故障产生的原因：光纤链路故障、插损过大或光纤不洁净；射频单元未上电；光模块故障或不匹配；光模块速率、单模/多模与对端设备不匹配；BBI 光口故障、BBI 单板故障；光模块未安装或未插紧；光模块老化；数据配置问题。

CPRI 故障处理流程如图 6-7 所示。

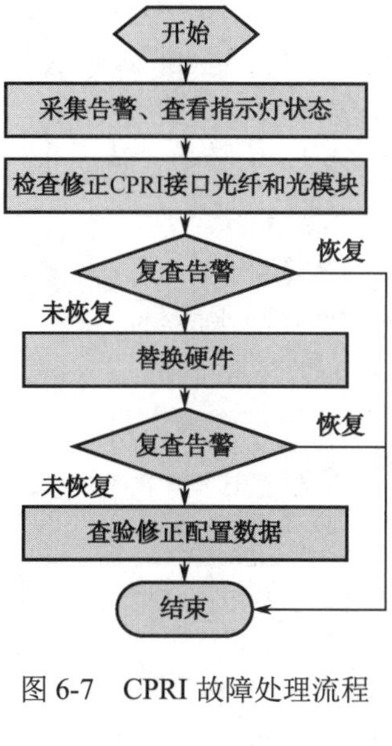

图 6-7 CPRI 故障处理流程

6.2.2 天馈故障典型案例分析

1. 典型案例 1——驻波比异常

故障原因 1：馈线连接异常。

故障现象：

（1）告警台出现“0300000a”驻波比异常告警。

（2）RRU 面板上 LARM 指示灯常亮红光。

解决步骤：

（1）通过告警信息中的“告警机框”中的 RRUX 可以定位是哪个 RRU 出现了问题。

（2）通过告警信息中的“告警定位”中的 subcode=X 可以定位是哪个通道出现了问题。

（3）检查馈线与 RRU 连接部分接头是否正常，是否有不牢固的地方。

（4）检查馈线与天线连接部分接头是否正常，是否有不牢固的地方。

（5）除去发现问题的那一侧接头的防水胶带，重新拧紧或更换接头，重新缠好防水胶带。

（6）RRU 面板上 LARM 指示灯变为常亮绿光。

（7）告警台上“0300000a”驻波比异常告警恢复。

（8）RRU 面板上 LARM 指示灯变为常亮绿光。

（9）故障处理完毕。

故障原因 2：馈线进水。

故障现象：

（1）告警台出现“0300000a”驻波比异常告警。

（2）RRU 面板上 LARM 指示灯常亮红光。

解决步骤：

（1）通过告警信息中的“告警机框”中的 RRUX 可以定位是哪个 RRU 出现了问题。

（2）通过告警信息中的“告警定位”中的 subcode=X 可以定位是哪个通道出现了问题。

（3）检查馈线与 RRU 连接部分及馈线与天线连接部分是否有进水。

（4）除去发现问题的那一侧接头的防水胶带，将接头拧开，将馈线中的水甩出，再重新连接好接头并缠上防水胶带。

（5）如果故障仍未恢复，则将两头的防水胶带都除去，将两侧接头拧开并除去馈线，更换新的馈线，连接好两侧接头后重新缠好防水胶带。

（6）RRU 面板上 LARM 指示灯变为常亮绿光。

（7）告警台上“0300000a”驻波比异常告警恢复。

（8）RRU 面板上 LARM 指示灯变为常亮绿光。

（9）故障处理完毕。

故障原因 3：RRU 设备故障。

故障现象：

（1）告警台出现“0300000a”驻波比异常告警。

（2）RRU 面板上 LARM 指示灯常亮红光。

解决步骤：

（1）通过告警信息中的“告警机框”中的 RRUX 可以定位是哪个 RRU 出现了问题。

（2）通过告警信息中的“告警定位”中的 subcode=X 可以定位是哪个通道出现了问题。

（3）可能是 RRU 设备问题。

（4）关闭连接故障 RRU 电源线的电源开关（机房内墙壁上的防雷箱），等待几秒钟后重新打开电源空开，待 RRU 重新启动后观察故障是否恢复。

（5）告警台上“0300000a”驻波比异常告警恢复。

（6）RRU 面板上 LARM 指示灯变为常亮绿光。

（7）故障处理完毕。

（8）如果故障仍未恢复，则需要更换 RRU。

2. 典型案例 2——小区不可用

故障原因 1：RRU2600 频点配置错误。

注意：RRU2600，频点范围是 37750～38250，配置超出这个范围的频点都会导致小区不可用。

故障现象：

（1）告警台出现“01080001”小区不可用告警。

（2）CCU 板卡左侧 ALM 指示灯亮（红光）。

解决步骤：

（1）通过告警信息中的“告警定位”中的 GlobalCellID=XXXXX 可以定位是哪个小区出现了问题（以下步骤假设 GlobalCellID=00005000，对应的本地小区 ID 为 0）。

（2）检查该小区上行中心频点配置是否正确；在 LMT 界面左侧逐层展开“TD-LTE 分布式基站 MML 命令”→“配置管理”→“SIB2 上行频率信息配置”，选择“查询 SIB2 上行频率信息配置”，如图 6-8 所示。

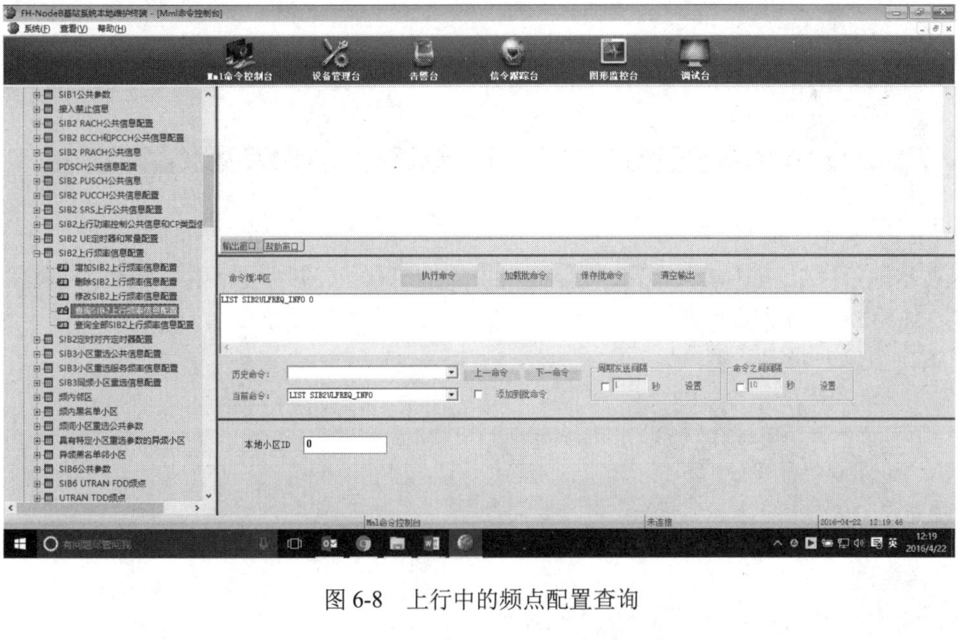

图 6-8 上行中的频点配置查询

在“本地小区 ID”中填入故障小区对应的本地小区号，执行命令后，会在输出窗口中返回查询结果：

```
LIST SIB2ULFREQ_INFO 0  Command sent please wait...
%%FIBERHOME   2016-04-22  13: 50: 11
命令名称 =  LIST SIB2ULFREQ_INFO
RET_CODE = 0
 操作结果              = 执行成功
 本地小区 ID            = 0
 上行中心频点           = 37700
 上行带宽              = n100
 ACLR 和频率辐射需求 = 1
%%END
```

在查询结果中发现频点设置为37700，超出了RRU支持的频点范围37750～38250，导致小区不可用。

（3）修改该小区上行中心频点。

在LMT界面左侧逐层展开“TD-LTE分布式基站MML命令”→“配置管理”→“SIB2上行频率信息配置”，选择“修改SIB2上行频率信息配置”，如图6-9所示。

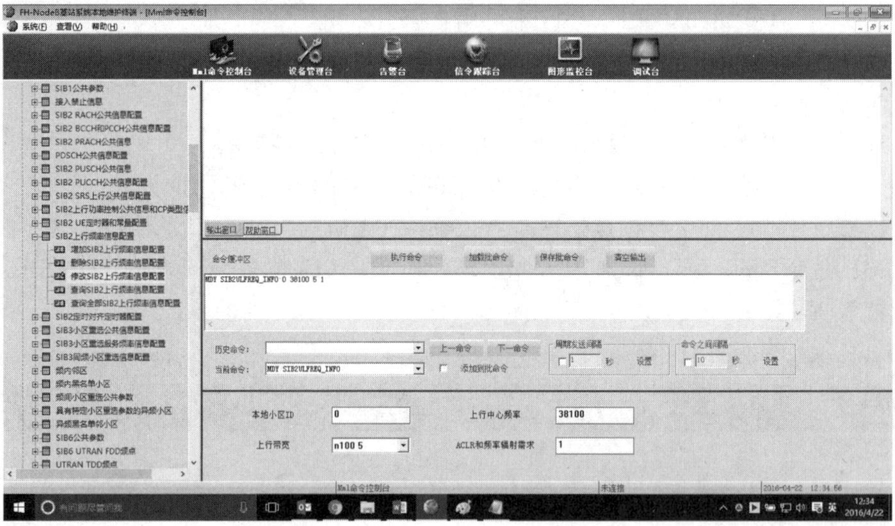

图6-9　修改上行中心频点

在“本地小区ID”中填入故障小区对应的本地小区号，在“上行中心频率”中填入正确的频点38100，“上行带宽”选择n100 5，“ACLR和频率辐射需求”填入1。执行命令后，会在输出窗口中返回修改结果：

```
MDY SIB2ULFREQ_INFO 0 38100 5 1  Command sent please wait...
%%FIBERHOME   2016-04-22  13: 59: 37
命令名称 =  MDY SIB2ULFREQ_INFO
RET_CODE = 0
 操作结果 = 执行成功
%%END
```

（4）告警台上“01080001”小区不可用告警恢复。

（5）CCU板卡左侧ALM指示灯灭。

（6）故障处理完毕。

思考与练习

连连看

- 射频单元驻波告警
- 射频单元硬件故障告警
- 射频单元接收通道 RTWP/RSSI 过低告警
- 射频单元发射通道增益异常告警
- 射频单元交流掉电告警

- 馈线安装异常或者馈线接口工艺差
- 天馈接口连接的馈缆存在挤压、弯折或馈缆损坏
- 射频单元硬件故障
- 天馈系统组件合路器或耦合器损坏
- 射频单元频段类型与天馈系统组件频段类型不匹配
- 射频单元的主集或分集接收通道故障
- 数据配置故障
- 射频单元掉电

任务 3　基站网管维护链路故障分析

【学习目标】

1．了解基站盲启过程

2．了解维护链路检测的方法和应用

【知识要点】

1．维护链路故障分析

2．常见维护链路故障产生原因

6.3.1　知识准备

远程调测是指在硬件安装完毕并上电后，进行软件安装或升级，规划数据并创建数据 XML 文件，调试数据，确认小区能够正常开展业务，服务验证。三种调测方式如图 6-10 所示。

	调测方式	优势	劣势
	网管+DBS3900盲启	调测成本低	对工程师要求高
手工配置维护通道	网管+USB接口近端调测	对工程师要求低	调测成本高
手工配置维护通道	通过LMT近端调测	调测过程中方便现场进行问题定位	对工程师要求高，且调测成本高

图 6-10　三种调测方式

常用调测方式为前两种，前提条件是正常建立网管与基站的远程维护通道。

6.3.2　网管维护链路故障典型案例分析

1．典型案例 1——传输故障

故障现象：

（1）告警台出现“01060006”OAM 异常告警。

（2）同时出现的告警还有“0200000b”CCU 光模块不在位故障告警、“0200000c”CCU

检测无光故障告警、“01010003”SCTP 链路中断告警、“01060004”传输底层链路故障告警、“01080002”基站退服告警这 5 条；或者“0200000c”CCU 检测无光故障告警、“01010003”SCTP 链路中断告警、“01060004”传输底层链路故障告警、“01080002”基站退服告警这 4 条。

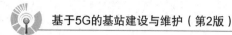

（3）CCU 板卡左侧 ALM 指示灯亮（红光）。

解决步骤：

（1）判断为传输故障引起的网管链路故障，转为处理传输故障。

（2）传输故障处理完毕后，告警台上“01060006”OAM 异常告警恢复，CCU 板卡左 ALM 指示灯灭。

（3）故障处理完毕。

2. 典型案例 2——数据配置错误

故障现象：

（1）告警台出现“01060006”OAM 异常告警。

（2）没有同时出现其他传输类告警。

（3）CCU 板卡左侧 ALM 指示灯亮（红光）。

解决步骤：

（1）没有同时出现传输类告警，排除传输故障因素。

（2）检查基站 IP 配置中“EMS 地址”“缺省网关地址”是否正确；在 LMT 界面左侧逐层展开“TD-LTE 分布式基站 MML 命令”→“配置管理”→“基站 IP 配置”，选择“查询基站 IP 配置”，如图 6-11 所示。

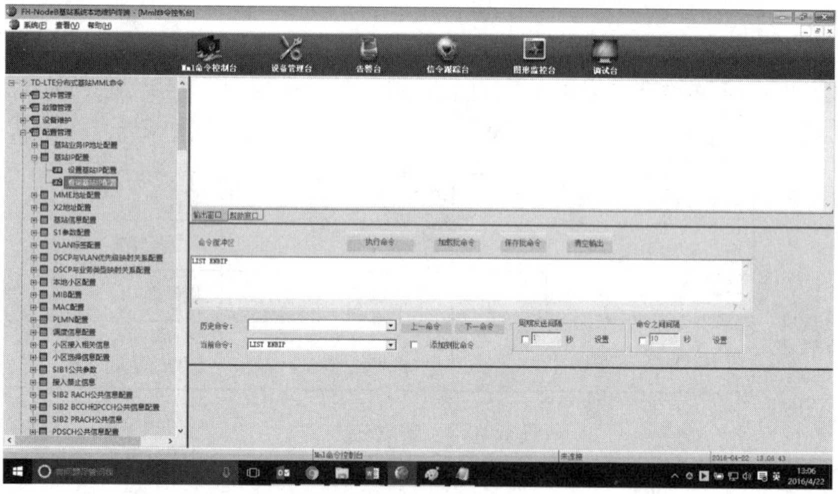

图 6-11　基站 IP 配置

执行命令后，会在输出窗口中返回查询结果：

```
LIST ENBIP  Command sent please wait...
%%FIBERHOME   2016-04-22  13: 50: 11
命令名称 =  LIST ENBIP
RET_CODE = 0
 操作结果                              = 执行成功
 基站 IP 版本                          = IPV4
```

```
eNodeB 地址                      = 172.16.114.55
EMS 地址                         = 172.16.114.33
缺省网关地址                     = 172.16.114.253
维护网络的网关备份地址           = 0
子网/前缀                        = 255.255.255.0
基站缺省获取 IP 地址的方式       = 表示通过固定方式获取
DNS 地址                         = 0
OM 通道是否支持 IPSec            = DISABLED
基站业务外部 OM IP 版本          = IPV4
基站业务外部 OM IP 地址          = 0
基站业务外部 OM IP 地址掩码      = 0
对端实体（OM 安全网关）的外部 IP 地址 = 0
%%END
```

（3）修改基站 IP 配置中“EMS 地址”“缺省网关地址”；在 LMT 界面左侧逐层展开“TD-LTE 分布式基站 MML 命令”→“配置管理”→“基站 IP 配置”，选择“设置基站 IP 配置”，如图 6-12 所示。

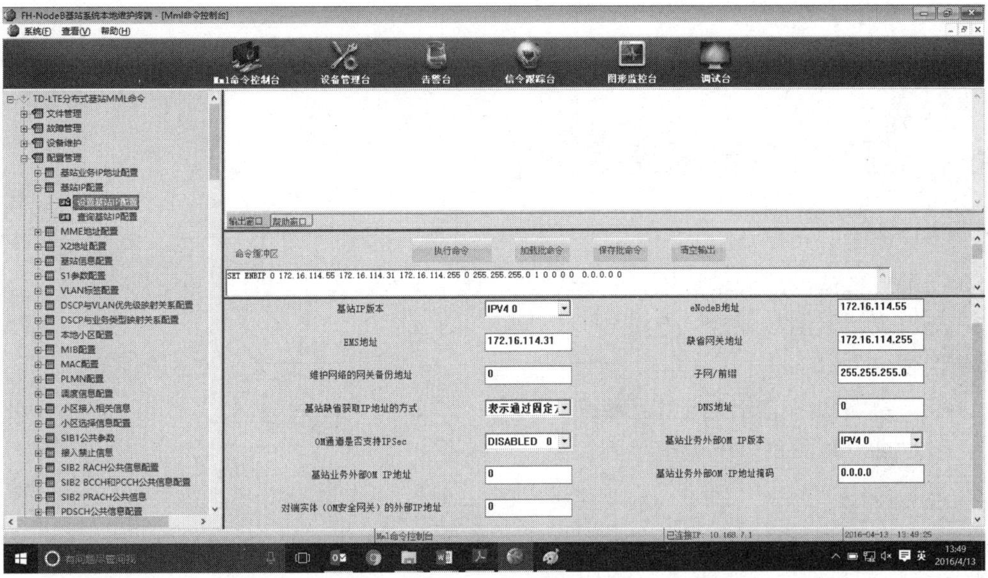

图 6-12 设置基站 IP 配置

执行命令后，会在输出窗口中返回查询结果：

```
SET ENBIP 0 172.16.114.55 172.16.114.31 172.16.114.255 0 255.255.255.0 1 0 0 0 0  0.0.0.0 0 Command sent please wait...
%%FIBERHOME  2016-04-22  13: 50: 11
命令名称 =  SET ENBIP
RET_CODE = 0
 操作结果 = 执行成功
%%END
```

（4）告警台上“01060006”OAM 异常告警恢复。

（5）CCU 板卡左侧 ALM 指示灯灭。

（6）故障处理完毕。

3. 典型案例3——网管运行状态异常

故障现象：

（1）告警台出现“01060006”OAM异常告警。

（2）没有同时出现其他传输类告警。

（3）CCU板卡左侧ALM指示灯亮（红光）。

解决步骤：

（1）没有同时出现传输类告警，排除传输故障因素。

（2）排除基站IP配置中“EMS地址”“缺省网关地址”错误。

（3）排除以上2个因素以后，可怀疑网管链路故障是网管运行状态异常导致的，需联系OMC工程师确认网管工作状态，并等待OMC故障处理完毕后观察故障是否恢复。

（4）如果网管故障处理完毕，告警台上“01060006”OAM异常告警恢复。

（5）CCU板卡左侧ALM指示灯灭。

（6）故障处理完毕。

思考与练习

解决基站盲启故障用到的常见方法与流程是什么？

任务4 基站业务链路故障分析

【学习目标】

1．了解业务故障的处理流程

2．能够灵活运用故障定位方法

【知识要点】

1．业务链路故障的分类及常见原因

2．各种业务链路故障的处理步骤

6.4.1 知识准备

业务链路故障处理流程如图6-13所示。

1．物理层故障常见原因及处理步骤

物理层故障常见原因：光纤、光模块损坏；光模块未插紧；光模块与对端设备不匹配；基站与对端传输设备的端口属性设置不一致；对端设备数据配置错误；本端或对端单板故障等。

物理层故障处理步骤：观察以太网端口灯的情况；检查网线、光纤及光模块；检查数据配置；故障隔离。

数据链路层不通主要考虑ARP、VLAN的处理是否正确，常见原因为物理层故障；本地未配置VLAN或VLAN ID配置错误；对端设备数据配置问题导致本端无法生成ARP表项。处理步骤为检查基站收发数据包情况；检查ARP表项；检查VLAN配置。

检查基站收发数据包情况：多次执行DSP ETHPORT命令查看基站的收发包情况和端口状态，若基站只有发送的包在增长，则判断基站发出去的包对端没有响应。

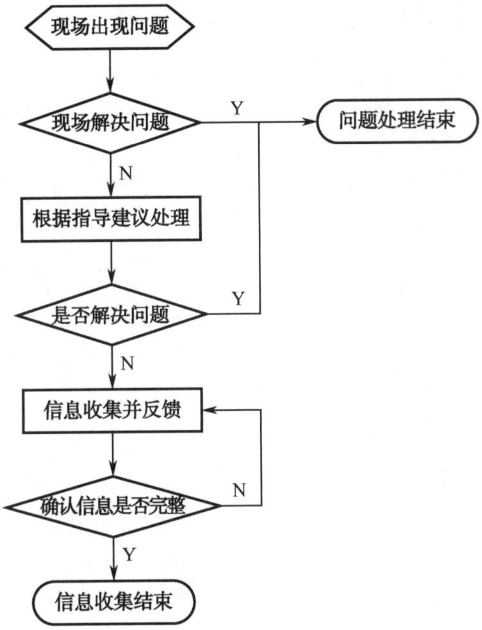

图 6-13　业务链路故障处理流程

查询 ARP 表项：执行 DSP ARP 命令检查基站是否学到了 ARP。

执行 LST VLANMAP 命令查看 VLAN 配置是否正确；执行 STR PORTREDIRECT 命令启用端口重镜像进行抓包。比较配置的 VLAN 与抓包报文所带的 VLAN。

2. 网络层故障常见原因及处理步骤

网络层故障常见原因：物理层或数据链路层故障；本端或对端 IP 未配置或配置错误；本端或对端路由未配置或配置错误；开启 BFD 时设置的 DSCP 值未在 QoS 中定义；本端或对端 BFD 会话未配置或配置错误导致路由失效等。

此类问题大多是路由不通导致的，在保证物理层、数据链路层正常情况下，处理步骤为：

① 查询路由信息：执行 LST IPRT\DSP IPRT 命令查看基站的路由信息是否正确。

② Traceroute 定位：在 eNodeB 中使用 Tracert 来查询发送报文经过的各个端点，看到达哪个端口时网关不通。如基站开启 BFD 检测且 BFD 会话为 DOWN 状态，则检查本端和对端 BFD 的配置数据是否正确，检查 BFD 会话报文的 DSCP 值是否在 VLAN CLSS 中有定义。

③ 抓包：在基站上通过 STR PORTREDIRECT 命令启用端口重镜像进行抓包和分析。

3. 控制面故障常见原因及处理步骤

出现“SCTP 链路故障告警”“SCTP 链路拥塞告警”，或者执行 DSP SCTPLNK 命令操作状态为“不可用”或者“拥塞”。故障分为 SCTP 链路不通或者单通和 SCTP 链路闪断两大类。控制面故障常见原因：IP 层传输不通；SCTPLNK 本端或对端 IP 配置错误；SCTPLNK 本端或对端端口号配置错误；eNodeB 全局参数未配置或配置错误；信令业务的 QoS 与传输网络不一致等。处理步骤：

① 检查传输：Ping 对端 MME 地址，看是否可以 Ping 通，如果 Ping 不通，则检查路由和传输网络是否正常。

② 检查 SCTP 配置：查看 SCTP 信息（本/对端 IP 地址、本/对端端口号）是否与 MME 一致。

③ 检查基站全局数据配置：执行 LST CNOPERATOR 命令检查 MNC、MCC 配置；执行 LST CNOPERATORTA 命令检查 TA 配置。

④ 查看信令业务的 QoS：执行 LST DIFPRI 命令查看信令类业务的 DSCP 是否与传输网络一致。

4．用户面故障常见原因及处理步骤

用户面故障常见现象：IPPATH 故障告警。现象 1：S1 接口正常，小区状态正常，但是 UE 无法附着网络；现象 2：UE 可以正常附着网络，但不能建立某些 QCI 的承载。

用户面故障常见原因：IP 层传输不通；IPPATH 中本/对端 IP、应用类型配置错误；IPPATH 传输类型或 DSCP 值设置错误；开启 IPPATH 的通道检测后，对端 IP 禁 Ping 等。

处理步骤：在 LMT 侧执行 Ping 命令，检查 U-GW 的 IP 侧是否可达；执行 LST IPPATH 命令查询 IPPATH 的本、对端 IP 是否与对端协商一致；检查 IPPATH 的 QoS 类型，如果为固定 QoS，查看 DSCP 值，如存在以下两种情况，需修改 PATH 类型为 ANY 类型：如所有 IPPATH 的 DSCP 不为 0，则 UE 附着的时候不能建立默认承载，附着失败；如不存在一条 IPPATH 的 DSCP=0，则只能建立默认承载，不能建立其他 DSCP 的 QCI 承载。与核心网沟通，确认 S-GW 侧的 IP 支持 Ping 检测。

6.4.2 业务链路故障典型案例分析

1．典型案例 1——传输故障

故障现象：

（1）告警台出现“01010003”SCTP 链路中断告警。

（2）同时出现的告警还有“0200000b”CCU 光模块不在位故障告警、“0200000c”CCU 检测无光故障告警、“01060006”OAM 异常告警、“01060004”传输底层链路故障告警、“01080002”基站退服告警这 5 条；或者“0200000c”CCU 检测无光故障告警、““01060006”OAM 异常告警、“01060004”传输底层链路故障告警、“01080002”基站退服告警这 4 条。

（3）CCU 板卡左侧 ALM 指示灯亮（红光）。

解决步骤：

（1）判断为传输故障引起的网管链路故障，转为处理传输故障。

（2）传输故障处理完毕后，告警台上“01010003”SCTP 链路中断告警恢复，CCU 板卡左侧 ALM 指示灯灭。

（3）故障处理完毕。

2．典型案例 2——数据配置错误

故障现象：

（1）告警台出现“01010003”SCTP 链路中断告警。

（2）没有同时出现其他传输类告警。

（3）CCU 板卡左侧 ALM 指示灯亮（红光）。

解决步骤：

（1）没有同时出现传输类告警，排除传输故障因素。

（2）检查基站 MME 配置中“MME 地址”是否正确；在 LMT 界面左侧逐层展开“TD-LTE 分布式基站 MML 命令”→“配置管理”→“MME 地址配置”，选择“查询全部 MME 地址配置”，如图 6-14 所示。

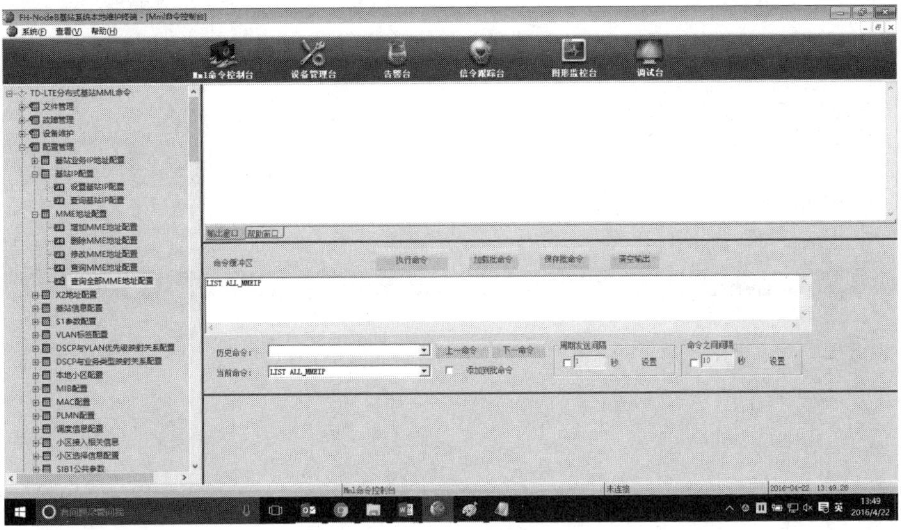

图 6-14　查询 MME 地址配置

执行命令后，会在输出窗口中返回查询结果：

```
LIST ALL_MMEIP  Command sent please wait...
%%FIBERHOME   2016-04-22  13: 50: 11
命令名称 =  LIST ALL_MMEIP
RET_CODE = 0
 操作结果       = 执行成功
 基站 IP 版本     = IPV4
 MME 地址       = 172.16.114.243
 MME 监听端口  = 36412
%%END
```

（3）修改基站 MME 配置中“MME 地址”；在 LMT 界面左侧逐层展开“TD-LTE 分布式基站 MML 命令”→“配置管理”→“MME 地址配置”，选择“修改 MME 地址配置”，如图 6-15 所示。

执行命令后，会在输出窗口中返回查询结果：

```
MDY MMEIP 0 172.16.114.245 36412  Command sent please wait...
%%FIBERHOME   2016-04-22  13: 50: 11
命令名称 =  MDY MMEIP
RET_CODE = 0
 操作结果 = 执行成功
%%END
```

（4）告警台上“01010003”SCTP 链路中断告警恢复。

图 6-15　修改 MME 地址配置

（5）CCU 板卡左侧 ALM 指示灯灭。

（6）故障处理完毕。

3．典型案例 3——核心网运行状态异常

故障现象：

（1）告警台出现“01010003”SCTP 链路中断告警。

（2）没有同时出现其他传输类告警。

（3）CCU 板卡左侧 ALM 指示灯亮（红光）。

解决步骤：

（1）没有同时出现传输类告警，排除传输故障因素。

（2）排除基站 MME 配置中“MME 地址”错误。

（3）排除以上 2 个因素以后，可怀疑业务链路故障是核心网运行状态异常导致的，需联系核心网工程师确认网管工作状态，并等待核心网故障处理完毕后观察故障是否恢复。

（4）如果网管故障处理完毕，告警台上“01010003”SCTP 链路中断告警恢复。

（5）CCU 板卡左侧 ALM 指示灯灭。

（6）故障处理完毕。

技能训练

技能训练 1　基站勘察和天线方位角的测量

1．实训目的

（1）掌握天线方位角的含义和用罗盘仪测量天线方位角的方法

（2）结合基站的勘察情况，根据勘察站点的实际情况来调整天线方位角。

2．实训任务和要求

（1）对某 5G 基站进行勘察。

（2）用罗盘仪测量不同天线安装方式下的天线方位角。

3．实训设备

罗盘仪一套、GPS 一个、量角器一把、水平尺一把、测角仪一台、激光测距仪一台。

4．实训步骤

1）任务描述

对某 5G 基站站点进行勘察，记录勘察数据；基站的安装环境大致可分为以下几种：落地铁塔、楼顶铁塔、楼顶简易铁塔、楼顶拉线铁塔、楼顶桅杆塔、楼顶增高架、楼顶墙沿桅杆、楼顶炮台桅杆。基站的安装环境不同，天线安装方式也不同，请根据不同的安装方式，利用不同的测量方法测量天线方位角并进行记录。

2）实施原理

（1）5G 基站勘察注意事项

① 5G 基站站点基本信息勘察，主要包括：站点类型、基站所处位置、共站情况等，其他信息：经纬度、楼层数、层高等。

② 了解基站主要覆盖区域，主要吸收哪些话务量，如无特殊要求，对站址进行无线环境勘察和话务区分布勘察。

③ 覆盖区域的总体环境特征描述（基本地形地貌描述）；覆盖区内建筑物信息，障碍物描述，包括位置、障碍物特征、高度、阻挡范围等。

④ 勘察周围基站的工程参数、周围地理环境、覆盖情况、话务情况，从而更好地确定 5G 基站的天线方位角等工程参数。

⑤ 勘察任务完成后，务必及时对勘察数据进行归档整理，按照相应的要求保存文档。

（2）天线方位角简介

基站天线的方向是指天线主瓣的方向。一般正北方向对应第 1 扇区，从正北方向顺时针旋转 120° 对应第 2 扇区，再顺时针旋转 120° 对应第 3 扇区，如训练图 1-1 所示。

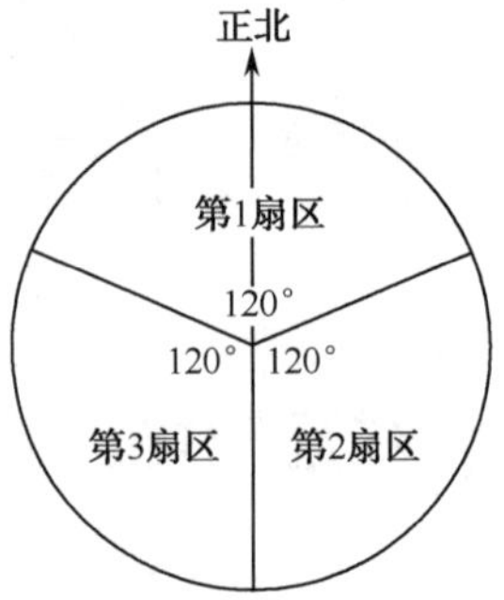

训练图 1-1　天线方位角示意图

根据设计院的设计文件及客户最新数据调整天线方位角，要求调整后误差不大于 5°。调整时，轻轻扭动天线直至满足设计指标。

（3）测量工具和测量原则

① 测量工具。

测量天线方位角一般采用地质罗盘仪（或指北针），如训练图 1-2 所示为地质罗盘仪的外观和基本结构。指北针或地质罗盘仪必须每年进行一次检验，每次使用前要校准。

② 天线方位角测量原则。

如训练图 1-3 所示，在测量过程中，应该遵循以下三条测量原则：

- 指北针或地质罗盘仪应尽量保持水平。
- 指北针或地质罗盘仪必须与天线所指的正前方成一条直线。
- 指北针或地质罗盘仪应尽量远离金属及电磁干扰源，如各种类型射频天线、中央空调室外主机、楼顶铁塔、建筑物避雷带、金属广告牌及一些能产生电磁干扰的铁体、电磁干扰源等。

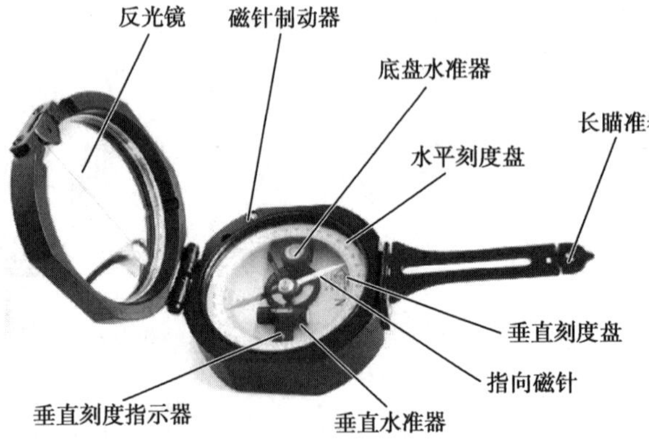

训练图 1-2　地质罗盘仪外观和基本结构图

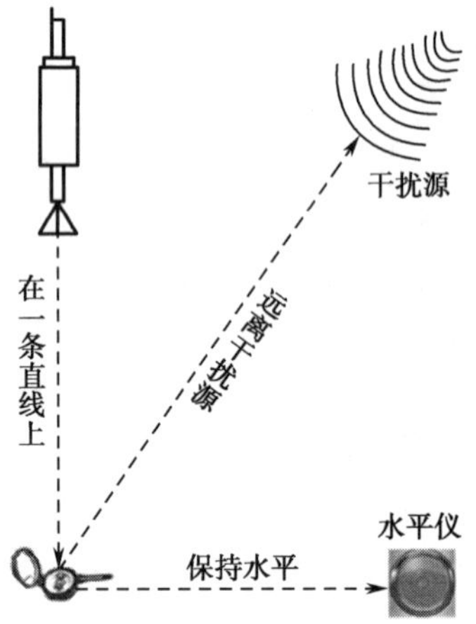

训练图 1-3　天线方位角测量原则

（4）天线方位角测量方法

最常规的测量方法是直角拐尺测量法。

① 从前方测量。

在测方位角的时候，两人配合进行测量。其中一人站在天线的背面靠近天线的位置，另外一人站在天线正前方较远的位置。靠近天线背面的工程师把直角拐尺一条边紧贴天线背面，根据另一条边所指的方向（即天线的正前方）来判断前端测试者的站位，这样有利于判断测试者的站位。测试者应手持指北针或罗盘仪保持水平，北极指向天线方向，待指针稳定后读数，即为天线的方位角。

② 从侧面测量。

当正前方无法站位时，可以考虑从侧面测量。在测量方位角时，两人配合进行测量。其中一人站在天线的侧面近天线位置，另外一人站在天线另一侧较远的位置。靠近天线的工程师把直角拐尺一条边紧贴天线背面，根据拐尺所指的方向（即天线的平行方向）来判断前端测试者的站位，这样有利于判断测试者的站位。测试者应手持指北针或地质罗盘仪保持水平，北极指向天线方向，待指针稳定后读数，然后加（或减）90° 即为天线的方位角。

（5）落地铁塔天线方位角测量

落地铁塔基本建在地势较平坦、视野较开阔的地方，测量者应遵循测量原则，方法如下：

① 测量时寻找天线正前方的最佳测试位置（测量位置应选在铁塔底部，地质罗盘仪与被测天线点对点距离大于 20m；地质罗盘仪与铁塔塔体直线距离大于 10m。确保测量者的双眼、地质罗盘仪、被测天线在一条直线上。

② 测试时身体一定要保持平衡。

③ 地质罗盘仪应尽量保持在水平面上，同时避免手的颤动（使地质罗盘仪内的气泡保持在中央位置）。

④ 保持 30s，待指针的摆动完全静止。

⑤ 读数时视线要垂直于地质罗盘仪，读取当前指针所对应的读数，并及时记录数据。

（6）楼顶墙沿桅杆天线方位角测量

测量者应遵循测量原则，测量位置选在楼层底部，测量者与被测天线直视距离内无遮挡，指北针或地质罗盘仪与被测天线点对点距离大于 20m，参照落地铁塔天线方位角测量方法进行测量。

（7）楼顶铁塔、楼顶简易铁塔、楼顶拉线铁塔、楼顶桅杆塔、楼顶增高架、楼顶炮台桅杆天线方位角测量

对于这几种安装方式，天线方位角测量方法可分为两种：

由于环境原因，测量者在楼层底部无法直观地看到（或被其他建筑物遮挡）被测天线，无法到达测量位置时，可以选用以下两种方法：

① 寻找一个与被测天线平行的规则状物体作为参照物，然后按照落地铁塔天线方位角测量方法对参照物进行测量，并注明测量数据由测量参照物得到。

② 按照落地铁塔天线方位角测量方法，测量者可在楼顶上、被测天线的正前方或正后方寻找一个最佳位置进行测量，但必须遵循测量原则，尽量远离铁体及其他产生磁场的物体，最好将基站发射机关闭，避免微波磁场的干扰。

测量者在楼层底部能直观地看到被测天线，则按照楼顶墙沿桅杆天线方位角测量方法对天线进行测量。

3）任务实施

（1）根据实训任务要求，测量并采集数据信息。

（2）采集基站位置（经度和纬度）、塔型、天线高度、天线类型、基站周围地理环境等相关信息。

（3）根据采集到的的信息确定基站每个扇区的方位角和天线下倾角等工程参数。

（4）拍摄基站周围环境：1 张基站全景图，从 0° 到 360° ，每 15° 拍摄一张，共 24 张周围环境图。

（5）绘制基站周围环境图。

（6）对采集到的基站信息进行记录。

（7）针对不同的安装方式，利用地质罗盘仪采用不同的测量方法测量天线方位角并进行记录。

5. 实训报告

（1）完成本次实训报告。

（2）完成基站勘测记录表。

（3）拍摄基站周围环境图。

（4）用铅笔画出草图，并用 CAD 绘制基站周围环境图。

（5）对采集到的基站信息进行详细记录。

（6）详细记录所测天线方位角情况并分析。

（7）总结实训过程中的体会和感想，提出存在的问题并解决。

技能训练 2　用天馈分析仪测驻波比和发射机功率

1. 实训目的

（1）掌握天馈分析仪的操作、使用方法

（2）掌握用天馈分析仪测量驻波比的方法

（3）掌握测量基站发射机功率的方法

2. 实训任务和要求

根据实训步骤，完成实训任务，学习天馈分析仪的操作、使用方法，掌握天馈线测量相关基础知识，使用天馈分析仪测量驻波比和发射机功率。

3. 实训设备

天馈系统一套、天馈分析仪一台、卷尺一把。

4. 实训步骤

1）任务描述

在无线通信系统中，基站天线、天线附件及传输线长期暴露在恶劣的环境下，经常产生故障，常见故障有两种：天线故障、电缆故障。DTF 测量方法能提供回波损耗或驻波比相对于距离的变化信息，对于传输线而言，使用 DTF 测量方法可以找出各种类型的故障，如接头损坏、传输电缆变形、天线系统性能下降等。本实训任务内容是使用天馈分析仪测量驻波比和发射机功率，分析、定位故障点。

2）设备选择情况

目前使用较为普遍的能对故障定位特性进行分析的距离故障测试仪一般有 SA 系列和 Site Master 天馈分析仪，如训练图 2-1 所示为 Site Master 天馈分析仪的外观图和外部接口图。

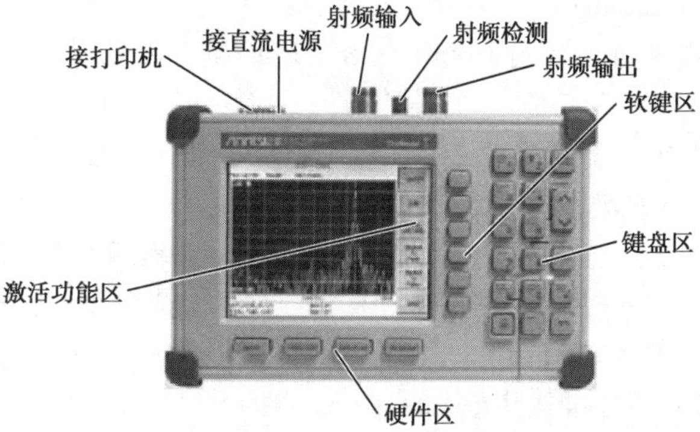

训练图 2-1　Site Master 天馈分析仪的外观图和外部接口图

Site Master 天馈分析仪是一种手持的、用于测量驻波比/回波损耗（SWR/RL）的工具，同时还可以测试功率。该仪器具有一个用来输入数据的键盘和一个液晶显示屏幕，可以在可选频率范围和可选距离内，提供反映 SWR 和 RL 的轨迹图。

（1）Site Master 天馈分析仪的按键说明

Site Master 天馈分析仪主要按键中英文对照表如训练表 2-1 所示。

训练表 2-1　Site Master 天馈分析仪常见的按键中英文对照表

按 键 名 称	中 文 对 照	按 键 名 称	中 文 对 照
MODE	选择测试项目	AMPLITUDE	幅度
FREQ/DIST	设置频率、距离	SWEEP	扫描
START CAL	开始校准	AUTO SCALE	自动调整坐标到最佳显示处
SAVE SETUP	保存设置	RECALL SETUP	调出存储
LIMIT	极限线，高于此线报警	SAVE DISPLAY	保存当前显示
MARKER	标记	RECALL DISPLAY	调出历史显示
RUN/HOLD	连续运行/运行一次		

（2）工作模式介绍

模式菜单如训练图 2-2 所示。

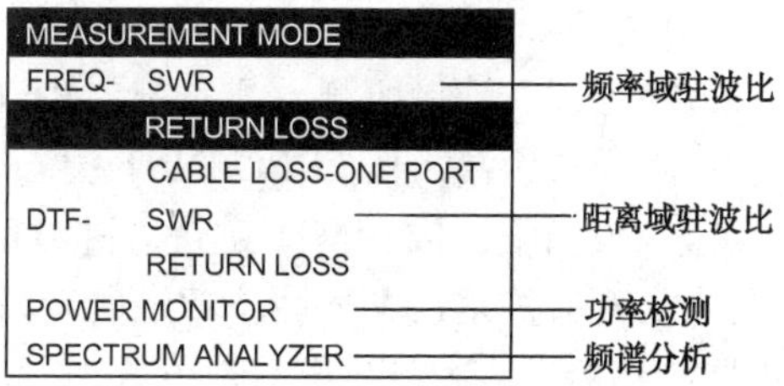

训练图 2-2　模式菜单

3）操作使用方法

Site Master 天馈分析仪的操作使用主要包括以下几个方面：

频域范围内的 SWR 测量：包括在一个可选频率范围内测量回波损耗 RL、驻波比 SWR 和电缆损耗 CL。

距离域范围内的 SWR 测量：在一个可选距离范围内测量故障定位 DTF。同样可以确定一条传输线上故障定位的信息。

功率检测可以测量绝对值或者相对某个基准电平的值，可以显示为 dBm 或者 Watts。

Site Master 天馈分析仪的具体操作方法与步骤：

（1）开机自检

① 按 ON/OFF 键，Site Master 天馈分析仪需要 5s 时间来进行一系列自检和校准，完成后，屏幕上会显示 Anritsu Logo、序列号、安装版本。

② 按 ENTER 键继续进行，约 1min 后，Site Master 天馈分析仪会进入等待操作状态。

（2）校准

Site Master 天馈分析仪测量系统必须在实际温度下进行校准，当设置的频率发生改变时也必须校准，且需要储存每次设置对应的校准值。

① 按 START CAL 键，屏幕上会出现信息“Connect OPEN to RF OUT port”。

② 连接校准接头的 OPEN 端，按 ENTER 键，屏幕上先后出现信息“Measuring OPEN”和“Connect SHORT to RF OUT port”。

③ 更换 OPEN 端，将校准接头的 SHORT 端连接上以后按 ENTER 键，屏幕上先后出现信息“Measuring SHORT”和“Connect TERMINATION to RF OUT port”。

④ 更换 SHORT 端，将 TERMINATION 校准接头，即 LOAD 端连接上后按 ENTER 键，屏幕上出现信息“Measuring TERMINATION”。

⑤ 屏幕左上方显示信息“CAL ON”说明校准操作正常。

（3）测量频率域 SWR

① 按 ON/OFF 键，开机自检。

② 选择测试项目：按 MODE 键选择 FREQ-SWR，按 ENTER 键确认，按 ESCAPE 键返回主菜单。

③ 选择频率：按 FREQ/DIST 键，按 F1 和 F2 键，可以进行低端频率和高端频率设置。

④ 校准：按 START CAL 键，按屏幕提示将开路器、短路器和负载接到 RF OUT 口，按 ENTER 键校准。

⑤ 连线：连接所测天馈系统至 Site Master 天馈分析仪的 RF OUT 口。

⑥ 测试：按 RUN 键开始测试。

⑦ 其他：按 AUTO SCALE 键可自动优化显示比例，按 AMPLITUDE 或 LIMIT 键可设置坐标选项等。

（4）测量距离域 SWR

① 按 ON/OFF 键，开机自检。

② 选择测试项目：按 MODE 键，选择 DTF-SWR。

③ 校准：同前。

④ 连线：连接所测天馈系统至 RF OUT 口。

⑤ 设置距离：按 FREQ/DIST 键，设置 D1 为 0、D2 为馈线实长。

⑥ 设门限：按 LIMIT 键进入驻波门限设置，一般设为 1.4。

⑦ 观察波形：某处驻波超过所设门限，按 DIST 键进入距离设置菜单；选择 MARKER 设置距离标记，则可找出故障位置。

（5）测量功率

通过一个射频发生器（1～3000MHz）来进行功率测量，功率单位为 dBm 或 Watts。基本步骤如下：

① 进入功率检测模式：按 MODE 键，选择 POWER MONITOR，按 ENTER 键选定功率

检测模式。

② 功率检测调零：在没有选用 DUT 的情况下，在功率菜单里按 ZERO 软键，Site Master 天馈分析仪收集静止的功率电平，等待数秒钟，完成以后，屏幕上显示“ZERO ADJ:ON”。

③ 测量高输入功率电平：在 DUT 和射频（RF Detector）之间连接一个衰减器，保证输入到 Site Master 天馈分析仪中的功率不超过 20dBm；按 OFFSET 软键，通过数字键输入衰减值，单位为 dBm，按 ENTER 键，“OFFSET is ON”将显示在屏幕上。

④ 显示功率单位：按 UNITS 软键显示功率，单位为 Watts。

⑤ 显示相对电平：将预设的电平值输入到 Site Master 中，按 REL 软键，信息“REL:ON”将显示在屏幕上，功率也会显示；按 UNITS 软键显示功率，单位为 dBm，在 REL 启动以后，功率可读出，单位为 dBr。

（6）频谱仪测试模式

下面介绍设置中心频率、设置带宽、设置电平和激活标记点的方法。基本步骤如下：

① 按 ON/OFF 键后，按 ENTER 键进行测试。

② 连接一个信号发生器到 RF 输入端，提供一个-10dBm、900MHz 的信号（以测量一个 900MHz 的信号为例），进行初始化。

③ 将 Site Master 天馈分析仪设置为频谱分析模式：按 MODE 键，选择 SPECTRUM ANALYZER，按 ENTER 键。

④ 设置中心频率：按 FREQ/DIST 键，按 CENTER Frequency 软键，通过数字键和上/下键输入 9、0、0，按 ENTER 键将中心频率设置为 900MHz。

⑤ 设置频带宽度：按 SPAN 软键，通过数字键和上/下键输入 1、5，按 ENTER 键将中心频率设置为 15MHz。

⑥ 设置标记点：按 MARKER 键，按 M1 软键，按 ON/OFF 和 EDIT 软键激活选定标记点，按 MARKER TO PEAK 软键将标记点 M1 设置为轨迹的最高点。

注意：按 EDIT 软键后通过上/下键也可以找到峰值点。

4）任务实施

① 打开电源。

② 选择测量模式。

③ 选择频率范围。

④ 进行校准。

⑤ 测量驻波比并记录测量数据。

⑥ 测量发射机功率并记录测量数据。

5．实训报告

（1）实训结束后，完成实训报告。

（2）写出测量天馈系统驻波比的操作步骤。

（3）写出测量发射机功率的操作步骤。

（4）画出设备连接示意图。

（5）在训练表 2-2 中记录实训过程中所测得驻波比并进行故障分析。

（6）拍照片记录驻波比，拍照片记录发射机输出功率。

（7）分析所测数据，写出实训过程中的体会和感想，提出存在的问题并分析解决。

训练表 2-2　实训数据记录表

测量点	驻波比	距离	实际距离	距离误差	是否合格	故障分析
P1						
P2						
P3						
P4						
P5						
P6						

技能训练 3　华为室外站点典型配置应用

1．实训目的

（1）熟悉华为 DBS3900 的典型应用场景

（2）了解如何进行室外站点的配置

（3）认识并理解室外各种场景站点的类型

（4）熟悉华为 RRU 室外场景配置规范

2．实训任务和要求

DBS3900 典型应用场景：

场景 1：BBU+RRU+APM+IBBS，如训练图 3-1 所示。当站址只提供交流电源，并且需要长时间备电时采用此场景。BBU 可安装于 APM 中，APM 为 BBU 和 RRU 提供-48V 直流电源；IBBS 可以为基站提供长时间备电，保障外部交流电源掉电时基站仍可正常工作；RRU 支持抱杆安装、挂墙安装和塔上安装。

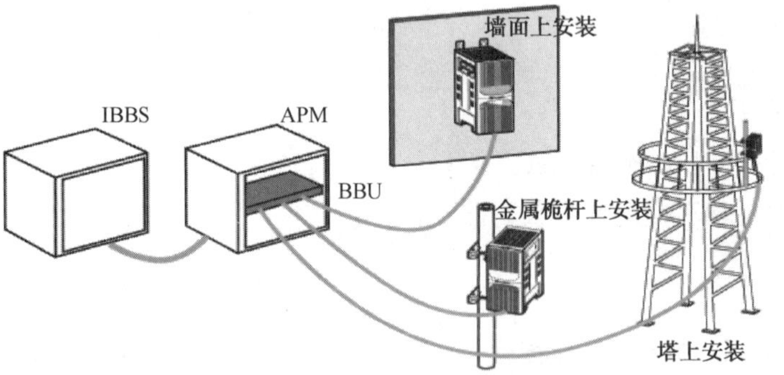

训练图 3-1　场景 1：BBU+RRU+APM+IBBS

场景 2：BBU+RRU+APM+OFB，如训练图 3-2 所示。当站址提供交流电源，并且 APM 中传输空间不够时采用此场景。OFB 提供 5～11U 传输空间，可放置传输设备或蓄电池；APM 为 BBU 和 RRU 提供-48V 直流电源，同时可以支持直流备电。

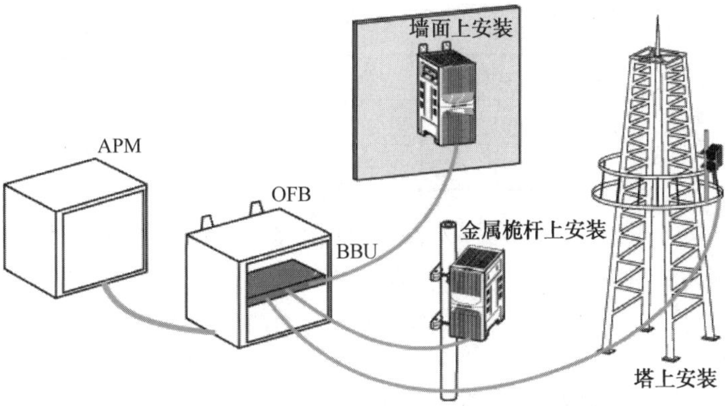

训练图 3-2　场景 2：BBU+RRU+APM+OFB

场景 3：BBU+RRU+OFB，如训练图 3-3 所示。当站址中没有机房，能够提供-48V 直流供电，客户不需要备电设备时采用此场景。BBU 安装在 OFB 中，OFB 为 BBU 和 RRU 提供-48V 直流电源。

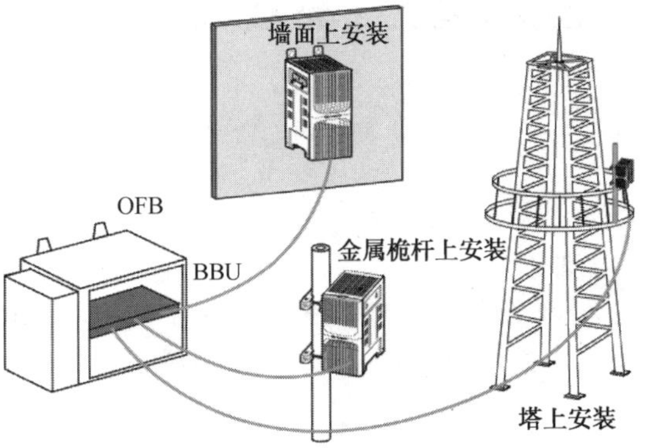

训练图 3-3　场景 3：BBU+RRU+OFB

3. 实训设备

华为 LTESTAR 仿真软件，PC，华为 DCS3900 设备，RRU 若干，室外天线若干。

4. 实训步骤

1）任务描述

现网新建一个室外宏站，3 个扇区，每个扇区 20MHz 带宽，工作在 D 频段，请根据要求选择合适的硬件并进行连线。

2）设备选择情况

BBU 单板选择 FAN 单板 1 块，LBBPc 单板 3 块，UMPT 单板 1 块，UPEU 单板 1 块；RRU 选择 3 个 RRU3233；天线选择 3 个 8 通道 D 频段的室外天线。

3）设备连线情况

根据任务要求，BBU 单板安装位置如训练图 3-4 所示，设备连线如训练图 3-5 所示。

<table>
<tr><td rowspan="4">FAN</td><td>LBBP</td><td>空着不插单板</td><td rowspan="2">空着不插单板</td></tr>
<tr><td>空着不插单板</td><td>空着不插单板</td></tr>
<tr><td>LBBP</td><td>UMPT</td><td rowspan="2">UPEU</td></tr>
<tr><td>LBBP</td><td>空着不插单板</td></tr>
</table>

训练图 3-4　BBU 单板安装位置图

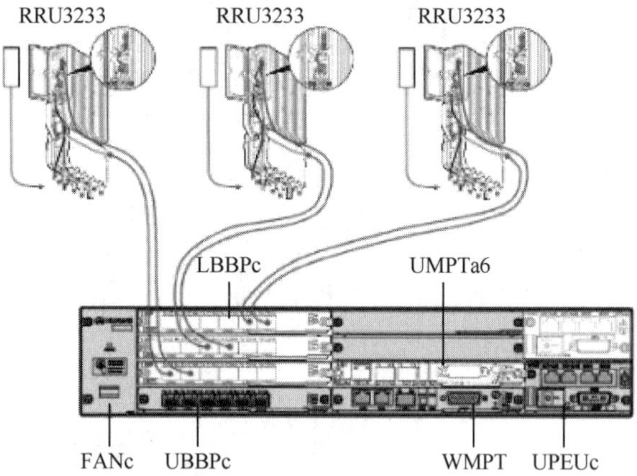

训练图 3-5　设备连线图

4）华为室外场景配置规范

（1）DRRU3158e-fa（室外改造场景）。

使用 LBBPc 组网时，必须配置双光口双光纤连接；使用 LBBPd 组网时，单小区大于 20M+6C 场景采用双光纤；CPRI 光口使用 6.144Gbps 单模模块，要求统一使用单模光纤。

配置规范注意：

- ADD RRUCHAIN：负荷分担组网，RRU 连带 Slot2 槽 LBBP 进行汇聚。
- ADD RRU：类型为 MRRU，模式为 TDS_TDL，8 通道。
- ADD SECTOR：天线模式 8T8R。

（2）DRRU3233（新建室外场景）。

使用 LBBPc 组网时，Slot0/1/2 基带板各处双光纤独立连接；使用 LBBPc 组网时，Slot4/5 槽基带板使用 3 对双光纤汇聚连接；CPRI 光口使用 6.144Gbps 单模模块，要求统一使用单模光纤。

配置规范注意：

- ADD RRUCHAIN：负荷分担组网。
- ADD RRU：类型为 LRRU，模式为 LTE_TDD，8 通道。
- ADD SECTOR：天线模式可选 1T1R、2T2R、4T4R、8T8R。

2T2R 配置：R0A&R0E、R0B&R0F、R0C&R0G、R0D&R0H。

4T4R 配置：R0A&R0B&R0E&R0F、R0C&R0D&R0G&R0H。

5. 实训报告

假设现网新建一个室外宏站，2 个扇区，每个扇区 10MHz 带宽，工作在 D 频段，请根据要求选择合适的硬件并进行连线，画出设备选型图和设备连线图。

设备选型图：

设备连线图：

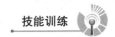

技能训练 4　华为室内站点典型配置应用

1．实训目的

（1）了解 RRU 类型与场景使用模式
（2）了解如何进行室内站点的配置
（3）掌握华为 RRU 的典型配置和工作模式
（4）熟悉华为室内站点的类型及应用环境

2．实训任务和要求

根据实训步骤，完成实训任务，有仿真软件的，可考虑在仿真软件中完成设备的选型和连线操作。

3．实训设备

华为 LTESTAR 仿真软件，PC，华为 DCS3900 设备，RRU 若干，室内天线若干。

4．实训步骤

华为室内站点典型配置应用：

1）任务描述

现网新建一个室分站，1 个扇区，每个扇区 20MHz 带宽，工作在 E 频段，请根据要求选择合适的硬件并进行连线。

2）设备选择情况

根据任务描述选择设备：BBU 单板选择 FAN 单板 1 块，LBBP 单板 1 块，UMPT 单板 1 块，UPEU 单板 1 块；RRU 选择 1 个 RRU3152-e；天线选择室内双极化吸顶天线 2 个。

3）设备连线情况

根据任务要求，BBU 单板安装位置如训练图 4-1 所示，设备连线如训练图 4-2 所示。

<table>
<tr><td rowspan="4">FAN</td><td>LBBP</td><td>空着不插单板</td><td rowspan="2">空着不插单板</td></tr>
<tr><td>空着不插单板</td><td>空着不插单板</td></tr>
<tr><td>空着不插单板</td><td>UMPT</td><td rowspan="2">UPEU</td></tr>
<tr><td>空着不插单板</td><td>空着不插单板</td></tr>
</table>

训练图 4-1　BBU 单板安装位置图

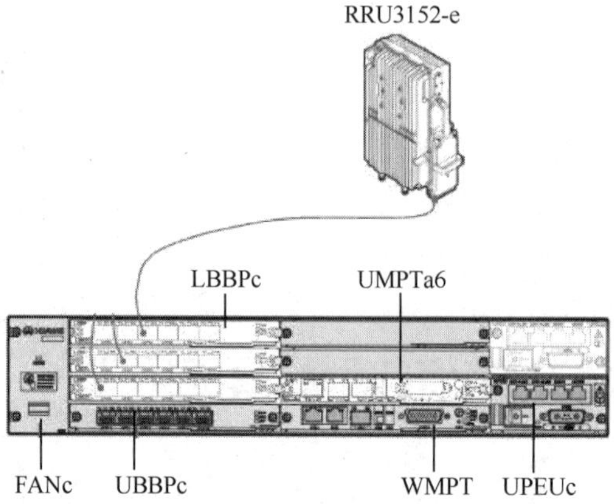

训练图 4-2　设备连线图

UMPT 单板与 PTN 设备用光纤连接 FE/GE1 业务光口，GPS 接口接 GPS 天线，RRU 和 BBU 用光缆连接，需要在 LBBP 单板端口中插入光模块。

华为室内场景配置规范：

1）DRRU3151e-fae（利旧改造室内场景）

必须使用 LBBPd 基带板，LBBPc 不支持 DRRU3151-e；利旧天馈场景通常为单通道，只能用 1T1R，速率体验会受影响；CPRI 光口替换 6.144Gbps 单模模块，级联链上光模块要求一致。

配置规范注意如下：

- ADD RRUCHAIN：链形组网，RRU 连到 Slot2 槽 LBBP 进行汇聚。
- ADD RRU：类型为 MRRU，模式为 TDS_TDL，2 通道，R0A 支持 FA 频段，R0B 支持 E 频段。
- ADD SECTOR：天线模式 1T1R，关联 R0B 口。

2）DRRU3152-e（新建室内场景）

使用 LBBPc 组网时，Slot0/1/2 槽基带板各处用 1 个光口连接；使用 LBBPd 组网时，Slot2 槽基带板光口处进行汇聚；配合新建双通道室分天馈系统，实现 2T2R MIMO 提高体验；CPRI 光口使用 6.144Gbps 单模模块，级联链上光模块要求一致。

配置规范注意如下：

- ADD RRUCHAIN：链形组网，RRU 连到 Slot2 槽 LBBPd 进行汇聚。
- ADD RRU：类型为 LRRU，模式为 LTE_TDD，2 通道。
- ADD SECTOR：天线模式 2T2R。

5．实训报告

假设现网新建一个室内站，2 个扇区，每个扇区 10MHz 带宽，工作在 E 频段，请根据要求选择合适的硬件并进行连线，画出设备选型图和设备连线图。

设备选型图：

设备连线图：

技能训练 5　中兴室外站点典型配置应用

1．实训目的

（1）熟悉中兴 B8200 的典型应用场景

（2）了解室外站点的典型配置

（3）认识并理解室外各种场景站点的类型

（4）熟悉中兴 RRU 室外场景配置规范

2．实训任务和要求

根据实训步骤，完成实训任务，有仿真软件的，可考虑在仿真软件中完成设备的选型和连线操作。

3．实训设备

中兴 LTE 仿真软件，PC，中兴 B8200 或 B8300 设备，RRU 若干，室外天线若干。

4．实训步骤

1）任务描述

现网新建一个室外宏站，3 个扇区，每个扇区 20MHz 带宽，工作在 D 频段，请根据要求选择合适的硬件并进行连线。

2）设备选择情况

BBU 中选择 CC 单板 1 块，BPL 单板 3 块，SA 单板 1 块，PM 单板 1 块；RRU 选择 3 个 R8882 L268；天线选择 3 个 8 通道 D 频段的室外天线。

3）设备连线情况

BBU 单板安装位置如训练图 5-1 所示，设备连线如训练图 5-2 所示。

<table>
<tr><td>PM</td><td>空着不插单板</td><td>BPL</td><td rowspan="4">空着不插单板</td></tr>
<tr><td>空着不插单板</td><td>空着不插单板</td><td>BPL</td></tr>
<tr><td rowspan="2">SA</td><td>CC</td><td>BPL</td></tr>
<tr><td>空着不插单板</td><td>空着不插单板</td></tr>
</table>

训练图 5-1　BBU 单板安装位置图

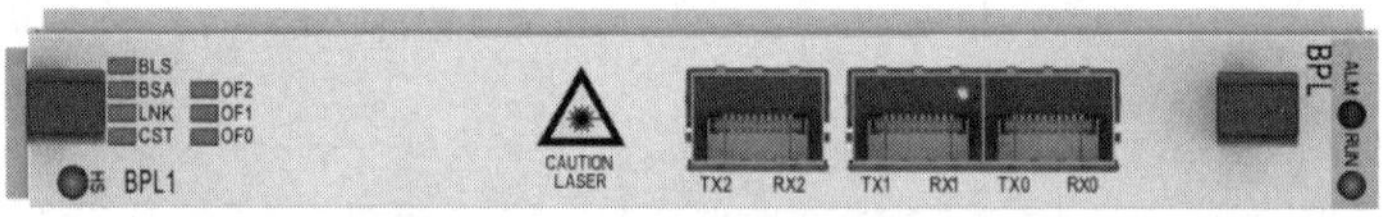

（a）3 个 BPL 单板上的 TX0/RX0 分别用野战光缆与 3 个 R8882 L268 连接

（b）CC 单板上的 REF 与 GPS 天线连接，ETH0 用网线与 PTN 设备连接

训练图 5-2　设备连线图

5．实训报告

假设现网新建一个室外宏站，2 个扇区，每个扇区 10MHz 带宽，工作在 D 频段，请根据要求选择合适的硬件并进行连线，画出设备选型图和设备连线图。

设备选型图：

设备连线图：

技能训练 6　中兴室内站点典型配置应用

1. 实训目的

（1）了解 RRU 类型与场景使用模式
（2）了解室内站点的典型配置
（3）掌握中兴 RRU 的典型配置和工作模式
（4）熟悉中兴室内站点的类型及应用环境

2. 实训任务和要求

根据实训步骤，完成实训任务，有仿真软件的，可考虑在仿真软件中完成设备的选型和连线操作。

3. 实训设备

中兴 LTE 仿真软件，PC，中兴 B8200 或 B8300 设备，RRU 若干，室内天线若干。

4. 实训步骤

1）任务描述

现网新建一个室分站，1 个扇区，每个扇区 20MHz 带宽，工作在 E 频段，请根据要求选择合适的硬件并进行连线。

2）设备选择情况

BBU 单板选择 CC 单板 1 块，BPL 单板 1 块，SA 单板 1 块，PM 单板 1 块；RRU 选择 1 个 R8962 L23A ；天线选择室内双极化吸顶天线 2 个。

3）设备连线情况

BBU 单板安装位置如训练图 6-1 所示，设备连线如训练图 6-2 所示。

<table>
<tr><td>PM</td><td>空着不插单板</td><td>BPL</td><td rowspan="4">空着不插单板</td></tr>
<tr><td>空着不插单板</td><td>空着不插单板</td><td>空着不插单板</td></tr>
<tr><td rowspan="2">SA</td><td>CC</td><td>空着不插单板</td></tr>
<tr><td>空着不插单板</td><td>空着不插单板</td></tr>
</table>

训练图 6-1　BBU 单板安装位置图

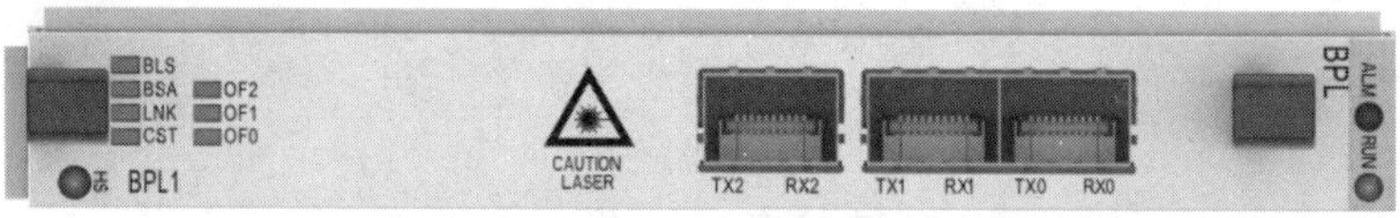

（a）1 个 BPL 单板上的 TX0/RX0 用野战光缆与 R8962 L23A 连接

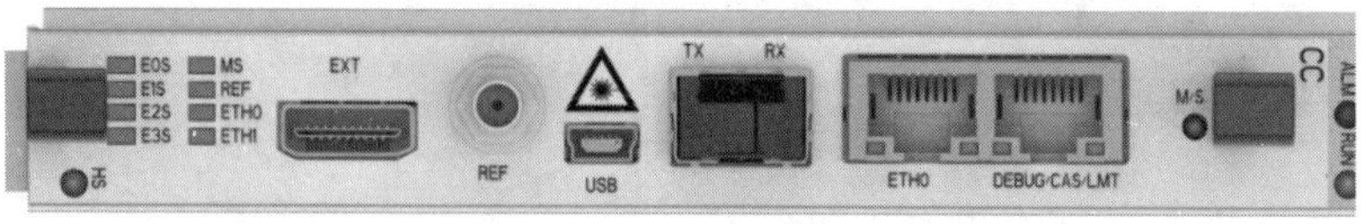

（b）CC 单板上的 REF 与 GPS 天线连接，ETH0 用网线与 PTN 设备连接

训练图 6-2　设备连线图

5．实训报告

假设现网新建一个室内站，2 个扇区，每个扇区 10MHz 带宽，工作在 E 频段，请根据要求选择合适的硬件并进行连线，画出设备选型图和设备连线图。

设备选型图：

设备连线图：

技能训练 7　大唐 5G 室外站点典型配置应用

1. 实训目的

（1）熟悉大唐 5G 基站的典型应用场景

（2）掌握大唐 5G 基站的典型应用配置

（3）认识并理解室外各种场景站点的配置方式

2. 实训任务和要求

根据实训步骤，完成实训任务，有仿真软件、仿真硬件平台或离线操作维护平台的场景，可考虑在仿真软件平台中完成操作任务；或在离线操作维护平台中针对离线配置数据进行选型、规划、连线等操作，最后同步到 5G 设备中；也可以使用大唐 5G 商用设备在线完成指定操作，操作包括但不限于设备选型、设备配置规划、设备连线、设备组网、传输配置、小区及基站参数规划等。

3. 实训设备

大唐工程实践仿真平台、大唐仿真+大唐移动教学型基站（DTTP）、大唐移动 5G BBU（EMB6216）及配套板卡、大唐 5G AAU 若干、光纤及光模块若干、时钟同步系统、网线、时钟套件、PC 等。

4. 实训步骤

用 EMB6216 配置 1 个 100MHz 带宽 N78 频段小区：

1）任务描述

现网新建一个室外宏站，1 个扇区，每个扇区 100MHz 带宽，工作在 N41 频段，请根据要求选择合适的硬件并进行连线。

2）设备选择情况

BBU 单板选择 HFCE 板卡 1 块，HBPOF 板卡 1 块，HSCTDa1 板卡 1 块，HDPSE 板卡 1 块；AAU 选择 TDAU5264N78A。

3）设备配置情况

用 EMB6216 配置 1 个 100MHz 带宽小区，如训练图 7-1 所示。BBU 单板选择 HSCTDa 单板 1 块，HBPOx 单板 1 块，HDPSE 单板 1 块，HFCE 单板 1 块；AAU 选择 TDAU5264N78A。

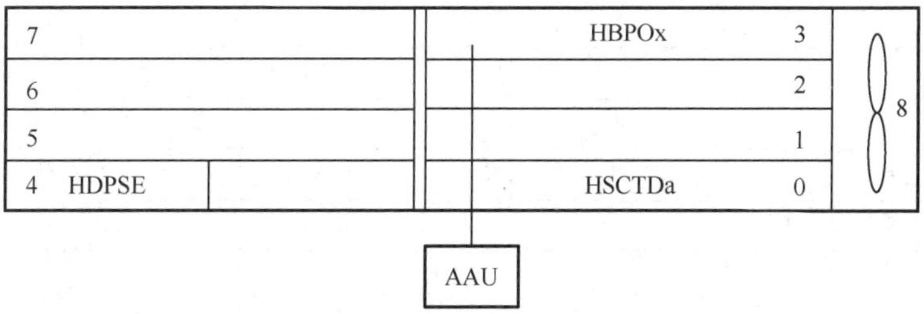

训练图 7-1　用 EMB6216 配置 1 个 100MHz 带宽小区

用 EMB6216 配置 3 个 100MHz 带宽 N78 频段小区：

1）任务描述

现网新建一个室外宏站，3 个扇区，每个扇区 100MHz 带宽，工作在 N78 频段，请根据要求选择合适的硬件并进行连线。

2）设备选择情况

BBU 单板选择 HFCE 板卡 1 块，HBPOF 板卡 1 块，HSCTDa1 板卡 1 块，HDPSE 板卡 1 块；AAU 选择 TDAU5264N78。

3）设备配置情况

用 EMB6216 配置 3 个 100MHz 带宽小区，如训练图 7-2 所示。BBU 单板选择 HSCTDa 单板 1 块，HBPOF 单板 1 块，HDPSE 单板 1 块，HFCE 单板 1 块；AAU 选择 3 台 TDAU5264N78。

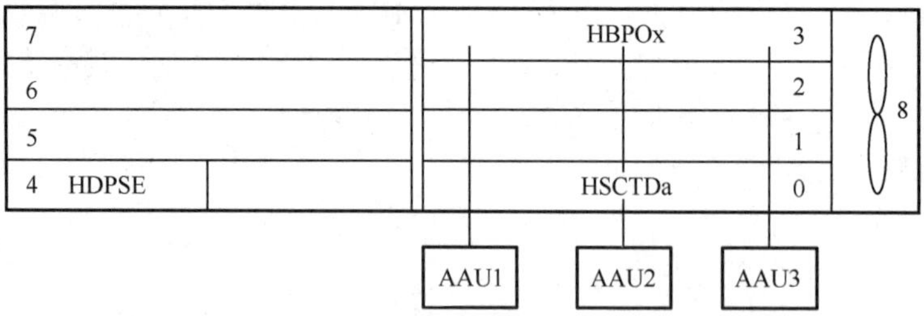

训练图 7-2　用 EMB6216 配置 3 个 100MHz 带宽小区

用 EMB6216 配置 NR S111+3D S111 双模（N41 频段）：

1）任务描述

现网新建一个室外宏站，3 个扇区，每个扇区 NR 100MHz 带宽，工作在 N41 频段；每个扇区 LTE 反开 3D 20MHz 带宽，工作在 N41 频段；请根据要求选择合适的硬件并进行连线。

2）设备选择情况

BBU 单板选择 HFCE 板卡 1 块，HBPOF 板卡 1 块，HSCTDa1 板卡 1 块，HDPSE 板卡 1 块，SCTF 板卡 1 块，BPOK 板卡 1 块；AAU 选择 TDAU5364N78。

3）设备配置情况

用 EMB6216 配置 NR S111+3D S111 双模，如训练图 7-3 所示。BBU 单板选择 HSCTDa 单板 1 块，SCTF 单板 1 块，BPOK 单板一块，HBPOF 单板 1 块，HDPSE 单板 1 块，HFCE 单板 1 块；AAU 选择 3 台 TDAU5364N78。

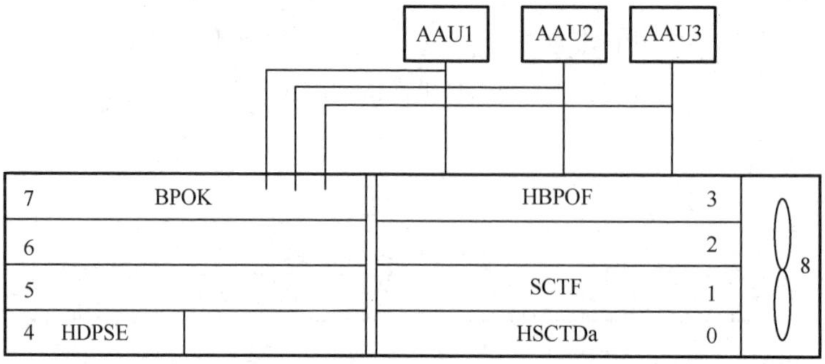

训练图 7-3　用 EMB6216 配置 NR S111+3D S111 双模

5. 实训报告

假设现网新建一个室外宏站，2 个扇区，每个扇区 100MHz 带宽，工作在 N78 频段，请根据要求选择合适的硬件并进行连线，画出设备选型图和设备连线图。

设备选型图：

设备连线图：

参 考 文 献

[1] 5G无线网络规划与设计. 岳胜，于佳，苏蕾，程思远，江巧捷，张学. 北京：人民邮电出版社，2019.

[2] 5G关键技术与工程建设. 朱晨鸣，王强，李新，彭雄根，贝斐峰，王浩宇. 北京：人民邮电出版社，2020.

[3] 5G 组网与工程实践. 中国通信建设集团设计院有限公司. 北京：人民邮电出版社，2019.

[4] 5G无线系统设计与国际标准. 刘晓峰，孙韶辉，杜忠达，沈祖康，徐晓东，宋兴华. 北京：人民邮电出版社，2019.